700MW超超临界压力机组锅炉设备及运行

主　编　许　彬　吴　凯　李　诚
副主编　温　达　应冬军　王文庆
编　写　曾小文　吴慧涛　江　伟　许　新
陆　焜　刘雨辰　戴华俊　熊　孟
丁　平　陈　星　周院斌　黄建伟
许　标　孔维平

中国电力出版社
CHINA ELECTRIC POWER PRESS

内 容 提 要

本书以国家电投集团江西电力有限公司新昌发电分公司700MW超超临界压力再热机组为参考，系统介绍了超超临界压力锅炉设备特点、结构布置、运行维护等主要内容。全书共十二章，主要包括超超临界压力再热机组锅炉概述、汽水系统、风烟系统、燃烧系统、制粉系统、压缩空气系统、脱硝系统、吹灰系统、除尘及灰渣系统、锅炉启停及试验、锅炉的正常运行及调整、超超临界压力锅炉常见故障及处理。

本书适合超超临界压力机组运行与维护等专业技术人员、相关电力科学研究院与设计院、能源动力类高校、热能发电与工程类高职高专院校学生学习和参考。

图书在版编目（CIP）数据

700MW超超临界压力机组锅炉设备及运行/许彬，吴凯，李诚主编．—北京：中国电力出版社，2021.1

ISBN 978-7-5198-5728-8

Ⅰ.①7… Ⅱ.①许… ②吴… ③李… Ⅲ.①超临界压力锅炉—锅炉运行 Ⅳ.①TK229.2

中国版本图书馆CIP数据核字（2021）第115401号

出版发行：中国电力出版社
地　　址：北京市东城区北京站西街19号（邮政编码100005）
网　　址：http：//www.cepp.sgcc.com.cn
责任编辑：李　莉　马雪倩
责任校对：黄　蓓　王小鹏
装帧设计：赵丽媛
责任印制：吴　迪

印　　刷：三河市航远印刷有限公司
版　　次：2021年1月第一版
印　　次：2021年1月北京第一次印刷
开　　本：787毫米×1092毫米　16开本
印　　张：18
字　　数：434千字
定　　价：68.00元

前　言

PREFACE

随着中国经济高速发展，人民生活水平不断提高，能源增长迅猛，用电量逐年提升。截至2020年年底，全国全口径发电装机容量220 058万亿kW，同比增长9.5%。其中，水电37 016万kW、核电4989万kW、并网风电28 153万kW、并网太阳能发电25 343万kW、火电124 517万kW。因此，发展先进、清洁的火力发电技术对中国电力工业的健康发展具有重要意义。

发展超超临界参数机组发电技术有利于提高燃煤机组的热效率，降低发电煤耗，进一步改善电源结构、增强电网调峰的能力和经济性，同时还能大幅度减少污染物的排放，保护环境。因此，高参数、大容量燃煤发电机组得到了发展。

本书是为了适应培养高层次应用型、技能型人才的需要而组织编写的，可以为相关专业高校、新建机组、科研院所提供学习参考和运行指导，规避现有问题，推广成功经验，促进我国电力事业的高质量、可持续发展。

本书参阅了大量的文献及有关制造厂、研究单位、设计院的技术资料，在此，编者对所有支持本书编写工作的专家、学者和单位表示衷心的感谢。

限于编者水平，书中不足之处敬请广大读者批评指正。

编　者

2020.12

目　录

CONTENTS

第一章　超超临界压力再热机组锅炉概述

第一节　概　　述

目前，世界范围内高效率、清洁燃煤发电技术发展有两个主要方向：一是提高机组运行参数，即大力发展超超临界压力火电机组；二是采用二次再热技术，即在现有一次再热超超临界发电技术基础上，再增加一次再热循环。

超临界压力机组发电技术于 20 世纪 50 年代初在美国问世，已经有了几十年的发展历史。相比于超临界压力机组，超超临界压力机组的蒸汽参数更高，机组热效率也得以进一步提升，单机容量可达百万千瓦级。近十几年来，世界上许多发达国家都在积极开发和应用超超临界压力发电技术，目前，超超临界压力机组在国际上都已是商业化的成熟发电技术，超超临界压力机组不仅可以显著提高机组热效率，还具有低污染物排放的特点。通过加装烟气脱硫、脱硝装置，采用先进的低 NO_x 技本，超超临界压力机组可以满足污染物的排放标准。此外，超超临界压力燃煤发电技术还有很大的发展前景，随着新材料、新工艺的应用，机组的参数等级和运行水平可进一步提高，机组热效率更高。

第二节　锅炉的分类

锅炉的分类可以按循环方式、蒸汽参数、技术派系、燃烧方式、使用燃料、排渣方式、通风方式和锅炉形式等进行分类，其中按循环方式和蒸汽参数的分类最为常见。

一、 按循环方式分类

锅炉按照循环方式可分为自然循环锅炉、控制循环锅炉和直流锅炉。

1. 自然循环锅炉

给水经给水泵升压后进入省煤器，受热后进入蒸发系统。蒸发系统包括汽包、不受热的下降管、受热的水冷壁以及相应的联箱等。当给水在水冷壁中受热时，部分水会变为蒸汽，所以水冷壁中的工质为汽水混合物，而在不受热的下降管中工质则全部为水。由于水的密度要大于汽水混合物的密度，因此在下降管和水冷壁之间就会产生压力差，在这种压力差的推动下，给水和汽水混合物在蒸发系统中循环流动。这种循环流动是由于水冷壁的受热而形成，没有借助其他的能量消耗，因此称为自然循环。在自然循环中，每千克水每循环一次只有一部分转变为蒸汽，或者说每千克水要循环几次才能完全汽化，循环水量大于生成的蒸汽量。单位时间内的循环水量同生成蒸汽量之比称为循环倍率。自然循环锅炉的循环倍率为 4～30。

2. 控制循环锅炉

在炉水循环回路中加装循环水泵，就可以增加工质的流动推动力，形成控制循环锅炉。在控制循环锅炉中，循环流动压头要比自然循环时增强很多，可以比较自由地布置水冷壁蒸发面，蒸发面可以垂直布置也可以水平布置，其中的汽水混合物既可以向上又可以向下流动，所以可以更好地适应锅炉结构的要求。控制循环锅炉的循环倍率为 3～10。

自然循环锅炉和控制循环锅炉的共同特点是都有汽包。汽包将省煤器、蒸发部分和过热器分隔开，并使蒸发部分形成密闭的循环回路。汽包内的大容积能保证汽和水的良好分离。但是汽包锅炉只适用于临界压力以下的锅炉。

3. 直流锅炉

直流锅炉没有汽包，工质一次通过蒸发部分，即循环倍率为 1。直流锅炉的另一特点为加热、蒸发、过热过程没有固定不变的分界点，水在受热蒸发面中全部转变为蒸汽，沿工质整个行程的流动阻力均由给水泵来克服。如果在直流锅炉的启动回路中加入循环泵，则可以形成复合循环锅炉。即在低负荷或者本生负荷以下运行时，由于经过蒸发面的工质不能全部转变为蒸汽，因此在锅炉的汽水分离器中会有饱和水分离出来，分离出来的水经过循环泵再输送至省煤器的入口，这时流经蒸发部分的工质流量超过流出的蒸汽量，即循环倍率大于 1。当锅炉负荷超过本生点以上或在高负荷运行时，由蒸发部分出来的是微过热蒸汽，这时循环泵停运，锅炉按照纯直流方式工作。

二、按蒸汽参数分类

锅炉按照蒸汽参数分为低压锅炉（出口蒸汽压力 $p \leqslant 2.45$MPa）、中压锅炉（$p=2.94 \sim 4.90$MPa）、高压锅炉（$p=7.8 \sim 10.8$MPa）、超高压锅炉（$p=11.8 \sim 14.7$MPa）、亚临界压力锅炉（$p=15.7 \sim 19.6$MPa）、超临界压力锅炉（$p \geqslant 22.1$MPa）。出口蒸汽压力 $p \geqslant 27$MPa 的称为超超临界压力锅炉。

三、按技术派系分类

在 20 世纪，美国、日本和一些欧洲国家已经形成了各具特色的三个技术派系，分别为承袭美国 B&W 公司特色派系、承袭原美国 CE 公司特色派系和承袭美国 FW 公司特色派系，技术主要特点如下：

1. B&W 派系

（1）亚临界压力下的锅炉都采用自然循环锅炉，锅炉汽包内采用旋风分离器。

（2）采用前墙、后墙或者对冲布置的旋流式燃烧器。

（3）过热汽温和再热汽温多采用烟道挡板或烟气再循环调温。

（4）对于超临界压力锅炉采用欧洲本生式直流锅炉和通用压力锅炉。

2. CE 派系

（1）蒸汽压力在 13.7MPa 表压以下的采用自然循环，亚临界压力采用控制循环汽包锅炉，汽包内采用轴流式汽水分离器。

（2）采用角置切向燃烧摆动直流燃烧器。

（3）过热器蒸汽温度采用喷水调节，再热器蒸汽温度采用摆动式燃烧器加微量喷水调节。

（4）超临界压力采用苏尔寿直流锅炉和复合循环锅炉。

3. FW派系

（1）亚临界压力下采用自然循环，汽包内部常用水平式分离器。

（2）采用前、后墙或对冲布置旋流式燃烧器。

（3）广泛采用辐射过热器，甚至炉膛内设置全高的墙式过热器或双面曝光的过热器隔墙，用烟气挡板调温。

（4）超临界压力采用FW本生式直流锅炉。

另外，德国因为自身的煤炭资源较丰富，煤种以褐煤居多，所以德国的锅炉技术发展相对较独立，对于100MW以上机组均采用本生式直流锅炉，而且都考虑变压运行。

苏联的锅炉技术发展道路也很具特色。他们不发展亚临界压力锅炉，超高压及以下均为自然循环锅炉，从300MW起均为超临界压力直流锅炉，且以拉姆辛锅炉（管圈盘旋上升的直流炉）为主。

四、其他分类

1. 按燃烧方式分类

锅炉按燃烧方式可分为层式燃烧锅炉、悬浮燃烧锅炉、旋风燃烧锅炉和循环流化床锅炉。其中悬浮燃烧锅炉常见的火焰形式有切向、墙式及对冲、U形、W形等数种。

2. 按使用燃料分类

锅炉按使用燃料可分为燃煤锅炉、燃油锅炉、燃气锅炉及燃用其他燃料（如油页岩、垃圾、沼气等）锅炉。

3. 按排渣方式分类

锅炉按照排渣方式可分为固态排渣和液态排渣两种。固态排渣是指炉膛下部排出的灰渣呈灼热的固态，落入排渣装置经冷却水粒化后排出；液态排渣指炉膛内的灰渣以熔融状态从炉膛底部排出。二十世纪五六十年代为强化燃烧和解决燃用低挥发分、低灰熔点燃煤的困难，液态排渣炉发展较快。但因燃烧温度高、排出NO_x较多对环境保护不利、对煤种变化敏感、运行可靠性易受影响等因素限制，现在液态排渣炉的发展基本停滞，大部分锅炉采用固态排渣方式。

4. 按通风方式分类

锅炉按通风方式可分为平衡通风锅炉、微正压锅炉（2～4kPa）和增压锅炉。所谓平衡通风锅炉指的是进入锅炉的供风由风机提供，燃烧后的烟气经风机抽吸出去，炉膛燃烧室呈负压状态（－50～－200Pa），现在大型电站锅炉基本都采用平衡通风方式。微正压锅炉炉壳密封要求高，多用于燃油、燃气锅炉。增压锅炉炉内烟气压力高达1～1.5MPa，多用于燃气－蒸汽联合循环锅炉。

5. 按锅炉形式分类

按锅炉形式分类，有Π型锅炉、箱型锅炉、塔型锅炉以及D型锅炉等。Π型锅炉是电站锅炉最常见的一种炉型，几乎适用于各种容量和不同燃料；箱型锅炉和D型锅炉主要燃用重油和天然气；塔形锅炉更适用于燃烧多灰分烟煤和褐煤，德国此种炉型较多。

第三节　超超临界压力再热直流锅炉概述

一、 超超临界压力直流锅炉的工作特点

锅炉按炉膛水冷壁管中工质的流动特点，可分为自然循环锅炉、控制循环锅炉、直流锅炉及复合循环直流锅炉 4 种。自然循环锅炉及控制循环锅炉只适宜于亚临界及亚临界以下压力参数。对于超临界及超超临界压力机组，因汽水的密度差消失，汽水的热物性特点决定了该压力下锅炉水冷壁管中的工质不宜采用自然循环工作方式，而宜采用直流工作方式。直流工作方式如前面所述，是指锅炉的给水从进入省煤器开始，依次经过水冷壁管及过热器各级受热面，中间没有再循环过程。直流锅炉中工质的工艺流程如图 1-1 所示。

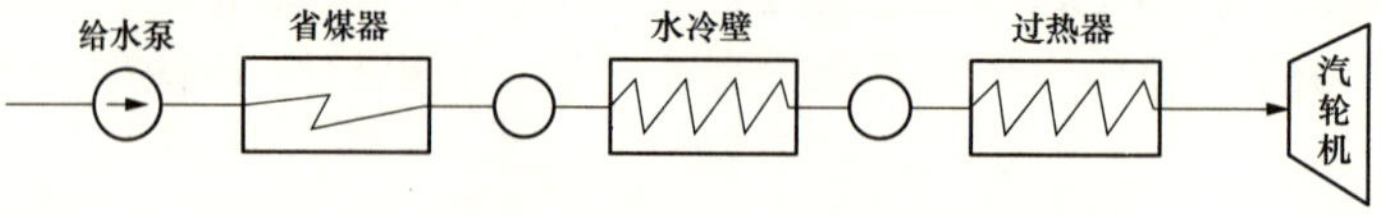

图 1-1　直流锅炉中工质的工艺流程

直流锅炉的发展史几乎与汽包锅炉一样悠久，并被广泛应用于火力发电厂。在欧洲、北美、日本等工业发达国家，采用直流锅炉的比重可能还大于汽包锅炉，究其原因，主要是直流锅炉可适用于包括超临界压力在内的任何压力等级。直流锅炉更适合于大容量机组，特别是 600MW 以上的机组，其金属质量轻，受压件总质量比同容量的汽包锅炉轻 10%～20%。直流锅炉的运行灵活性优于汽包锅炉，启停快，变负荷速率比较高。显然，直流锅炉的这些优点对于改善我国电站锅炉的品位来说无疑具有很大的吸引力，因而，超超临界压力机组选用直流锅炉也成为一种必然。

直流锅炉管中工质的状态和参数的变化情况如图 1-2 所示。由于要克服流动阻力，工质的压力沿受热面长度不断降低（在垂直上升管中还因工质自重产生的压力也在不断下降），工质的焓值沿受热面长度不断增加，工质温度在预热段不断上升，而在蒸发段由于压力不断下降，工质温度不断降低，在过热段工质温度不断上升，工质的比体积沿受热面长度不断上升。直流锅炉水冷壁受热面工质的这一热物理过程规律同样也适用于超超临界压力锅炉在亚临界压力区域运行时的情况。

锅炉的运行由炉内过程与锅内过程两大工艺流程决定。对于采用煤粉燃烧方式的锅炉，当锅炉中工质的压力上升到超超临界压力等级以后，其炉内过程，即燃烧过程与高温烟气与受热面间的换热过程与亚临界压力锅炉没有明显的差别；而锅内过程，即锅炉受热面内，特别是炉膛水冷壁管内水的吸热过程与亚临界压力锅炉有很大的差别。从整体上来看，超超临界压力下锅炉中工质的吸热主要经历预热、过热两个阶段。其中，预热阶段在省煤器、水冷壁管中完成，当达到饱和温度后，水在瞬间完成汽化。超超临界压力锅炉的水冷壁管中，当工质达到饱和温度后，工质的汽化在一瞬间完成。之后，饱和蒸汽吸热热量变成具有一定过热度的过热蒸汽。因此，在超超临界压力下工作的锅炉，水冷壁管出口的工质是具有一定过热度的过热蒸汽，而不是汽水共存的混合物。

超超临界压力锅炉在启动及变负荷运行过程中，水冷壁管中工质的工作过程与亚临界压力锅炉也有很大的差别。锅炉冷态启动时，工质的压力由 0 开始逐渐增加，有较长一段时

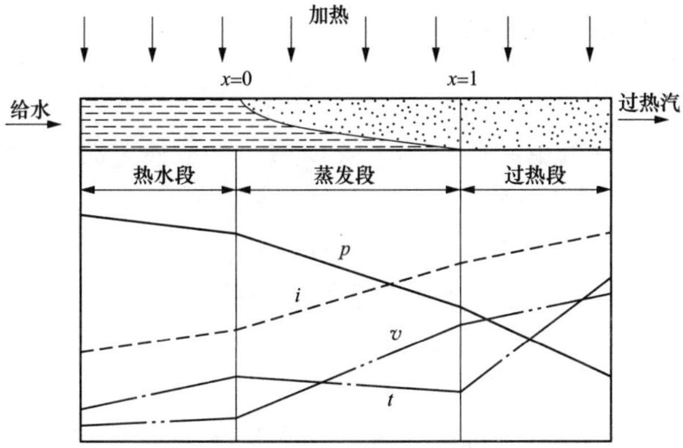

图 1-2 直流锅炉管中工质的状态和参数的变化情况

间，锅炉处于临界压力以下工作，此时水冷壁管中的工质有预热、汽化过程，水冷壁管出口的工质为汽水两相混合物。为了防止水蒸气进入过热器受热面，需要对水冷壁出口的汽水混合物进行汽水分离，为此，直流锅炉汽水流程中设计了启动用汽水分离器。当锅炉负荷超过本生点时，水冷壁管出口变成具有一定过热度的过热蒸汽。实际运行时，超超临界压力机组并不一定是带满负荷运行，有些机组需要变负荷运行调峰，以适应外界负荷的变化要求，此时，有些超超临界压力锅炉可能一部分时间处于亚临界压力下运行，并且这一亚临界压力的大小也不是固定不变的。在这种情况下，水冷壁管中汽水两相及水的分界面是在不断变化的。

综上所述，超超临界压力锅炉的炉内过程与亚临界压力及以下的锅炉没有明显区别，但锅内过程差别较大。在超超临界压力工况下运行时，水冷壁管中只有水的预热与蒸汽的过热两个阶段，而在亚临界压力以下变压运行时，水冷壁管中有预热与汽化两个阶段，并且汽水两相与水的分界面会随负荷的变化而变化。

二、 安全性和经济性指标

1. 安全性指标

锅炉运行的安全性指标用下述几种指标来衡量：

（1） 连续运行小时数＝两次检修之间运行的小时数。

（2） 事故率＝事故停运小时数/(总运行小时数＋事故停运小时数)×100%。

（3） 可用率＝(总运行小时数＋备用总小时数)/统计期间总小时数×100%。

在锅炉事故率和可用率的统计期间，可以用一个适当长的周期来计算，现在大型电站锅炉大修周期都有不同程度的延长，达到三年或更长，相应的事故率下降而可用率上升。

2. 经济性指标

锅炉运行中要耗用一定的燃料，每千克燃料具有一定的热值，但是所耗用的热量未能完全被利用，有些燃料未能完全燃烧，排出的烟气也带走热量等，锅炉的经济性可用锅炉效率和锅炉的投资来说明。

锅炉效率指锅炉每小时的有效利用热量与耗用燃料输入热量的百分比。

三、超超临界压力机组的优点

1. 热效率高

机组的蒸汽参数是决定机组经济性的重要因素。一般压力为 16.6～31.0MPa、温度在 535～600℃的范围内，压力每提高 1MPa，机组的热效率上升 0.18%～0.29%；新蒸汽温度或再热蒸汽温度每提高 10℃，机组的热效率就提高 0.25%～0.3%。

超超临界压力参数火力发电是有效利用能源的一项新技术，其工质的压力、温度均超过以往任何参数的机组，可大幅度提高机组热效率，从而降低发电煤耗和发电耗水量。根据实际运行燃煤机组的经验，亚临界压力机组（17MPa，538℃/538℃）的净效率为 37%～38%，超临界压力机组（24MPa，538℃/538℃）的净效率为 40%～41%，超超临界压力机组（28MPa，600℃/600℃）的净效率为 44%～45%。

2. 符合环保要求

由于提高了机组热效率，减少了单位发电量的燃料消耗，超超临界压力机组其 CO_2 排放量可以比亚临界压力机组降低近 20%。此外，由于采取了脱硫脱硝等减排措施，超超临界压力机组在降低 SO_2 和 NO_x 排放等方面也具有比较明显的优势。

3. 单机容量大

超超临界压力机组蒸汽压力高、比体积小，汽轮机高压缸叶片短，且级间差压大，为保证内效率，适宜采用大容量设计。超超临界压力机组的单机容量可达到百万千瓦级的水平。单机容量大，这使得超超临界发电技术与当前的其他洁净煤技术（包括循环流化床燃烧发电技术和整体煤气化联合循环发电技术等）相比，可以很大程度上降低机组的单位造价。

四、超超临界压力机组的技术特点

1. 工质热物性特点

水的临界压力为 22.115MPa，临界温度为 347.12℃。在超过这一临界点后，将看不见汽液共存的蒸发现象，水将从液态直接变成汽态，而且在超临界状态下，水和蒸汽的物性参数完全相同，也不存在密度差。所以超临界、超超临界压力机组只能采用直流循环方式，水在锅炉管中加热、蒸发和过热后直接向汽轮机供汽。由于工质在锅炉各受热段内流动时的阻力损失都由给水泵来克服的，因此超临界和超超临界压力机组需要较高的水泵压头，给水泵能耗大。

2. 采用新型高温耐热钢

超超临界压力机组的高参数对材料提出了高的要求，所用材料除应具有足够的持久强度，蠕变极限及屈服极限，还要具有较好的抗氧化性、耐腐蚀性及良好的焊接性能和加工性能，并具有合适的热膨胀、导热及弹性系数。

3. 启动系统

超超临界压力机组采用直流锅炉。直流锅炉在启动前必须建立一定的启动流量和启动压力，强迫工质流经各受热面，使其得到冷却。超超临界压力直流锅炉的启动流量一般为额定流量的 30%～35%。

由于没有汽包作为汽水固定的分界点，直流锅炉是水在锅炉管中加热、蒸发和过热后直接向汽轮机供汽，在启停或低负荷运行过程中从水冷壁出来的只是热水或汽水混合物，不允许进入汽轮机。因此，直流锅炉必须设置有启动系统，以保证锅炉启停和低负荷运行期间水冷壁的安全。启动系统主要是指启动分离器及与之相连和并联的汽水管道、阀门等，根据运行方式可分为外置式和内置式两种。

相比于外置式启动系统，内置式系统无须分离器解列或投运操作，从根本上消除了蒸汽温度的波动问题，更适合于机组调峰。

4. 变压运行

现代超超临界压力机组采用复合变压运行的方式，即在高负荷时保持额定的蒸汽压力，在低负荷时保持最低的蒸汽压力，在中间负荷时采用变压运行。也即在高负荷及低负荷区，负荷调节采用改变汽轮机调节阀开度的方式，而蒸汽压力保持不变；在中间负荷范围，采用变压运行，改变锅炉主蒸汽压力的方式调节负荷。这种复合变压运行方式可使机组在高负荷运行时保持额定压力，具有较高的循环效率和良好的负荷调节性能；在中间负荷，采用变压运行，使汽轮机通流部分的容积流量基本不变，保持较高的内效率，并使汽轮机高压缸的蒸汽温度保持稳定，因而热应力较小，具有快速变负荷的能力；在低负荷时，定压运行可防止压力过低出现流动不稳定等问题，因而具有最佳的综合性能。这样，采用复合变压运行的机组在高负荷及低负荷时能保持高的效率，以及具有更低的最小负荷，从而满足中间负荷和调峰的要求，因而是超超临界压力机组的主要运行方式。

5. 水冷壁结构形式

对超超临界变压运行锅炉，水冷壁结构形式主要为螺旋管圈水冷壁和由内螺纹管组成的垂直管水冷壁两种形式。螺旋管圈水冷壁是围绕炉膛上升的，对每根管子在炉膛中的吸热量基本相等，炉膛内热负荷沿宽度、深度和高度的分布不均匀基本对吸热量无影响，所以螺旋管圈水冷壁出口的温度十分均匀，其温差小于10℃。螺旋管圈水冷壁进口无节流圈，结构简单。螺旋管圈水冷壁需要较高的质量流速，一般要比垂直管圈高40%～50%，因而流动阻力较大，比垂直管圈水冷壁高0.5～1.0MPa。另外，螺旋管圈水冷壁的设计、制造、安装和支吊均比较复杂，现场的焊口较多。此外，螺旋管圈水冷壁防止低灰熔点煤的结渣比垂直管圈水冷壁稍差。

垂直管圈水冷壁是一次上升，结构简单，质量流速比螺旋管圈水冷壁低，阻力小，且在低负荷下有一定的自补偿能力，设计、制造、安装和支吊比较简单。一般垂直管圈水冷壁的锅炉大多采用四角切圆燃烧方式。由于炉膛内存在热负荷不均匀，引起的水冷壁出口温度偏差要比螺旋管圈水冷壁出口温度偏差大得多，一般要达30～50℃，因此垂直管圈水冷壁进口要设置节流圈，并且首次启动中往往还需对节流圈进行局部调整。由于垂直管圈水冷壁出口壁温和偏差要高于螺旋管圈水冷壁，因此垂直管圈水冷壁出口的材质要好于螺旋管圈水冷壁。

螺旋管圈水冷壁和垂直管圈水冷壁各有特点，都能适应超超临界压力锅炉运行的需要。

6. 锅炉本体结构

大容量超超临界压力电站锅炉的本体结构形式主要有两种，即Π型结构和塔型结构。采用Π型结构形式时，烟气由炉膛经水平烟道进入尾部烟道，再在尾部烟道通过各受热面后排出。Π型结构的主要优点是锅炉高度较低，尾部烟道烟气向下流动有自生吹灰作用，各受热面易于布置成逆流形式，对传热有利等；主要缺点是烟气流经水平烟道和转弯烟室时，使尾部受热面的局部磨损，燃烧器布置比较困难，烟气分布的不均匀性较大，水平烟道中的受热面垂直布置不能疏水，炉膛前后墙结构差别大，后墙水冷壁的布置比较复杂。

塔形结构是将所有承压对流受热面布置在炉膛上部，烟气一路向上流经所有受热面后再折向后部烟道，流经空气预热器后排出。这种布置方式的最大优点是烟气温度比较均匀，对流受热面的磨损较轻，对流受热面水平布置易于疏水，水冷壁布置比较方便，穿墙管大大减少。

7. 低 NO_x 燃烧系统

现代超超临界压力锅炉一般都配备先进的燃烧系统，以降低 NO_x 的排放和飞灰中可燃物的含量。

在采用直流燃烧器切圆燃烧方式的超超临界压力锅炉中，主要通过一、二次风偏置加燃尽风的空气分级燃烧，从而实现低 NO_x 排放。采用旋流燃烧器前后对冲布置燃烧方式，主要通过旋流燃烧器的分级送风和浓淡燃烧技术实现高效燃烧和火焰内脱氮的目的，同时结合燃尽风来实施炉内整体分级燃烧，以进一步降低 NO_x 排放。

8. 汽温调节

过热蒸汽温度由燃水比作为粗调，喷水减温器进行细调。再热蒸汽温度一般由尾部烟道的烟气挡板及烟气再循环进行调节，同时装有事故喷水。由于高压给水喷水调节再热蒸汽温度将使机组的热效率降低，因此在一般情况下不用喷水调节再热蒸汽温度。

五、 超超临界压力直流锅炉的炉型介绍

现代直流锅炉的一个突出特点就是锅炉的容量与蒸汽参数已得到了很大的提高。目前，超超临界压力直流锅炉的主蒸汽压力已提高到 25～31MPa，主蒸汽温度控制在 540～600℃之间。随着锅炉技术的发展，现代直流锅炉在形式上逐渐趋于一致，主要有三种形式：一次垂直上升管屏式（UP 型）；炉膛下部多次上升、炉膛上部一次上升管屏式（FW 型）；螺旋围绕上升管屏式。

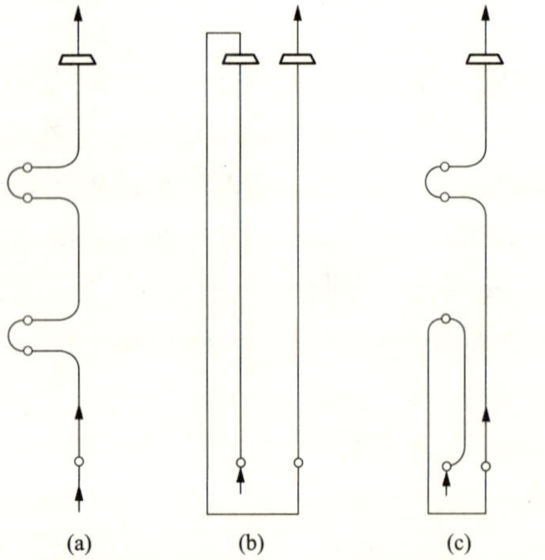

图 1-3 UP 型直流锅炉水冷壁形式

（a）一次上升型；（b）上升-上升型；（c）双回路上升型

1. UP 型直流锅炉

美国巴布-库克（Babcook）公司首先采用了一次垂直上升管屏式直流锅炉（UP 型），此种锅炉是在本生锅炉的基础上发展而来的，锅炉压力既适用于亚临界也适用于超临界。

水冷壁有三种形式：适用于大容量的亚临界压力及超临界压力锅炉的一次上升型；适用于较小容量的超临界压力锅炉的上升-上升型；适用于较小容量的亚临界压力锅炉的双回路型。UP 型直流锅炉水冷壁形式如图 1-3 所示。

UP 型锅炉因采用一次上升管屏，各管间壁温差较小，适合采用膜式水冷壁。一次上升垂直管屏有一次或多次中间混合，每个管带

入口设有调节阀，质量流速在 2000～3400kg/(m² · s)，可有效减小热偏差；此外，一次上升型垂直管屏还具有管系简单、流程短、汽水阻力小、可采用全悬吊结构、安装方便的优点。但由于一次上升型垂直管屏具有中间联箱，不适合于作滑压运行，特别合适于 300MW 及以上和带基本负荷的大容量锅炉。

2. FW 型直流锅炉

FW 型锅炉是由美国福斯特-惠勒公司（Foster Wheeler）以本生型锅炉为基础发展起来的一种炉膛下部多次上升、上部一次上升管屏式直流锅炉。此类锅炉的蒸发受热面采用较大的管径。由于炉膛下部热负荷较高，通常下部采用 2～3 次垂直上升管屏，使每个流程的焓增量减少，且各流程出口的充分混合可减少管子间的热偏差；而炉膛上部热负荷较低，且工质比体积大，故采用一次上升管屏。炉膛上、下部间由于采用了中间混合，故不适合滑压运行。如图 1-4 所示为一台 FW 型直流锅炉炉膛受热面布置示意。

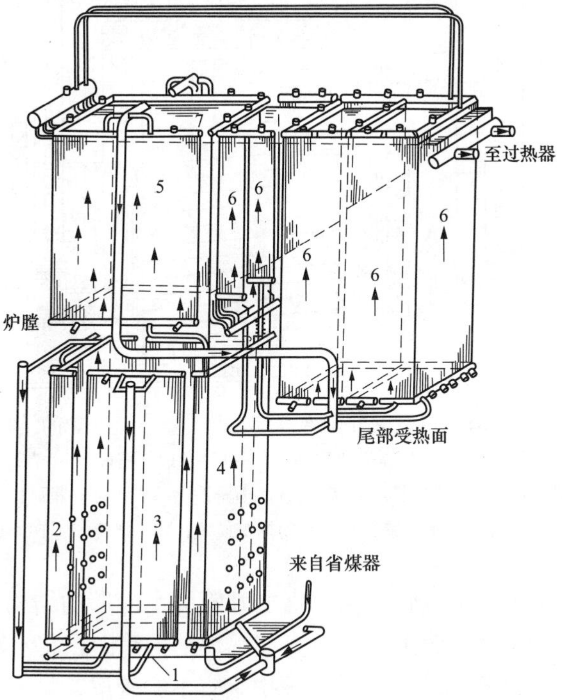

图 1-4　FW 型直流锅炉炉膛受热面布置示意

1—回路 1，炉膛底部；2—回路 2，炉膛下部前墙和两侧墙（前部）；3—回路 3，炉膛下部两侧墙（中间）；4—回路 4，炉膛下部后墙和两侧墙（后部）；5—回路 5，炉膛上部侧回侧；6—回路 6，对流烟道各侧；7—顶棚

3. 螺旋管式水冷壁直流锅炉

螺旋管式水冷壁直流锅炉是由瑞士等国为适应变压运行的需要而发展起来的一种直流锅炉型。该炉型的水冷壁采用螺旋围绕管圈，由于管筒吸热较均匀，在蒸汽生成途中可不用混合联箱，因此，锅炉滑压运行时不存在汽水混合物分配不均匀问题。图 1-5 所示给出了一台 265MW 机组的苏尔寿螺旋式水冷壁直流锅炉的结构简图。

螺旋管水冷壁管锅炉在垂直方向承受载荷的能力较差，因此，有时在炉膛的上部采用垂

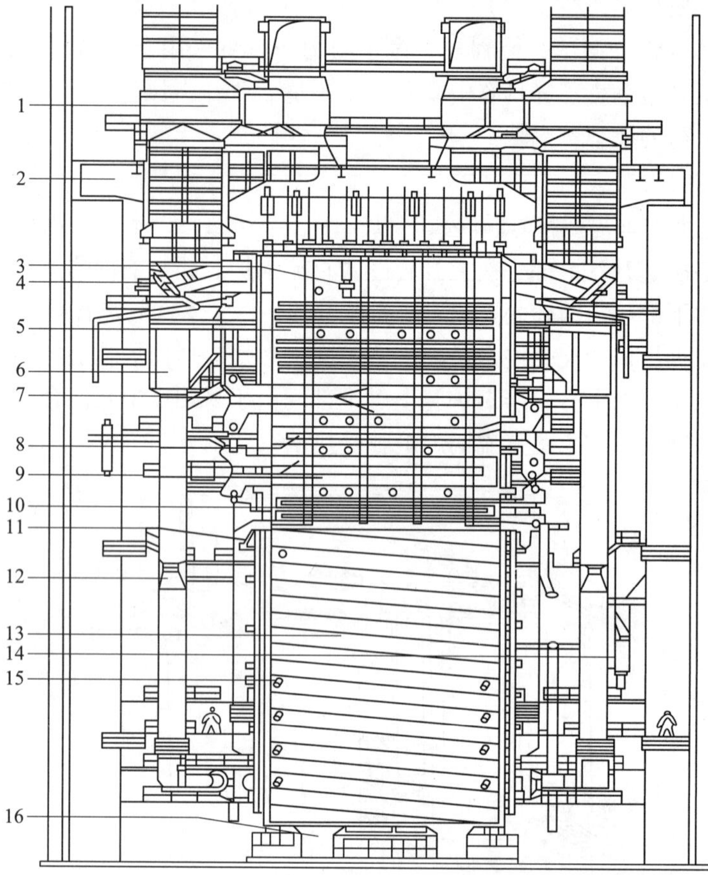

图 1-5　265MW 机组的苏尔寿螺旋式水冷壁直流锅炉的结构简图

1—空气预热器；2—大梁；3—省煤器进口联箱；4—空气及烟气挡板；5—省煤器；6—环形风道；7—第一级再热器；8—末级过热器；9—第二级再热器；10—屏式过热器；11—中间混合联箱；12—流量孔板；13—螺旋式水冷壁；14—启动热交换器；15—燃烧器；16—烟气再循环风机

直上升管屏。如图 1-6 所示为螺旋管圈加垂直上升管屏水冷壁的结构示意，如图 1-7 所示为一台 600MW 机组的螺旋围绕垂直上升管屏直流锅炉结构简图，其水冷壁可视为由上下两部分组成，下部采用螺旋围绕管圈，上部采用一次垂直上升管屏。炉水从冷灰斗底部水冷壁入口联箱进入，通过数百根并列管作一定倾角的螺旋型盘绕上升至炉膛中部，进入中间联箱，然后再次进入炉膛上部垂直管组，上升到炉顶出口联箱为止。这种结构的直流锅炉将上升管屏与螺旋管圈水冷壁的优点有机地结合起来，更有利于锅炉的安全运行，同时也在一定程度上克服了全螺旋管圈水冷壁的支吊困难。

下部螺旋管圈加上部垂直上升管屏结构的直流锅炉在我国已有 300、500、600、900MW 机组配套锅炉投入运行。这种锅炉的压力随负荷变动，600MW 机组直流锅炉的典型压力变化范围为：在 0%～34%负荷时，锅炉压力约为 10.2MPa；在 34%～89%时，锅炉压力为 10.2～25.1MPa；在 89%～100%负荷时，锅炉压力为 25.1～25.4MPa。

传统的观念认为只有螺旋管圈水冷壁才能满足全炉膛变压运行的要求，但是目前欧洲的火电机组锅炉仍然采用下炉膛螺旋管圈、上炉膛垂直管屏的传统设计，这种水冷壁系统对于

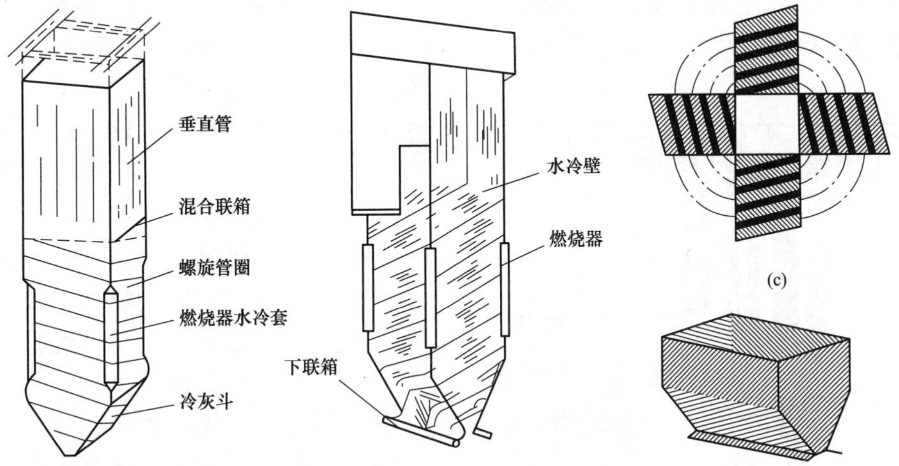

图 1-6　螺旋管圈加垂直上升管屏水冷壁的结构示意

(a) 切圆燃烧螺旋管圈炉膛结构；(b) 切圆燃烧炉膛螺旋管圈水冷壁；

(c) 螺旋管圈水冷壁展开平面图；(d) 螺旋管圈冷灰斗

光管水冷壁为了获得足够的冷却能力是十分必要的。采用螺旋管圈的主要优点有三点：

(1) 可以采用合适的管径和壁厚，满足较高的质量流速［例如，600MW 超临界压力锅炉在锅炉最大连续蒸发量（boiler maximum continue rate，BMCR）工况质量流速高达 2800kg/(m^2·s)］，从而确保水冷壁的安全冷却。

(2) 对炉膛燃烧或局部结渣引起的热负荷偏差不太敏感，可以有效地补偿沿炉膛断面上的热偏差，从而使水冷壁出口温差大大减小（相对于一次垂直上升管圈而言）。

(3) 需要根据热负荷分布进行平行管系中复杂的流量分配，可以容易地满足变压运行要求，并且在压力较低时水动力比较稳定，传热也相当可靠。螺旋管圈水冷壁的缺点是结构复杂、流动阻力大和现场安装工作量大。

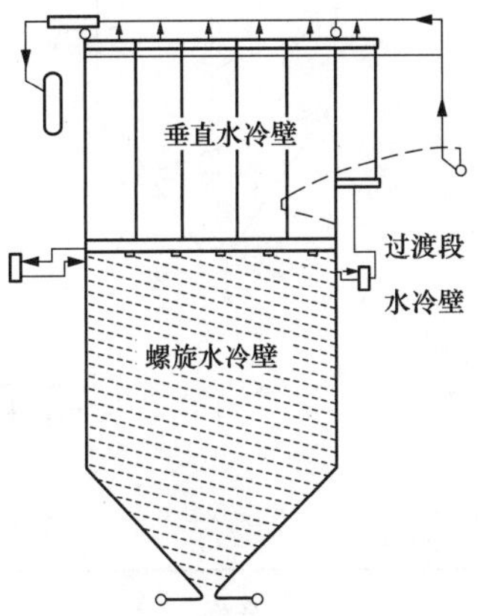

图 1-7　600MW 机组螺旋管圈上升管屏直流锅炉结构简图

六、典型的超超临界压力再热直流锅炉

国家电投集团江西电力有限公司新昌发电分公司（以下简称“新昌电厂”）机组为 2×700MW 高效超超临界压力变压螺旋管圈直流锅炉，由东方电气集团东方锅炉股份有限公司制造的单炉膛、一次中间再热、平衡通风、运转层以上露天布置、固态排渣、全钢构架、全悬吊结构 Π 型锅炉，锅炉型号为 DG2060/26.15－Ⅱ2 型。锅炉煤种采用黄陵与丰城混煤，校核煤种 1 采用安徽淮南烟煤，校核煤种 2 采用黄陵与平顶山混煤，校核煤种 3 采用陕西黄陵烟煤。制粉系统采用正压直吹式制粉系统，设有两台 50% 容量的动叶可调轴流式一次风机提供一次热、冷风输送煤粉。采用两台动叶可调引风机和两台动叶可调送风机。燃烧器采

用外浓内淡型低 NO_x 旋流煤粉燃烧器，组织对冲燃烧，满足燃烧稳定、高效、可靠、低 NO_x 的要求。燃烧器共 36 只，采用油枪与煤粉燃烧器一体的旋流筒体式结构，分三层前后墙对冲布置。每台锅炉配有 6 台正压直吹式中速磨煤机，型号为 HP1003，最大保证出力 74t/h（设计煤种煤粉细度 $R_{90}=19.64\%$）。锅炉烟气从炉膛出口通过尾部受热面，在省煤器出口烟气分两路进入选择性催化还原（SCR）脱硝装置，而后进入容克式三分仓空气预热器，经低低温省煤器后进入电除尘。灰渣采用分除方式，飞灰采用气力干除灰，除渣方式为湿式除渣。烟气脱硫采用石灰石-石膏湿法脱硫工艺。

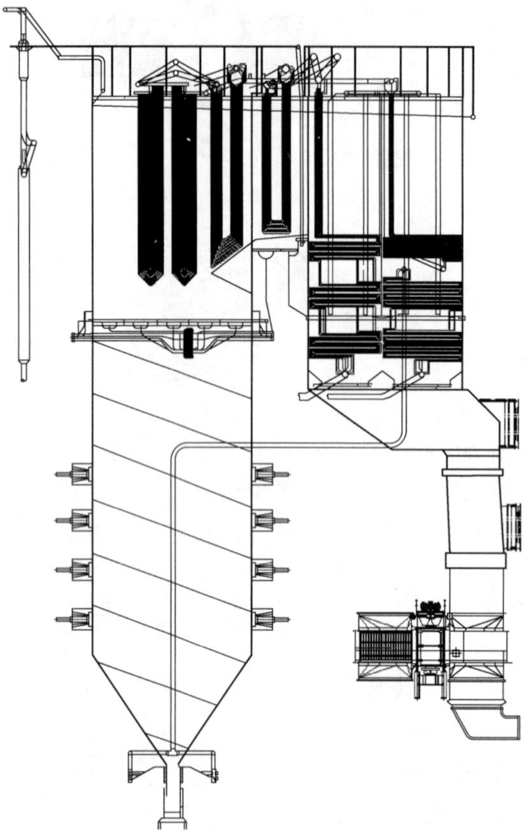

图 1-8　锅炉结构总图

锅炉水容积：省煤器 120m³、水冷壁 57m³、过热器 154m³，再热器系统 300m³，炉膛尺寸（$H\times W\times D$）：22 162.4mm×15 456.8mm×65 000mm。

锅炉结构总图如图 1-8 所示。

1. 锅炉设备主要技术性能

（1）锅炉铭牌。

锅炉型号：DG2060/26.15-Ⅱ2 型；

额定工作压力：26.15MPa；

主蒸汽温度：605℃。

（2）锅炉主要设计参数。锅炉主要设计参数见表 1-1。

表 1-1　　锅炉主要设计参数

名称	单位	BMCR	ECR
过热蒸汽流量	t/h	2060	1956.9
过热器出口蒸汽压力	MPa（a）	26.15	26.03
过热器出口蒸汽温度	℃	605	605
再热蒸汽流量	t/h	1659.02	1582.01
再热器进口蒸汽压力	MPa(a)	5.33	5.08
再热器出口蒸汽压力	MPa(a)	5.13	4.90
再热器进口蒸汽温度	℃	362	357
再热器出口蒸汽温度	℃	603	603
省煤器进口给水温度	℃	297	293

2. 锅炉热平衡参数

锅炉热平衡参数见表 1-2。

表 1-2　　锅炉热平衡参数

序号	项目	符号	单位	设计参数
1	排烟损失	q_2	%	5.30
2	气体未完全燃烧损失	q_3	%	0.0
3	固体未完全燃烧损失	q_4	%	0.60
4	散热损失	q_5	%	0.17
5	灰渣物理热损失	q_6	%	0.10
6	锅炉效率	η	%	93.83
7	计算燃料消耗量	B	%	259 600
8	理论空气量（标准状态）	V_0	kg/h	5.6968
9	炉膛出口过量空气系数	α''	m^3/kg	1.18

第四节　再热机组的参数

一、 再热机组热力循环原理

为了提高大容量机组的经济性，通常采用中间再热的方法来降低热耗。再热可以提高热力循环的效率，理论上再热级数多则热力循环效率高。典型再热热力循环温-熵（*T-S*）图和热力系统示意如图 1- 9 和图 1-10 所示。再热机组热力循环系统中，蒸汽在高压缸做功后进入锅炉进行再加热，其热力循环 *T-S* 图可见，整个热力循环可以等效为原朗肯循环叠加两个附加循环，等同于提高了朗肯循环的热端平均温度。

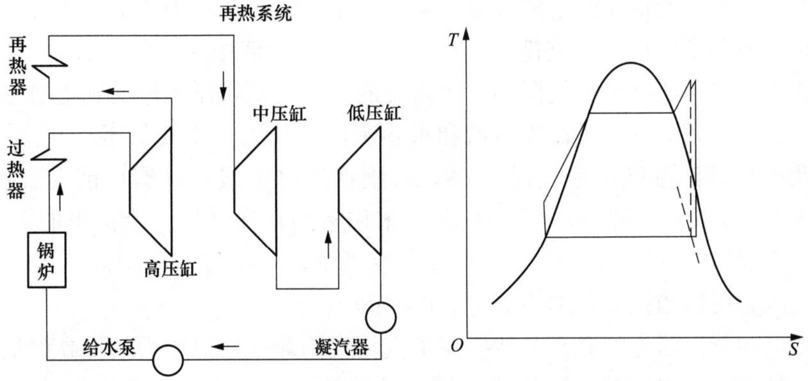

图 1-9　典型再热热力循环温-熵（*T-S*）图

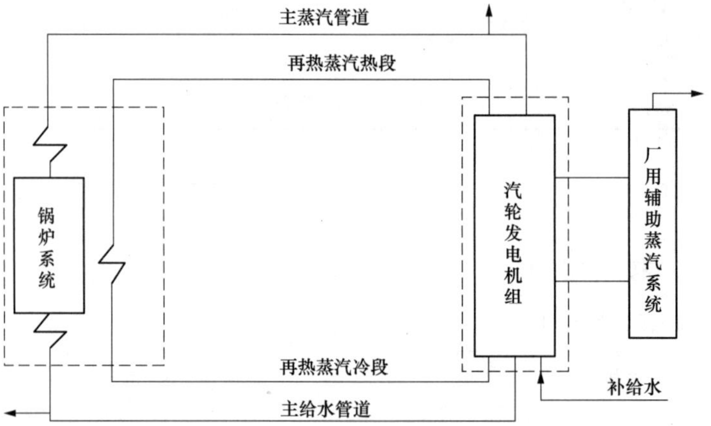

图 1-10　再热机组热力系统示意

二、 主蒸汽压力

汽轮机的进汽参数与机组的经济性、安全可靠性和制造成本有关。一般而言，进汽参数越高，电厂的热经济性越高，相应的制造成本也越大。同时进汽参数还与机组容量及再热方式相关，随着容量的增加，参数随之增高，这样的配置可充分提高机组的经济性，能对汽轮机结构设计尤其是通流部分的设计带来较大的益处。

我国目前 300MW 容量以上的火电机组，汽轮机的主蒸汽压力按参数等级大致定型为亚临界 16.7MPa(a)、超临界 24.2MPa(a)、超超临界 25～27MPa(a)。提高主蒸汽压力可以提高整个机组的循环效率。

从温熵图的分析可以得知，主蒸汽压力的提高有利于机组效率的提高。但是主蒸汽压力的提高对高压缸通流效率也有负面影响，主要是初压提高导致蒸汽比体积减小，将使汽轮机高压通流部分叶片高度减小，甚至机组部分负荷下需要采用部分进汽，导致叶片的二次流损失和轴封漏汽损失都增大，会抵消一部分提高压力参数所带来的好处。

对再热机组，主蒸汽压力的提高受到汽轮机本体的限制。为保持最佳的循环效率，再热蒸汽压力（即高压缸排汽压力）与主蒸汽压力有最佳比值，较高的主蒸汽压力意味着较高的再热蒸汽压力。然而，受低压缸进汽温度的限制，中压缸排汽压力不能相应提高，提高主蒸汽压力的同时也增加了中压缸的进排汽压比，较大的焓降使中压缸的设计难度增加，因此，主蒸汽压力的提高受中压缸压比的限制。更重要的是，主蒸汽压力还受到再热蒸汽温度的限制，相同的再热温度条件下，提高主蒸汽和再热蒸汽的压力，将使低压缸的排汽湿度增大。通常情况下低压缸排汽湿度不应超过 12%，否则低压缸末级叶片有可能受到水蚀。因此，对于目前再热温度为 600～620℃的再热机组，采用标准背压（指湿冷机组的 4.9kPa）时主蒸汽额定压力不超过 28MPa（a）；对于直接空冷机组，由于背压的提高，低压缸排汽湿度降低，主蒸汽压力可适当提高，但不高于 30MPa(a)。

与此同时，主蒸汽压力的升高虽然提高了汽轮机的效率，但压力的提高增加了锅炉压力部件、主蒸汽管道、给水管道、汽轮机高压缸的设计压力，造成主蒸汽通流部件的壁厚增加，使材料成本上升，尤其是耐高温热强钢的成本上升。管道及联箱壁厚增加还会导致机组启动、停机灵活性下降。另外，主蒸汽压力的提高对于机组厚壁部件的设计要考虑设计规范的适应性。

三、 蒸汽温度的选择

进汽温度的变化对于汽轮机热力循环效率的影响一般可简单归纳为每10℃主蒸汽温度影响热耗0.25%～0.30%，每10℃再热蒸汽温度影响热耗0.15%～0.20%。因此，与蒸汽压力相比，机组热效率对主蒸汽温度和再热蒸汽温度的变化更敏感。目前，国内外运行的一次再热机组的最高蒸汽参数为汽轮机侧主蒸汽温度600℃，再热蒸汽温度620℃。

蒸汽温度的进一步提高都受制于耐热钢材。与汽轮机进汽温度密切相关的主要部件有汽轮机的转子、内缸和阀门，锅炉的末级联箱，锅炉高温受热面，以及主蒸汽和再热蒸汽热段管道。

四、 锅炉受热面材料

对于参数在600～620℃的超超临界压力锅炉，过热器、再热器管的材料根据金属温度从低到高，依次可选用12Cr1MoVG、T91、T92、TP347HFG、Super304H、HR3C。

对于600℃锅炉，末级过热器的最高金属中间点计算壁温在634～657℃范围内，末级再热器的最高金属中间点计算壁温在643～658℃范围内。当再热蒸汽温度进一步上升到620℃时，再热器的最高金属中间点计算壁温可达655～675℃。因此，过热器与再热器的管材选择主要考虑高温持久强度和抗蒸汽及烟气氧化能力，超超临界压力锅炉的高温受热面均采用了奥氏体不锈钢。TP347HFG、Super304H、HR3C在高温下的许用应力能满足600～620℃参数锅炉的热强度要求，使得管子的壁厚保持较小的水平。在高温下过热器管束氧化问题是超超临界压力锅炉中应重点考虑的一个问题，蒸汽温度提高后，可以在高温区域多采用含25%Cr的HR3C钢。

第二章 汽 水 系 统

第一节 锅炉汽水流程概述

直流锅炉的汽水流程以内置式启动分离器为分界点，从水冷壁入口联箱到启动分离器为水冷壁系统，从分离器出口到过热器出口联箱为过热器系统，另有省煤器系统、高温再热器系统、低温再热器系统和启动系统。

自给水管路出来的水由炉侧一端引入位于尾部竖井后烟道下部的省煤器入口联箱，流经省煤器受热面吸热后，由省煤器出口联箱端部引出经集中下降管、下水连接管进入螺旋水冷壁入口联箱，经螺旋水冷壁管、螺旋水冷壁出口联箱、混合联箱、垂直水冷壁入口联箱、垂直水冷壁管、垂直水冷壁出口联箱进入水冷壁出口混合联箱汇集后，经引入管引入汽水分离器进行汽水分离。进入循环运行时从分离器分离出来的水进入储水罐，蒸汽则依次流经顶棚管、后竖井/水平烟道包墙、低温过热器、屏式过热器和高温过热器；进入直流运行时全部工质均通过汽水分离器进入顶棚管。

从汽轮机高压缸出口来的蒸汽，经过再热器进一步加热后，使蒸汽的焓和温度达到设计值，再返回到汽轮机中压缸。

第二节 省 煤 器

一、 省煤器形式和布置

省煤器是利用锅炉尾部烟气的热量来加热给水的一种热交换装置。省煤器的作用就是让给水在进入锅炉前，利用烟气的热量进行加热，这样就减少了水在蒸发受热面内的吸热量，采用省煤器可以取代部分蒸发受热面，同时降低排烟温度，提高锅炉效率，节约燃料耗量。省煤器的另一作用在于给水流入蒸发受热面前，先被省煤器加热，这样就降低了炉膛内传热的不可逆热损失，提高了经济性，同时减少了水在蒸发受热面的吸热量。

省煤器中的工质是给水，其温度要比给水压力下的饱和温度要低得多，加上在省煤器中工质是强制流动，逆流传热，与蒸发受热面比较，在同样烟气温度的条件下，其传热温差较大，传热系数较高。也就是说，在吸收同样热量的情况下，省煤器可以节省金属材料。同时，省煤器的结构比蒸发受热面简单，造价也就较低。因此，电厂锅炉中常用管径较小、管壁较薄、传热温差较大、价格较低的省煤器代替部分造价较高的蒸发受热面。

按照省煤器出口工质状态（是否被加热到该压力下的饱和温度）的不同，可以分成沸腾式和非沸腾式两种。在现代大容量锅炉中，由于参数高，水的汽化潜热所占比例减少，单位质量的水加热至饱和所需热量所占比例增大，因此一般采用非沸腾式省煤器，而且为了保证安全，省煤器出口的水都有较大的欠焓。

省煤器蛇形管可以错列布置或顺列布置。错列布置可使结构紧凑，管壁上不易积灰，但一旦积灰后吹灰比较困难，磨损也比较严重。顺列布置时的情况正好相反，因为容易清灰，大型锅炉中经常采用。

省煤器通常是布置在烟气下行的对流烟道中。蛇形管束大都水平布置，以便在停炉时能放尽管内存水，减少停炉期间的腐蚀。在蛇形管内，一般多保持水流由下向上流动，以便排除水中的气体，避免造成管内局部氧腐蚀。烟气一般自上而下流动，既有自身吹灰作用，又能保持烟气相对于水的逆向流动，以增大传热温差。

省煤器蛇形管在对流烟道中的布置，可以垂直于锅炉前墙，也可以与前墙平行，如图2-1所示。当布置省煤器的烟道尺寸和省煤器管子节距一定时，蛇形管布置方式不同，则管子的数目和水的流通截面积就不同，因而管内水流速度也不一样。通常，省煤器的尾部烟道其宽度较大而深度较小。当蛇形管垂直于前墙布置时，管子短，但并列管数较多，因而水速较小。蛇形管的支吊比较简单，这是因为深度较小，在弯头两端附近支吊已经足够。在Π形布置和Γ形布置的锅炉中，省煤器蛇形管垂直于前墙布置方式的主要缺点是烟气从水平烟道向下转入尾部烟道时，烟气流要转弯90°。由于离心力作用，烟气中的灰粒大多集中于靠后墙一侧，此处的飞灰浓度大，磨损较严重，使所有蛇形管靠近后墙侧的弯头附近都受到飞灰的严重磨损。

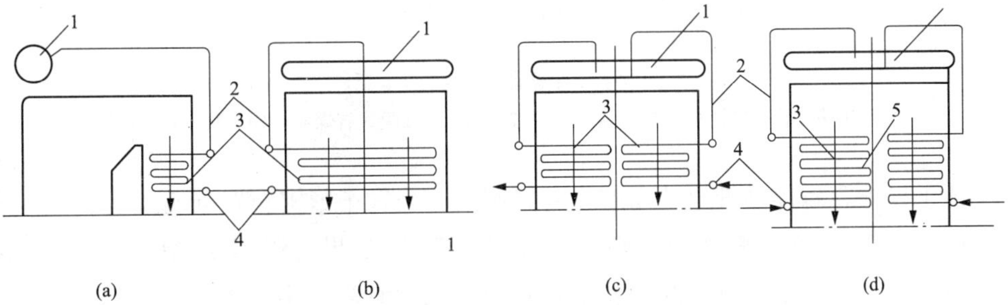

图2-1　省煤器蛇形管的布置

（a）垂直前墙布置；（b）平行前墙布；（c）、（d）双面进水平行

1—汽包；2—水连通管；3—省煤器蛇形管；4—进口联箱；5—交混连通管

当蛇形管平行前墙布置时，情况就不同了，前墙布置只有靠近后墙侧附近的几根蛇形管磨损比较严重，磨损后只需更换少数几根蛇形管就可以了。但蛇形管平行前墙布置，其支吊复杂些，而且由于并列的蛇形管管数相对较少，因而管内水速较高。为减低水速，可采用图2-1（c）、（d）的双面进水方式。

省煤器蛇形管中的水速，对管子金属的温度工况和管内腐蚀有一定的影响。当给水除氧不良时，进入省煤器的给水，在受热后就会放出氧气，这时如果水流速度很低，氧气就会附在管子内壁上，造成金属的局部氧腐蚀。运行经验证明，对于水平布置的非沸腾式省煤器，当水的流速大于0.5m/s时，就可以避免金属的局部氧腐蚀。而对于沸腾式省煤器的后段，管内是汽水混合物，这时如果水平管中水流速度较低，就容易发生汽水分层，即水在管子下部流动，而蒸汽在管子上部流动。同蒸汽接触的那部分受热面传热较差，金属温度较高，甚至可能超温。在汽水分界面附近的金属，由于水面的上下波动，温度时高时低，容易引起金属疲劳破裂。因此，对沸腾式省煤器蛇形管的进口水速不得低于 1m/s。

钢管省煤器的蛇形管可以采用光管，也可以采用纵向鳍片管、螺旋型鳍片管和整焊膜式受热面。光管结构简单，加工方便，烟气流过时的阻力小。而鳍片管则可强化烟气侧的热交换，使省煤器结构更加紧凑，在同样的金属消耗量和通风电耗的情况下，焊接鳍片管如图 2-2（a）所示所占空间比光管约可减少 20%～25%，而采用轧制鳍片管如图 2-2（b)所示，可使省煤器的外形尺寸比光管减少 40%～50%，整焊膜式省煤器如图 2-2（c)所示也具有同样的优点。鳍片管和整焊膜式省煤器还能减轻磨损，这是因为它们比光管占有的空间小，因此在烟道截面不变的情况下，可以采用较大的横向节距，从而使烟气流通截面增大，烟气流速下降，磨损大为减轻。肋片式省煤器的主要特点是热交换面积明显增大，比光管大 4～5 倍，这对缩小省煤器的体积，减小材料消耗很有意义，如图 2-2（d）所示。

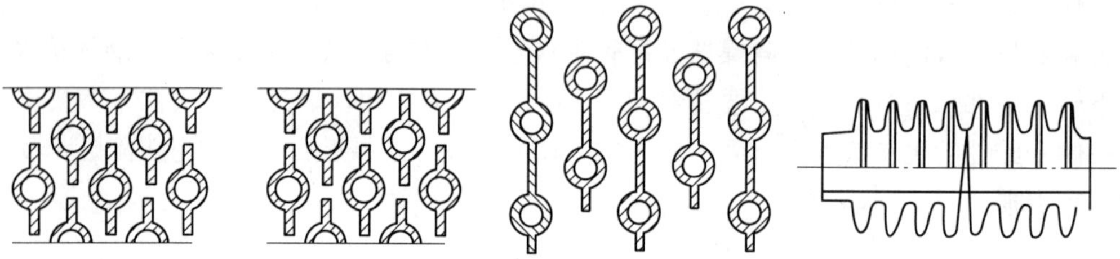

(a)　(b)　(c)　(d)

图 2-2　省煤器管子结构示意

（a）焊接鳍片管省煤器；（b）轧制鳍片管省煤器；（c）膜式省煤器；（d）肋片式省煤器

为了便于检修，省煤器管组的高度是有限制的。当管子紧密布置（$S_2/d \leqslant 1.5$）时，管组高度不得大于 1m；布置较稀时，则不得大于 1.5m。如果省煤器受热面较多，沿烟气行程的高度较大时，就应把它分成几个管组，管组之间留有高度不小于 600mm 的空间，以便进行检修和清除受热面上的积灰。

二、锅炉省煤器结构

以新昌电厂锅炉机组为例，省煤器位于后竖井后烟道内低温过热器的下方，沿烟道宽度方向顺列布置。给水从炉侧直接进入省煤器进口联箱，经省煤器蛇形管，进入省煤器出口联箱，然后从炉侧通过单根下降管、若干根下水连接管引入螺旋水冷壁。

省煤器蛇形管由光管组成，若干根管圈绕，采用上、下两组逆流布置，上组布置在后竖井下部环形联箱以上包墙区域，下组布置在后竖井环形联箱以下护板区域。省煤器材质为 SA-210C，省煤器进口联箱、省煤器出口联箱均为 SA-106C。

省煤器系统自重通过包墙系统引出的吊挂管悬吊，悬吊管吊杆将荷载直接传递到锅炉顶部的钢架上。

为防止省煤器管排的磨损，在省煤器管束与四周墙壁间设有阻流板，在每组上排迎流面及边排和弯头区域设置防磨盖板。

省煤器进口联箱位于后竖井环形联箱下护板区域，穿护板处联箱上设置有防旋装置，进口联箱由烟气调节挡板处的支撑梁支撑。汽水系统流程如图 2-3 所示。

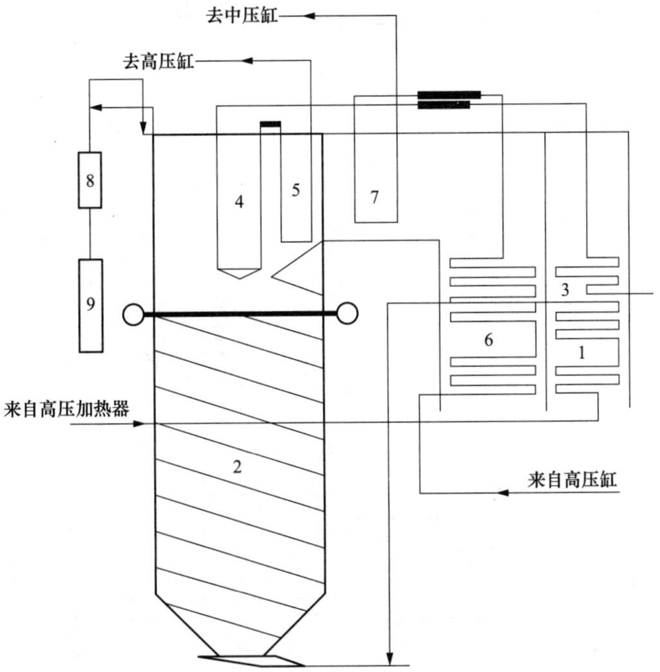

图 2-3 锅炉汽水系统流程图

1—省煤器；2—炉膛；3—低温过热器；4—屏式过热器；5—末级过热器；
6—低温过热器；7—高温过热器；8—汽水分离器；9—储水灌

自给水管路出来的水由炉前进入省煤器入口联箱，流经省煤器蛇形管后由省煤器汇集联箱引出吊挂管至顶棚以上的省煤器出口联箱。由省煤器出口联箱两端引出集中下水管进入位于锅炉左、右两侧的集中下降管分配头，再通过下水连接管进入水冷壁入口联箱。工质经省煤器管加热后进入水冷壁系统。

三、 锅炉低低温省煤器

低低温省煤器受热面管束安装在电除尘器进口烟道内，共分为四组（A、B 侧各两组受热面）。供水管分别从机组的 8 号低压加热器前引出，经增压泵增压后进入供水管接入水平段四组低低温省煤器进水集水箱，回水管自四组低低温省煤器出水集水箱引出，沿着回水管回到机组的 6 号低压加热器前（低低温省煤器与 7、8 号低压加热器并联运行，可单独退出，不影响机组正常运行）。

管道中间设置有再循环管道，再循环管道入口取自回水母管（回水电动门前，低低温受热面管箱后），将换热后的水与 8 号低压加热器前引出的凝结水混合后（提高低低温管箱入口水温，防止低温腐蚀）接入低低温增压泵入口管道。低低温省煤器系统流程如图 2-4 所示。

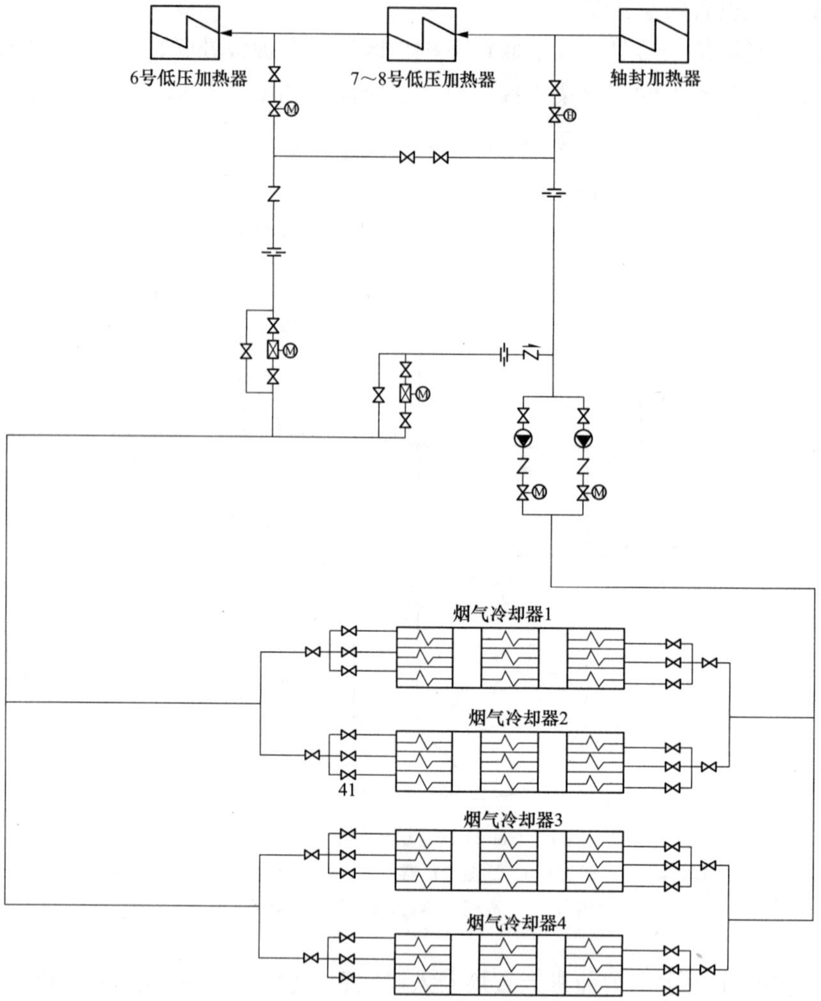

图 2-4　低低温省煤器系统

四、 省煤器运行中积灰与磨损

1. 省煤器积灰

新昌电厂锅炉省煤器采用顺列布置，与错列布置相比，顺列布置对省煤器的积灰不利，工质与烟气的换热减弱，但可以减少省煤器管的磨损。错列管束管子纵向节距小，气流扰动越大，气流冲刷管子背风面的作用越强，管子积灰越少。而顺列管束，除了第一排管子外，烟气冲刷不到其余管子的正面和背面，只能冲刷管子的两侧，不论管子正面和背面均可能发生严重积灰，但顺列布置有助于吹灰，对积灰的清除有利。

进入省煤器区域的烟气温度已经比较低，没有熔化的飞灰，碱金属（钠、钾）氧化物蒸汽的凝结也已结束，所以省煤器的积灰，容易用吹灰方法消除。进入省煤器区域的飞灰，具有不同的颗粒尺寸，属于宽筛分组成，一般都小于 200μm，大多数为 10～20μm。当携带飞灰的烟气横向冲刷蛇形管时，在管子的背风面形成涡流区，较大颗粒飞灰由于惯性大不易被卷进去，而小于 30μm 的小颗粒跟随气流卷入涡流区，在管壁上沉积下来，形成楔形积灰。

省煤器管壁上的积灰后，使省煤器管的传热系数降低，传热恶化，提高了空气预热器进口的烟气温度，严重时会使空气预热器的运行工况恶劣，造成空气预热器内受热面的损坏，同时也会引起空气预热器出口排烟温度升高，导致排烟热损失提高，降低锅炉效率。积灰可能使烟道堵塞，轻则使烟气的流动阻力增加，引风机的功耗提高，汽耗率增加，严重时可能被迫停炉清灰。省煤器管壁积灰也增加了省煤器管低温腐蚀的可能性。

锅炉运行时，为防止或减轻积灰的影响，首先在运行过程中应及时对省煤器区域的受热面进行吹灰。以新昌电厂为例，因该锅炉省煤器采用了顺列的布置，吹灰对消除省煤器的积灰是非常有效的，尤其在锅炉负荷较低的情况下，流经省煤器的烟气流速较低时，更应及时进行吹灰，但频繁的吹灰也有可能造成省煤器管壁的吹损，因此，运行过程中还必须确定一个合理的吹灰间隔时间和吹灰的持续时间，一般情况下，每天吹灰一次或两次。其次，运行值班员还应防止省煤器的泄漏，泄漏后的水和饱和蒸汽会使省煤器的外表面形成黏结性灰而无法清除。

另外，尾部烟道的调温挡板的开度将直接影响到前后烟道内的烟气流量和流速，对受热面的积灰和磨损的影响也比较大，在锅炉的运行中，要尽量保持前、后烟道挡板开度的平衡。

2. 省煤器磨损

锅炉尾部受热面在烟气侧的冲刷磨损是一个错综复杂的技术问题，影响的因素也很多。对燃煤锅炉来说，进入尾部烟道的飞灰由于温度较低，特别是省煤器，进口烟温已降到460℃左右，其中含有坚硬的未熔化的矿物质，如石英和铁矿石等，硬度很高，硬度值达6～7。对这些形状不规则的、坚硬的大于50μm的大颗粒矿物质，随烟灰气流高速冲刷、撞击管子表面，动能做功、克服分子力，磨掉受热面管子外壁的氧化皮及金属微观颗粒，即发生了磨损。

含有硬粒飞灰的烟气相对于管壁流动，对管壁产生磨损称为冲击磨损，亦称冲蚀。冲蚀分为撞击磨损和冲刷磨损两种。

飞灰颗粒冲击到金属壁面任一点时，灰粒的运行方向与该切点平面的夹角一般称为灰粒对此点的冲击角。灰粒作用到该点的力可以分解为法向力和切向力。法向力（冲击力）引起撞击磨损，使管壁表面产生微小的塑性变形或显微裂纹，在大量灰粒长期反复的撞击下，逐渐使塑性变形层整片脱落而形成磨损；切向力（斜向力）可引起冲刷磨损，如果管壁经受不起灰粒楔入冲击和表面摩擦的综合切削作用，就会使金属颗粒脱离母体而流失。对大多数管子而言，对金属管壁磨损起主要作用的是切向力。当冲击角减小时，由于切向力的增大，磨损情况逐渐严重；当冲击角为30°～50°时，由于冲击力和切向力的双重作用达到最大，所以磨损也最严重；当冲击角再增大，由于切削磨损作用减弱而使磨损减轻。因而省煤器的最大磨损区发生在与烟气流呈对称的45°范围内。

影响省煤器磨损的因素主要有烟气流速、飞灰浓度、灰的物理化学性质，受热面的布置与结构特性和运行工况等。

受热面金属表面的磨损正比于飞灰颗粒的动能和撞击次数。飞灰颗粒的动能和速度的平方成正比，而撞击次数同速度的一次方成正比。因此，管子金属面的磨损同烟气速度的三次方呈正比。由此可见，烟气流速对受热面的磨损起决定性的作用。

在管束四周与烟道的间隙中，形成烟气走廊，由于阻力较小，局部烟速可达到平均流速的两倍而形成严重的局部磨损。当烟气经水平烟道转入尾部烟道时，由于气流转弯，飞灰被抛向后墙附近，使这里的飞灰度增高，靠后墙的管子就会受到更大的磨损。

飞灰中那些大的颗粒更容易引起管壁的磨损，具有足够硬度和锐利棱角的颗粒要比球形颗粒磨损更严重些。灰粒磨损性能主要取决于灰中 SiO_2 的含量，还与总灰量有关，而总灰量决定于燃料灰分和燃料的发热量。管子的布置方式，如错列、顺列、横向、纵向、斜向节距均对磨损有影响。

除上述因素外，燃料灰分、炉型、燃烧方式、烟道形状、局部飞灰浓度、管径等对磨损均有影响。

锅炉运行时，随着锅炉负荷的增加，烟气流速亦相应增加，飞灰磨损亦就加快。烟道漏风量增大时，因烟气容积增大流速也相应增高，磨损也将加快。锅炉燃烧时，因燃烧不良而使飞灰含碳量增高时，由于焦炭颗粒的硬度比飞灰的硬度高，因此磨损亦会增大。此外，当省煤器受热面发生局部烟道堵塞时，烟气偏流向未堵塞侧导致该侧烟速提高，造成单侧局部磨损。

根据上述的省煤器管壁磨损的机理和原因，采取的措施主要有首先应消除烟气走廊的形成，即在安装和维修时，应尽量减小省煤器管子与包覆墙之间的距离，同时使各蛇形管间距离要尽量均等，对于局部烟气流速过高的地方，装设防止烟气偏流的阻流板，管束上装设防磨装置；其次，降低局部的烟气流速，如尽量维持尾部烟道调温挡板开度的平衡，防止单侧烟道的烟气流速过快，减少锅炉的漏风率等。

第三节　炉膛与水冷壁

一、 水冷壁汽水流程

水冷壁系统与过热器系统的分界点为汽水分离器，自水冷壁下联箱的入口导管开始到汽水分离器储水箱的出口导管为止均属于水冷壁系统。自给水管路出来的水由炉侧一端引入位于尾部竖井后烟道下部的省煤器入口联箱；流经省煤器受热面吸热后，由省煤器出口联箱端部引出经集中下降管、下水连接管进入螺旋水冷壁入口联箱；通过螺旋水冷壁管、螺旋水冷壁出口联箱、混合联箱、垂直水冷壁入口联箱、垂直水冷壁管、垂直水冷壁出口联箱进入水冷壁的出口混合联箱汇集后，经引入管引入汽水分离器进行汽水分离。汽水分离器进行循环运行时从分离器分离出来的水进入储水罐，蒸汽则依次流经顶棚管、后竖井/水平烟道包墙、低温过热器、屏式过热器和高温过热器；进入直流运行时全部工质均通过汽水分离器进入顶棚管。水冷壁汽水流程系统图如图 2-5 所示。

二、 直流锅炉水冷壁形式

超超临界压力锅炉的汽水特性决定了直流锅炉是超超临界压力锅炉的唯一形式，因此采用哪种水冷壁形式成为超临界火电技术的一个重要课题。而现代直流锅炉受热面形式主要有一次垂直上升管屏、多次垂直上升和下降管屏、螺旋围绕上升管屏和垂直内螺纹管管屏 4 种形式。实践证明一次垂直上升管屏、多次垂直上升和下降管屏两种形式大多应用于带基本负荷的机组。

螺旋围绕上升管屏式水冷壁是德国、瑞士等国为适应变负荷运行的需要发展的。螺旋围绕上升管屏式水冷壁形式是比较流行的一种形式，也是超临界压力锅炉发展的一个方向，国内超超临界压力机组采用得较多。螺旋围绕上升管屏式水冷壁与一次上升垂直内螺纹管管屏

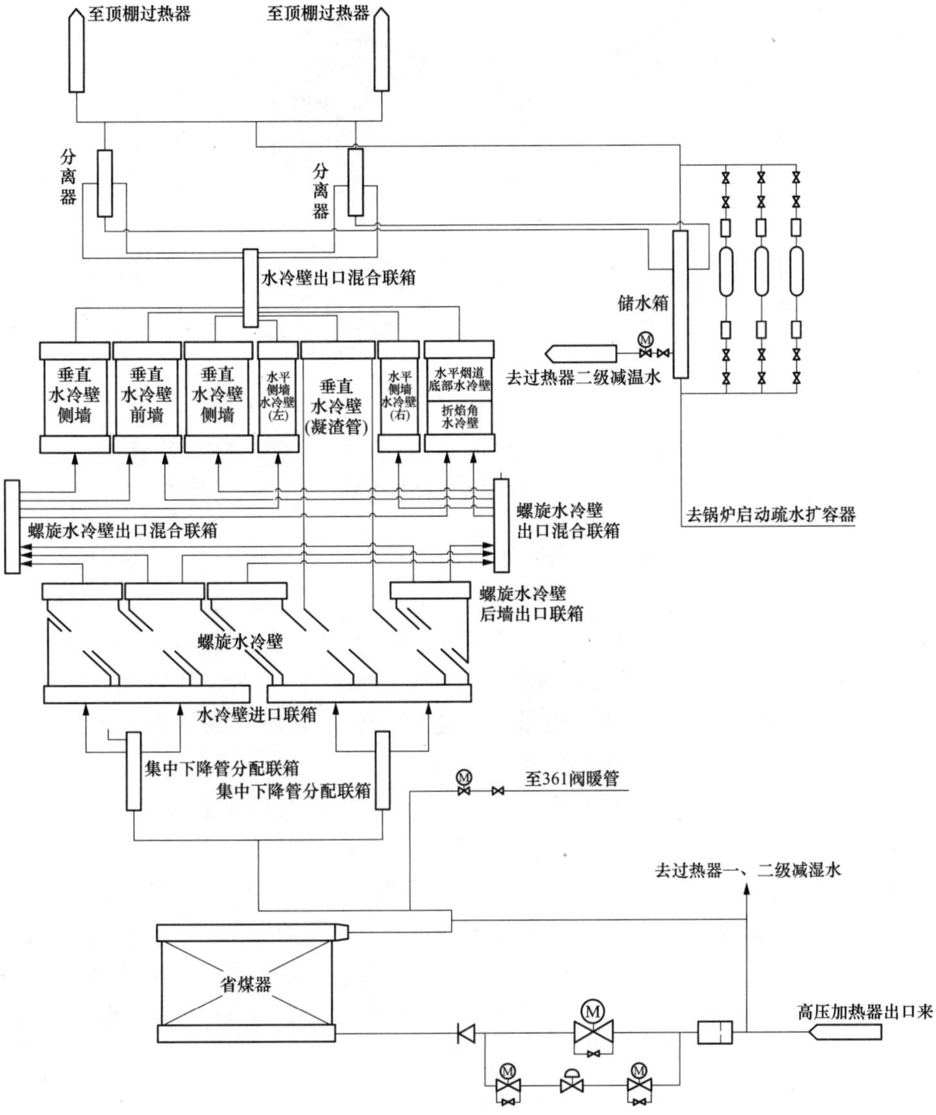

图 2-5 水冷壁汽水流程系统图

形式水冷壁如图 2-6 所示。

超超临界压力锅炉水汽壁采用一次上升垂直内螺纹管管屏形式是日本三菱公司和美国 CE 公司合作研究的一种炉型。与螺旋围绕上升管屏式水冷壁相比，内螺纹垂直管圈具有以下特点：

1. 锅炉性能

由于内螺纹管具有破坏膜态沸腾生成的能力，且增强了从管壁向管内工质的传热能力，因此即使出现传热恶化，即膜态沸腾（DNB）和干涸（DRO）现象，管壁温度的升高也远远低于光管。三菱重工（mitsubishi heavy industries，MHI）在大型二相流热态试验台的试验结果表明，对一般燃煤的超临界压力锅炉在亚临界区（17～22MPa）直流运行时，当管内质量流速达到 1500kg/(m^2 · s)，已有足够的裕量来防止处于低干度局部高热负荷区的燃烧器区域的管子产生膜态沸腾；而在炉膛上部的高干度低热负荷区出现干涸现象（DRO）时

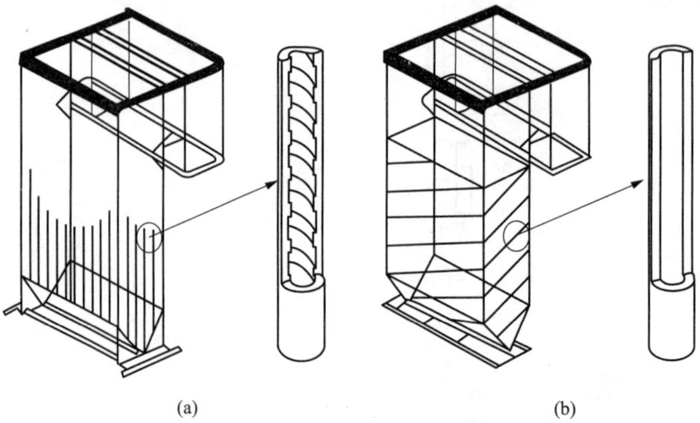

图 2-6　螺旋上升管屏式水冷壁与垂直上升内螺纹管管屏式水冷壁
(a) 螺旋上升管屏式水冷壁；(b) 垂直上升内螺纹管管屏式水冷壁

能有效控制管子壁温的升高。而且在锅炉的启动阶段（小于或等于最小直流负荷），由于此阶段锅炉按再循环模式运行，压力为 8～9MPa，必须保证水动力的稳定性和控制管间温差，启动阶段的临界质量流速对垂直型内螺纹管水冷壁按照 MHI 的试验数据为 300kg/(m^2 · s) 左右，当 MCR 时水冷壁的设计质量流速高于 1500kg/(m^2 · s) 时，其最低直流负荷（MHI 设计值为 25%BMCR）时，水冷壁的质量流速也高于启动阶段的临界质量流速，因此可以保证水冷壁管不会出现超温和水动力不稳定性等问题。

垂直水冷壁和普通的自然循环锅炉一样，由于摩擦阻力在系统总阻力中所占的比例相对较小，因此具有保持正向流动的特性，即个别管子吸热量骤增时，管内流量也会自动增加，具有部分自补偿的能力，不仅能保持水动力的稳定性，而且也增加了水冷壁管运行的可靠性。由于在水冷壁入口加装了节流孔圈提供了附加阻力以及加设中间混合联箱，将阻力较大的上部水冷壁分出去，均进一步提高了水冷壁水动力稳定性，不会发生多值性和脉动问题。

垂直水冷壁相对来说不易结渣，而且局部结渣有时也能自行脱落，也易于被吹灰器吹掉。

2. 运行动力

由于内螺纹管垂直水冷壁的质量流速只有螺旋管圈水冷壁的 1/2～2/3，而且水冷壁管总长度只有螺旋管圈展开长度的 2/3 左右，因此水冷壁的阻力较低。同样炉膛尺寸条件下，内螺纹管垂直水冷壁的阻力也只有螺旋管圈光管水冷壁的 2/3 左右，节省了给水泵的电耗。

3. 锅炉结构

由于垂直水冷壁管安装焊缝对接时只需在轴向调正，且水冷壁垂直荷载靠水冷壁管本身承受，不需要螺旋管圈水冷壁那样较复杂的荷载传递结构，也不需要在螺旋管圈与上炉膛垂直管屏之间焊上形状复杂的张力板，因此水冷壁管之间以及管子与承力焊件之间的温差很小，无论是正常运行或负荷震荡期间的热应力均较小，因此延长了使用寿命。

三、 水冷壁水动力安全和温差的控制

（一）水冷壁工质质量流速

对超超临界压力锅炉来说，变压运行的方式使其工作条件变得更为复杂，从额定负荷至

最低直流负荷，锅炉运行压力将从超超临界压力降为超临界、亚临界再降为超高压，当低于最低直流负荷则又进入依靠循环泵控制循环方式运行，水冷壁内工质也由超临界时的单相变为亚临界、超高压以至高压运行时的汽水双相，工质的温度和干度也有很大的变化，因此水冷壁系统设计的关键是要防止传热恶化的发生和出现流动不稳定。

对于变压运行的超临界和超超临界压力直流锅炉，水冷壁设计必须考虑不同负荷参数下的传热特性：

（1）超临界区，管内单相介质的传热系数比亚临界区介质低，工质温度也高，因此水冷壁壁温最高。

（2）在近临界区，由于二相介质的干度（含汽率）大，特别在上部水冷壁中高干度的工质将产生干涸（DRO）现象，因此需将干涸点控制在较低的热负荷区，避免“干涸”时的壁温骤升。

（3）在亚临界区，对下炉膛高热负荷区水冷壁，要防止膜态沸腾（DNB）的产生，也要控制上炉膛高干度区壁温的升高幅度。

（4）在启动和低负荷区（小于或等于最低直流负荷），由于压力的降低，使汽水密度差增大，容易产生较大的热偏差和流动的不稳定。

根据经验，采用内螺纹管不仅可以避免在高热负荷的燃烧器区在干度达到0.5的情况下出现膜态沸腾（DNB），而且在近临界区干度达到0.9时出现干涸（DRO）时也可控制壁温的上升。由于垂直上升内螺纹管管屏式水冷壁具有正向流动特性，有利于低负荷保持水动力的稳定性。但选用较高的质量流速也是主要的措施，质量流速的选取必须要大于变压运行超超临界压力锅炉在下述四个运行区内的水冷壁管壁温度不超过管材的许可壁温时的临界质量流速，即要分别高于超临界区不发生类膜态沸腾、近临界区控制干涸、亚临界区不发生膜态沸腾、启动阶段保持水动力的稳定性等四个运行区的临界质量流速。

（二）水冷壁出口过热度和入口欠焓

对于直流锅炉，蒸发受热面和过热器之间没有固定的分界点，因此水冷壁出口工质过热度的合理确定是十分重要的，在额定负荷下，水冷壁出口温度的选取主要取决于内置式启动分离器材质的允许使用温度。按设计惯例，分离器的钢材为SA336-F12，水冷壁管为SA213-T12，均属于1-1/2Cr1/4Mo的低合金钢，其许可使用温度为550℃，有足够的安全裕度，稍低的水冷壁出口温度也有利于减少水冷壁的温度偏差。

水冷壁出口温度过低也是不可取的，应保证在最低直流负荷时水冷壁出口工质仍有一定的过热度，如果水冷壁出口温度过低，将造成低负荷时本生点提高，甚至造成过热器带水，这种运行工况是不允许出现的。

水冷壁进口工质的温度要有一定的过冷度和欠焓，以防止在较低的压力下水冷壁入口出现汽化，一般水冷壁进口工质的过冷度不得小于5℃。新昌电厂BMCR工况下水冷壁入口温度为343℃，即使在30%最低稳燃负荷时，入口温度也只有282℃左右，过冷度在50℃以上。当然，水冷壁进口工质的过冷度也有一定限制，也就是说水冷壁入口工质应有一定欠焓，但欠焓不能过大，若欠焓过大，又会给水冷壁系统水动力的稳定性带来问题。避免水动力不稳定（多值性、脉动）的主要措施之一是水冷壁进口工质的欠焓要小于产生水动力不稳定的界限欠焓，但对采用启动循环泵的锅炉来说，即使在小于最低直流负荷运行时，由于泵的压头和节流孔圈能保证水冷壁系统的正向流动，不会产生水动力的不稳定。

（三）进一步降低水冷壁出口温度偏差的措施

尽管垂直管水冷壁已按回路装设节流孔圈调节流量以减少管间吸热和结构上的偏差，而且垂直管水冷壁与螺旋管圈水冷壁相比，具有始终保持正向流动和一定的自补偿能力。

造成受热面热偏差的原因是吸热不均、结构不均、流量不均。受热面结构不一致，对吸热量、流量均有影响，所以通常把产生热偏差的主要原因归结为吸热不均和流量不均两个方面。

吸热不均的主要原因有：①沿炉宽方向烟气温度、烟气流速不一致，导致不同位置的管子吸热情况不一样；②火焰在炉内充满程度差或火焰中心偏斜；③受热面局部结渣或积灰，会使管子之间的吸热严重不均；④对流过热器或再热器，由于管子节距差别过大或检修时割掉个别管子而未修复，形成烟气“走廊”，使其邻近的管子吸热量增多；⑤屏式过热器或再热器的外圈管，吸热量较其他管子的吸热量大。

流量不均主要原因有：①并列的管子，由于管子的实际内径不一致（管子压扁、焊缝处突出的焊瘤、杂物堵塞等），长度不一致，形状不一致（如弯头角度和弯头数量不一样），造成并列各管的流动阻力大小不一样，使流量不均；②联箱与引进引出管的连接方式不同，引起并列管子两端差压不一样，造成流量不均。现代锅炉多采用多管引进引出联箱，以求并列管流量基本一致。

（四）水动力稳定性

1. 停滞和倒流

超临界压力直流锅炉由于在最低直流负荷以下，采用再循环运行方式，水冷壁具有较强的强制流动特性，所有上升的管屏不会发生倒流，不必进行倒流的校验，同时，对于垂直管屏，最低直流负荷下的工作差压（平均受热管的重位差压和流动阻力之总和）总是能大于管圈的最大停滞差压 $\Delta p = H\rho' g$（其中 H 为管圈高度；ρ' 为系统压力下的饱和水密度），特别是由于装设阻力较大的入口节流孔圈，更不会发生停滞现象。

2. 多值性

多值性是指管屏的水动力特性呈三次方曲线，因此对应于一个压降有三个流量，从而造成很大的流量偏差或不稳定性，这种流动不稳定性主要可能发生于低负荷时。一方面，由于在小于最低直流负荷时采用启动循环泵进行强制循环，循环泵有足够的压头保持流动的稳定性；另一方面，向上流动的垂直管水冷壁由于静压占总阻力的比例较大，不存在多值性的可能。此外，水冷壁垂直管入口加装节流孔圈，提供了一附加阻力，也进一步消除了出现多值性的可能。

3. 流体脉动

在沸腾系统中产生的脉动可以分成密度波型脉动，压力降型脉动和热力型脉动三种类型。

根据经验，当小于最低直流负荷时水冷壁质量流速高于 300kg/(m^2 · s) 不会产生密度波型脉动，新昌电厂锅炉在最小直流负荷区运行时水冷壁质量流速保持 510kg/(m^2 · s) 不变，又由于垂直水冷壁水动力特性呈单值性曲线，不存在负斜率区段，因此也不会发生压力降型脉动。足够高的质量流速避免了在最低直流负荷下产生膜态沸腾的可能性，同时又不会发生密度波型脉动，所以也就不会发生热力型脉动。

直流锅炉蒸发管脉动的危害有在加热、蒸发和过热段的交界处，交替接触不同状态的工质，且这些工质的流量周期性变化，使管壁温度发生周期变化，引起管子的疲劳损坏。由于过热段长度周期性变化，出口蒸汽温度也会相应变化，蒸汽温度极难控制，甚至出现管壁超温。脉动严重时，由于受工质脉动性流动的冲击力和工质比体积变化引起的局部压力周期性变化的作用，易引起管屏机械振动进而导致损坏管屏。

四、 炉膛热负荷特性

炉膛的主要热力特性就是燃料每小时输入炉膛的平均热量，或称炉膛热功率。炉膛热负荷可分为以下几种，都是锅炉设计、运行中的主要热力参数。

1. 炉膛容积热负荷

单位时间送入单位炉膛容积中的热量称为炉膛容积热负荷，用 q_v 表示，单位为 kW/m^3 或 MW/m^3。

q_v 值与烟气在炉内停留时间的倒数有关，q_v 的大小应既能保证燃料的燃烧完全，又要满足烟气的冷却条件，即使烟气在炉膛内冷却到不使炉膛出口后的受热面结渣的程度。对于大容量锅炉应以烟气冷却条件来选用 q_v，使烟气能充分冷却到合适的炉膛出口烟温。

2. 炉膛截面热负荷

单位时间送入单位炉膛截面中的热量称为炉膛截面热负荷，用 q_a 表示，单位为 kW/m^2 或 MW/m^2。

q_a 是炉膛的重要计算特性，反映了燃烧器区域的温度水平。如果 q_a 过高，说明炉膛截面过小，在燃烧器区域燃料燃烧放出的大量热量没有足够的水冷壁受热面来吸收，就会使燃烧器区域的局部温度过高，引起燃烧器区域的结渣；还有可能使水冷壁发生膜态沸腾，使水冷壁管过热烧坏。

3. 燃烧器区域壁面热负荷

按照燃烧器区域炉膛单位炉壁面积折算，单位时间送入炉膛的热量称为燃烧器区域壁面热负荷，用 q_r 表示，单位为 kW/m^2 或 MW/m^2。

q_r 与炉膛截面热负荷 q_a 一样，反映了燃烧器区域的温度水平，但 q_r 还能反映火焰的分散和集中情况。q_r 越大，说明火焰越集中，燃烧器区域的温度水平就越高，这对燃料的稳定着火有利，但却容易造成燃烧区域的壁面结渣。

4. 炉膛辐射受热面热负荷

炉膛单位辐射受热面在单位时间吸收的热量称为炉膛辐射受热面热负荷，也称辐射受热面热流密度，用 q_f 表示，单位为 kW/m^2 或 MW/m^2。

q_f 越高，表明单位辐射受热面所吸收的热量越大，说明炉内烟气温度水平越高。q_f 如果过大，就会造成水冷壁结渣。此外，q_f 的数值也是判断膜态沸腾是否会发生的主要指标之一。

新昌电厂锅炉炉膛热负荷的有关数据如下（BMCR 工况下）：

有效投影辐射受热面热负荷（EPRS） 222.03kW/m²；

炉膛容积热负荷 83.34kW/m³；

炉膛截面热负荷 4631.07kW/m²；

燃烧器区域壁面热负荷 1734.19kW/m²。

炉膛出口断面的定义：沿烟气行程遇到的管间净距离平均小于或等于 457mm 的受热面

第一排管子中心线构成的断面。

炉膛容积的定义：从炉膛冷灰斗 1/2 有效高度的水平断面到炉膛出口断面之间的容积。

炉膛有效投影辐射受热面（EPRS）的定义：炉膛前墙、后墙及两侧墙的有效辐射受热面；炉膛出口断面积；冷灰斗 1/2 垂直高度处的水平断面积；屏式过热器的有效辐射受热面积。

燃烧器区域壁面积：取为上下层煤粉喷嘴中心之间的垂直距离外加 3m 所包围的炉墙壁面积。

计算炉膛各项热负荷时的炉膛净输入热量：锅炉在相应负荷的计算燃煤量（即考虑碳损失后的燃煤量）与燃料低位发热值的乘积。

五、 锅炉炉膛和水冷壁

1. 锅炉钢结构

（1）冷构架。锅炉构架采用全钢结构，由顶板、柱、梁、垂直支撑和水平支撑组成一个空间支撑体系。柱、梁、垂直和水平支撑之间，顶板主梁和次梁之间，用高强螺栓连接。锅炉采用岛式半露天布置，在运行层锅炉钢构架范围内设置混凝土平台。炉顶采用大罩壳密封结构，设置轻型钢屋盖。

锅炉构架除承受锅炉本体荷载外，还承受锅炉范围内的各汽水管道、烟、风、煤粉管道、吹灰设备、轻型屋盖、炉顶单轨吊、锅炉运行层大平台等的荷载（包括活荷载），以及各停靠层处电梯井传来的荷载（包括风载、地震作用）。

钢结构主要构件的接头采用扭剪型高强螺栓连接，比较次要的安装接头为焊接连接，采用高强螺栓连接的构件摩擦面在出厂前均进行清理和保护。锅炉钢结构的主要构件材料采用抗腐蚀性能好的高强度低合金钢 Q345R，其余为普通碳素钢。

锅炉的立柱与基础采用预埋螺栓连接，该螺栓承担各种受力状态的组合内力。电梯竖井外附在锅炉钢构架一侧，通过各停靠层与锅炉主要平台连通。

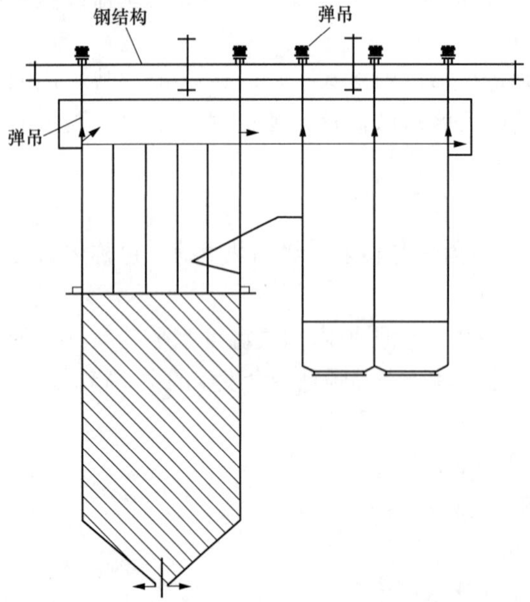

图 2-7 炉膛及包墙支吊示意图

凡有门孔、测量孔、吹灰器、阀门和燃烧器等需要操作和维护的设备和部件处均设有操作维护平台和通道。

（2）炉膛及包墙支吊。锅炉炉膛水冷壁、后竖井包墙膜式壁均由弹吊支吊于炉顶钢结构上，炉膛及包墙支吊示意如图 2-7 所示。

（3）锅炉热膨胀系统。锅炉膨胀设有膨胀零点。沿锅炉高度方向上共设有六层导向装置，能有效地起到膨胀限位作用，并将导向力和地震作用以及风载产生的水平力传递到锅炉钢构架。

（4）刚性梁。锅炉高度上每层刚性梁水平上均设有膨胀中心，以此为固定端，即导向点。锅炉膨胀零点及刚性梁膨胀中心示意如图 2-8 所示，刚性梁两端与锅炉水冷壁间可相互安全滑动。

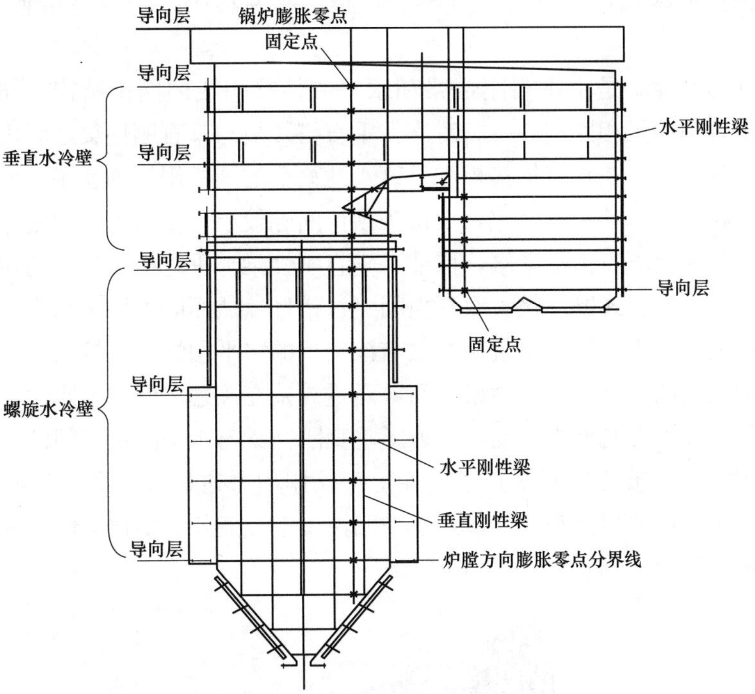

图 2-8　锅炉膨胀零点及刚性梁膨胀中心示意

垂直膜式壁区域（主要包括上部水冷壁、水平烟道、后竖井包墙等）主要由水平刚性梁支撑，水平刚性梁结构图如图 2-9 所示。水平刚性梁由耳板、拉杆、张力板、连接板、支撑耳板把刚性梁和膜式壁连接在一起，水平刚性梁的自重由垂直膜式壁管支撑。

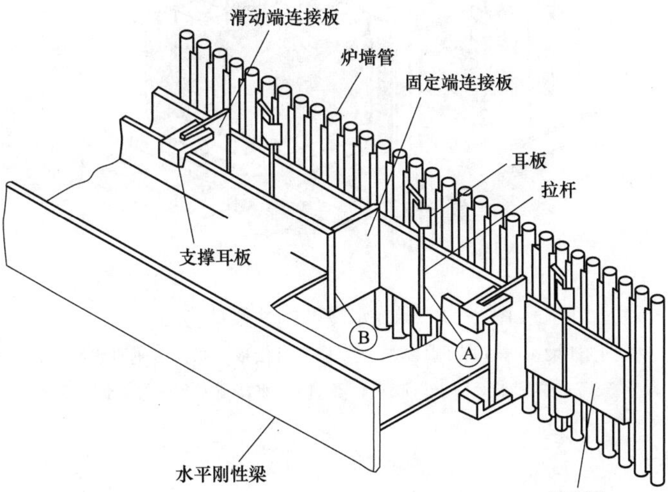

图 2-9　水平刚性梁结构图

螺旋水冷壁的布置类似于水平管布置的螺旋水冷壁仅仅支撑其自重荷载和炉膛压力荷载，自重荷载被传递到上部垂直水冷壁上。螺旋水冷壁上端焊接并固定到上部垂直水冷壁上垂直搭接板，把其他附加结构（如燃烧器、护板、刚性梁等）的载荷传递到上部垂直水冷壁。

螺旋水冷壁的刚性梁是由垂直刚性梁和水平刚性梁构成的网格结构，如图 2-10 所示。垂直搭接板与垂直刚性梁相匹配，一一对应，垂直搭接板与垂直刚性梁之间用大、小接头连接，大、小接头分别同焊在垂直搭接板和垂直刚性梁上的耳板用销轴连接。大、小接头与连接耳板间通过热膨胀计算预留有间隙，大接头预留间隙较小，作为上下固定导向端；小接头预留间隙较大，作为上下自由滑动端，保证了垂直刚性梁与垂直搭接板间的相对滑动。垂直搭接板滑道耳板与螺旋膜式壁焊接，双耳板间穿过销杆，从而既可固定垂直搭接板，又可使其上下滑动。在大接头附近端的垂直刚性梁与该附近的水平刚性梁焊接固定，而垂直刚性梁另一端与远离大接头的那层水平刚性梁之间，通过焊接在该远离层水平刚性梁上的滑动导向槽连接，垂直刚性梁可在此槽内滑动，保证了垂直刚性梁与水平刚性梁间的相对滑动。作用在水冷壁上的炉膛压力被传递到垂直搭接板上，反作用力通过大、小接头传递给垂直刚性梁，最后从垂直刚性梁的顶端和底端传到水平刚性梁上。此外，刚性梁的自重通过大接头传递给垂直搭接板。

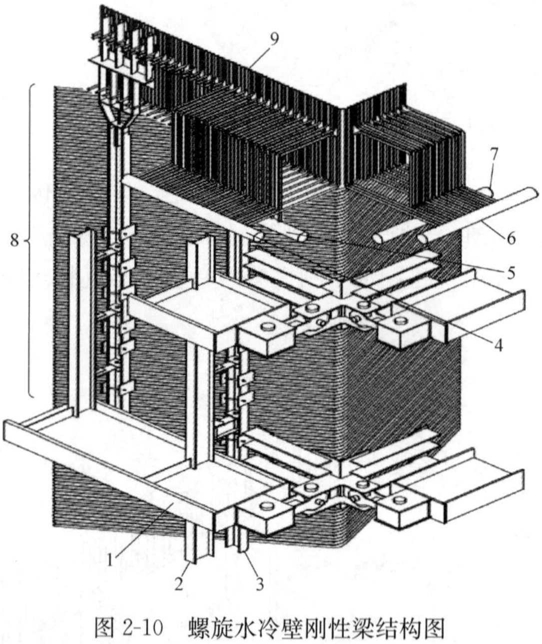

图 2-10　螺旋水冷壁刚性梁结构图

1—水平刚性梁；2—垂直刚性梁；3—垂直搭接板；4、6—垂直水冷壁进口；5、7—螺旋水冷壁出口联箱；8—螺旋水冷壁；9—垂直水冷壁

2. 炉顶部密封

炉顶部密封主要包括前墙水冷壁管排与顶棚间密封、侧墙水冷壁管排与顶棚间密封、过热器、再热器受热面管排穿顶棚密封及后竖井吊挂管穿顶棚密封。在前墙水冷壁管排与顶棚管交接处采用小罩壳密封结构。在过热器、再热器受热面管排穿顶棚处采用套筒式密封结构和波纹管膨胀接头的焊接密封结构如图 2-11 所示。在屏式过热器区域，除穿顶棚处外，顶棚管排采用焊接膜式管屏结构。为了防止在一次密封上因局部焊接不周造成泄漏，在顶棚管

上和过热器、再热器穿顶棚处还可采用高温微膨胀耐火塑料作为炉顶密封的补充措施。

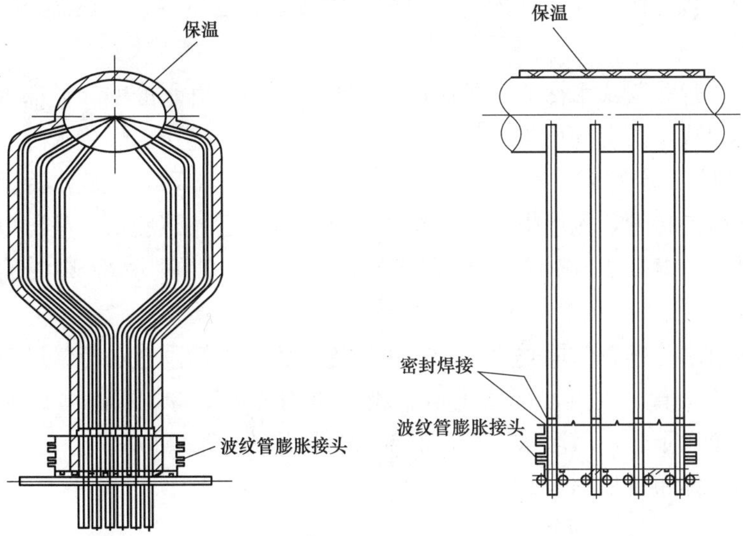

图 2-11 过热器、再热器管排穿顶棚处密封结构示意

3. 锅炉管道系统

（1）减温水管路。过热器喷水系统减温水取自省煤器出口连接管，过热器减温水总管路出来后分成两路，一路至一级减温器，一路至二级减温器。一级、二级减温水又分别分成两路，每路上均设置有流量测量装置和调节阀，供调节减温水流量用，在调节阀后设置有截止阀。再热器喷水系统作为再热器事故状态下控制再热蒸汽温度的喷水减温装置，设置于冷再出口管道上，减温水取自给水泵中间抽头，主路上设置有闸阀，后分成两路，每路上均设置流量测量装置和调节阀，调节阀后设置有截止阀。

（2）锅炉其他管路。疏水：锅炉疏水汇集联箱位于炉侧，疏水点设在给水管道、水冷壁进口联箱、螺旋水冷壁出口联箱、水平烟道底部出口联箱、垂直水冷壁出口联箱、顶棚出口联箱、包墙出口联箱、低温过热器进口联箱、屏式过热器进出口混合联箱、高温过热器进出口联箱、高温过热器出口管道、储水罐下部管道、低温再热器进口管道、高温再热器出口联箱、高温再热器出口管道、361 阀出口管道、过热器喷水管路、再热器喷水管路等处。疏水管路上均串联 2 只截止阀。

取样：锅炉设有给水、再热蒸汽、过热蒸汽、储水罐出口取样点。给水取样设在给水操纵台；再热蒸汽取样设在再热器入口及出口连接管上；过热蒸汽取样设在过热器出口连接管上；分离器储水罐疏水管路上还设有一个取样点。所有取样配供 2 个串联的截止阀。

放空气：在省煤器出口、螺旋水冷壁及垂直水冷壁出口混合联箱、汽水分离器出口管路、吊挂管出口连接管、低温过热器出口连接管、屏式过热器出口连接管、高温过热器出口连接管、过热器一/二级减温水管道、低温再热器出口连接管以及再热器出口连接管上设置了放空气管，以便在锅炉水压、锅炉上水时将管内的空气尽快排出。放空气管设 2 个串联的截止阀。

充氮：锅炉设有充氮接口，分别设置在省煤器出口联箱、垂直水冷壁出口混合联箱、汽水分离器出口管路、低温过热器出口连接管、高温过热器出口连接管以及再热器出口连接管的放空气管路两个截止阀之间，作为停炉时锅炉水冷壁、过热器、再热器充氮保护用。

4. 水冷壁

炉膛四周为全焊式膜式水冷壁，炉膛由下部螺旋盘绕上升水冷壁和上部垂直上升水冷壁两个不同的结构组成，两者间由过渡水冷壁和混合联箱转换连接。螺旋水冷壁入口联箱材质为SA－106C，炉膛下部螺旋水冷壁材质为15CrMoG/SA-213T2，螺旋水冷壁出口联箱、前墙螺旋水冷壁出口连接管，侧墙螺旋水冷壁出口连接管，后墙螺旋水冷壁出口连接管，过渡段水冷壁侧墙、前墙、后墙材质均为SA-335P12，过渡段水冷壁混合联箱材质为12Cr1MoVG。

炉膛上部垂直水冷壁、前墙垂直水冷壁进口连接管、侧墙垂直水冷壁进口连接管、后墙垂直水冷壁进口连接管、垂直水冷壁进口联箱材质均为SA-335P12，垂直水冷壁前、侧墙管，后墙水平烟道以下管，后墙水平烟道底部管材质均为15CrMoG。

炉膛水冷壁总体布置如图2-12所示。

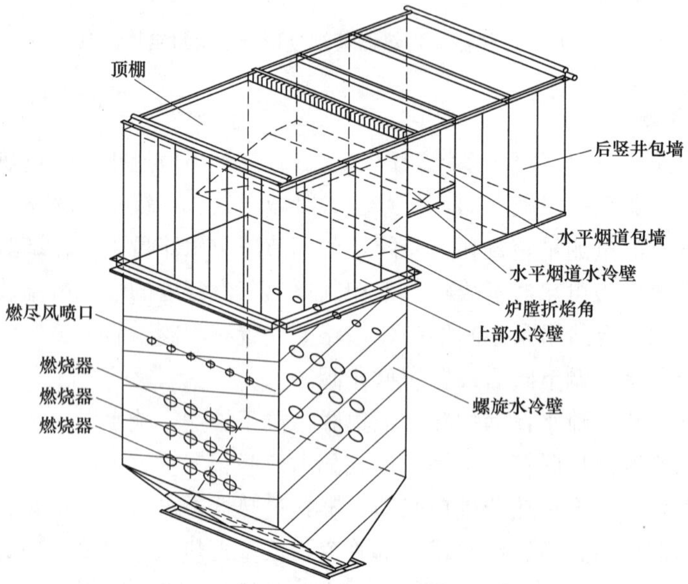

图2-12　炉膛水冷壁总体布置图

炉膛水冷壁的结构特点：

（1）省煤器加热后的给水，通过单根集中下降管引至两个集中下降管的分配联箱，再由若干根下水连接管引入两个螺旋水冷壁的入口联箱。

（2）炉膛下部水冷壁（包括冷灰斗水冷壁、中部螺旋水冷壁）都采用螺旋盘绕膜式管圈。螺旋水冷壁管（除冷灰斗采用光管外）采用六头、上升角60°的内螺纹管。

（3）过渡段水冷壁的结构如图2-13所示。螺旋水冷壁前墙、两侧墙出口管全部抽出炉外，后墙出口管则是3抽1根管子直接上升成为垂直水冷壁后墙凝渣管，另2根抽出到炉外，抽出炉外的所有管子均进入螺旋水冷壁出口联箱，由若干根连接管引入炉两侧的两个混合联箱混合后，由若干根连接管引入到垂直水冷壁进口联箱，同时，由2根连接管引入到水平烟道水冷壁进口联箱，由垂直水冷壁进口联箱拉出三倍于引入螺旋管数量的管子进入垂直水冷壁，垂直管与螺旋管的管数比为 3∶1。这种结构的过渡段水冷壁可以把螺旋水冷壁的荷载平稳地传递到上部水冷壁。

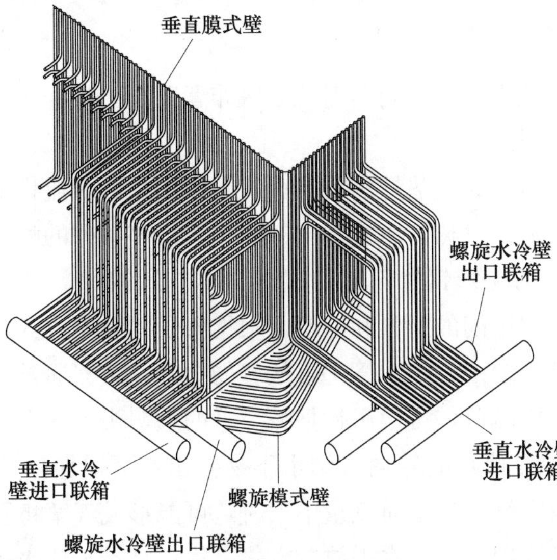

图 2-13 过渡段水冷壁结构示意

(4) 上炉膛水冷壁采用结构较为简单的垂直管屏。

(5) 水冷壁出口工质汇入上部水冷壁的出口联箱及水平烟道底部的出口联箱，前侧、两侧、水平烟道的出口联箱中的工质由若干根连接管引入水冷壁出口的汇集联箱，水平烟道底部出口联箱中的工质由连接管汇合后再引入水冷壁出口汇集联箱。最后工质由连接管引入启动分离器。

第四节 过 热 器

一、 概述

过热器的作用就是将饱和蒸汽加热成具有一定温度的过热蒸汽，根据过热器的传热方式可分为对流、辐射和半辐射式；根据烟气与管内蒸汽的相对流动方向过热器可分为逆流、顺流和混合流式过热器；根据过热器的结构可分为屏式过热器、壁式过热器、对流过热器。屏式过热器吸收炉膛内相当数量的辐射热量，适应大容量高参数锅炉过热器吸热量相对增加、水冷壁吸热量相对减少的需要，补充了水冷壁吸收炉膛辐射热的不足，实现了炉膛必须的辐射传热量，以使炉膛出口烟气温度限制在合理的范围内。对于燃烧器四角布置切圆燃烧方式的炉膛，屏式过热器对烟气流偏转能起到阻尼和导流作用。屏式过热器的横向节距比对流管束大很多，接近灰熔点的烟气通过屏式过热器时减少了灰黏结在管子上的机会，有利于防止结渣。烟气通过屏式过热器后烟温下降，也防止了其后的对流管束结渣，因此现在屏式过热器在大型锅炉上已普遍应用。

随着蒸汽参数的提高，过热蒸汽及再热蒸汽的吸热量占工质总吸热量的比例越来越高，过热器受热面在锅炉总受热面中占很大比例。为此过热器布置区域不仅从水平烟道前伸到炉膛内，并还向后延至锅炉尾部烟道。

二、 过热器的分类

大型锅炉的过热器系统都采用辐射与对流多级布置系统。根据传热方式，过热器可以分为对流式、辐射式和半辐射式。

（1）对流式过热器。对流式过热器的受热面布置在锅炉的对流烟道中，主要依靠对流传热从烟气中吸收热量。对流式过热器由进、出口联箱及许多并列的蛇形管组组成，蛇形管系通常由外径为 38～57mm 的无缝钢管弯制而成。为了节约钢材，降低成本，对处于不同热负荷区域的对流受热面采用不同的材料和壁厚。根据管子的布置方式，对流式过热器可分为立式和卧式两种。在电站锅炉中，蛇形管垂直放置的立式过热器通常布置在炉膛出口的水平烟道中，其优点是支吊结构简单，可用吊钩把蛇形管的上弯头吊挂在锅炉钢架上，且不易积灰，如图 2-14 所示；缺点是停炉时管内凝结水不易排出，会增加停炉期间的腐蚀，升炉时则由于管内存积部分水及空气。在工质流量不大时，可能形成气塞将管子烧坏。布置在尾部烟道中的对流过热器通常采用蛇形管水平放置方式，优点是易于疏水排气，但管子上易积灰且支吊比较困难，对处于高烟温区的大量支吊件，为防止它们过热烧坏，需采用高合金钢制作。为节省高合金钢的消耗量常采用有水或蒸汽冷却的受热面管子作为它的悬吊管，如图 2-15所示。

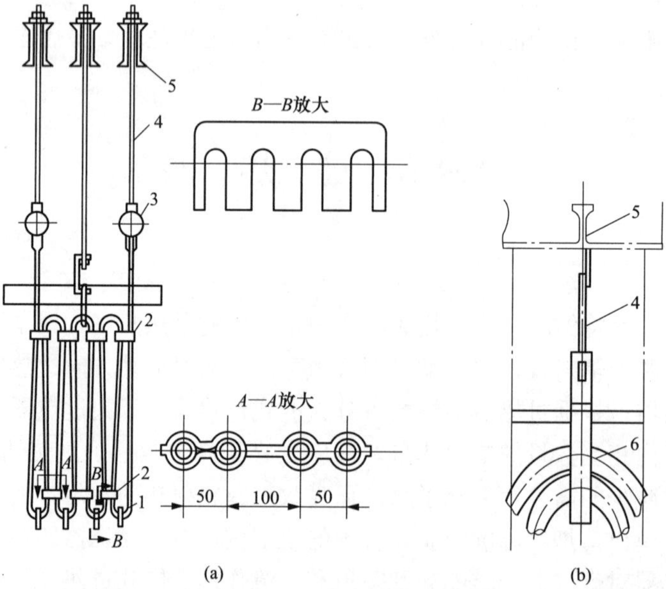

图 2-14　立式过热器及支吊结构

（a）立式对流过热器；（b）立式对流过热器的支吊结构

1—梳形板；2—管夹；3—联箱；4—吊杆；5—钢梁；6—蛇形管弯头

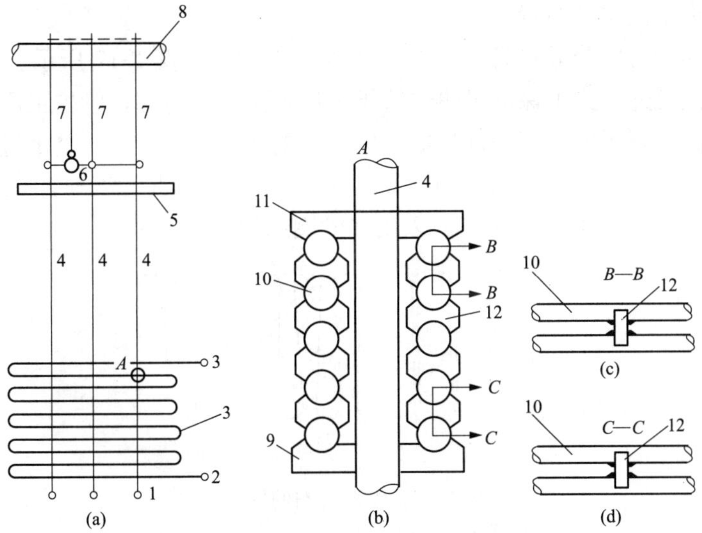

图 2-15　卧式对流过热器及支吊结构

(a) 卧式对流过热器及支吊系统；(b) 定位板支撑结构；(c) 固定定位板结构；(d) 活动定位板结构

1—省煤器出口联箱；2—过热器联箱；3—过热器管；4—悬吊管；5—炉顶墙；6—悬吊管联箱；7—吊杆；8—炉顶横梁；9—定位底板；10—蛇形管；11—定位顶板；12—定位板

根据烟气和管内蒸汽的相对流向，对流过热器可分为逆流，顺流、双逆流和混合流四种传热方式，如图 2-16 所示。逆流式对流过热器的受热面具有最大的传热温差，故可节省金属耗量，但该受热面中蒸汽出口处恰恰是受热面中烟气和蒸汽温度最高的区域，金属壁温可能很高，故工作条件最差；顺流式对流过热器的受热面则相反，其传热温差最小，耗用金属最多，但蒸汽出口处烟气温度低，因而金属壁温低，比较安全。

为保证过热器安全经济运行，其高温级经常采用顺流方式布置，低温级则采用逆流方式布置。混合流过热器综合采用了顺逆流方式，如图 2-16（c）所示。蒸汽在其中先经逆流后顺流。

根据管子的排列方式，对流过热器可分为顺列和错列两种。

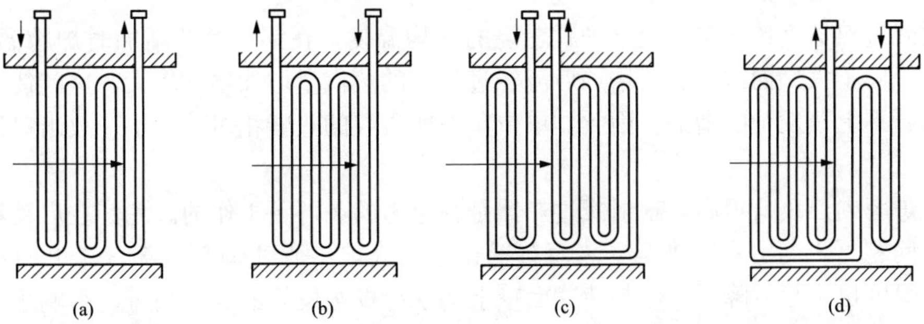

图 2-16　对流过热器按烟气流向的布置方式

(a) 顺流布置方式；(b) 逆流布置方式；(c) 双逆流布置方式；(d) 串联混合流布置方式

在条件相同的情况下（烟气速度等），错列横向冲刷受热面时的传热系数比顺列高。但顺列管束的外表面积灰却很容易被吹灰器清除，故对电站锅炉，高温水平烟道常采用顺列布置，而在尾部烟道采用错列布置。

过热器的蛇形管可以分成单管圈，双管圈和多管圈，如图 2-17 所示。主要取决于锅炉容量及管内的蒸汽流速，为了保证过热器管子金属得到足够冷却，管内工质应保证一定的质量流速。速度越高，管子的冷却条件越好，但工质的压力损失越大。整个过热器的压降一般不应超过其工作压力的 10%。为此，高温过热器最末级的质量流速建议采用 $\rho_{\omega}=800\sim1100kg/(m^2\cdot s)$。近代大容量锅炉一般采用多管圈结构。

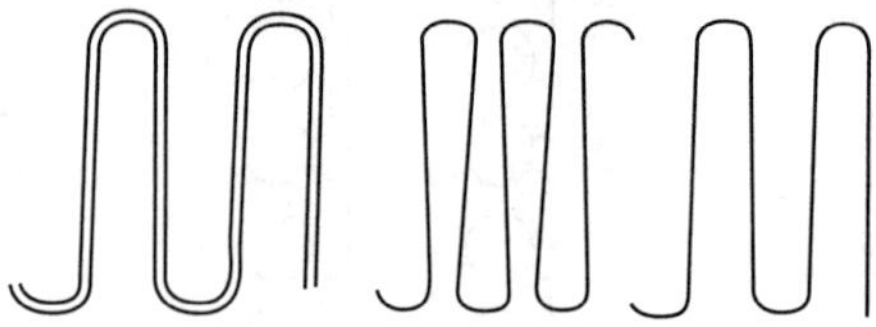

图 2-17　蛇形管圈的形式

（a）单管圈；（b）扁形单管圈；（c）双管圈

过热器、再热器中烟气流速则应在保证一定的传热系数前提下，根据既减少磨损、又不易积灰的原则，通过技术经济比较确定。对燃煤锅炉，炉膛出口水平烟道内，烟气流速常采用 10～12m/s。

在对流过热器中，烟气与管壁外的换热方式主要是对流换热，对流换热不仅与烟气的温度，而且与烟气的流速有关。当锅炉负荷增加时，燃料量增加烟气量增多，通过过热器的烟气流速也相应增加，因而提高了烟气侧的对流换热表面传热系统，同时，当锅炉负荷增加时，炉膛出口烟气温度也升高，从而提高了过热器平均温差。虽然流经过热器的蒸汽流量随锅炉负荷的增加而增加，其吸热量也增多，但是由于传热系数和平均温差同时增大，使过热器传热量的增加大于蒸汽流量增加而要增加的吸热量。因此，单位蒸汽所获得的热量相对增多，出口蒸汽温度也就相对升高。

（2）辐射式过热器。直接吸收炉膛辐射热的过热器称之为辐射式过热器。辐射式过热器常设置在炉膛内壁上，称之为墙式过热器；或布置在炉顶，称为顶棚式过热器；也可以悬挂在炉膛上部靠近前墙处，称为前屏式过热器，如图 2-18 所示。

辐射式过热器其传热量决定于炉膛燃烧的平均温度，在锅炉负荷增加时炉膛温度增高，但增高的幅度不大。而锅炉负荷增加后流经过热器的蒸汽量增加幅度较大，这就使辐射传热量的增加赶不上蒸发量的增加。因此，单位蒸汽所吸收的热量相对减少了，故出口蒸汽温度降低。

由于炉膛内热负荷很高，辐射式过热器是在恶劣的条件下工作的。尤其在启动和低负荷运行时，问题更为突出。过热器受热面布置在远离火焰中心的炉膛上部，这里的热负荷较低，管壁温度也可相应降低，但却使这面壁上的水冷壁蒸发管的高度缩短，影响水循环的安全。在正常的工作条件下，辐射式过热器中最大的管壁温度可能比管内工质温度高出 100～120℃。因此，辐射式过热器常作为低温受热面，即以较低温度的蒸汽流过这些受热面，并采用较高的质量流速，一般 $\rho_{\omega}=1000\sim1500kg/(m^2\cdot s)$。

（3）半辐射式过热器。既吸收烟气的对流传热又吸收炉内高温烟气及管间烟气辐射传

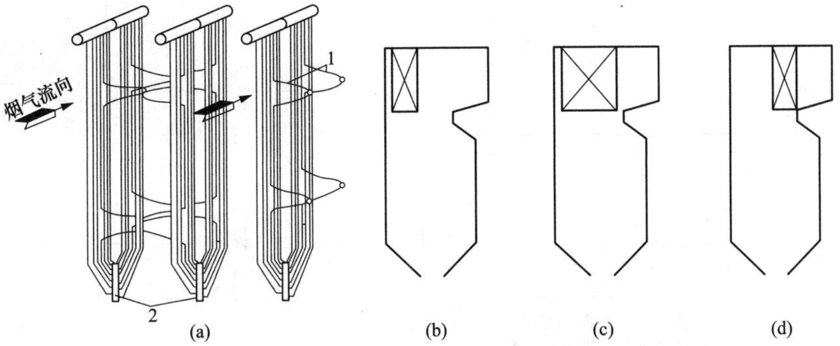

图 2-18　屏式过热器

（a）屏式过热器的结构；（b）前屏；（c）大屏；（d）后屏

热的过热器称之为半辐射式过热器。半辐射式过热器通常做成挂屏形式，故又称为屏式过热器，在大型锅炉中，屏式过热器得到广泛应用。这是因为屏式过热器布置在较高烟温区域，具有较大的气体辐射层厚度，因此屏式过热器除吸收炉膛辐射热外，还吸收管间气室辐射热量，使受热面辐射吸热比例大，改善了过热蒸汽温度的调节特性，即锅炉负荷或工质流量改变对汽温变化影响减小。同时，屏式过热器还吸收烟气的对流热，故其热负荷相当高，从而可减少受热面的金属耗量并可有效地降低炉膛出口温度，防止密集对流受热面的结渣。

此外，屏式过热器热负荷较高，而屏中各管圈的结构和受热条件的差别又较大，故其热偏差较大。屏式过热器通常用作低温级过热器，且采用较高的蒸汽流速，即 $\rho_{\omega}=700\sim1200$kg/($m^2$·s)，使其管壁能够得到足够的冷却，保证屏式过热器安全运行。

三、锅炉过热器

过热器受热面由四部分组成，第一部分为顶棚及后竖井烟道四壁及后竖井分隔墙；第二部分是布置在尾部竖井后烟道内的低温过热器；第三部分是位于炉膛上部的屏式过热器；第四部分是位于折焰角上方的高温过热器。

过热器系统按蒸汽流程分为顶棚过热器、包墙过热器/分隔墙过热器、低温过热器、屏式过热器及高温过热器；按烟气流程依次为屏式过热器、高温过热器、低温过热器。整个过热蒸汽流程如图 2-19 所示。

顶棚过热器及后竖井区域包墙过热器来自启动分离器的蒸汽由连接管进入顶棚过热器入口联箱。顶棚过热器上设有专供检修炉膛内部的炉内检修平台用绳孔。

蒸汽从顶棚出口联箱通过若干根连接管分别引入中隔墙、前、后包墙，后竖井两侧包墙及水平烟道两侧包墙入口联箱，通过包墙管加热后分别到包墙出口联箱。所有包墙过热器均为全焊接膜式壁结构。

后竖井下部环形联箱引出汽吊管，前烟道吊挂管支吊低温再热器蛇形管，后烟道吊挂管支吊低温过热器、省煤器蛇形管，质量由汽吊管吊杆传递到炉顶大板梁上。汽吊管管子规格随低温再热器、低温过热器、省煤器管外径的不同而变径，蒸汽经汽吊管后进入前后烟道吊挂管出口联箱。

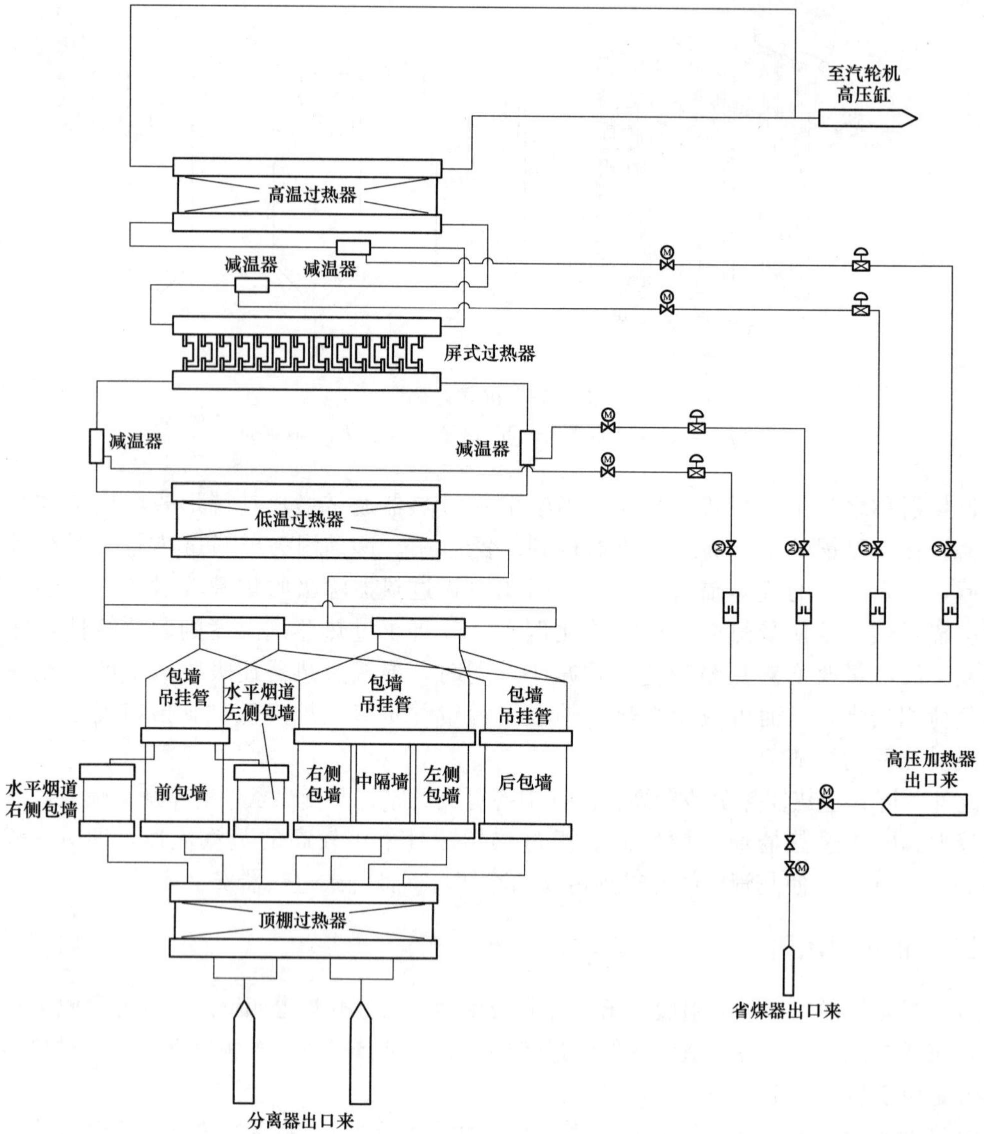

图 2-19　过热蒸汽流程图

1. 低温过热器

吊挂管出口联箱端部的连接管分别合并成单侧单根连接管后，从两端送入低温过热器进口联箱。低温过热器布置在后竖井后烟道内，分为水平段和垂直出口段。整个低温过热器为顺列布置，蒸汽与烟气逆流换热。低温过热器水平段管组通过包墙过热器吊挂管悬吊在大板梁上，垂直出口段通过与低温过热器出口联箱相连而由联箱吊架悬吊在大板梁上。低温过热器、低温过热器进口联箱、低温过热器出口联箱和低温过热器出口的连接管材质均为12Cr1MoVG。

2. 屏式过热器

经过低温过热器加热后，蒸汽经低温过热器出口连接管、一级减温器及屏式过热器进口连接管后引入屏式过热器进口混合联箱，通过混合联箱进入每个屏式过热器进口分配联箱。辐射式屏式过热器布置在炉膛上部区域，在炉深方向布置了2排，两排屏紧挨着布置，每一排管屏沿炉宽方向布置若干片屏。屏式过热器蛇形管均由联箱承重并由联箱吊杆传至大板梁上。每片屏式过热器出口分配联箱与屏式过热器出口混合联箱相连，蒸汽在混合联箱中混合后，经屏式过热器出口连接管、二级减温器及高温过热器进口连接管引入高温过热器。为保证管屏的平整，防止管子的出列和错位及焦砟的生成，屏式过热器布置有定位滑动块等结构，定位滑动块采用ZG1Cr20Ni14Si2材料，可靠性高。定位滑动块示意如图2-20所示。为防止吹灰蒸汽对受热面的冲蚀，在吹灰器附近蛇形管排上均设置有防蚀盖板。为减小流量偏差使同屏各管的壁温比较接近，在屏式过热器进口联箱上管排的入口处设置了不同尺寸的节流圈。屏式过热器材质为SA-213T23/SA-213T92/DMV310N/SA-213TP347HFG/DMV310N/DMV304Hcu，屏式过热器进口连接管、屏式过热器进口混合联箱、屏式过热器进口分配联箱、屏式过热器出口分配联箱、屏式过热器出口混合联箱和屏式过热器出口的连接管材质为SA-335P92。

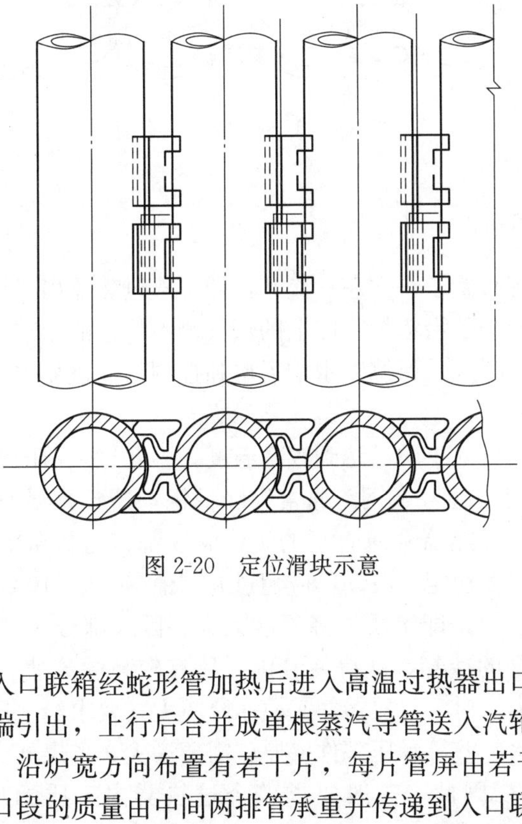

图2-20　定位滑块示意

3. 高温过热器

蒸汽从高温过热器入口联箱经蛇形管加热后进入高温过热器出口联箱，品质合格的蒸汽由连接管从出口联箱两端引出，上行后合并成单根蒸汽导管送入汽轮机高压缸。高温过热器蛇形管位于折焰角上部，沿炉宽方向布置有若干片，每片管屏由若干根管子并联绕制而成。高温过热器蛇形管屏入口段的质量由中间两排管承重并传递到入口联箱（联箱底部两排管接头设计为平行的斜向开孔）上，其余管子质量均通过U形承重块逐根传递到中间两管。管屏出口段的质量由一过渡梁支撑，由吊杆传递到高温过热器出口联箱上。U形承重块示意图如图2-21所示。为保证管屏的平整，防止管子的出列和错位及焦砟的生成，高温过热器蛇形管间布置有定位滑动块，定位滑动块采用ZG1Cr20Ni14Si2，可靠性高，示意图如图2-20所示。为防止吹灰蒸汽对受热面的冲蚀，在吹灰器附近蛇形管排上均设置有防蚀盖板。为减小流量偏差使同屏各管的壁温比较接近，在高温过热器进口联箱上管排的入口处设置了不同尺寸的节流圈。高温过热器的材质为SA-213T91/SA-213T92/DMV310N/SA-

213TP347HFG/DMV304Hcu，高温过热器进口连接管、高温过热器进口混合联箱材质为SA-335P91，高温过热器出口混合联箱、高温过热器出口连接管材质为SA-335P92。

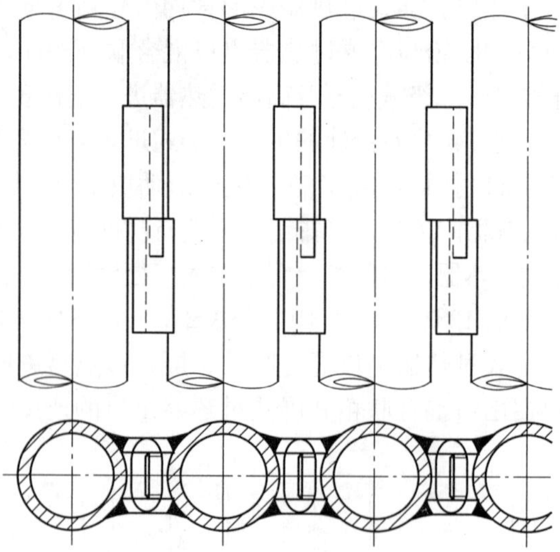

图 2-21　U形承重块示意图

四、 过热器的工作特性

（1）整个过热器系统布置了一次左右交叉，即屏式过热器出口至末级过热器进口进行了一次左右交叉，有效地减少了沿锅炉宽度上的烟气侧不均匀的影响。过热器采用两级四点喷水减温，每级喷水分两侧喷入，每侧喷水均可单独控制，通过喷水减温可有效地减小左、右两侧蒸汽温度偏差。

（2）由于过热器的出口处工质已达到较高温度，因此过热器的许多部分，特别是它们的末端部分需要采用价格较高的合金钢。通常为降低锅炉造价，尽量避免采用更高级的合金钢，设计时，几乎使各级过热器金属管子的工作温度都接近极限温度。为使过热器安全运行，必须注意保持蒸汽温度稳定，波动不应超过允许值（±5～10℃）。

（3）整个过热器的阻力，即工质压降不能太大。因大部分过热器都布置在较高烟温区域，为了使管子得到较好的冷却，就得使管内工质有较高的流速。工质流速越高，阻力越大，工质的压降就会越大。对于过热器，工质压降越大，要求给水压力越高，除给水泵功率消耗增大外，省煤器、水冷壁等承压部件壁厚就需要增大，省煤器、水冷壁等承压部件的材料和制造成本就会提高。因此，一般要求整个过热器内工质的压降不超过其工作压力的10%。

（4）过热器出口蒸汽温度随负荷的改变而变化。这是由于过热器是组合式的，既有对流传热又有辐射传热，但总体上是以对流传热为主。当负荷变化时，受热面管外烟气流速和管内工质流速都将发生变化，管内外的对流换热表面传热系统随着改变，导致管内蒸汽吸热量改变。

（5）在锅炉启动点火或汽轮机甩负荷时，过热器中没有或只有少量蒸汽通过，管壁会由于得不到冷却而产生爆管或烧损。为此，必须采取控制烟气温度等有效措施，用来保障在启动或汽轮机甩负荷时过热器的安全。

五、 过热蒸汽温度的调节

过热蒸汽的压力与温度由燃水比来控制，采用过热器喷水作为过热蒸汽温度的辅助调节手段。对于冷态启动，一旦主蒸汽压力达到汽轮机冲转压力，主蒸汽压力将由汽轮机旁路系统（TB）来控制以与汽轮机进汽要求相匹配；对于温态和热态启动，可以利用过热器系统上的疏水（汽）来控制主蒸汽的压力直到蒸汽温度与主蒸汽的温度相匹配，而不需将过多的低温蒸汽排往冷凝器导致主蒸汽温度的下降，一旦锅炉的金属壁温与主蒸汽温度相匹配，就开始用汽轮机旁路阀来调节主蒸汽压力。

当锅炉出力达到 30%BMCR 后，储水罐水位控制阀（361 阀）应完全关闭，此时通过汽水分离器的工质已达到完全过热的单相汽态，因此锅炉的运行模式从原来汽水两相的湿态运行转为干态运行即直流运行模式，此时锅炉达到最小直流负荷 30%BMCR。此后，主蒸汽的压力与温度分别由给水泵和燃水比来控制，以达到所需的温度。在通常情况下每级过热器喷水量保持在一个基本固定的数值，在负荷变化时，可以通过适当增加或减少喷水量来迅速调节过热蒸汽温度以适应负荷变化时对蒸汽温度控制的严格要求。一旦锅炉负荷恢复稳定，过热器喷水量应当回复到基本值。精确并稳定地控制主蒸汽温度对最大限度地提高蒸汽循环效率是非常重要的。

过热器喷水减温器结构如图 2-22 和图 2-23 所示。一级减温器是过热蒸汽温度的主要调节手段。二级减温器用来调节末级过热蒸汽温度及其左、右侧蒸汽温度的偏差，使过热蒸汽出口温度维持在额定值。过热器系统设有两级喷水减温器，每级减温器均为 2 只，每级喷水量均为 61.8t/h。一级喷水减温器装在低温过热器和屏式过热器之间的连接管道上。过热器一级减温器材质为 12Cr1MoVG，过热器二级减温器材质为 SA-335P92。

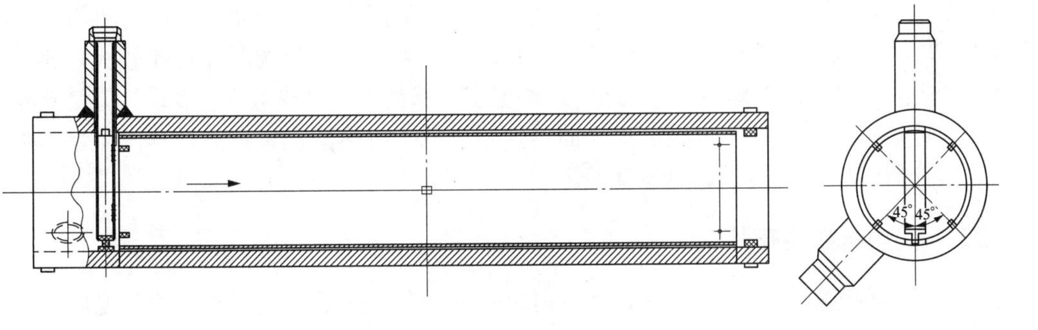

图 2-22　过热器喷水减温器（一级）

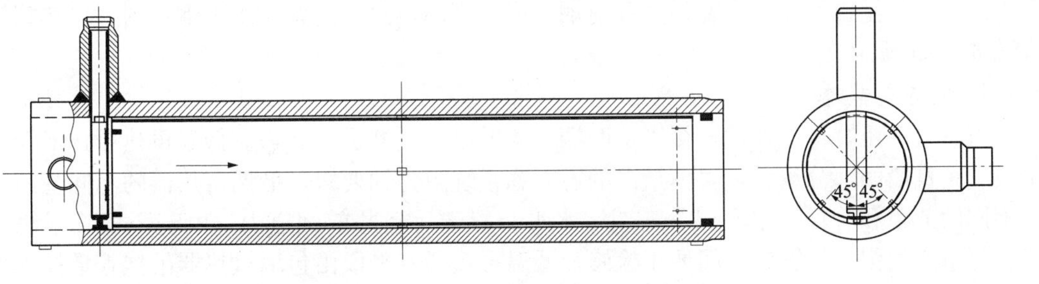

图 2-23　过热器喷水减温器（二级）

第五节 再 热 器

一、 再热器的工作特性

再热器与过热器有相似的基本特点，其不同于过热器的地方有：

（1）再热蒸汽压力低于过热蒸汽，一般为过热蒸汽压力的 1/4～1/5。由于蒸汽压力低，再热蒸汽的比定压热容较过热蒸汽小，这样在等量的蒸汽和改变相同的吸热量的条件下，再热蒸汽温度的变化就比较敏感，且变化幅度也较过热蒸汽大；反过来在调节再热蒸汽温度时，其调节也较灵敏，调节幅度也较过热蒸汽温度大。

（2）再热器进汽蒸汽状态决定于汽轮机高压缸的排汽参数，而高压缸排汽参数随汽轮机的运行方式、负荷大小及工况变化而变化。当汽轮机负荷降低时，再热器入口蒸汽温度也相应降低，要维持再热器的额定出口蒸汽温度，则其调温幅度大。由于再热蒸汽温度调节机构的调节幅度受到限制，则维持额定再热蒸汽温度的负荷范围也将受到限制。

（3）再热蒸汽温度调节不宜用喷水减温方法，否则机组运行经济性将下降。再热器置于汽轮机的高压缸和中压缸之间，因此在再热器蒸汽温度调节时使用喷水减温，使喷入的水蒸发加热成中压蒸汽，将使汽轮机的中、低压缸的蒸汽流量增加，即增加了中、低压缸的输出功率。如果机组总功率不变，则势必要减少高压缸的功率，由于中压蒸汽做功的热效率较低，因而使整个机组的循环热效率降低。因此再热蒸汽温度调节方法采用烟气侧调节，即采用摆动燃烧器或分隔烟道等方法。为保护再热器，在事故状态下，使再热器不过热烧坏，在再热器进口处设置事故喷水减温器，当再热器进口蒸汽温度采用烟气侧调节无法使蒸汽温度降低，则要用事故喷水来保护再热器管壁不超温，以保证再热器的安全。

（4）采用再热器目的是降低汽轮机末几级叶片的湿度和提高机组的热经济性。在亚临界压力机组中，再热蒸汽温度与过热蒸汽温度采用相同的温度；而在超临界压力机组，如果再热蒸汽温度采用与过热蒸汽温度相同的值，则汽轮机末几级叶片的湿度仍比较大，则需采用较高的再热蒸汽温度，以减小其末几级叶片的湿度。新昌电厂再热蒸汽温度设计值是 603℃。

（5）再热蒸汽压力低，再热蒸汽表面传热系统低于过热蒸汽，在同样蒸汽流量和吸热条件下，再热器管壁温度高于过热器壁温。

二、 锅炉再热器布置

从汽轮机高压缸出口来的蒸汽，经过再热器进一步加热后，使蒸汽的焓和温度达到额度值，再返回到汽轮机中压缸。整个再热器系统按蒸汽流程依次分为二级，即低温再热器、高温再热器。低温再热器布置在后竖井前烟道内，高温再热器布置在水平烟道内。再热蒸汽流程图如 2-24 所示。

1. 低温再热器

汽轮机高压缸排汽通过连接管从两端进入低温再热器进口联箱。低温再热器蛇形管由水平段和垂直段两部分组成，根据烟温的不同和系统阻力的要求，低温再热器的不同管组采用了不同的节距和管径。水平段分三组，水平布置于后竖井前烟道内，由若干根管子绕制而成，每组之间留有足够的空间便于检修。低温再热器水平段由包墙过热器吊挂管悬挂支撑并传递到大板梁，低温再热器垂直出口段质量由中间三排管承重并传递到出口联箱（联箱底部

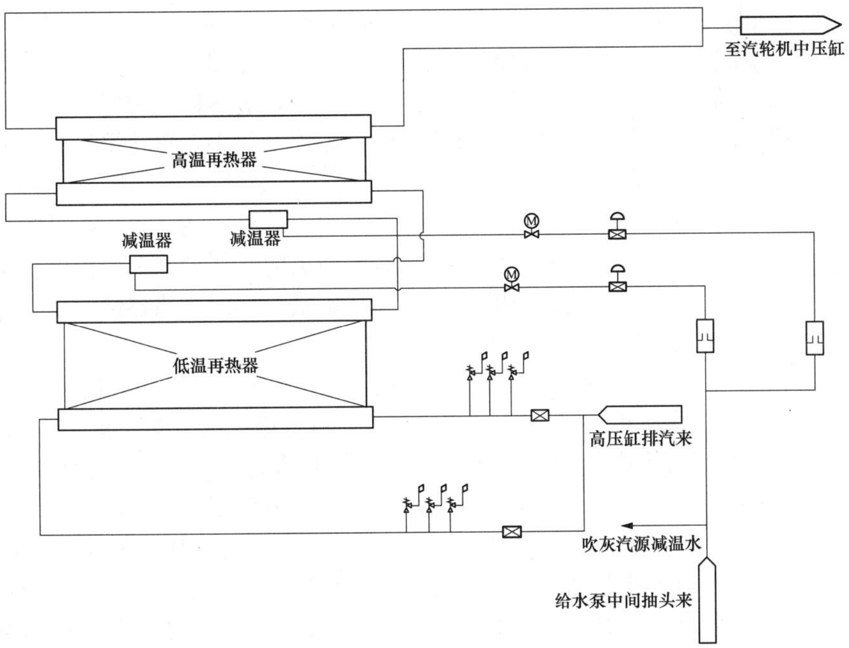

图 2-24 再热蒸汽流程图

三排管接头设计为平行的斜向开孔）上，其余管子质量均通过 U 形承重块逐根传递到中间三管，通过低温再热器出口联箱吊架悬吊在大板梁上。再热蒸汽经过低温再热器加热后进入低温再热器出口联箱，并经连接管、再热器减温器后从两端引入高温再热器。

为防止吹灰蒸汽对受热面的冲蚀，在吹灰器附近蛇形管排上均设置有防蚀盖板。

低温再热器材质 SA-210C/15CrMoG/12Cr1MoVG/SA-213T23，低温再热器进口连接管材质为 A672B70CL22，低温再热器进口联箱为 SA-106C，低温再热器出口混合联箱、低温再热器出口连接管材质均为 12Cr1MoVG。

2. 高温再热器

高温再热器布置于高温过热器后的水平烟道内，蒸汽从高温再热器进口联箱经蛇形管屏加热后进入高温再热器出口联箱。高温再热器蛇形管屏入口段质量由中间 4 排管承重并传递到入口联箱（联箱底部四排管接头设计为平行的斜向开孔）上，其余管子质量均通过承重块（如图 2-21 所示）逐根传递到中间四根管子。管屏出口段质量由一过渡梁支撑，由吊杆传递到高温再热器出口联箱上。为防止吹灰蒸汽对受热面的冲蚀，在吹灰器附近蛇形管排上均设置有防磨盖板。为减小流量偏差使同屏各管的壁温比较接近，在高温再热器进口联箱上设置了节流孔。

高温再热器二材质为 SA213T23/SA213T92/DMV304HCu/DMV310N/SA-213TP347HFG，高温再热器进口混合联箱的材质为 12Cr1MoVG，高温再热器出口混合联箱的材质为 SA-335P92。

三、 再热蒸汽温度的调节

新昌电厂采用的是分隔烟气挡板、燃烧器摆动以及事故喷水调节再热蒸汽温度。再热蒸汽温度的调节是在满足主蒸汽温度达到额定值的情况下，使用尾部调温挡板和事故减温水两种方式综合调节，从而使再热蒸汽温度达到额定值。

（1）再热蒸汽温度的调节是通过布置在低温再热器和省煤器后的平行烟气挡板来调节的，通过控制烟气挡板的开度大小来控制流经后竖井水平再热器管束及过热器管束的烟气量的多少，从而达到控制再热器蒸汽出口温度。在满负荷时，过热器侧烟气挡板全开，再热器侧烟气挡板部分打开；当负荷逐渐降低，过热器侧挡板逐渐关小，再热器侧挡板开大，直至锅炉运行至最低负荷，再热器侧全部打开。

低温过热器侧挡板与低温再热器侧挡板的开度之和始终保持为 100%，以保证总烟气流量分配的可控性。低温过热器侧挡板与低温再热器侧挡板的开度是联锁对应的，即低温再热器侧挡板开度增加，低温过热器侧挡板的开度减小；反之，低温再热器侧挡板开度减小，低温过热器侧挡板的开度增加。

（2）通过摆动燃烧器，使炉膛中火焰位置抬高或降低，从而改变热量在主蒸汽、再热蒸汽之间的分配，可以达到蒸汽温度改变的目的。这种改变会与再热蒸汽温度、过热蒸汽温度影响一致，因此这种方法仅作为再热蒸汽温度调节的补充。燃烧器的摆动开度与机组负荷的变化相关。

（3）再热器事故喷水减温器布置在低温再热器至高温再热器间的连接管道上，分左、右两侧喷入。减温器喷嘴采用多孔式雾化喷嘴，如图 2-25 所示为高压、低压再热器减温器结构图。正常情况下通过烟气调节挡板来调节再热器蒸汽温度，另外在低负荷时还可以适当增大炉膛进风量，作为再热蒸汽温度调节的辅助手段，而再热器事故喷水调节阀只有在低温过热器和低温再热器烟道调节挡板不能有效控制再热器出口温度时打开。同时管道中混合喷水后的出口蒸汽温度必须高于运行压力下的蒸汽饱和温度。喷水减温用作事故减温，在锅炉负荷快速变化时，可用作精确快速地控制蒸汽温度，当锅炉负荷稳定后再热器喷水量应当恢复到零。再热蒸汽温度控制范围从 50%～100%BMCR。

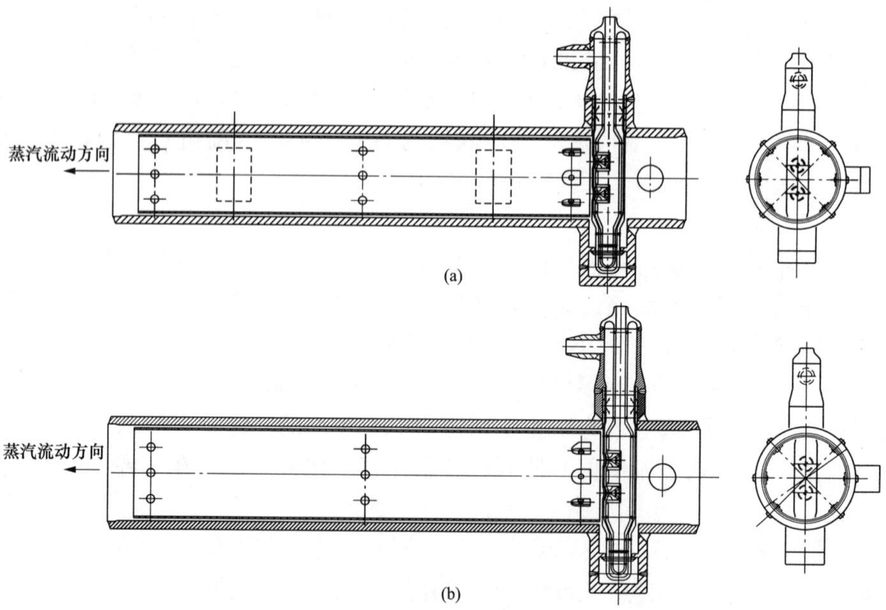

图 2-25　再热器事故喷水减温器

（a）高压再热器减温器；（b）低压再热器减温器

在主燃料跳闸、蒸汽闭锁或锅炉负荷低（燃料量指令低）时，再热器喷水调节阀被强制关闭，以限制对减温器下游的热影响的可能性。

再热器喷水系统作为再热器事故状态下控制再热蒸汽温度的喷水减温装置，设置于冷再出口至高温再热器进口的连接管，减温水取自给水泵的中间抽头，主路上设置一台流量测量装置和 1 只电动隔离阀，然后分成两路，每路上均设置一只气动调节阀，其后设置有 1 只电动截止阀。系统设计喷水流量最大为 61.8t/h，锅炉在正常运行状况，一般此系统不投入运行。

第六节 电磁泄压阀和安全阀

一、电磁泄压阀

1. 概述

电磁泄压阀是防止锅炉蒸汽压力超过规定值的保护装置，在安全阀动作之前开启，排出多余的蒸汽，以保证锅炉在规定压力下正常运行，同时减少安全阀的动作次数，延长安全的使用寿命。

2. 电磁泄压阀结构及工作原理

在超（超）临界压力锅炉上使用的电磁泄压阀的内部结构及动作原理和亚临界压力锅炉上的阀门基本相同。电磁泄压阀的结构和动作原理分别如图 2-26 和图 2-27 所示。

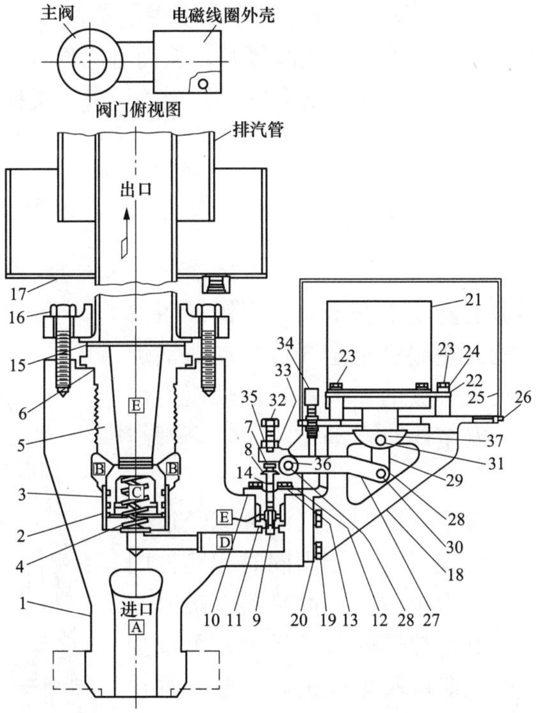

图 2-26 HPV 形电磁泄压阀结构

1—阀体；2—导向套；3—主阀瓣；4—主阀瓣弹簧；5—阀座；6—阀座密封环；7—挡圈；8—控制阀防尘盖；9—控制阀瓣；10—控制阀导向套；11—控制阀密封环；12、16、19、23、35—螺栓；13、20、24—弹簧垫圈；14—控制阀弹簧；15—排汽管法兰密封垫；17—疏水盘；18—电磁绕组支架；21—电磁绕组；22—电磁绕组底座；25—电磁绕组罩壳；26—螺钉；27—杠杆；28、30、31、35、36、37—销子；29—连杆；32—调整螺栓；33—调整螺母；34—微型开关

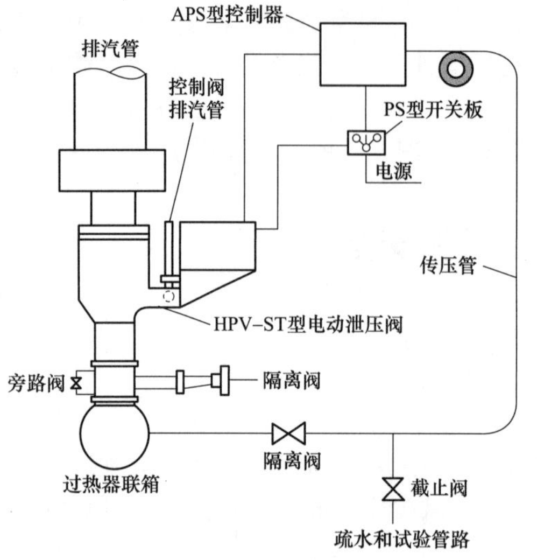

图 2-27　电磁泄压阀门动作原理

整套电磁泄压阀由主阀、控制阀、电磁绕组、APS型控制器、PS型三位控制开关和隔离阀等组成。控制器设有高压和低压2个压力开关，并由压力传感元件接受主蒸汽管道的压力信号。当压力达到定值时，高压开关或低压开关动作，接通或断开电磁绕组，使阀门打开或关闭。

三位控制开关带有“自动”“手动”和“关断”三个位置，阀门可以由控制器接受主蒸汽管道压力信号自动操作，也可以由运行人员在控制室通过三位开关手动操作。

在锅炉正常运行时，来自主蒸汽管道的蒸汽从主阀进口A进入B室，然后通过主阀瓣3和导向套2之间的间隙流入C室；控制阀的阀瓣9在弹簧14和C室蒸汽压力作用下，保持关闭状态，因此B室和C室内的压力相同；主阀在弹簧4的作用下处于关闭状态。

当蒸汽压力上升到整定值时，控制器高压的压力开关动作，电磁绕组通电，电磁铁芯通过杠杆27将控制阀打开，蒸汽从D室迅速排开，C室中的蒸汽压力降低，主阀上部B室中的蒸汽压力大于主阀下部的弹簧压力，使主阀打开，从而排除部分蒸汽；当压力降至阀门回座定值时，低压的压力开关动作，电磁绕组失电，控制阀回复到关闭位置，在主阀下部再次建立蒸汽压力，将主阀关闭。

二、 安全阀

1. 概述

为防止锅炉超压，锅炉上安装了安全阀，当锅炉压力超过一定值时，其安全阀能突然起跳至全开，自动对锅炉进行泄压，并且为了减少蒸汽排放的损失，当锅炉压力恢复至正常或稍低的压力后，安全阀将自动关闭。安全阀结构如图2-28所示。

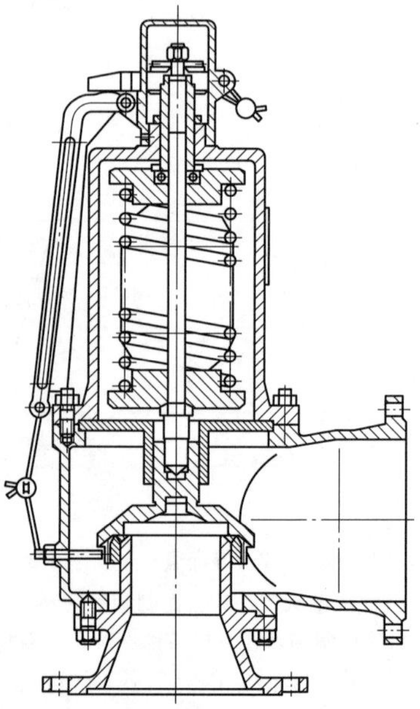

图 2-28　安全阀结构图

为了保证锅炉出现超压时有一定的蒸汽流量流经过热器，使过热器得到冷却，为防止所有安全阀同时起跳，同一侧的每一个安全阀的起跳压力也不同。过热器电磁泄压阀的起跳压力应低于其他所有过热器的起跳压力，可减少其他安全阀的起跳次数。电磁泄压阀排放试验一般安排在锅炉的停炉阶段。为了保证电磁泄压阀在锅炉超压运行时能及时开启对锅炉进行泄压，在锅炉熄火后，手动开启电磁泄压阀进行排放试验，如发现电磁泄压阀不能开启等现象，应及时处理。

安全阀要定期进行校验，以保证动作值准确。安全阀的漏汽还是会经常发生的，在出现漏气后一般要求尽早处理，否则漏汽量会越来越大，而且后来由于阀芯的吹损，加大处理的难度。电磁泄压阀出现漏汽时要及早将手动隔离阀关闭并处理，防止出现漏汽并进一步发展成无法隔离的恶性后果。

锅炉超压通常是由于以下两方面原因，一是不恰当的操作，设备失灵而使锅炉压力逐渐升高；二是蒸汽流量突然降低，导致锅炉压力迅速升高，如因电气故障，汽轮机立即甩负荷，锅炉蒸汽送不出去即蒸汽流量突然降低，使锅炉压力急剧增高。

锅炉安全阀的总排放量一般等于或大于锅炉的最大蒸发量。按载荷控制方法和加载方式分类，安全阀一般分为重锤式和弹簧式。安全阀的技术发展从排量较小的微启式发展到大排量的全启式，从重锤式发展到杠杆重锤式、弹簧式，继直接作用式之后又出现非直接作用的先导式，经过了漫长的过程。

2. 安全阀的工作原理

弹簧安全阀的开启、关闭动作是依靠其进口端的介质压力变化和弹簧预紧力来使阀芯自动开启及关闭。当介质压力（内压）升高到提升力比弹簧预紧力大时，阀芯克服弹簧预紧力自动开启，泄放多余的介质，使内压下降；又由于弹簧力的作用，当内压降至安全值时，阀芯自动关闭，泄放停止。

根据这个原理，可以设想，在线（又称热态）测量或调整安全阀时，如果由外部提供一个向上的附加力，则当介质压力与这个附加力的总和刚刚克服弹簧预紧力时，阀芯同样也会开启，甚至在没有介质作用的离线（又称冷态）条件下，单独由外部附加力克服弹簧预紧力时，阀芯也可开启，如图 2-29 所示清楚地表示了这种力的平衡关系。

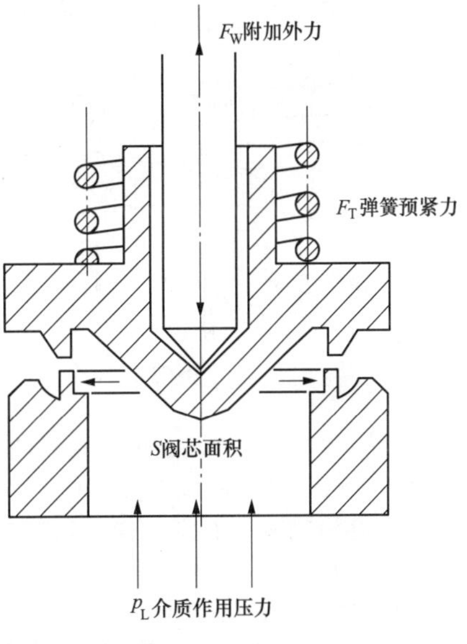

图 2-29 安全阀受力分析

由此可以得出，阀芯开启的条件为

$$F_T = F_W + p_L \times S \tag{2-1}$$

式中 F_T——弹簧预紧力；

F_W——外部附加力；

p_L——介质作用压力；

S——安全阀密封面面积。

则整定压力 p 为：$p = p_L + F_W/S$，当冷态时，$p = F_W/S$。

显然，如果能够准确地测定附加外力 F_W，就可以根据已知的阀芯面积 S 和系统工作压力，很容易地求得安全阀的整定压力 p。

三、 新昌电厂锅炉安全阀

新昌电厂在过热器出口管道上装设了 2 只动力控制泄放阀（ERV 阀），2 只安全阀，在屏式过热器进口管道上装设了 4 只安全阀。出口管道 ERV 阀和安全阀的整定压力幅度低于进口管道安全阀的整定压力幅度，因此当锅炉超压引起出口管道 ERV 阀和安全阀启跳时，能确保整个过热器系统中总有足够的蒸汽流过；而出口管道 ERV 阀的整定压力幅度应低于过热器出口安全阀，使安全阀免于经常动作而得到保护。

再热器进、出口管道上分别设置了 6 只和 2 只弹簧安全阀。再热器出口管道上的安全阀整定压力低于再热器进口管道上的安全阀整定压力，因此出口管道上的安全阀应先起跳，安全阀动作时，再热器中有足够的蒸汽流过，再热器得到有效的保护。

按照美国机械工程师协会（American Society of Mechanical Engineers，ASME）规范的要求，动力排放阀和弹簧安全阀的总排量大于 100%BMCR 工况时的过热蒸汽流量。

新昌电厂过热器弹簧式安全阀的型号为 HCA-118W，其结构如图 2-30 所示；再热器弹簧式安全阀的型号为 HCI-69W、HCI-46W，其结构如图 2-31 所示。

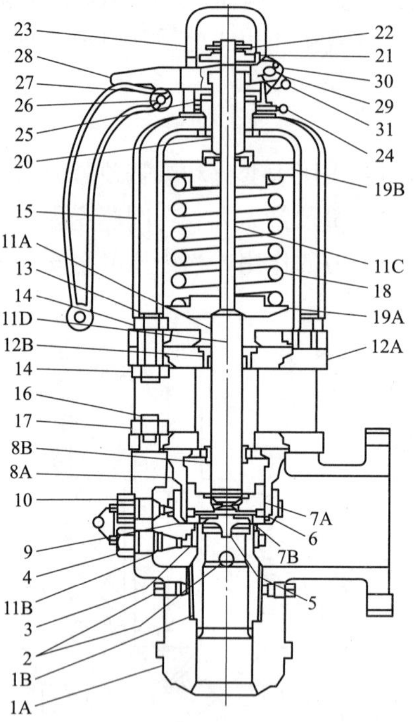

图 2-30 HCA-118W 型安全阀结构

1A—阀体；1B—喷嘴；2—排污螺塞；3—喷嘴环；4—喷嘴环紧定螺钉；5—阀瓣；6—阀瓣套开口销；7A—阀瓣座；7B—阀瓣套；8A—导向组件；8B—导向座；9—导向环；10—导向环定位螺钉；11A、11B、11C、11D—阀杆组件；12A—冷却圈；12B—冷却圈支承座；13—冷却圈支承座螺栓；14—冷却圈支承座螺母；15—阀盖；16—阀盖螺栓；17—阀盖螺母；18—弹簧；19A—底部弹簧垫圈；19B—顶部弹簧垫圈；20—调节螺栓；21—阀杆螺母；22—阀杆螺母开口销；23—阀帽；24—阀帽锁紧螺钉；25—杠杆；26—杠杆销子；27—杠杆销子定位销；28—叉形杠杆；29—叉形杠杆销子；30—叉形杠杆销子定位销；31—铅封

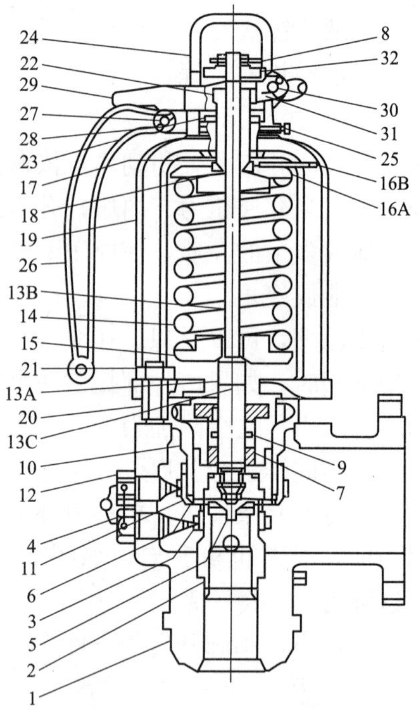

图 2-31 HCA-46W 型安全阀结构

1—阀体；2—喷嘴；3—喷嘴环；4—喷嘴环紧定螺钉；5—阀瓣；6—阀瓣座；7—阀瓣套筒；8—阀杆螺母开口销；9—阀瓣套定位销；10—导向组件；11—导向环；12—导向环定位螺钉；13A、13B、13C—阀杆组件；14—弹簧；15—底部弹簧垫圈；16A—顶部弹簧垫圈；16B—防旋盘；17—支撑圈；18—支承轴；19—阀盖；20—阀盖螺栓；21—阀盖螺母；22—调节螺栓；23—调节螺栓锁紧螺母；24—阀帽；25—阀帽锁紧螺钉；26—杠杆；27—杠杆销子；28—杠杆销子定位销；29—叉形杠杆；30—叉形杠杆销子；31—叉形杠杆销子定位销；32—阀杆螺母

弹簧式安全阀由阀瓣和阀座组成，密封面、阀瓣与阀杆相连。安全阀的起跳压力主要是

通过调整螺栓改变弹簧压力来调整。阀门上部装有杠杆机构，用于在动作试验时手动提升阀杆。阀体内装有上、下两个调节环，调节下部调节环可使阀门获得一个清晰的起跳动作，上调节环用来调节回座压力。回座压力过低，阀门保持开启的时间较长；回座压力太高，将使阀门持续起跳和关闭，产生颤振，导致阀门损坏，而且还会降低阀门的排放量。上部调节环的最佳位置应能使阀门达到全行程。

安全阀还带有临时压紧装置。临时压紧装置附加在阀杆上，用压紧螺钉将阀杆压住，以防止阀门开启。当水压试验压力不超过安全阀的最低整定试验压力时，阀门只使用临时压紧装置，不用水压试验安全塞；当水压试验压力超过安全阀的最低整定压力时，应同时使用水压试验安全塞和临时压紧装置；当整定起跳压力较高的阀门时，可用临时压紧装置，以防止起跳压力较低的阀门开启。

在水压试验和安全阀整定期间，阀杆将受热膨胀，当锅炉压力低于安全阀最低整定压力的80%时，压紧螺钉应松开，以允许阀杆随温度变化而自由膨胀；当锅炉压力升到安全阀的最低整定压力的80%时，只能用手动拧紧压紧螺钉，防止压紧过度引起阀杆弯曲和阀门密封面损坏。

弹簧式安全阀的工作原理当安全阀的阀瓣下的蒸汽压力超过弹簧的压紧力时，阀瓣就被顶开。阀瓣顶开后，排出蒸汽由于下调节环的反弹而作用在阀瓣夹持圈上，使阀迅速打开，如图2-32（a）所示；随着阀瓣的上移，蒸汽冲击在上调节环上，使排汽方向趋于垂直向下，排汽产生的反作用力推着阀瓣向上，并且在一定的压力范围内使阀瓣保持在足够的提升高度上，如图2-32（b）所示。

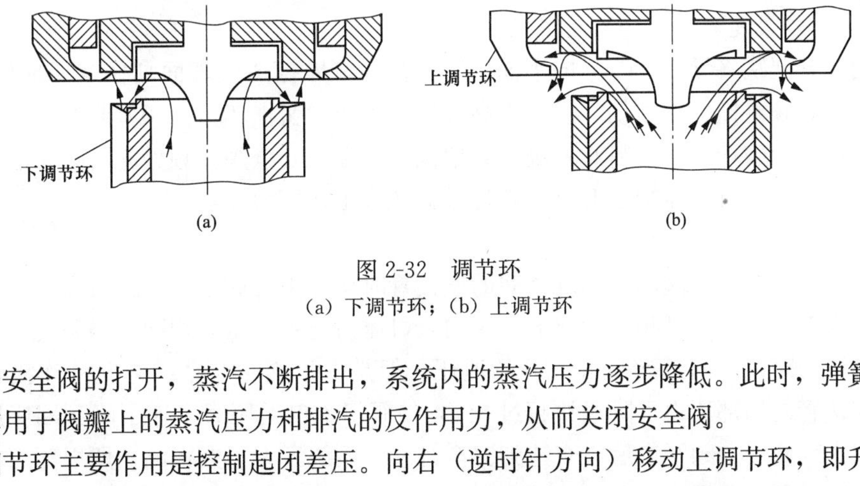

图2-32 调节环

（a）下调节环；（b）上调节环

随着安全阀的打开，蒸汽不断排出，系统内的蒸汽压力逐步降低。此时，弹簧的作用力将克服作用于阀瓣上的蒸汽压力和排汽的反作用力，从而关闭安全阀。

上调节环主要作用是控制起闭差压。向右（逆时针方向）移动上调节环，即升高上调节环，会减小对阀瓣座的反作用力，从而减少安全阀的排汽量，提高安全阀的回座压力，减小起闭差压；向左移动上调节环，即降低上调节环，会增加对阀瓣座的反作用力，从而增加安全阀的排放量，降低安全阀的回座压力，增大起闭差压。上调节环的调节必须配合下调节环的微小调节，才能使安全阀的运行可靠、灵敏、正确。

下调节环主要作用是保证起跳动作。向右转动下调节环，则升高下调节环，使阀门打开迅速而且强劲有力，同时增加阀门排放量；向左转动下调节环，则降低下调节环，减少蒸汽的排放量。如果下调节环移到太低的位置，阀门将处于连续启闭的状态。

为避免阀体热应力对阀座密封面的影响，密封件应采用阀瓣夹持圈与阀瓣焊接的结构，并与阀瓣套筒用螺纹固定在一起，避免阀瓣套筒和阀瓣的热应力对阀瓣夹持圈密封的影响，提高了密封性。

阀瓣夹持圈用韧性好、强度高、抗冲刷、耐高温的材料制作。优点是当密封面有少量蒸汽泄漏时，泄漏的蒸汽经阀瓣夹持圈降压同时降温，使夹持圈下部温度低于上部温度，从而产生弯曲变形，使夹持圈紧接触于阀座上，提高了密封能力。

当介质压力升高，介质作用力与弹簧力相平衡时，泄漏量无法避免。泄漏量增加到一定程度时，下调节环上部与阀瓣夹持圈下部形成的压力区域内的内压力将随着泄漏量增加而速增加，改变蒸汽对阀瓣的作用力，使介质有足够压力克服弹簧力，使安全阀门动作。调整下调节环位置高低，改变压力区域内的压力，能得到起跳压力；调整上调节环位置的高低，改变蒸汽对阀瓣的反作用力，能影响安全阀的起跳高度和回座压力。

四、 安全阀故障的原因分析与处理

安全阀故障时，可根据不同情况，采取相应的措施。

1. 安全阀泄漏

安全阀泄漏的判断依据为：①疏水盘内是否有蒸汽或积水；②排气管是否温度过高；③消声器是否有蒸汽冒出；④检查阀门各疏水管的温度，判断是不是疏水母管上其他阀门返回的蒸汽，以免造成误判；⑤运行压力是否过高。

确认泄漏时应拉起安全阀的手柄，吹扫密封面的杂质，若依旧泄漏，用压紧装置锁死安全阀，停炉后检修。

2. 安全阀频繁起跳

安全阀频繁起跳将导致：①导向平面由于反复高频摩擦造成表面划伤或局部材料疲劳；②密封面由于高频碰撞造成损伤；③由于高频振颤造成弹簧损坏；由频繁起跳所带来的阀门及管道振颤可能会破坏焊接材料和系统上其他设备。由于安全阀在频繁起跳时无法达到需要的排放量，系统压力有可能继续升压并超过最大允许工作压力。

故障分析：

（1）系统压力在通过阀门与系统之间的连接管时压力下降超过 3%。当阀门处于关闭状态时，阀门入口处的压力是相对稳定的，阀门入口压力与系统压力相同。当系统压力达到安全阀的起跳压力时，阀门迅速打开并开始泄压。但是由于阀门与系统之间的连接管设计不当，造成连接管内局部压力下降过快超过 3%，使阀门入口处压力迅速下降到回座压力而导致阀门关闭。因此安全阀开启后没有达到完全排放，系统压力仍然很高，所以阀门会再次起跳并重复上述过程，即发生频跳。

（2）阀门的调节环位置设置不当。如果喷嘴环的位置过低或导向环的位置过高，则阀门起跳后蒸汽的作用力无法在阀瓣座和调节环所构成的空间内产生足够的托举力使阀门保持排放状态，从而导致阀门迅速回座。但是系统压力仍然保持较高水平，因此回座后阀门会很快再次起跳。

（3）安全阀的额定排量远远大于所需排量。由于所选的安全阀的喉径面积远远大于所需，安全阀排放时过大的排量导致压力容器内的局部压力下降过快，而系统本身的超压状态没有得到缓解，因此安全阀不得不再次起跳。

3. 阀门不回座或回座比过大的故障分析

（1）阀门上下调整环的位置设置不当。排汽管道设计不当造成排汽不畅，由于排汽管道过小、拐弯过多或被堵塞，使排放的蒸汽无法迅速排出而在排汽管和阀体内积累，这时背压会作用在阀门内部机构上并产生抑制阀门关闭的趋势。

（2）阀门内落入大量杂质从而使阀瓣座和导套之间卡死后摩擦力过大。弹簧之间夹入杂物从而使弹簧被正常压缩后无法恢复。由于对阀门排放时的排放反力计算不足，从而在排放时阀体受力扭曲损坏内部零件导致卡死。

（3）阀杆螺母（位于阀杆顶端）的定位销脱落。在阀门排放时由于振动使该螺母下滑使阀杆组件回落受阻。由于弹簧压紧螺栓的锁紧螺母松脱，在阀门排放时由于振动时弹簧压紧螺栓松动上滑导致阀门的设定起跳值不断减小。

（4）阀门安装不当，使阀门垂直度超过极限范围（正负两度）从而使阀杆组件在回落过程中受阻。

（5）阀门的密封面中有杂质，造成阀门无法正常关闭。

（6）锁紧螺母没有锁紧，由于管道震动下环向上运动，上平面高于密封面，阀门回座时无法密封。

第七节 锅炉启动系统

一、超超临界压力直流锅炉启动系统分类

启动系统是为了锅炉在启动过程中和低负荷运行时，确保锅炉水冷壁管内的工质流量维持在高于最小流量的水平，避免管子过热超温。

（1）完成机组启动时锅炉省煤器和水冷壁的冷态和热态循环清洗，清洗水通过大气扩容器和凝结水箱排入凝汽器或水处理系统。

（2）建立启动压力和启动流量，以确保水冷壁安全运行。

（3）尽可能回收启动过程中的工质和热量，提高机组的运行经济性。

（4）对蒸汽管道系统暖管。

（5）满足汽轮机启动过程需要的蒸汽流量、蒸汽压力和蒸汽温度。有的启动旁路系统还能用于汽轮机甩负荷保护、带厂用电运行或停机不停炉等。

按分离器正常运行时是否参与系统工作，直流锅炉的启动旁路系统可以分为外置式分离器启动系统和内置式分离器启动系统。

（一）外置式分离器启动系统

外置式分离器启动系统只在启动和低负荷时投用，正常直流运行中切除，适用于定压运行机组。复合循环启动旁路系统如图 2-33 所示。启动时由电动给水泵向锅炉进水。系统设置有锅炉节流阀 BT 和节流旁路阀 BTB，其作用是控制水冷壁的压力在规定范围内。启动过程为锅炉点火后，随着水冷壁工质温度升高，BEB 阀开启，开足后开启 BE 阀控制水冷壁压力，此时 BT、BTB 阀关闭。分离器分离出来的蒸汽经送汽阀 SA 送至过热器升温及主蒸汽管道暖管，其疏水经汽轮机旁路阀 SD 送至冷凝器。分离器的蒸汽也可经 DA 阀送至除氧器或经 AA 阀作辅助汽源。当分离器压力达 6MPa 时，用 SP 阀控制压力不变，WD 阀控制水

位。锅炉节流阀（BT、BTB）前工质温度达 415℃时，进入分离器的工质全部变成蒸汽，WD 阀关闭。之后开始切除分离器，由 BT、BTB 阀减压，蒸汽进入过热器。在低负荷时将水冷壁出口工质打入混合球，与省煤器来的给水混合，然后再进入循环水泵的入口进行再循环。

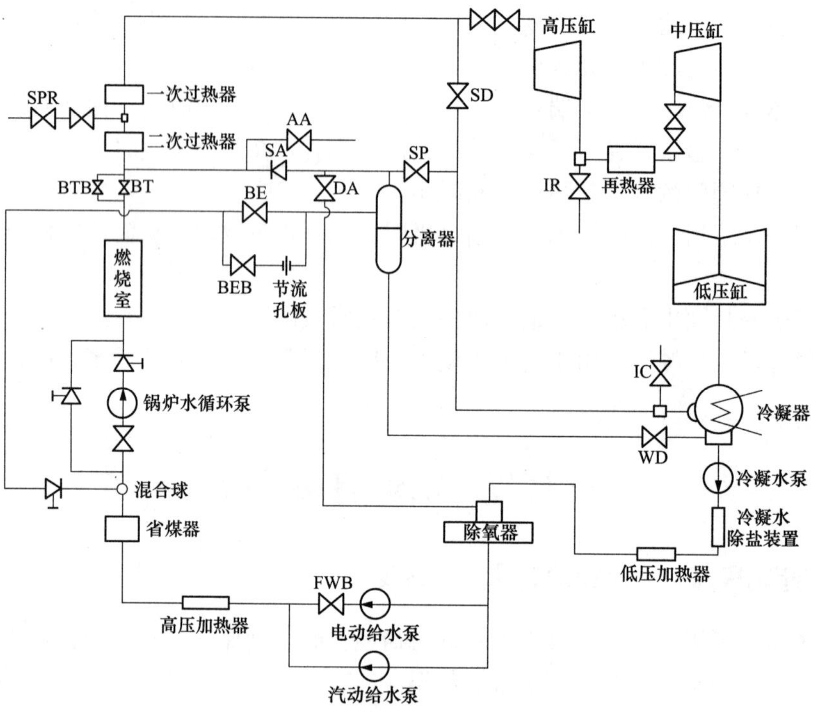

图 2-33　复合循环启动旁路系统

BT—锅炉节流阀；BTB—锅炉节流旁路阀；SA—锅炉启动送气阀；BE—锅炉启动抽气阀；BEB—锅炉启动抽气旁路阀；SP—分离器放气阀；DA—除氧器加热阀；WD—分离器流水阀；SD—汽轮机旁路阀；AA—辅助蒸汽阀；IS—过热器喷水调节阀；SPR—过热器喷水压力调节阀；IR—再热器喷水调节阀；IC—启动减温阀；FWB—给水调节阀

该系统缺点是锅炉蒸汽温度较难控制，水冷壁工质在启动阶段一直处于高压状态，操作复杂，不适宜快速启停，只能带基本负荷，正常运行时分离器是冷态，停炉过程进行到一定时间需投入分离器时，会产生较大的热冲击。

（二）内置式分离器启动系统

内置式分离器启动系统是指在正常运行时，从水冷壁出来的微过热蒸汽经过分离器，进入过热器，此时分离器仅起连接通道的作用。分离器设置在蒸发段与过热段之间，没有任何隔绝门。在锅炉启动和低负荷运行时，分离器如同汽包一样，起汽水分离作用；高负荷时，分离器处于干态运行，起蒸汽通道作用。其优点是操作简单，不需切除分离器，但分离器要承受锅炉全压，对其强度和热应力要求较高。内置式分离器启动系统适用于变压运行锅炉。

内置式分离器启动系统大致可分为扩容器式（大气式、非大气式两种），启动疏水热交换器式，再循环泵式（并联和串联两种）。

1. 带扩容器的启动系统

如图 2-34 所示为 660MW 超临界压力机组大气式扩容器启动系统，其主蒸汽流量为 2070t/h（BMCR 工况），过热器蒸汽出口压力 25.4MPa，过热器出口温度 571℃，再热器温度 569℃。

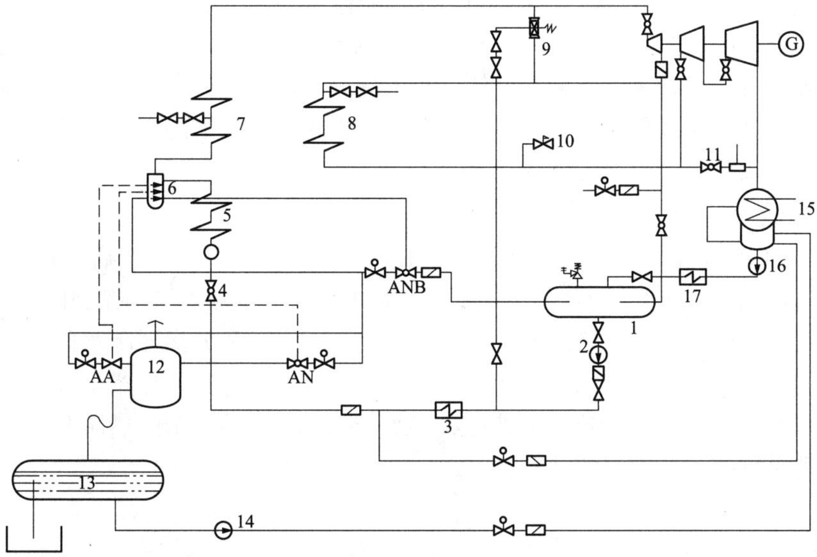

图 2-34 内置式分离器启动系统

1—除氧器水箱；2—给水泵；3—高压加热器；4—给水调节阀；5—省煤器、水冷壁；6—启动分离器；7—过热器；8—再热器；9—高压旁路阀；10—再热器安全阀；11—低压旁路阀；12—大气扩容器；13—疏水箱；14—疏水泵；15—冷凝器；16—凝结水泵；17—低压加热器

启动系统主要由除氧器、给水泵、高压加热器、启动分离器、大气式扩容器、疏水回收箱、疏水回收泵、凝汽器等组成。

高压旁路容量 100％BMCR，低压旁路容量 65％BMCR。没有过热器安全阀门，再热器进、出口安全阀的容量为 100％BMCR。

（1）系统功能。该系统能保证各种启动工况（冷态、温态、热态）所要求的汽轮机冲转参数。由于采用 100％BMCR 容量的高压旁路和 65％BMCR 容量的低压旁路，再加上 100％BMCR 容量的再热器进、出口安全阀，能满足各种事故工况处理。启动系统适用于带基本负荷，允许辅机故障带部分负荷和电网故障带厂用电运行。由于采用大气扩容器，如果经常频繁启停及长期低负荷运行，将有较大的热损失和凝结水损失。

（2）启动系统中主要阀门的功能。

1）分离器疏水阀（AA 阀）：冷态启动、温态启动过程中，当水质不合格时，可将进入启动分离器的疏水排至大气式疏水扩容器，控制启动分离器的水位使之不超过最高水位，以防止启动分离器满水以致水冲入过热器，危及过热器甚至汽轮机的安全。

2）分离器水位阀（AN 阀）：冷态和温态启动时，辅助分离器疏水阀（AA 阀）排放启动分离器的疏水。当分离器疏水阀（AA 阀）关闭后，由分离器水位阀（AN 阀）和分离器水位控制阀（ANB 阀）共同排除启动分离器疏水，并控制启动分离器水位。

3）分离器水位控制阀（ANB 阀）：回收工质和热量，即使在冷态启动工况下，只要水质合格和满足 ANB 阀的开启条件，即可通过分离器水位控制阀（ANB 阀）的疏水进入除氧器水箱。分离器水位控制阀（ANB 阀）保持启动分离器的最低水位。需要特殊说明的是，此系统安全可靠性及运行经济性不够高。因为压力很高的启动分离器与低压运行的除氧器仅用分离器水位控制阀（ANB 阀）及电动隔绝阀隔开，一旦出现误动作或阀门泄漏，会严重危及除氧器等设备的安全；可以在分离器水位控制阀（ANB 阀）关闭后，采取立即切除电动隔绝阀电源的方法，解决此问题。另外，此系统只能回收经分离器水位控制阀（ANB 阀）排出的疏水热量，而通过分离器水位阀（AN 阀）及分离器疏水阀（AA 阀）的疏水热量却无法回收，故工质热损失大也是其缺点之一。

2. 带启动疏水热交换器的启动系统

如图 2-35 所示为直流锅炉采用带启动疏水热交换器的启动系统。启动过程中汽水分离器的疏水通过启动疏水热交换器后分为两路，其中一路经分离器水位控制阀（ANB 阀）流入除氧器水箱；另一路经过并联的分离器水位阀（AN 阀）和分离器疏水阀（AA 阀）流入冷凝器之前的疏水箱，而后进入冷凝器。启动疏水热交换器，在省煤器及水冷壁中吸收了烟气热量的汽水分离器疏水和锅炉给水进行热交换，减少了启动疏水的热损失。带启动疏水热交换器的启动系统的主要阀门的功能：

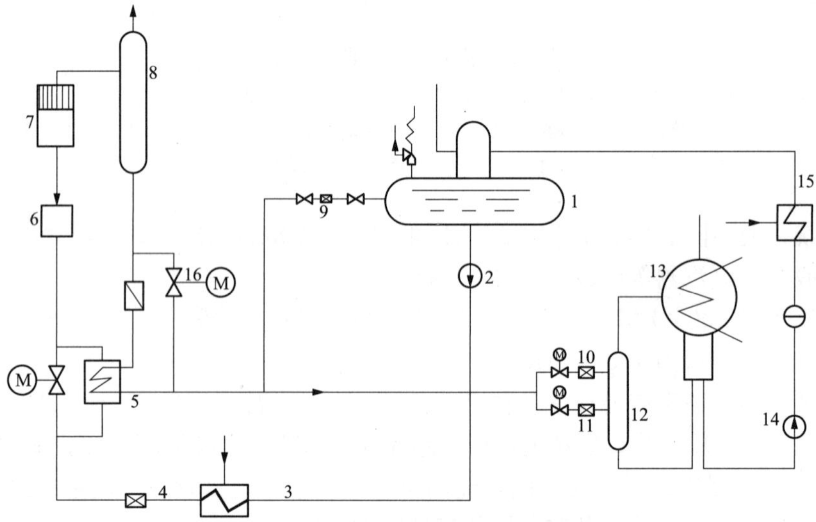

图 2-35　直流锅炉采用带启动疏水热交换器的启动系统

1—除氧器水箱；2—给水泵；3—高压加热器；4—给水调节阀；5—启动疏水热交换器；6—省煤器；7—水冷壁；8—启动分离器；9—分离器水位控制阀（ANB 阀）；10—分离器水位阀（AN 阀）；11—分离器疏水阀（AA 阀）；12—疏水箱；13—冷凝器；14—疏水泵；15—低压加热器；16—旁路隔绝阀

（1）分离器水位控制阀（ANB 阀）：回收工质和热量，即在冷态启动工况下，只要水质合格并满足阀门开启条件，即可将汽水分离器疏水通过 ANB 阀送入除氧器水箱。ANB 阀同时保证汽水分离器最低水位。冷态启动时，同样也能在汽轮机的启动压力下，将疏水排至给水箱（在水质合格条件下）。

（2）分离器水位控制阀（ANB 阀）＋分离器水位阀（AN 阀）：在温态和热态启动时排放汽水分离器疏水。如果水质达不到规定值而不能进入除氧水箱，此时由分离器水位阀（AN 阀）单独排至冷凝器。

（3）分离器疏水阀（AA 阀）：主要在冷态启动（无压启动）及温态启动（水质不合格时）时，将汽水分离器的疏水排至冷凝器。分离器水位控制阀（ANB 阀）、分离器水位阀（AN 阀）、分离器疏水阀（AA 阀）的开度均受汽水分离器水位控制。

3. 带再循环泵的低负荷启动系统

启动分离器的疏水经再循环泵送入给水管路的启动系统。按循环水泵在系统中与给水泵的连接方式分串联和并联两种形式：部分给水经混合器进入循环泵的称为串联系统；给水不经循环泵的称为并联系统。带再循环泵的两种布置方式如图 2-36 所示。

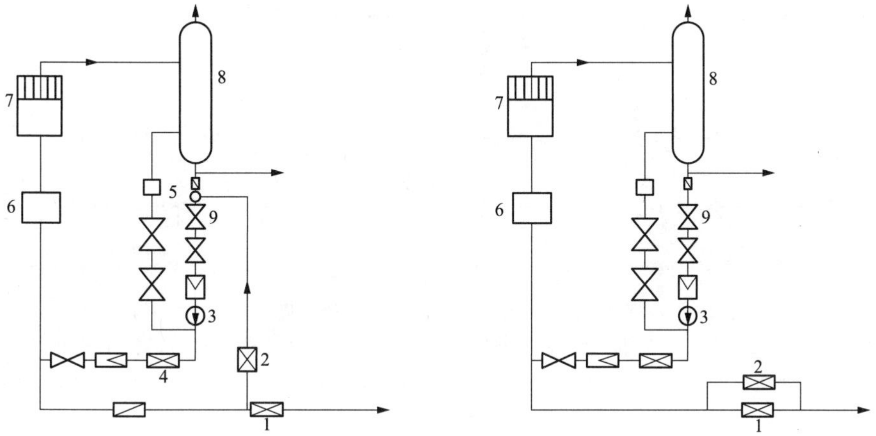

图 2-36　两种再循环泵启动系统的布置

1—给水调节阀；2—旁路给水调节阀；3—再循环泵；4—流量调节阀；5—混合器；6—省煤器；7—水冷壁；8—启动分离器；9—疏水和水位调节阀

该系统适用于带中间负荷或两班制运行。一般使用再循环泵与锅炉给水泵并联的方式，该方式的优点是可以不必使用特殊的混合器，当循环泵故障时无须首先采用隔绝水泵，也不致对给水系统造成危害；缺点是再循环泵充满饱和水，一旦压力降低有汽化的危险。

再循环泵与锅炉给水泵的并联布置方式可用于变压运行的超临界压力机组启动系统，也可应用于亚临界压力机组部分负荷或全负荷复合循环（又称低倍率直流锅炉）的启动系统中。采用带再循环泵的启动系统，可减少启动工质及热量的损失。再循环泵的参数选择及运行方式是该系统应考虑的主要问题。

启动疏水热交换式和带再循环的启动系统低负荷运行和频繁启动特性较好，而扩容式启动系统较差，但初投资较前者少。

二、新昌电厂锅炉启动系统

启动循环系统由启动分离器、储水罐、储水罐水位控制阀（361 阀）等组成。启动循环系统流程如图 2-37 所示。

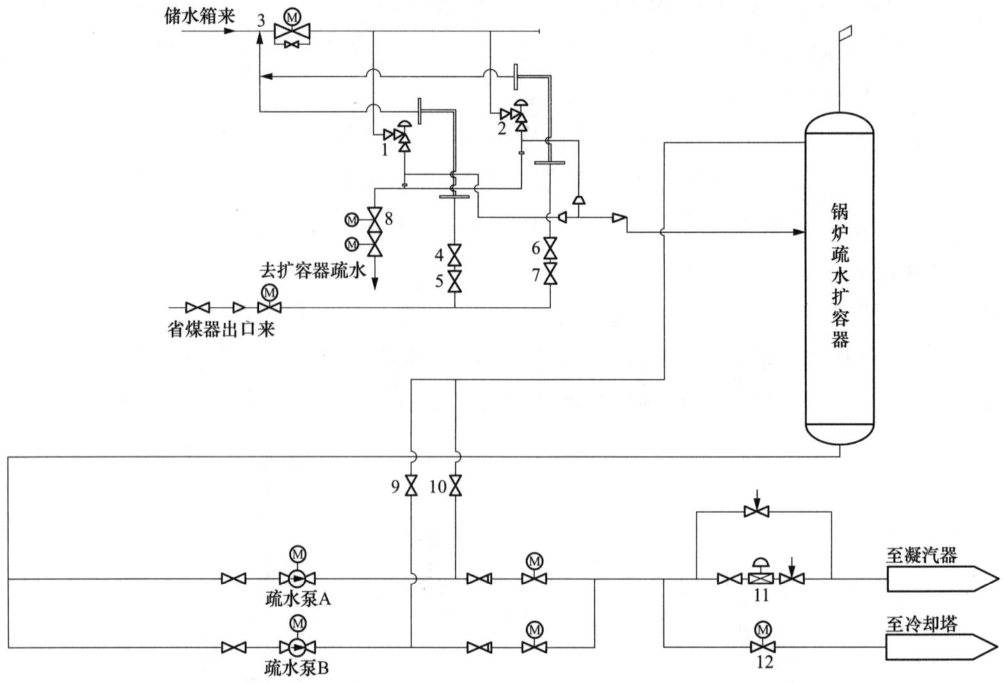

图 2-37　锅炉启动疏水系统

1、2—储水罐水位控制阀（361 阀）；3—储水箱至疏水扩容器电动门；
4、5、6、7—启动调节阀暖管至 2 号 361 阀前手动门；8—锅炉启动疏水扩容器入口电动门；
9、10—锅炉启动疏水泵 A 再循环；11—锅炉启动疏水扩容器液位调节阀；12—锅炉启动至供水系统疏水电动

1. 启动系统的主要运行模式

（1）初次启动或长期停炉后启动前进行冷态和温态水冲洗。初次启动或长期停炉后启动前进行冷态和温态水冲洗，总清洗水量可达 30％BMCR，由给水泵提供，水冲洗的目的是清除给水系统、省煤器系统和水冷壁系统中的杂质，只要停炉时间在一个星期以上，启动前必须进行水冲洗。在冲洗水的水质不合格时，通过扩容系统，最终排入废水池。

（2）启动初期（从启动给水泵到锅炉出力达到 30％BMCR）。锅炉点火前，给水泵以相当于 30％BMCR 的流量向锅炉给水以维持启动系统 30％BMCR 的流量流过省煤器和水冷壁，保证有必要的质量流速冷却省煤器和水冷壁不致超温，并保证水冷壁系统的水动力稳定性。

（3）从分离器储水箱建立稳定的正常水位到锅炉达到 30％BMCR 的最小直流负荷。当锅炉出力达到 30％BMCR 后，储水罐水位控制阀（361 阀）完全关闭，此时通过汽水分离器的工质已达到完全过热的单相汽态，因此锅炉的运行模式从原来汽水二相的湿态运行（也即再循环模式）转为干态运行即直流运行模式，此时锅炉达到最小直流负荷 30％BMCR。从此，主蒸汽的压力与温度分别由给水泵和燃水比来控制，锅炉的出力也逐步提高。

（4）启动系统的热备用。当锅炉达到 30％BMCR 最低直流负荷后，应将启动系统解列，启动系统转入热备用状态，此时通往疏水扩容器的分离器疏水支管上的储水罐水位控制阀（361 阀）和电动截止阀全部关闭。随着直流工况运行时间的增加，为使管道保持在热备用状态，省煤器出口到储水罐水位控制阀（361 阀）的加热管道上的截止阀开启，用来加热

储水罐水位控制阀（361 阀）。

2. 启动系统的功能

启动系统是为解决直流锅炉启动和低负荷运行而设置的功能组合单元，其作用是在水冷壁中建立足够高的质量流量，实现点火前循环清洗，保护蒸发受热面点火后不过热，保持水动力稳定，还能回收热量，减少工质损失。启动系统具体的功能如下：

（1）锅炉给水系统、水冷壁和省煤器的冷态和温态水冲洗，并将冲洗水送往锅炉的疏水扩容系统。

（2）满足锅炉的冷态、温态、热态和极热态启动的需要，直到锅炉达到 30％BMCR 最低直流负荷，由再循环模式转入直流方式运行为止。

（3）只要水质合格，启动系统即可完全回收工质及其所含热量，包括锅炉点火初期水冷壁汽水膨胀阶段在内的启动阶段的工质回收。

（4）锅炉在结束水冲洗（长期停炉或水质不合格时），锅炉点火前给水泵供给相当于 30％BMCR 的给水，使启动阶段在水冷壁中维持 30％的流量运行以冷却水冷壁和省煤器系统不致超温，通过储水罐水位控制阀（361 阀）控制分离器储水箱中的水位。当锅炉产汽量达到 30％BMCR 时，储水罐水位控制阀（361 阀）全关，锅炉转入直流运行模式。

（5）启动分离器也能起到在水冷壁系统与过热器之间的温度补偿作用，均匀分配进入过热器的蒸汽流量。

3. 启动分离器

启动分离器布置在炉前，垂直水冷壁混合联箱出口，采用旋风分离形式。经水冷壁加热以后的工质分别由连接管沿切向向下倾斜 15°进入两分离器，分离出的水通过分离器下方的连接管进入储水罐，蒸汽则由分离器上方的连接管引入顶棚入口联箱。分离器下部水出口设有阻水装置和消旋器。启动分离器和储水罐端部均采用锥形封头结构，封头均开孔与连接管相连。启动分离器结构如图 2-38 所示。

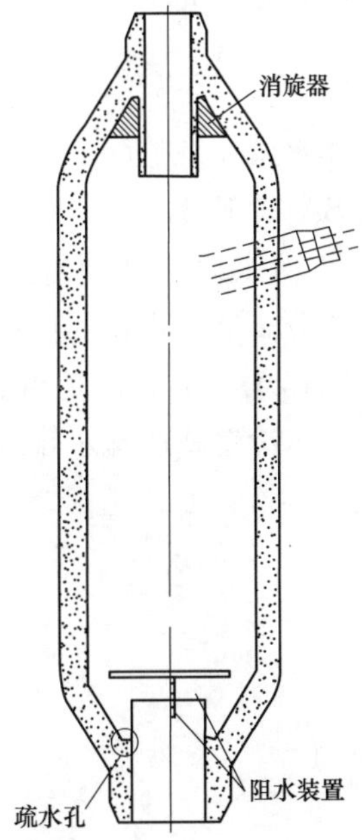

图 2-38　启动分离器结构图

启动分离器为立式筒体，共 2 只，分离器外径为 900mm，壁厚为 110mm，总高度为 4360mm，材料为 SA-336F12。

启动分离器的作用是：①组成循环回路，建立启动流量；②实现汽水混合物的两相分离，使蒸汽进入过热器系统，水再回到水冷壁循环加热；③在机组启动时形成固定蒸发点，方便运行控制；④在直流运行工况时，作为中间点，便于过热汽温度的控制。

4. 储水罐

储水罐上部蒸汽连接管、下部出水连接管上各布置一个取压孔，后接三个并联的单室平衡容器，水、汽侧平衡容器一一对应提供差压给差压变送器，进行储水罐的水位控制（如图 2-39 所示）。储水罐上有设定的高报警水位、储水罐水位控制阀（361 阀）全开水位、正常水位（上水完成水位）、储水罐水位控制阀（361 阀）全关水位及基准水位，根据各水位不同的差压值来控制储水罐水位控制阀（361 阀）调节水位。储水罐中的水由储水罐下部的出口连接管引出，经过储水罐水位控制阀（361 阀），在锅炉清洗及点火初始阶段被排出系统外或循环到冷凝器中，储水罐结构如图 2-40 所示。

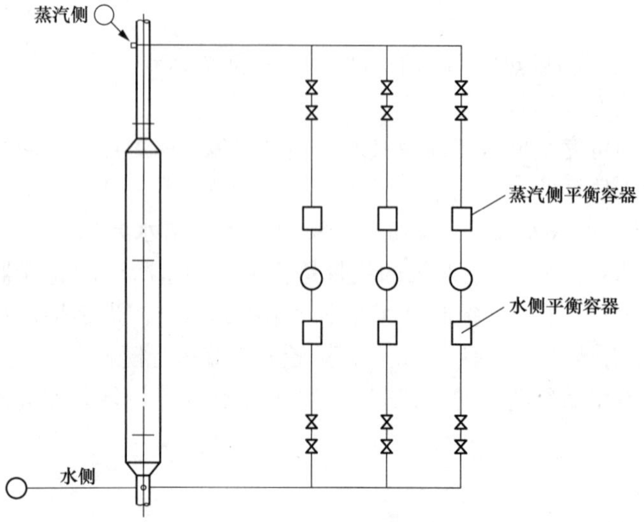

图 2-39　储水罐水位测量布置图

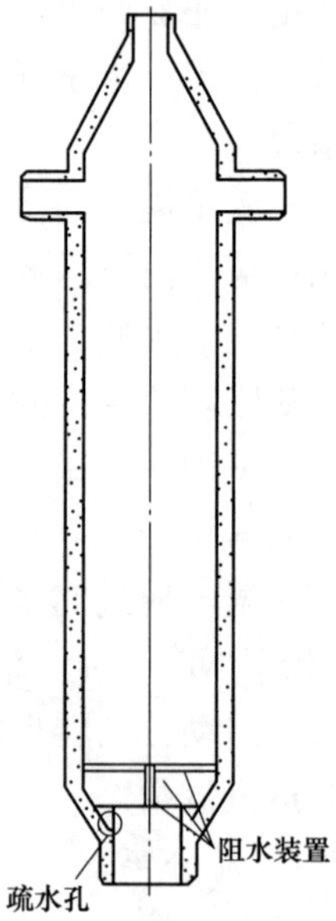

图 2-40　储水罐结构简图

储水罐外径 1100mm，壁厚 125mm，总高度 19 310mm，正常运行水位线标高 58 950mm，材质 SA-336F12。

5. 储水罐水位控制阀（361 阀）

在分离器储水箱的出口管道上接一疏水管道，分两个支路，每路有一个储水罐水位控制阀（361 阀），其作用是当锅炉启动发生汽水膨胀时，用这两个储水罐水位控制阀（361 阀）将锅炉水冷壁膨胀疏水排入到扩容器中。

第三章 风 烟 系 统

第一节 风烟系统概述

锅炉风烟系统是锅炉重要的辅助系统，其作用是连续不断地给锅炉燃烧提供空气，并按燃烧的要求分配风量送到炉膛，在炉膛内为煤、油的燃烧提供充足的氧量，同时使燃烧生成的含尘烟气流经各受热面和烟气净化装置后，最终由烟囱及时地排至大气。

锅炉风烟系统通常按平衡通风设计，即利用一次风机、送风机和引风机来克服气流在流通过程中的各项阻力。系统的平衡点发生在炉膛中，所有燃烧空气侧的系统部件设计正压运行，烟气侧所有部件设计负压运行。平衡通风方式使炉膛和风道的漏风量不会太大，保证了锅炉较高的经济性，能防止炉内高温烟气外冒，对运行人员的安全和锅炉房的环境均有一定的好处。

超超临界再热锅炉风烟系统通常可分为一次风系统、二次风系统和烟气系统。以新昌电厂为例，其锅炉风烟系统主要由下列设备和装置组成。风烟系统流程图如图 3-1 所示。

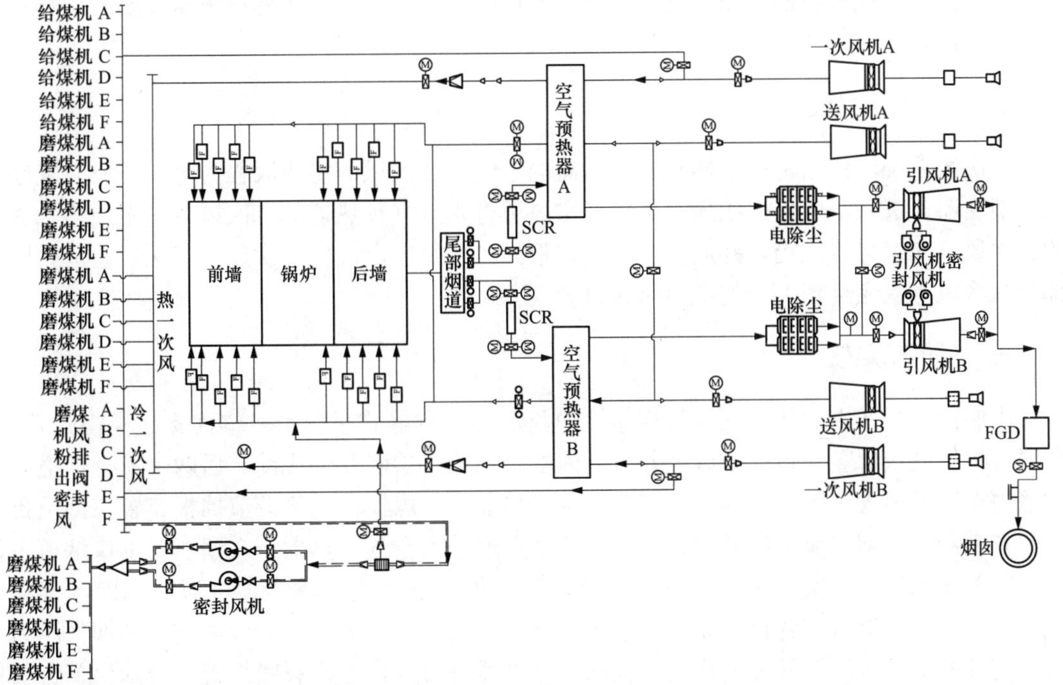

图 3-1 风烟系统流程图

该系统由两台动叶可调轴流式送风机，两台动叶可调轴流式一次风机，两台动叶可调轴流式引风机，两台容克式空气预热器，两台静电除尘器，两台火检冷却风机，两台密封风机，六组对冲布置的燃烧器及二次风箱，连接管道、挡板或闸门组成。

供风系统包括一次风系统、二次风系统、火检冷却风系统和磨煤机密封风系统。输送至炉膛的空气，主要用于燃料燃烧所需要的二次风和燃尽风；输送和干燥煤粉的一次风，由一次风机提供，冷却火焰探测器的风，由火检冷却风机提供；给煤机、磨煤机的密封风，由一次风机出口经密封风机提供。无论是密封风还是冷却空气，最终均进入炉膛，构成燃烧所需的空气。

一、 一次风系统

一次风系统的作用是用来输送和干燥煤粉，并提供给燃料燃烧所需要的空气。一次风系统的主要流程为环境空气经一次风机提压后分成两路，一路进入磨煤机前的冷一次风管；另一路经空气预热器的一次风分仓，加热后进入磨煤机前的热一次风管。热风和冷风进入磨煤机前混合，通过在冷一次风和热一次风管出口处设置调节挡板和气动快关挡板来控制冷、热风的风量，保证磨煤机总的风量要求和出口温度。混合后的一次风携带合格的煤粉流经煤粉管道进入炉膛燃烧。

一次风机的流量取决于燃烧系统所需的一次风量和空气预热器的漏风量。密封风机的流量虽然由一次风提供，但是最终进入磨煤机构成一次风的部分。一次风的压头取决于风道、空气预热器、挡板、磨煤机的流动阻力和煤粉流所需的压头。一次风的压头是随风量的变化而变化，因此可以通过调节动叶的大小来维持风道一次风的压力，适应不同负荷的变化。因热一次风经过空气预热器，压头比冷一次风的压头低，故冷一次风的挡板压降要大于热一次风挡板的压降。

二、 二次风系统

二次风系统的作用是供给燃料燃烧所需的空气。二次风的主要流程为电厂环境空气经滤网、消声器，进入送风机提压后，经冷二次风道进入空气预热器的二次风分仓中预热。受热的二次风进入燃烧器风箱，并通过各调节挡板而进入每个燃烧器二次风、三次风通道，同时部分二次风进入燃烧器上部的燃尽风喷口。

三、 烟气系统

由燃料燃烧产生的热烟气将热传递给炉膛水冷壁和屏式过热器，继而穿过高温过热器、高温再热器进入后竖井包墙，后竖井包墙内的中隔墙将后竖井分成前、后两个平行烟道，前烟道内布置低温再热器，后烟道内布置低温过热器和省煤器。烟气调节挡板布置在低温再热器和省煤器后，烟气流经调节挡板后分成两个烟道进入空气预热器，在预热器进口烟道上设有烟气关断挡板，可实现单台空气预热器运行。烟气最后进入除尘器，流向烟囱，排向大气。空气预热器出口有各自独立的通道与电除尘器相连接，为使电除尘器前后的烟气压力平衡，使进入除尘器的烟气分配均匀，在两台除尘器进口烟道处设有联络管。为确保单台引风机故障时除尘器不退出运行，在两台除尘器出口烟道上设有联络管和隔离挡板。正常运行时，联络管也起平衡烟气压力的作用。电除尘的两室出口与引风机连接，为防止烟气倒流入引风机，在引风机出口处装有严密的烟气挡板。

四、 轴流式风机与离心风机

1. 离心式风机工作原理

离心式风机主要工作部件为叶轮，当叶轮旋转时，叶轮中的叶片使流体旋转，即叶片对流体沿流体的运动方向做功，从而使流体的压力能和动能增加。与此同时，流体在惯性的作用下，从中心向叶轮边缘流去，并以很高的速度流出叶轮进入蜗壳，再由排气孔排出。同时，由于叶轮中心的流体流向边缘，在叶轮中心形成了负压，当它具有足够的真空时，在吸入端压力作用下，流体经吸入管进入叶轮。由于叶轮的连续旋转，流体也就连续地排出、吸入，形成了风机的连续工作。

流体流经旋转着的叶轮时，能量之所以得以提高是因为叶片对流体沿圆周切线方向做功。

离心式风机具有结构简单、运行可靠、效率高、制造成本低、噪声较低等优点，但在低负荷运行时的效率明显低于轴流式风机，且由于受材料的制约，机体尺寸已达极限值，叶轮材料尽管已采用高强度合金钢，但常因焊接问题引起叶片的断裂损坏。

2. 轴流式风机的工作原理

轴流式风机与离心式风机一样，都是让气流通过叶轮，在叶轮的作用下，使气体获得动能，所不同的是轴流式风机中的气流在叶轮内是沿着回转轴做轴向流动，而离心风机中气流在叶轮中是沿着径向流动的。

在轴流式风机中，流体沿轴向流入叶片通道，当叶轮在电动机的驱动下旋转时，旋转的叶片给绕流流体一个沿轴向的推力，此叶片的推力对流体做功，使流体的能量增加并沿轴向排出。叶片连续旋转即形成轴流式风机的连续工作。从外表来看，轴流式风机往往成为风道的一个组成部分，既可以水平布置，也可以垂直布置。

轴流式风机具有流量大、全压低的特点，在大型锅炉机组的使用中得到使用。

3. 轴流式风机和离心风机的区别

离心式风机具有结构简单、运行可靠、效率较高、制造成本较低、噪声较小、抗腐蚀性较好等特点。随着锅炉单机容量的增长，离心式风机的容量已经受到叶轮材料强度的限制，轴流式风机使用日益广泛。因为锅炉容量增大，烟风流量增大，但所需要的压力没有增大。很明显，从风机的效率看，采用轴流式风机要比离心式风机有利。目前新建机组的风机均以轴流式风机为多。

(1) 风机运行效率。轴流式风机效率最高达 90%，机翼形叶片离心风机效率为 92%。但当机组带低负荷时，动叶可调轴流式风机的效率要比具有入口导向装置的离心式风机高，如图 3-2 所示为离心式与轴流式风机的轴功率对比。

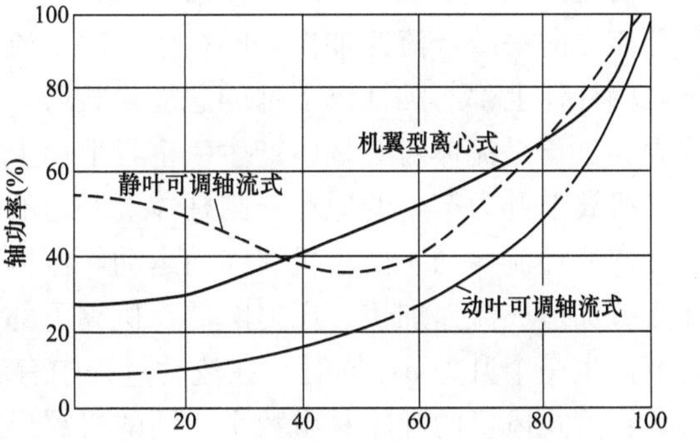

图 3-2 离心式与轴流式风机的轴功率

(2) 风机对烟风道系统风量、压头变化的适应性。在实际运行中，由于燃料品种的变化引起所需要的风机风量和压头的变化。这时，对于离心式风机来说，在设计时要选择合适的风机来适应上述变化是困难的。如果考虑流量和压头变化的可能性，使离心式风机的裕量选得过大，会造成在正常运行时风机效率显著地下降；如果风机的裕量选得过小，变化后，可能会使机组达不到额定出力。轴流式风机对风量、风压的适应性很大，特别是采用动叶可调的轴流式风机时，可以用关小或开大动叶的角度来适应变化的工况，而对风机的效率影响却很小。

(3) 机械特性。轴流式风机的总质量为离心风机质量的 60%～70%。轴流式风机有低的飞轮效应值，这是由于轴流式风机允许采用较高的转速和较高的流量系数。所以在相同的风量、风压参数下，轴流式风机的转子质量较轻，使得轴流式风机的启动力矩大大低于离心式风机的启动力矩。

一般轴流式风机的启动力矩只有离心式风机启动力矩的 14%～27%，因而可显著地减少电动机功率裕度和对电动机启动特性的要求，降低电动机的造价。轴流式风机的转子质量较轻，但是在结构上比离心式风机复杂，造价也高。

(4) 运行可靠性。动叶可调的轴流式风机转子结构复杂、转速高、转动部件多，对材料和制造要求高，其运行可靠性比离心式风机差。

五、 轴流式风机原理

假设一较长的圆柱体静止在气体上，气流自左向右做平行流动，不计气体的黏性，即气体流动的阻力，那么气体会均匀地分上、下绕流圆柱体。气流在圆柱体上的速度及压力分布完全对称，流体对柱体的总的作用力为零，如图 3-3 所示，这种流体称为平流绕圆柱体流动。若圆柱体做顺时针的旋转运动，则圆柱体周围的气体也一起旋转，产生环流运动。这时圆柱体上、下速度及压力分布亦完全对称，流体对柱体的总的作用力为零，如图 3-4 所示。

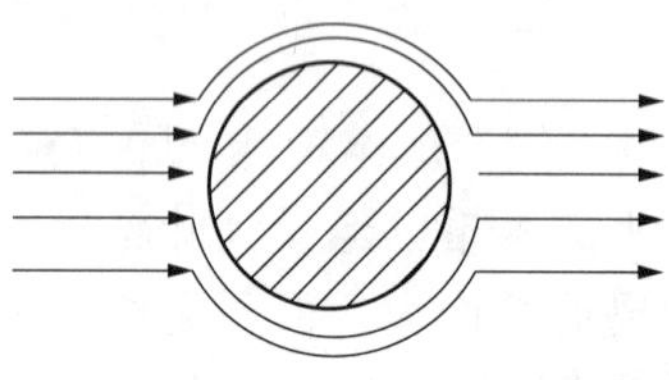

图 3-3　平行绕圆柱体流动

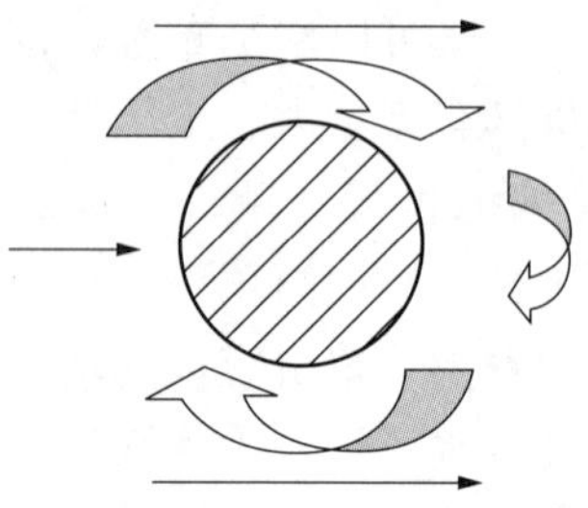

图 3-4　环流流动

若流体做平行运动，圆柱体做顺时针旋转，这两种流动叠加在一起时，圆柱体上部平流与环流方向一致，流速加快，圆柱体下部平流与环流方向相反，流速减慢。根据能量方程原理，圆柱体上部与圆柱体下部的总能量相等，而圆柱体上部动能大、压力小，下部动能小、压力大，于是流体对圆柱体产生一个自下而上的压力差。

机翼上升力产生的原理与圆柱体上升力的原理相同，如图 3-5 所示。机翼上有一个顺时针方向的环流运动，由于机翼向前运动，流体对于机翼来说是做平流运动。机翼上部平流与环流叠加造成流速加快、压力降低，机翼下部平流与环流叠加造成流速减小、压力升高，此时就产生一个升力 ρ。同时，在流动过程中有流动阻力，机翼也受到阻力。

轴流式风机的叶轮是由数个相同的机翼形成的一个环型叶栅，若将叶轮上以同一半径展开（如图 3-6 所示），当叶轮旋转时，叶栅以一定的速度向前流动，气流相对于叶栅产生沿机翼表面的流动，机翼有一个升力，而机翼对流体有一个反作用力。反作用力可以分解为两个作用力，一个作用力使气体获得沿轴向流动的能量，另一个作用力使气体产生旋转运动。所以气流经过叶轮做功后，做绕轴的沿轴向运动。

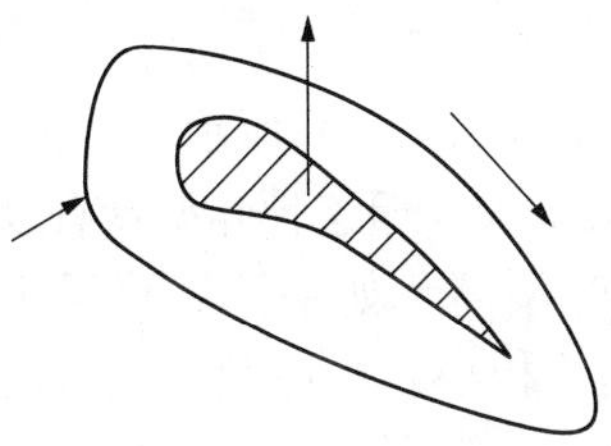

图 3-5　机翼的升力原理

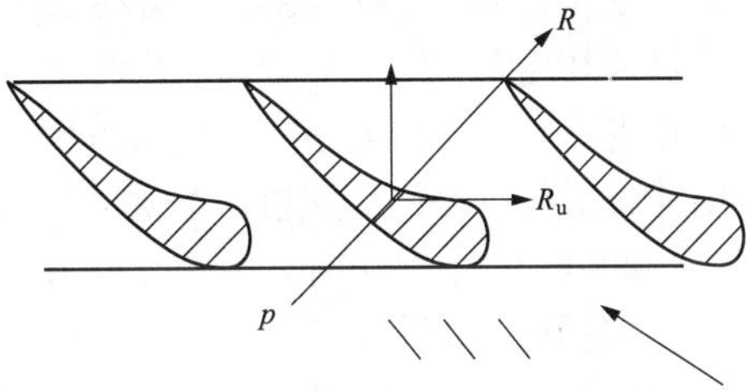

图 3-6　轴流式风机作用原理

在轴流式风机中，流体沿轴向流入叶片通道，当叶轮在电动机的驱动下旋转时，旋转的叶片给绕流流体一个沿轴向的推力，叶片的推力对流体做功，使流体的能量增加并沿轴向排出。叶片连续旋转形成轴流式风机的连续工作。

六、 轴流式风机的类型

轴流式风机主要有四种基本类型，如图 3-7 所示。

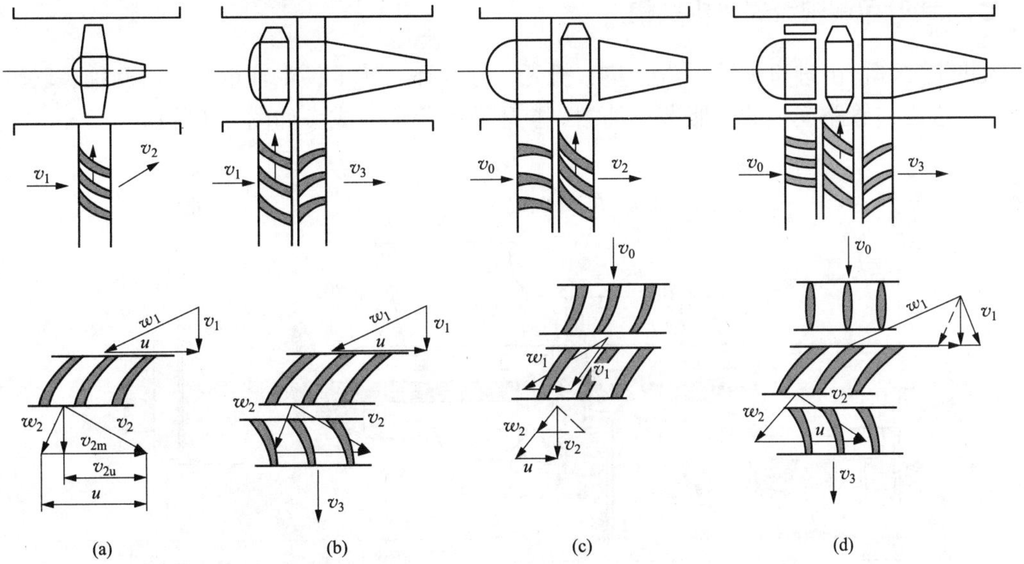

图 3-7　轴流泵、风机的类型

(1) 在机壳中只有叶轮，而没有导流叶片，如图 3-7（a）所示。这是一种最简单的类型，目前仅用于低压风机中。由叶栅流出的气流绝对速度可分解为轴向分速度和圆周分速度，其中轴向分速度是沿输出管流出的速度，而圆周分速度则形成旋转运动，产生能量损失。因此，这种类型只能适用于低压风机。

(2) 在机壳内装有一个叶轮和一个固定的出口导叶，如图 3-7（b）所示。加装导叶可以改变气流流出的速度方向，从而消除圆周分速度所造成的旋转运动，并使这部分动能转换为压能，最后沿轴向流出。

叶轮称为动叶，导叶称为静叶。如图 3-7（b）所示的后置静叶型，流体以一定速度进入动叶并以另一速度流出，然后进入静叶，并沿轴向流出，即在静叶中使旋转运动变为轴向运动，通过静叶使动能转换为压能，这就避免了由旋转速度造成的损失，因而提高了效率。这种类型的风机应用最普遍。

（3）在机壳内装有一个叶轮和一个固定的入口导叶，如图 3-7（c）所示。这种前置叶型，流体进入动叶时的相对速度比后置静叶型大，因此能量损失也大，但这种叶型具有以下优点：

1）在转速和叶轮尺寸相同时，获得的压头比后置静叶型高，如果流体获得相同的能量时，则前置静叶型的叶轮直径可以比后置静叶型小，因而体积小，可以减轻风机的质量。

2）当工况变化时，冲角变动较小，因而效率变化较小。

3）前置静叶如做成可以转动的，则工况变动时，可以转动静叶角度，使其在变工况下仍能保持高效率。

4）在机壳内装有一个叶轮并有进出口导叶，如图 3-7（d）所示。如前置静叶做成可以转动的，则在设计工况时，可以使前置静叶的出口速度为轴向，当流量减少时，可沿动叶旋转方向转动，而当流量增大时则向相反方向转动，这样可以适应很大的流量变化范围，而保持其高效率。这种形式适用于高流量的系统，其缺点是结构复杂，增加了制造、操作、维护等的困难。

七、 动叶可调轴流式风机结构

风机主要部件由进口烟道、进气室、机壳、导叶环、转子、主轴承箱、中间轴、联轴器及外壳与进出口管路连接的膨胀节、油站、扩压器等部件组成，如图 3-8 所示。

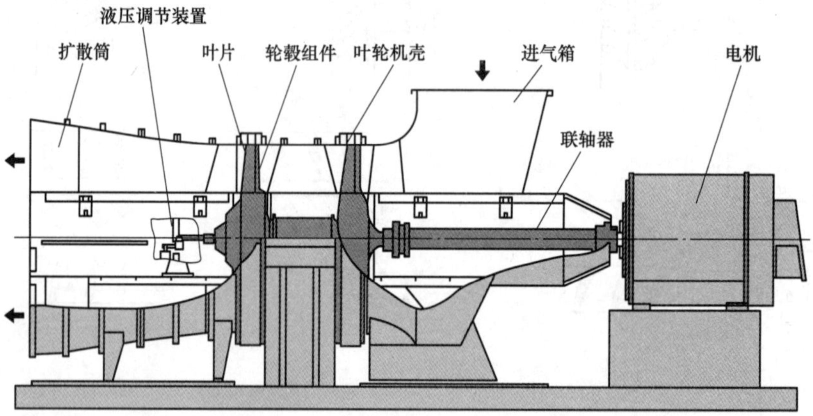

图 3-8　双级轴流式送风机结构示意

八、 静叶可调轴流式风机结构

以 AN 型静叶可调轴流式风机为例，风机由进气室、前导叶、集流器、叶轮、后叶轮和扩压器组成，如图 3-9 所示。

工作时烟气进入 AN 风机进气室，经过前导叶的导向，在集流器中加速，再通过叶轮的做功产生静压能和动压能；后导叶将烟气的螺旋运动转化为轴向运动进入扩压器，并在扩压

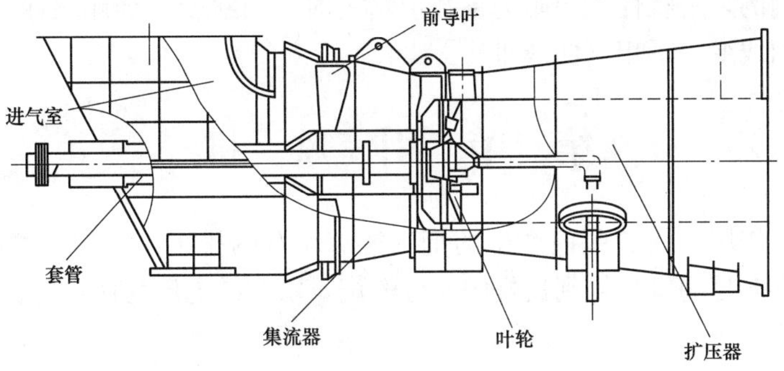

图 3-9　AN 静叶调节引风机结构

器中将烟气的大部分动能转化为静压能。

九、 轴流式风机性能曲线

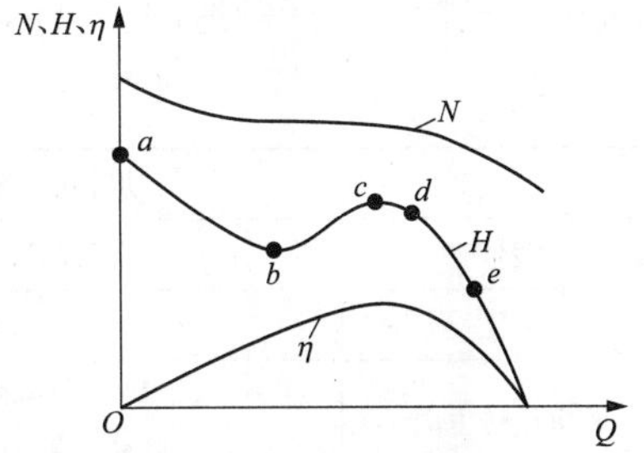

图 3-10　轴流式风机性能曲线

轴流式风机的效率与输送风量和产生的全压头成正比，与风机的耗功率成反比，如图 3-10 所示是轴流式风机性能曲线图。

轴流式风机的性能曲线具在以下特点：

(1) 风压 H-Q 的右侧相当陡峭，而左侧呈马鞍形，c 点的左侧称为不稳定工况区。

(2) 当风量减小时，N 反而增大，在 $Q=O$ 时，N 达到最大值。

(3) 最高效率点的位置相当接近不稳定工况区的起始点 c。

十、 风道性能曲线

风机在使用中与风道连接在一起，风道的特性直接影响风机的工作。风机产生的风压必须能克服管道的阻力，才能将风量顺利地输送。

风机必须与管道所需的风量和风压匹配，风机的节电与否取决于匹配的程度。当所选风机的风压过多偏离管道总阻力，风机的风量和耗电率将随匹配的偏离程度而急剧增加，要维持管道所需的风量时，就必须将风机的调节风门关得很小，其结果是风机所产生的富裕风压全部损失在调节风门的节流上。风门关得越小，节流损失越大，风机耗电量越大，风机运行效率越低。

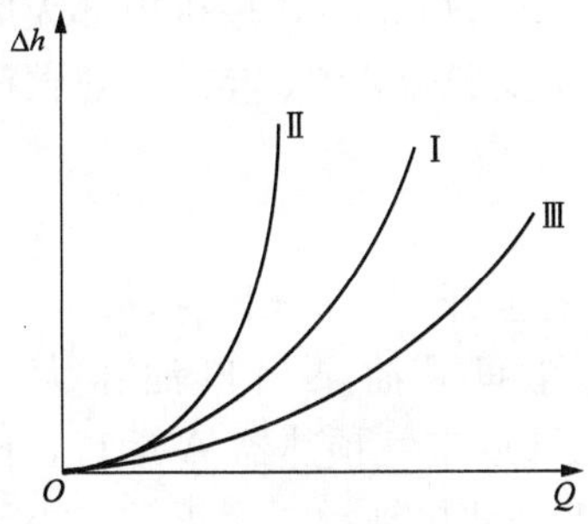

图 3-11　管道特性曲线

管道的阻力包括管道的入口损失、管道中流动摩擦损失和局部损失、管道附件（各种阀门等）中的损失以及管道的出口损失。整个管道阻力等于风机后全压与风机导向器前全压之差。管网总阻力为沿程损失与局部损失之和。

在管道各部件几何尺寸、管网材料、气体密度以及流动状态不变的情况下，管道总阻力与流经管网的流量平方成正比，如图 3-11 所示为管道特性曲线。

管道特性曲线是一条通过坐标原点的抛物线。在管道实际运行中，如某一管段阻力改变，就会影响总阻力系数

值，从而改变管网的阻力特性。当阻力系数值增大时，曲线变得陡峭（曲线Ⅱ），而当阻力系数值减少时，曲线变得平坦（曲线Ⅲ）

第二节 引 风 机

引风机的主要作用是使炉膛内产生的烟气能够顺利的排出，并使炉膛内维持一定的负压，让锅炉能够有充足的氧气得到良好的充分燃烧。以新昌电厂为例，每台机组共配置 2 台引风机。

一、引风机型号及参数

以新昌电厂的引风机为例来介绍风机型号及参数。引风机是动叶调节轴流式风机，是成都某电力机械厂生产制造的。具体参数见表 3-1。

表 3-1 引风机及电动机参数

形式	动叶可调轴流式	数量	2 台（1 号炉）
型号	HU27050-222G	设计流量	606.50m³/s
全压	10 835Pa	叶片级数	2 级
风机旋转方向	从电机侧向风机看，风机叶轮为顺时针旋转	布置方式	卧式，室外布置
叶片可调范围	−45°～+24°	制造厂	成都电力机械厂
风机电动机			
功率	7300kW	电流	832A
电压	6kV	转速	745r/min
制造	××电机厂	型号	YXKK1000-8W

二、引风机的运行

1. 引风机启动前准备

按照运行通则的规定对引风机及其辅助系统进行检查。确认引风机油站油泵联锁试验已合格，引风机的联锁保护试验合格，启动一台控制油泵，控制油压应在 4.6～4.9MPa，润滑油压在 0.25～0.35MPa，系统无漏油，油质合格，无乳化变质现象，油站冷却水通畅。启动引风机一台密封风机，检查其运行正常，风机轴承振动小于 4.6mm/s，风机内部无摩擦，冷却风管道不漏风，入口滤网无堵塞。炉膛、烟道、电除尘及脱硫装置、空气预热器满足引风机启动条件。引风机送电正常。

2. 引风机启动允许条件

引风机动叶调节挡板位置最小（小于 5%），出口烟气挡板全开，入口烟气挡板全关，任一主油泵运行，油站控制油压合适（大于 4.2MPa），且润滑油泵出口油压大于 0.25MPa（取 AI），空气预热器 B 运行时送风机出口联络门已开或空气预热器 A 运行，任一密封风机运行，无引风机保护停，引风机温度允许［引风机电动机轴承温度正常（小于 75℃）、引风机电动机定子绕组温度正常（小于 125℃）］、引风机风机轴承温度正常（小于

90℃），空气通道建立正常，引风机轴承振动不高（低于报警值4.6mm/s），油站油泵出口滤网差压不高（控制油差压小于0.35MPa且润滑油差压小于0.25MPa）。

3. 引风机启动

关闭风机动叶到0，出口挡板打开，入口挡板关闭。第一台引风机启动，应检查低温过热器侧、低温再热器侧烟温调节挡板开度全开。满足风机启动逻辑条件，就地检查正常，并且同侧空气预热器已投入，脱硫系统原烟气、净烟气挡板开启，运行风道畅通，启动风机，注意电流应在正常时间内恢复至空载电流。确认引风机进口挡板在10s内联锁开启，否则应手动开启。就地检查引风机运行正常，DCS画面检查电动机绕组温度、轴承温度、风机轴承温度振动正常。启动同侧的送风机且运行正常后，应将引风机动叶开度开至20%以上，注意调整好炉膛负压。然后根据需要启动另一台引风机。注意启动第二台引风机前，应确认风机未反转，否则要采取制动措施后方可启动。

4. 引风机运行及维护

引风机调节时应尽可能两台同步调节，使两台风机的负荷偏差不要过大，防止引风机进入不稳定工况运行，运行中应防止引风机运行电流超过额定电流。

检查电动机润滑油系统无渗漏，油质良好无乳化变质，油箱油位不低于油位计1/3，否则应及时进行补油，当油箱油位低于550mm时，油泵不允许启动。

正常运行时润滑油压在0.25～0.3MPa范围内，油站冷却水通畅管道无泄漏，油站冷油器冷却水流量根据环境温度和电动机轴承温度进行调整，以保证电动机轴承润滑油供油温度在30～40℃。检查油系统滤网差压，当差压超过0.15MPa时，应切换滤网运行，通知维护部人员及时清理堵塞滤网。

检查引风机轴承冷却风机运行中无异声，内部无碰磨，冷却风管道不漏风。冷却风机运行中轴承振动不超过0.1mm，电动机外壳温度不超过80℃，入口滤网无堵塞。

正常运行中，引风机风机轴承温度应小于90℃，大于90℃时报警，大于或等于110℃时跳闸。电动机轴承温度应小于75℃，大于75℃时报警，大于或等于80℃时跳闸。当发现风机轴承温度高时，应及时检查轴承润滑油及冷却水系统。

风机轴承振动应小于4.6mm/s，当大于或等于4.6mm/s时报警，当大于或等于10mm/s时跳闸。当发现风机轴承振动高时，应及时调整静叶开度并检查风机轴承温度及风机运行情况。

电动机定子温度正常运行时不应超过125℃，定子绕组极限温度不得超过125℃，若发生运行中定子绕组温度达到130℃，风机跳闸。若发现温升异常，应先采用降风机负荷的方法降低绕组温度，无效后应申请停运该风机。

正常运行中，轴承温度、振动值超出对应负荷下的正常运行值时，应及时进行调整，尽量降至正常范围内运行，否则应加强监视和检查并通知维护部点检，注意变化趋势，当超出紧急停机值时，应停止该风机运行。注意：当引风机电动机和引风机轴承温度跳变，在1min内升高超过3℃超过温度表量程，要立即就地检查核实轴承温度是否实际升高并检查测点是否故障，如测点故障造成测点指示不准确不必停止风机运行，应立即联系检修人员进行处理。

5. 保护动作条件

引风机控制油油压低（小于3.5MPa，DI三取二），引风机运行延时60s后，出口烟气挡板全关或入口烟气挡板全关，延时 2s，同侧空气预热器停止延时 18s 或转子停转（三取二），引风机电动机轴温度高高（大于 80℃，二选一）、延时 2s，引风机定子绕组温度高高（大于 130℃，九选二）、延时 2s，引风机风机轴承箱温度高高大于 110℃（前中后轴承温度各三选二）、延时 2s，MFT 延时 20s 后且炉膛压力低低、延时 2s，轴承箱任意振动高高（大于 10mm/s）、延时 3s，引送风机都运行延时 1s 后，同侧送风机停止延时 1s，引风机异常跳闸，手动停 A 引风机。

6. 引风机停运

（1）两台引风机并列运行，停止其中一台运行。将机组负荷降至 330MW，解除准备停止的引风机动叶自动，逐渐关闭待停引风机动叶至零，检查另一台引风机动叶自动调节良好，待停风机动叶至零后，联系热工人员强制送风机、引风机都运行时，引风机停运后同侧送风机跳闸，风机停运后恢复该保护。停止该引风机，检查引风机入口挡板自动关闭，关闭引风机出口挡板，引风机停止 8h 后，手动操作动叶一次。

（2）最后一台引风机运行的正常停止。检查脱硫系统退出运行，进出口烟气挡板关闭严密，最后一台引风机只有在所有的送风机停止后才能停运。解除引风机动叶自动，并逐渐关闭，停止该引风机运行，检查两台引风机进、出口挡板自动打开，确认机组停运自然通风请求结束后，才可根据需要关闭引风机进、出口挡板，引风机停止 8h 后，手动操作动叶一次。

7. 单侧引风机跳闸事故处理

单侧引风机跳闸时 DCS 报警，光字牌报警，RB 保护动作，同侧的送风机联锁跳闸，负荷骤降，炉膛负压波动，氧量变小。

辅机故障快速减负荷（runback，RB）保护动作后应注意保护动作情况，不能手动干预。如未能正确动作应立即投油助燃，确认联锁跳闸同侧送风机，否则手动停送风机，增加运行侧风机负荷，注意运行风机不能过负荷，切掉上层制粉系统，机组降负荷至 50%，控制好过热度、炉膛负压、蒸汽温度、蒸汽压力、风量、氧量。关闭跳闸侧引风机、送风机的出、入口风门，处理过程中若锅炉已灭火或锅炉有灭火可能而运行人员判断不清时应立即手动主燃料跳闸（master fuel trip，MFT），就地检查两台引风机情况，通知检修有关人员检查确认设备跳闸具体原因并处理，检查无问题后，恢复跳闸侧引风机运行，启动风机时应注意控制炉膛负压。

8. 引风机喘振

引风机发生喘振时显示“引风机喘振”报警信号，炉膛压力、风量大幅波动，锅炉燃烧不稳，发生喘振的风机电流大幅度晃动，就地检查声音异常。

引风机发生喘振的主要原因为：①受热面、空预热器严重积灰或烟气挡板错误关闭，引起阻力增大，造成动叶开度与烟气量不适应，使风机进入喘振区；②动叶调节时，幅度过大，使风机进入喘振区；③自动控制装置失灵，使一台风机进入喘振区。

引风机发生喘振的处理措施：立即将风机控制置于手动模式，适当调整未喘振的风机动叶，关小发生喘振的风机动叶，同时调节送风机的动叶，维持炉膛压力在允许范围内；如风机并列时喘振，应停止并列，恢复至原状态；如风烟系统的风门、挡板误关引起，应立即打开，同时调整动叶开度；如风门、挡板故障引起，应立即降低锅炉负荷，联系检修处理。经上述处理措施，喘振现象消失，则稳定运行工况，进一步查找原因并采取相应的措施后方可逐步增加风机的负荷；经上述处理无效或已严重威胁设备的安全时，则立即停止该风机运行。

第三节 送风机、一次风机

风机是把机械能转化为气体的势能和动能的设备，风机可以分为轴流式和离心式两种形式。动叶调节轴流式风机的变工况性能好，工作范围大。因为动叶片安装角可随着锅炉负荷的改变而改变，既可调节流量又可保持风机在高效区运行。轴流式风机对风道系统风量变化的适应性优于离心风机。由于外界条件变化使所需的风量、风压发生变化，离心风机就有可能使机组达不到额定出力，而轴流式风机可以通过关小或开大动叶的角度来适应变化，对风机的效率影响小。轴流式风机质量轻、飞轮效应值小，使得启动力矩大大减小。与离心式风机比较，轴流式风机结构复杂、旋转部件多，制造精度高，材质要求高，运行可靠性差。另外轴流式风机噪声较大，需采取降噪装置。

一、送风机

（一）送风机性能特点

送风机的主要作用是将燃烧所需空气，经空气预热器加热到设计温度后，经二次风箱喷嘴以较高的速度送进炉膛。在平衡通风时，送风机需要克服自风道入口到炉膛的全部阻力，其中包括空气预热器、送风管道、二次风箱喷嘴等的阻力。

新昌电厂每台机组共配置 2 台送风机，采用的是动叶可调轴流式送风机。二次风的流程为空气垂直进入两台轴流式送风机，由送风机提压后，经冷二次风道进入两台三分仓空气预热器的二次风分仓中进行预热，热二次风经热二次风道送至设置在锅炉炉膛四周的大风箱和布置在燃烧器上部的燃尽风 SOFA 风箱，分别通过燃烧器喷嘴和燃尽风 SOFA 喷嘴送入炉膛。

送风机的流量取决于锅炉的负荷，出口压头决定于在给定流量下流经空气预热器、风道、二次风箱和燃烧器的压降，两者通过风机的叶片角与二次风箱的挡板进行控制。送风机性能参数见表 3-2。送风机的内径 2660mm，叶轮直径 1412mm，共有 16 片叶片，叶片调节范围为 0°～45°。

表 3-2 送风机性能参数

风机型号	FAF26.6-14-1	形式	动叶可调轴流式
风机内径	2660mm	叶片调节范围	45°
叶轮直径	1412mm	风机转子惯性矩	558kg/m^2
叶轮级数	1	风机功率（最大工况）	1359kW
叶型	DA1(3GK11002)	风机扭矩（最大工况）	13170m
叶片数	16	电机轴端径向力	F_R=4100N
旋转方向（从电动机看）	逆时针	电机轴端轴向力	F_A=1850N
风机转速	985r/min	生产厂家	上海鼓风机厂
工况	TB	BMCR	BRL
入口容积流量（m^3/s）	259.87	229.97	219.17

续表

风机型号	FAF26.6-14-1	形式	动叶可调轴流式
进口温度（℃）	25	25	25
进口密度（kg/m³）	1.171	1.171	1.171
风机全压升（Pa）	4682	4058	3927
风机效率（%）	88.11	88.39	88.30
风机轴功率（kW）	1359	1041	962
送风机电动机功率	1450kW	送风机电动机电流	164.4 A
送风机电动机电压	6kV	送风机电动机转速	980r/min
送风机电动机厂家	上海电机厂	送风机电动机接线形式	Y

风机性能曲线和特性曲线如图 3-12 和图 3-13 所示。

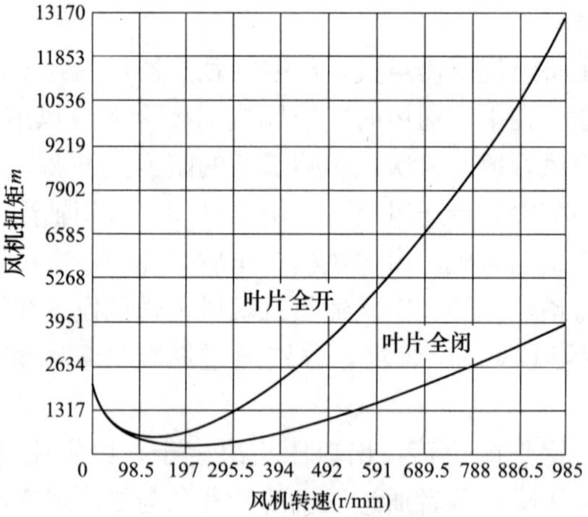

图 3-12　送风机性能曲线

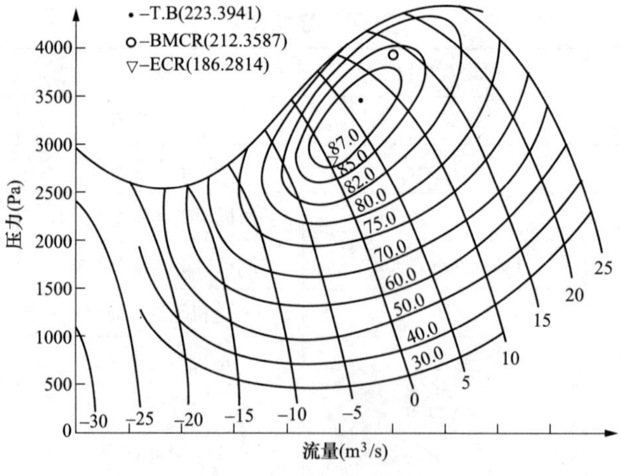

图 3-13　送风机特性曲线

（二）送风机的结构特点

新昌电厂动叶可调式轴流式送风机为单级，卧式布置。风机叶片安装角可在静止状态或运行状态时用电动执行器通过一套液压调节装置进行调节。叶轮由一个整体式轴承箱支承。主轴承由轴承箱内的油池和液压润滑联合油站供油润滑。为了使风机的振动不传递至进气和排气管路，风机机壳两端设置了挠性连接件（围带），风机的进气箱的进口和扩压器的出口分别设置了进、排气膨胀节。从顺气流方向看风机的旋转方向为逆时针。风机部件主要由转子、中间轴和联轴器、供油装置、测量仪表、钢结构件、钢结构连接件、消声器和隔声装置等组成，风机主要部件如图 3-14 所示。

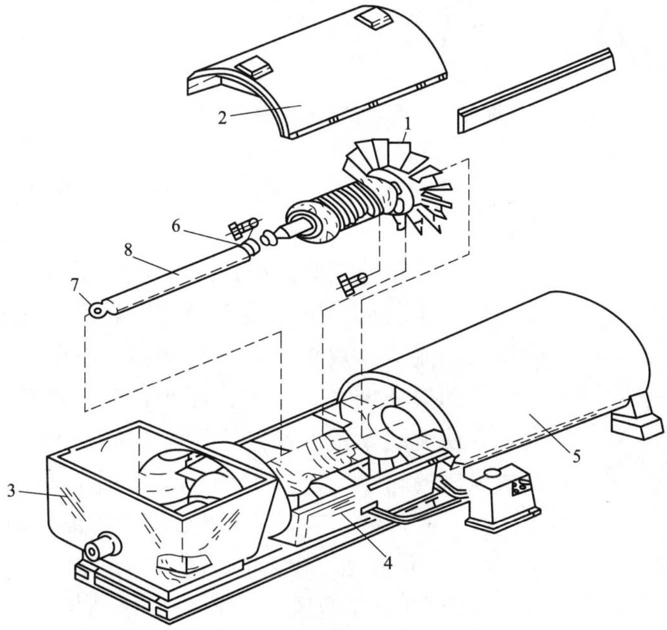

图 3-14 风机主要部件图

1—转子；2—风机机壳；3—进气箱；4—风机机壳；5—扩压器；6、7—半联轴器；8—中间轴

1. 转子

风机转子由叶轮、叶片、整体式轴承箱和液压调节装置组成。风机转子结构示意图如图 3-14 所示。

2. 主轴承箱

主轴和滚动轴承同置于一球铁箱体内，此箱体同心地安装在风机下半机壳中并用螺栓固定。在主轴的两端各装一个滚柱轴承用以承受径向力，为了承受轴向力，在近联轴器端装有一个向心推力球轴承，承担逆气流方向的轴向力。轴承的润滑借助于轴承箱体内的油池和外置的液压润滑联合油站。当轴承箱油位超过最高油位时，润滑油将通过回油管流回油站。

3. 叶轮

叶轮为焊接结构，较其他结构叶轮质量比较轻，惯性矩也小。叶片和叶柄等组装件的离心力通过平面推力球轴承传递至叶轮的支承环上。叶轮是用来对流体做功提高流体能量的部件，叶轮主要由叶片和轮毂组成，轴流式风机的叶轮示意如图 3-15 所示。

图 3-15　轴流式风机叶轮结构示意

图 3-16　轴流式风机的叶轮示意

叶轮尺寸、结构和叶片的叶型对风机的性能有着重要的影响。

(1) 叶轮外径的大小直接影响着风机的结构和性能。

(2) 轮毂比，即轮毂直径与叶轮直径之比。轮毂比对风机的压头、流量、效率都有直接影响。轮毂比增大，通流面积减小，流动损失增大；轮毂比减小，叶片增长，叶片扭曲程度增大，并使流动紊乱，易产生附面层分离和二次流现象。我国轴流式风机的轮毂比为 0.278～0.72，比转速大的取较小值。

(3) 叶片数。考虑风机的效率和性能，轴流式风机叶片数为 3～64 个，轮毂比取较大值。图 3-16 叶轮，其叶片数为 16 个。

FAF 和 HA 型风机叶轮为焊接结构，因此叶轮质量较轻，惯性矩也小。叶片和叶柄等组装件的离心力通过推力球轴承传递至一较小的承载环上。叶轮组装件必须进行动平衡试验。

4. 液压调节装置

风机运行时，通过液压调节装置，可调节叶片的安装角度并保持不变。叶片装在叶柄的外端，叶片的安装角可以通过装在叶柄末端的调节杆和滑块进行调节并使其保持一定位置。调节杆和滑块由液压调节装置通过推盘推动。推盘由推盘和调节环组成并和叶片液压调节装置用螺钉连接。动叶调节机构示意如图 3-17 所示。

液压调节装置可分为两部分，一部分为控制头，它不随轴转动；另一部分是油缸及活塞，与叶轮一起旋转，但活塞没有轴向位移。叶片装在叶柄的外端，每个叶片用 1 个螺栓固定在叶柄上，叶柄由叶柄轴承支撑，平衡块与叶片成一规定角度装设，两者位移量不同，平衡块用于平衡离心力，使叶片在运转中可调节。

当信号从控制轴输入，要求“+”向位移时，分配器左移，压力油从进油管经过通路送到活塞左边的油缸中。由于活塞无轴向位移，油缸左侧的油压就上升，使油缸向左移动，带动调节连杆偏移，使动叶“+”向位移。与此同时，调节杆也随着油缸左移，而齿条将带动控制轴的扇齿轮反时针运动，但分配器带动的齿条却要求控制轴的扇齿轮做顺时针转动，因

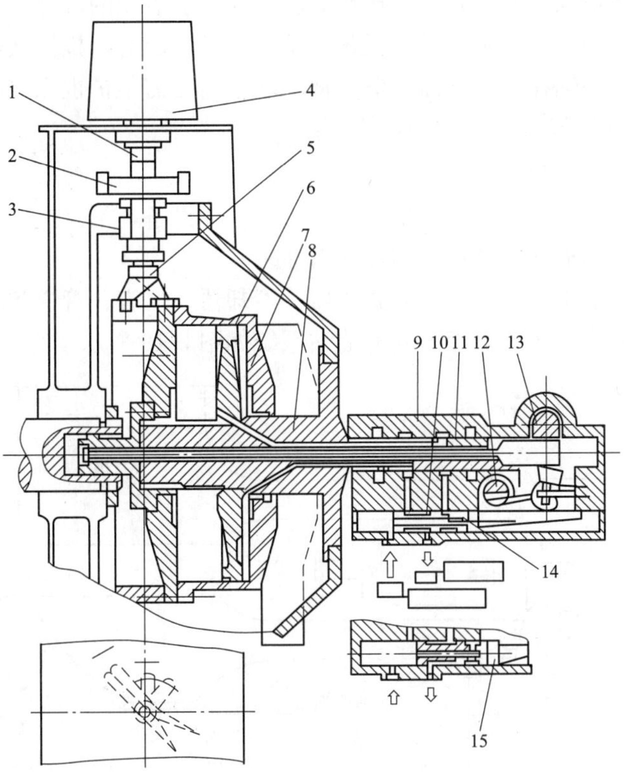

图 3-17 动叶调节机构示意

1—叶柄；2—平衡块；3—叶柄轴承；4—叶片；5—调节连杆；6—活塞；7—油缸；8—输入油；9—控制头；10—分配器；11—调节杆；12—控制轴；13—显示轴；14—叶片调节正终端；15—叶片调节负终端

而调节杆就起到“弹簧”的限位作用，当调节力大时，“弹簧”限不住位置，所以叶片仍向“+”向位移，即为叶片调节正终端的位置，但由于“弹簧”的牵制作用，在一定时间后油缸的位移自动停止，运行中应避免叶片调节过大，防止小流量时风机进入失速区。当油缸左移，活塞右侧缸体积变小，油压也将升高，使油从通路经回油管排出。

当信号输入要求叶片“－”向移动时，分配器右移，压力油从进油管经通道送到活塞右边的油缸中，使油缸右移，因油缸左边的体积减小，油从通路经回油管排出，整个过程正好与过程相反。

5. 中间轴和联轴器

为防止风机机壳的振动和噪声传递至进气箱和扩压器以至管道，因此，进气箱和扩压器通过挠性连接同风机机壳相连。如图 3-18 所示为挠性联轴器结构图，挠性联轴器是一种能补偿安装与运行偏差（轴偏差和轴向变动等）且起自平衡作用的联轴器。因此挠性联轴器的安装要求比其他形式的联

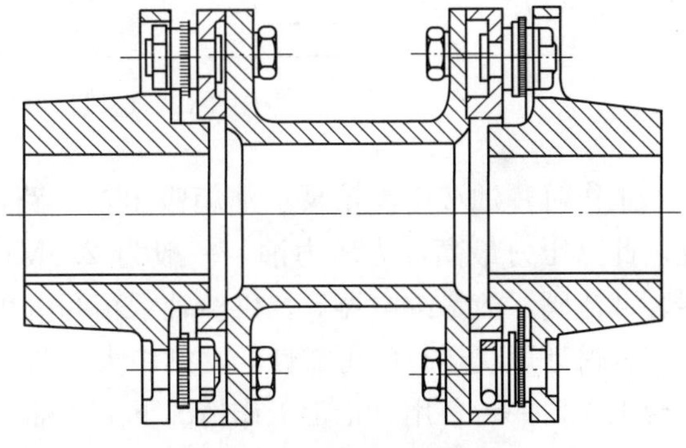

图 3-18 挠性联轴器结构图

轴器更为方便，安装精确度要求较低。挠性联轴器没有受磨损的部件。挠性联轴器由高强度弹簧钢制成，而精确吻合的弹簧板具有很强的抗弯曲变形能力。挠性联轴器在结构上成对布置及允许被连接的两根轴在三个方面变形。挠性联轴器无需维护也无需润滑。挠性联轴器的运行温度超过 150℃时对联轴器也无不利影响。

6. 风机液压润滑联合油站

液压润滑油站是大型动叶可调式轴流式风机的配套设备，不仅提供液压油供叶片调节装置用，还能同时提供润滑油供轴承箱循环润滑油。

液压润滑油站由油箱、油泵装置、滤油器、冷却器、仪表、管道和阀门等组成。液压润滑油站的结构为整体式。送风机液压润滑油站系统如图 3-19 所示。

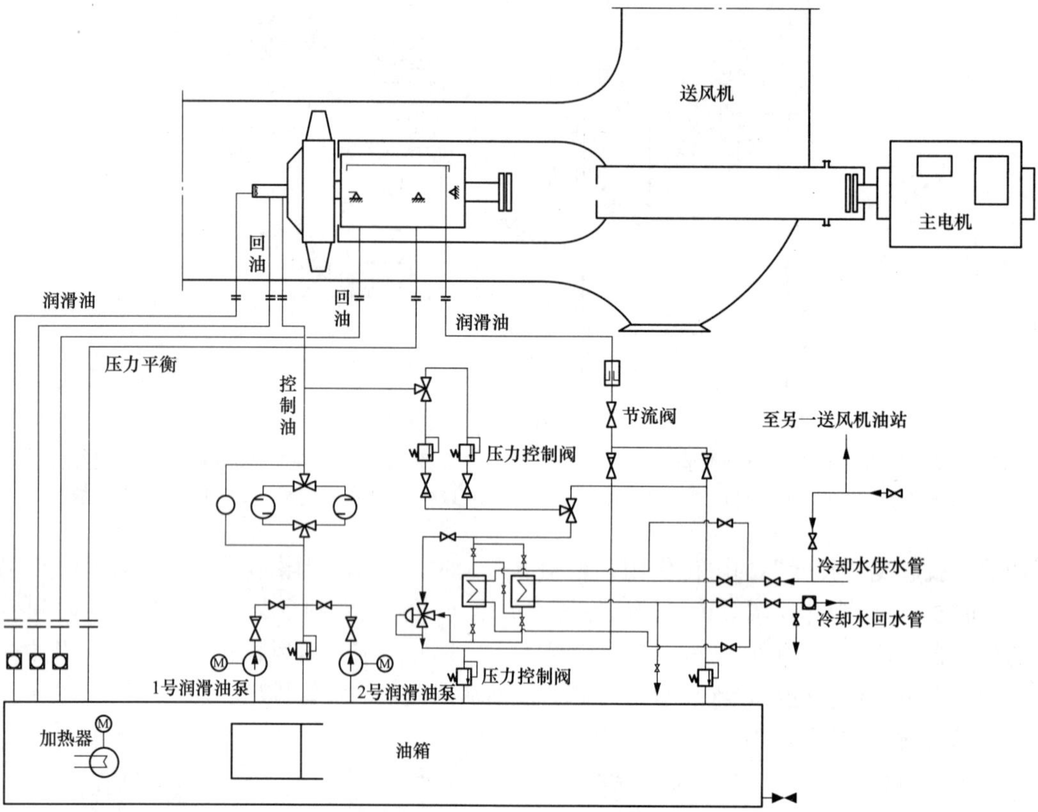

图 3-19　送风机液压润滑油站系统图

工作时，油液由齿轮泵从油箱吸出，一路油经单向阀、双筒过滤器，送给叶片调节装置，此点压力最高，为压力油，一般为 2.5MPa；另一路油经压力调节阀、单向阀、冷却器、截流阀、流量继电器等，供给轴承箱润滑用。

为保证风机运行的可靠性，油站中大多数元件都并列设置两套，设置两台齿轮泵装置，一台工作，一台备用。正常工作情况下工作油泵运行，事故情况下，压力开关发信，自控装置动作，备用泵自启动，保证向风机继续供油，油泵出口压力由安全阀来调定，压力为 3.5MPa，当压力高于设定压力时，油通过该安全阀溢回油箱。滤油器为双套结构，一只工作，一只备用，便于工作滤芯清洗或更换滤油器芯子。压力调节阀安全阀一只工作，一只备用，可通过扳动三通换向阀安全阀来实现，该阀用于调节限定压力油的压力，当冷却器发生结垢需清洗或调换时，可切换三通换向阀至旁路运行。压力表用于显示油泵出口和压力油的压力，这两个表计的差压同时也反映了滤油器的清洁程度，当差压大于 0.05MPa 时，需清洗过滤器。压力调节阀用来调节和限定润滑油的压力，一只工作，一只备用。电加热器用于加热油液，使得油保持一定的黏度，窥视窗用于视察液压调节装置的回油和泄漏油，窥视窗用于观察润滑油的回油，温度调节阀用于控制调节润滑油的温度，该阀为一种自力式的温度调节阀，能保证出口油温度维持在一个范围内。压力开关用于当压力油压力低于 0.5MPa 时发信给控制设备，自启备用油泵，另一压力开关用于主电机联锁，即当压力大于 2.5MPa 时，才允许启动风机。液位开关用于监视油箱液面高度，当液位低于报警值时，接点闭合发信。双温度继电器用于监视油温，当油温低于 30℃时，发信给控制设备，自动开启电加热器；当油温高于 40℃时，发信给控制设备，自动停止加热。流量继电器用于监视润滑油流量，当流量小于 3L/min，即发信报警。

7. 喘振报警装置

为了避免风机在喘振状态下工作，风机装有喘振报警装置。在运行工况超过喘振极限时，通过一个预先装在机壳上的皮托管（失速探针）和差压开关，向 DCS 发出报警信号，要求运行人员及时处理，使风机返回正常工况运行。

皮托管布置在叶轮的前方，皮托管的测量孔口对着叶轮旋转方向。在正常情况下皮托管所测到的压力为负压，当风机进入失遗区工作时压力变为正值。

皮托管与喘振报警差压开关连接，并进行标定。皮托管发送脉冲压力是判断风机进入失速的依据。

风机叶片开启正常运行时，叶轮进口的静压一般为负压，当管道阻力曲线和风机特性曲线交点（运行点）位于喘振区域时，气流就会来回脉动，气压也就随之脉动，机组振动加剧，声音异常，危及机组的运行安全。因此，用一个差压开关来监测风机进口的压力就能达到监测风机是否处于喘振状态的目的。当风机运行于喘振区域内时，差压开关内的接点即转换，当该接点接至声光报警系统时，即会发出声光报警信号。这时，运行人员应及时检查，排除故障；若喘振持续 15s 未消除，则应紧急停机，以确保机组的安全。风机喘振报警装置如图 3-20 所示。

风机在失速状态下长期运行，就可能导致叶片断裂，叶轮上各部件也会遭到损坏，在运行中失速有如下特点：风机噪声增大；风机附近有脉动气流；振动失常。

8. 钢结构件

（1）风机机壳。风机机壳为钢板焊接结构。风机机壳具有水平中分面，上半可以拆卸，便于叶轮的装拆和维修。叶轮装在主轴的轴端上，主轴承箱通过高强度螺钉与风机机壳下半相连，并通过法兰的内孔保证中心对中。法兰为一加厚的刚性环，将力（由叶轮产生的径向力和轴向力）通过风机底脚可靠地传递至基础，在机壳出口部分为整流导叶环，固定式的整流导叶焊接在它的通道内。整流导叶和机壳以垂直法兰用螺栓连接。

（2）进气箱。进气箱为钢板焊接结构，装置在风机机壳的进气侧。

（3）防护装置。防护装置在进气箱中的中间轴放置于中间轴罩内。电动机一侧的半联轴器用联轴器罩防护。

（4）扩压器。带整流体的扩压器为钢板焊接结构，布置在风机机壳的排气侧。

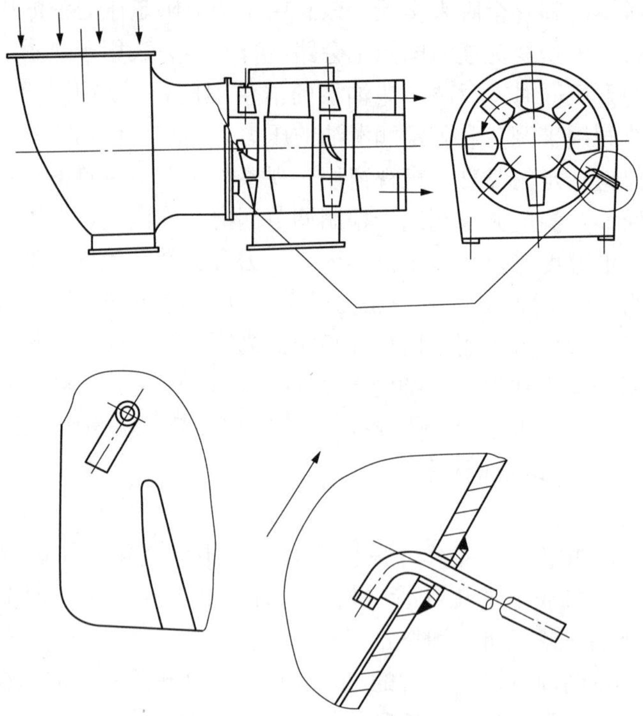

图 3-20　风机喘振报警装置图

（5）挠性连接。为防止风机机壳的振动和噪声传递至进气箱和扩压器以至管道，因此进气箱和扩压器通过挠性连接同风机机壳相连接。另外在进气箱的进气端和扩压器的排气端均设有挠性膨胀节与管道相连，用以阻隔风机与管道的振动相互传递。

（三）送风机运行

1. 送风机启动前准备

按照运行通则的规定对送风机及辅助系统进行检查：①确认风机控制润滑油站联锁试验合格，启动控制油泵，供油压力应大于 2.5MPa，润滑油流量大于 3L/min，润滑油压应大于 0.8MPa，否则不允许启动润滑油泵；②润滑油回油量适当，系统无漏油、漏水现象，油质合格，无乳化变质现象，油站冷却水通畅，风机轴承油位正常。送风机送电正常。

2. 送风机启动允许条件

电动机定子绕组温度均小于 110℃；轴承温度均小于 80℃，电动机轴承温度均小于 85℃，润滑油泵 A 或者润滑油泵 B 在运行，供油压力大于 0.8MPa，润滑油流量大于 3L/min，出口挡板关，调节动叶关，送风机出口联络风门已开，一台引风机运行，送风机油泵出口滤网差压不高（小于 0.35MPa），油站油箱温度大于 25℃，所有二次风阀门开，无送风机保护停条件，送风机轴承振动不高（小于 6.3mm/s），空气预热器 B 运行或空气预热器 A 运行。

3. 送风机启动

关闭送风机动叶到 0、出口挡板关闭，满足启动逻辑条件，就地检查正常，启动送风机，注意电流应在正常时间内恢复至空载电流，检查出口挡板联开。就地检查送风机运行正常，关闭送风机联络挡板，关闭另一送风机出口挡板，调整送风机动叶至需要值。启动第二台送风机前，应确认风机未反转，否则要采取制动措施后方可启动。

4. 送风机运行及维护

送风机调节时应尽可能两台同步调节，使两台风机的负荷偏差不要过大，防止风机进入不稳定工况运行，运行中应防止风机过负荷。

检查控制油箱油位大于 3/4，低于 3/4 时报警应及时进行补油。正常运行时控制油压应维持大于 2.5MPa，低于 2.5MPa 时不允许启风机，油压低于 0.8MPa 报警并联锁启动备用油泵。轴承润滑油压为 0.3～0.5MPa，润滑油流量低于 3～4L/min 报警且风机启动无允许。油站冷却水通畅，油站冷油器冷却水流量根据环境温度和电动机轴承温度进行调整，以保证供油温度小于或等于 45℃，回油温度小于 60℃（润滑油温在 30～40℃），油质良好无乳化变质，系统无漏油、漏水现象。检查油系统滤网差压，当差压超过 0.35MPa 时，发“过滤器差压大报警”，应切换滤网运行，通知维护部人员及时清理堵塞滤网。

正常运行中，风机轴承温度大于或等于 70℃时报警，风机轴承温度大于或等于 90℃跳闸。风机电动机轴承温度大于或等于 70℃时高Ⅰ值报警。风机电动机轴承温度大于或等于 95℃高Ⅱ值跳闸。当发现风机轴承温度高时，应及时检查轴承润滑油及冷却水系统。风机轴承及电动机轴承振幅值应小于 6.3mm/s，当振动大于或等于 6.3mm/s 发“风机振动大”报警，当振动大于或等于 10mm/s，延时 3s 跳闸。当振动大时应及时调整动叶开度并检查风机轴承温度及风机运行情况。

电动机定子温升正常运行时不应超过 110℃，达到 95℃时报警，定子绕组极限温度不得超过 140℃。若发生运行中定子绕组温度达到 110℃，应先采用降风机负荷方法降绕组温度，无效后应停运该风机。

正常运行中，轴承温度、振动值超出以上正常规定值时，通知维护部并及时进行调整，尽量降至正常范围内运行，否则应加强监视和检查，注意变化趋势，当超出紧急停机值时，应停止该风机运行。注意：当引风机电机和引风机轴承温度跳变，在 1 min 内升高超过 3℃超过温度表量程，要立即就地检查核实轴承温度是否实际升高并检查测点是否故障，如测点故障造成测点指示不准不必停止风机运行，应立即联系检修进行处理。

5. 送风机保护及联锁

送风机保护停条件为送风机轴承振动高高大于或等于 10mm/s，出口门全关且送风机运行延时 60s，空气预热器停止运行延时 5s，同侧引/送风机都运行时引风机跳闸，引风机 A、B 都跳闸，锅炉 MFT 延 10s 与炉膛压力高＋3000Pa 延时 2s，送风机温度保护（轴承温度大于或等于 90℃或电机轴承温度大于或等于 95℃，延时 3s），油站出口油压低小于 0.8MPa 且送风机轴承润滑油流量低小于 3L/min（延时 8s），送风机喘振大，异常跳闸。

6. 送风机停运

（1）两台送风机并列运行，停止其中一台运行。解除准备停止的送风机动叶自动模式，逐渐关闭要停止的送风机动叶至 0，检查另一台送风机动叶自动跟踪良好（注意炉膛负压及氧量），停止该送风机，检查送风机出口挡板是否自动关闭，检查送风联络挡板是否联锁开启。

（2）最后一台送风机运行的正常停止。解除送风机动叶自动模式，逐渐关闭该送风机动叶，停止该送风机运行，检查两台送风机出口挡板是否自动联锁开启。

7. 单侧送风机跳闸事故处理

送风机跳闸时 DCS 报警，光字牌报警，RB 保护动作，同侧的引风机联锁跳闸，负荷骤降，炉膛负压波动，氧量变小。

RB 保护动作后应注意保护动作情况，不能手动干预。如未能正确动作应立即投油助燃。确认同侧引风机联锁跳闸，否则手动停引风机，增加运行侧风机负荷，注意运行风机不能过负荷。切掉上层制粉系统，机组降负荷至 50%，注意控制好过热度、炉膛负压、蒸汽温度、蒸汽压力、氧量。关闭跳闸侧引风机、送风机的出口和入口风门。如跳闸送风机倒转应关闭送风机联络挡板。处理过程中若锅炉灭火或锅炉有灭火可能而运行人员判断不清时应立即手动 MFT。就地检查两台送风机情况。通知维护部有关人员检查确认设备跳闸具体原因并处理，检查无问题后，恢复掉闸侧送风机运行。启动风机时应注意控制炉膛负压。

8. 送风机喘振

送风机喘振时显示“送风机喘振”报警信号，炉膛压力、风量大幅波动，锅炉燃烧不稳，喘振风机电流大幅度晃动，就地检查声音异常。

送风机喘振的主要原因为：①空气预热器严重积灰或风烟系统挡板误关，引起系统阻力增大，造成风机动叶开度与进入的风量不相适应，使风机进入失速区；②操作风机动叶时，幅度过大使风机进入失速区；③动叶调节特性变差，使并列运行的两台风机发生“抢风”或自动控制失灵使其中一台风机进入失速区。

送风机喘振的的处理措施：①应立即将送风机动叶控制置于手动方式，适当调整未失速送风机的动叶，关小失速送风机的动叶，同时协调调节引送风机，维持炉膛负压在允许范围内；②若风机并列操作中发生喘振，应停止并列，尽快关小失速风机动叶，查明原因消除后，再进行并列操作；③若因风烟系统的风门、挡板被误关引起风机喘振，应立即打开，同时调整动叶开度；④若风门、挡板故障，立即降低锅炉负荷，联系检修人员处理。经上述处理喘振消失，则稳定运行工况，进一步查找原因并采取相应的措施后，方可逐步增加风机的负荷；经上述处理后无效或已严重威胁设备的安全时，应立即停止该风机运行。

二、一次风机

（一）一次风机性能特点

一次风机的主要作用是将取自于环境中的空气，一部分送入空气预热器中加热，加热后的热一次风和另一部分未加热的冷一次风，经调节至合适的热一次风温后一起送入磨煤机，用于干燥和输送煤粉，同时部分冷一次风向密封风机提供风源。一次风携带的煤粉进入炉膛后，通过二次风提供氧气在炉膛内充分燃烧。

新昌电厂每台机组共配置 2 台一次风机，采用的是动叶可调轴流一次风机。该风机内径 1778mm，叶轮直径 1258mm，共有 2 级叶轮计 24 片叶片，叶片调节范围 50°。一次风机性能参数见表 3-3。

表 3-3　　一次风机性能参数

风机型号	PAF18-12.5-2	风机转子惯性矩	529kg/m^2
形式	动叶可调轴流式	风机功率（最大工况）	1889kW
叶片调节范围	50°	风机扭矩（最大工况）	12 269m
风机内径	1778mm	电动机轴端径向力	F_R=3400N
叶轮直径	1258mm	电动机轴端轴向力	F_A=3780 N
叶轮级数	2	电动机惯性矩	N_e=546kg/m^2
叶型	24HB24(3GK6028)	风机转速	1470r/min
叶片数	24	旋转方向（从电机端）	逆时针
生产厂家	上海鼓风机厂有限公司		
工况	TB	BMCR	BRL
风量（m^3/s）	107.86	79.06	77.66
全压升（Pa）	15 196	11 655	11 408
进口处介质温度（℃）	30.00	30.00	30.00
进口处介质密度（kg/ m^3）	1.151	1.152	1.152
风机效率（%）	82.48	88.18	88.23
风机功率（kW）	1889	1005	966
风机转速	1470r/min		
一次风机电动机功率	2000kW	一次风机电动机电流	215.7A
一次风机电动机电压	6kV	一次风机电动机转速	1480r/min
一次风机电动机制造	上海某电机厂	一次风机电动机接线形式	Y

风机性能曲线和特性曲线如图 3-21 所示。

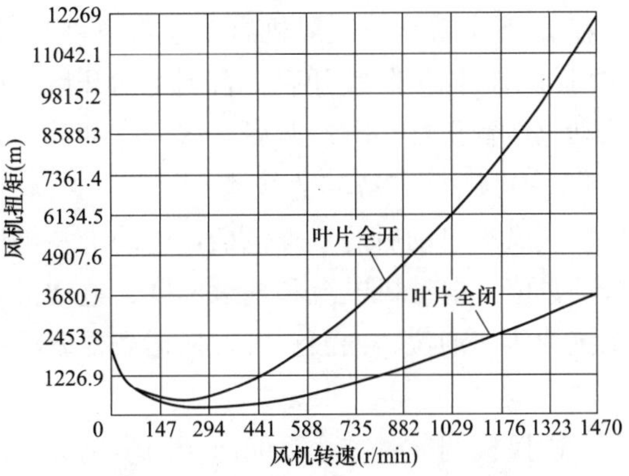

图 3-21　一次风机性能和特性曲线图

（二）一次风机运行

1. 一次风机启动前准备

按照运行通则的规定对一次风机及系统进行检查：①风机油箱油位大于 3/4，油质合格，无乳化变质现象；②进行风机油站双电源供电切换试验，油泵联锁试验均正常；③启动一台风机油泵，备用泵联锁自动投入，风机控制油压应大于 3.5MPa，润滑油流量大于 3L/min（润滑油压应大于 0.8MPa），回油量适当，系统无漏油、漏水现象，油质合格，无乳化变质现象，油站冷却水通畅，风机轴承箱油位大于 75%量程；④一次风机送电正常。

2. 一次风机启动允许条件

一次风机的电动机定子绕组温度均小于 125℃，轴承温度均小于 90℃，电动机轴承温度均小于 70℃，一次风机油站油泵运行，且一次风机油站出口油压不低于 0.8MPa，一次风机油站油箱温度不低于 20℃，出口挡板关，一次风机动叶关，一次风机油泵出口滤网差压不高（小于 0.35MPa），一次风机动叶执行机构没有故障，一台引风机运行，同侧空气预热器运行，一台送风机运行，无一次风机保护停条件，一次风机喘振不大，轴承振动不高（小于 6.3mm/s），电动机油站滤网差压小于 0.15MPa，电动机油站出口温度没有超温（小于 50℃），电动机油站出口流量大于 3L/min，电动机油站油箱油位大于 1/3 量程，电动机油站油箱油温大于 20℃，电动机油站压力正常（大于 0.2MPa）。

3. 一次风机启动

一次风机启动时运行人员应到就地，站在一次风机电动机轴向的离事故按钮较近位置。当一次风机启动后电动机无初转速、出现强烈的振动、电动机冒烟着火、电动机或风机内部出现强烈的碰磨应紧急停运。

风机启动后逐渐开启动叶，同时注意避开喘振区。启动正常后应全面检查风机的运行工况，包括：电动机及机械部分的振动、轴承温度，电流、风量风压、电动机绕组和铁芯温度、转动部件有无卡涩和金属摩擦声以及各附属设备及系统（润滑油系统、冷却水系统等）的运行情况。

一次风机启动时最好能建立一次风通道，至少应打开一台以上磨煤机出、入口挡板，但若无法打开通道时，应先保持一次风机的动叶开度为零，尽快启动密封风机，待磨煤机的密封风和一次风的差压建立后，打开磨煤机的通道。磨煤机通道打开后再将一次风机的动叶开大，调整一次风母管压力至额定值。

检查确认至少一台磨煤机一次风通道畅通；检查一次风机油站油位正常，油质良好，闭式冷却水已投运，水压正常；启动一台油泵，检查调节油压大于 3.5MPa、润滑油压大于 0.8MPa、油位和油温正常，将备用油泵投入联锁；关闭一次风机动叶至零位，关闭出口挡板，检查对应空气预热器在运行且对应的一次风门挡板全开。

在 DCS 上确认一次风机启动逻辑条件具备，启动一次风机，确认电流返回正常。检查一次风机出口挡板联锁开启，否则手动开启；检查一次风机动电动机电流是否正常，就地风机振动及声音正常；缓慢开启一次风机动叶，调整一次风压、炉膛负压正常。

4. 一次风机启动后的检查

一次风机启动后的检查包括：电动机及机械部分振动正常，经检修后试转还要测量、记录振动数值，电动机电流和轴承温度、电动机绕组及铁芯温度正常，一次风机液压油、润滑油系统油压、油位、油温正常，根据需要调整一次风机动叶开度。

5. 一次风机运行及维护

一次风机调节时应尽可能两台同步调节，使两台风机的负荷偏差不要过大，防止风机进入不稳定工况运行，运行中应防止风机超过额定电流。

检查控制油箱油位大于 1/3，低于 1/3 时报警应及时进行补油。正常运行时控制油压应维持大于 3.5MPa，低于 3.5MPa 时不允许启风机，油压低于 0.8MPa 报警并联锁启动备用油泵。轴承润滑油压大于0.8MPa，润滑油流量低（3L/min）报警，油站冷却水通畅，油站冷油器的冷却水流量根据环境温度和电机轴承温度进行调整，以保证供油温度小于或等于45℃，回油温度小于60℃（润滑油温在25～35℃），风机轴承箱油位在3/4以上，油质良好无乳化变质，系统无漏油、漏水现象。检查油系统滤网差压，当差压超过0.5MPa时，发“过滤器差压大报警”，应切换滤网运行，通知维护部人员及时清理堵塞滤网。

正常运行中，风机轴承温度大于或等于75℃时报警，风机轴承温度大于或等于110℃跳闸。风机电机轴承温度大于或等于65℃时高Ⅰ值报警，风机电机轴承温度大于或等于80℃高Ⅱ值跳闸。当发现风机轴承温度高时，应及时检查轴承润滑油及冷却水系统。风机轴承及电动机轴承振幅值应小于6.3mm/s，当振动大于或等于6.3mm/s发“风机振动大”报警，应及时调整动叶开度并检查风机轴承温度及风机运行情况，当振动大于或等于10mm/s时跳闸。

电动机定子温度正常运行时不应超过130℃，达到95℃时报警，定子绕组极限温度不得超过140℃；若发生运行中定子绕组温度达到140℃跳闸，六取三延时3s跳闸。

正常运行中，轴承温度、振动值超出以上正常规定值时，通知维护部并及时进行调整，尽量降至正常范围内运行，否则应加强监视和检查，注意变化趋势，当超出紧急停机值时，应停止该风机运行。

注意：当引风机电机和引风机轴承温度跳变，在1min内升高超过3℃超过温度表量程，要立即就地检查核实轴承温度是否实际升高并检查测点是否故障，如测点故障造成测点指示不准不必停止风机运行，应立即联系检修进行处理。

6. 一次风机失速

一次风机失速时光字牌、DCS报警，DCS画面显示A一次风机电流降低、出口流量逐渐降低，DCS画面B一次风机电流增加、出口流量增大，轴承温度升高；一次风压降低，炉膛负压增大，机组负荷、蒸汽温度、蒸汽压力下降，煤量增加。

解除协调控制模式、快速降负荷减少总煤量，立即将两台一次风机自动解除，手动减小失速一次风机动叶的开度，注意监视一次风压、炉膛负压，注意监视B一次风机不能过负荷，否则应关小B一次风机动叶开度，失速一次风机带上负荷后，调平两台风机出力，稳定一次风压后，投入一次风机自动控制模式，逐渐恢复机组负荷。

第四节 空气预热器

一、空气预热器的分类及特点

空气预热器利用锅炉尾部烟气热量来加热燃烧及制粉所需要的空气。由于空气预热器工作在烟气温度较低的区域，吸收了烟气热量，降低了排烟温度，因而提高了锅炉效率。同时由于燃烧空气温度的提高，有利于燃料着火和燃烧，减少了不完全燃烧损失。

按传热方式的不同，空气预热器可以分为传热式和蓄热式（再生式）两种。前者热量由烟气侧连续通过传热面传给空气侧，烟气和空气有各自的通道，这种空气预热器漏风很小；后者是烟气和空气交替地通过受热面，热量由烟气传给受热面金属，被金属积蓄起来，然后通过受热面，将热量传给空气，连续不断地循环加热，这种空气预热器漏风系数比传热式的要大得多。

随着电厂锅炉蒸汽参数和机组容量的加大，管式空气预热器由于受热面的加大而使体积和高度增加，给锅炉布置带来困难。因此现在机组都采用结构紧凑、质量轻的回转式空气预热器。回转式空气预热器有两种布置形式：垂直轴和水平轴布置，垂直轴布置的空气预热器又可分为受热面转动和风罩转动。国内通常使用的是受热面转动的容克式回转式空气预热器，风罩转动的罗特缪勒（Rothemuhle）式回转式预热器使用较少。

按进风仓的数量分类，容克式空气预热器可以分为二分仓和三分仓两种，不同之处在于一次风、二次风在空气预热器中是否已分开。热一次风系统配置二分仓回转式空气预热器：一次风机布置在空气预热器与磨煤机之间，输送的是热空气，空气温度高，比体积大，风机体积大，电耗高，运行效率及可靠性低；冷一次风系统配置三分仓回转式空气预热器：一次风、二次风各自由单独风机输送，风机处于空气预热器之前，输送的是干净的冷空气。空气温度低，比体积小，风机体积小，电耗低，热风温度不受一次风机的限制，可满足磨制较高水分煤种的要求。

回转式空气预热器与管式空气预热器相比较有以下特点：

（1）回转式空气预热器其受热面密度高达 $500m^2/m^3$，结构紧凑，占地小，体积为同容量管式预热器的 1/10，因而布置灵活方便，使锅炉本体更容易得到合理的布置。

（2）质量轻，因管式预热器的管子壁厚 1.5mm，而回转预热器的蓄热板厚度为 0.5～1.25mm，布置相当紧凑，所以回转式预热器金属耗量约为同容量管式预热器的 1/3。

（3）在相同的外界条件下，回转式空气预热器因受热面金属温度较高，低温腐蚀的危险较管式轻些。

（4）回转式空气预热器的漏风量比较大，一般管式不超过 5%，而回转式在状态好时为 8%～10%，密封不良时可达 20%～30%。

（5）回转式空气预热器的结构比较复杂，制造工艺要求高，运行维护工作多，检修也较复杂。

二、 空气预热器结构与工作原理

新昌电厂每台锅炉配备两台容克式空气预热器。型号为 LAP13494/2200，该空气预热器是一种以逆流方式运行的再生式热交换器，加工成特殊波纹的金属蓄热元件被紧密地放置在转子扇形隔仓格内，转子以 0.99r/min 的转速旋转，其左右两半部分别为烟气和空气通道。空气侧又分为一次风通道及二次风通道，当烟气流经转子时，烟气将热量释放给蓄热元件，烟气温度降低；当蓄热元件旋转到空气侧时，又将热量释放给空气，空气温度升高。如此周而复始地循环，实现烟气与空气的热交换。

空气预热器采用径向-轴向，径向-旁路双密封系统，密封片采用柔性密封，机组启动前、停运后尽量减少空气预热器的运行，避免柔性密封不必要的磨损。双密封系统就是每块固定式扇形板在转子转动的任何时候至少有两块径向和轴向密封片与它和轴向密封装置相配合，形成两道密封，这样就可以使密封处的差压减少一半，从而降低漏风。

空气预热器采用下轴中心驱动方式，电驱动装置配主、辅驱动电动机。主、辅驱动电动机启动时为变频启动，启动正常后为自动切为工频运行。空气预热器技术性能参数见表 3-4。

表 3-4 空气预热器技术性能参数

本体			
项目	单位	技术数据	备注
生产厂家			东方锅炉（集团）股份有限公司
型号		LAP13494/2200	
形式		容克式空气预热器	
转子直径	mm	13 494	
受热面高度	mm	自上而下 1150、1050	
数量		2 台/炉	
驱动装置			
项目	单位	主电动机	辅助电动机
生产厂家		SEW	SEW
型号		Y180L-6B3	Y180L-6B3
额定功率	kW	15	15
电压	V	380	380
额定电流	A	29.3	29.3
转速	r/min	970	970
启动时间	s	0～50	0～50
所需压缩空气压力	MPa	—	—
空气预热器转速	r/min	0.99	0.99
变速箱油泵功率	kW	0.75	
变速箱油泵电压	V	380	
变速箱油泵转速	r/min	1450	
气动电动机			
功率（kW）	15	额定转速（r/min）	650
生产厂家	黄石诚新机械有限公司	额定气压（MPa）	0.5
额定耗气量（L/s）	283	质量（kg）	488
额定扭矩（N·m）	220	型号	YRQ15-48

三、 容克式空气预热器

三分仓容克式空气预热器是一种以逆流方式运行的再生式热交换器。加工成特殊波纹的金属蓄热元件被紧密地放置在转子扇形隔仓格内，转子以小于 1r/min 的转速旋转，其左右两半部分分别为烟气和空气通道。空气侧又分为一次风通道及二次风通道，当气流经转子时，烟气将热量释放给蓄热元件，烟气温度降低；当蓄热元件旋转到空气侧时，又将热量释放给空气，空气温度升高。如此周而复始地循环，实现烟气与空气的热交接。三分仓容克式空气预热器的立体图和结构图如图 3-22 和图 3-23 所示。

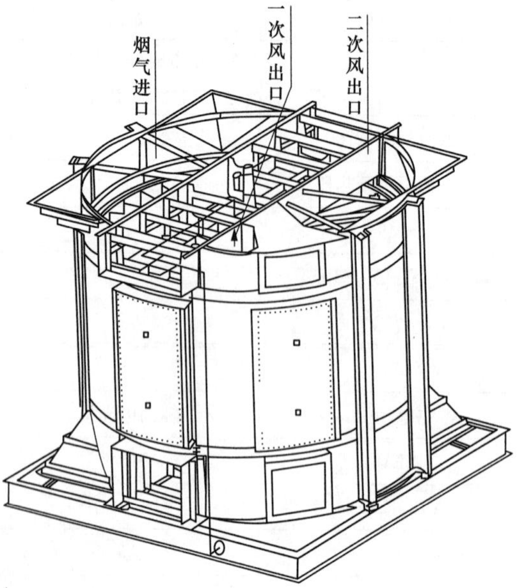

图 3-22　回转式空气预热器立体图

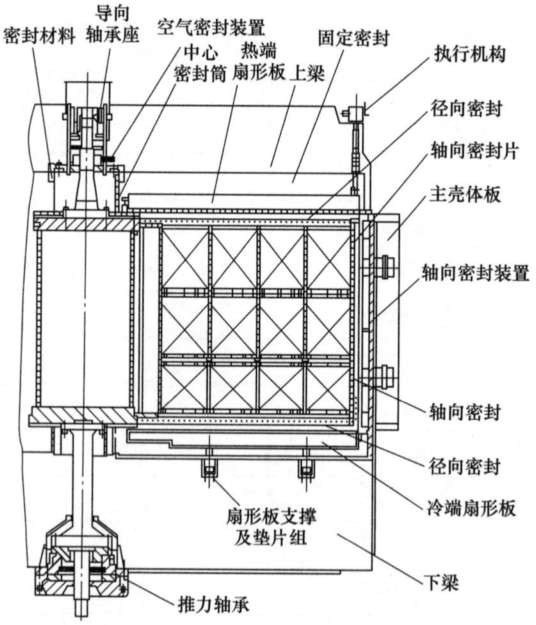

图 3-23　回转式空气预热器结构图

1. 转子

预热器转子采用模数仓格结构，每个仓格为 15°，全部蓄热元件分装在 24 个模数仓格内，每个模数仓格利用一个定位销和一个固定销与中心筒相连接。采用这种结构减少了转子内的焊接应力及热应力。

中心筒上、下两端分别用 M64 合金钢螺栓连接上轴与下轴，长轴通过 M64 合金钢螺栓与下轴连接，整体形成预热器的旋转主轴，相邻的模数仓格之间用螺栓互相连接。热段蓄热元件由模数仓格顶部装入，冷段蓄热元件由模数仓格外周上所开设的门孔装入。

提供专为更换冷段蓄热元件用的拉钩，以备检修时使用。转子上、下端最大直径处所设的弧形 T 形钢为旁路密封零件，上端最大直径处的转子法兰平面，作为热态下测量转子热变形的基准面。

2. 蓄热元件

热段蓄热元件由压制成特殊波形的碳钢板构成，钢板厚 0.6mm，按模数仓格内各小仓格的形状和尺寸，制度组件。每一组件都是由一块具有垂直大波纹和扰动斜波的定位板，与另一块具有同样斜波的波纹板一块接一块地交替层叠捆扎而成。冷段采用搪瓷元件，也按仓格形状制成组件，每一组件都是由一块具有垂直大波纹的定位板与另一块平板交替层叠拥扎而成。

空气预热器设计中采用传热元件波形搭配，容易造成一些预热器堵灰严重，或存在较严重的磨损或冷端腐蚀。不同波形的换热元件，其换热效率和吹灰穿透力是不同的。

3. 壳体

预热器壳体呈九边形，由三块主壳体板，两块副壳体板和四块侧壳体板组成，其结构如图 3-24 所示。

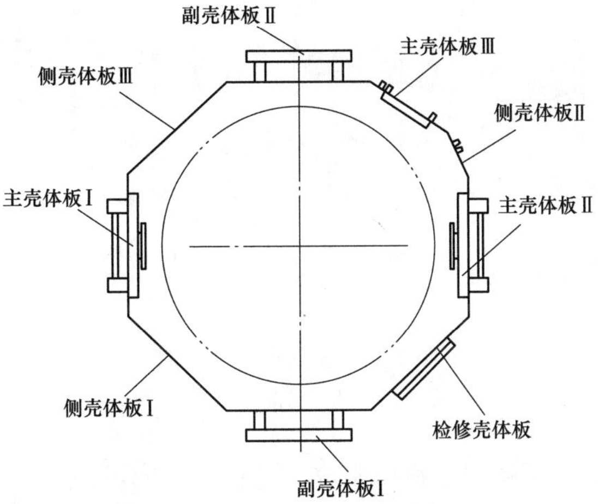

图 3-24　空气预热器壳体示意

主壳体板Ⅰ、Ⅱ与下梁及上梁连接，通过主壳体板上的四个立柱，将预热器的绝大部分质量传递给锅炉构架，主壳体板内侧设有圆弧形的轴向密封装置，外侧有若干个调节点，可对轴向密封装置的位置进行调整。副壳体板沿宽度方向分成三段，中间段可以拆去，是安装时吊入模数仓格的大门。副壳体板上也有四个立柱，可传递小部分预热器质量至锅炉构架。

侧壳体板布置在45°和25°方位，每台空气预热器有4块，靠炉后设有一块更换冷段蓄热元件的检修门，每一块侧壳体板上都设有人孔，以便进入空气预热器对轴向密封及轴向密封装置进行调整和维修。

主壳体板Ⅰ、Ⅱ和副壳体板的立柱下面设有膨胀支座，以适应预热器壳体径向膨胀。膨胀支座采用三层复合自润滑材料的平面摩擦作为膨胀滑动面。此外，在每对膨胀支座的内侧，还装有挡块，用以限制顶热器的水平位移，并作为壳体径向膨胀的导向块。主、副壳体板立柱下部外侧均设有一个“牛腿”，以供安装时放置千斤顶，用于调整膨胀支座的垫片。

四、 空气预热器的密封装置

空气预热器是一种空气和烟气逆向流动、旋转式的热交换设备，在热交换过程中，有丢失能量的内在趋势，能量的丢失是因为空气和烟气之间的差压引起的空气向烟气的泄漏。空气预热器漏风的原因主要有：携带漏风和密封漏风。前者是由于受热面的转动将留存在受热元件流通截面的空气带入烟气中，或将留存的烟气带入空气中；后者是由于空预热器动静部分之间的空隙，通过空气和烟气的差压产生漏风。漏风量的增加将使送风机、引风机的电耗增大，增加排烟热损失，锅炉效率降低，如果漏风过大，还会使炉膛的风量不足，影响出力，可能会引起锅炉结渣。

预热器采用径向-轴向、径向-旁路双密封系统，所谓双密封系统就是每块扇形板在转子转动的任何时候至少有两块径向和轴向密封片与它和轴向密封装置相配合，形成两道密封，这样就可以使密封处的差压减小一半，从而降低漏风。根据理论计算及实践经验表明，直接需风可下降30％左右。有部分空气预热器制造商会采用三密封系统。双密封和三密封系统原理如图3-25所示。

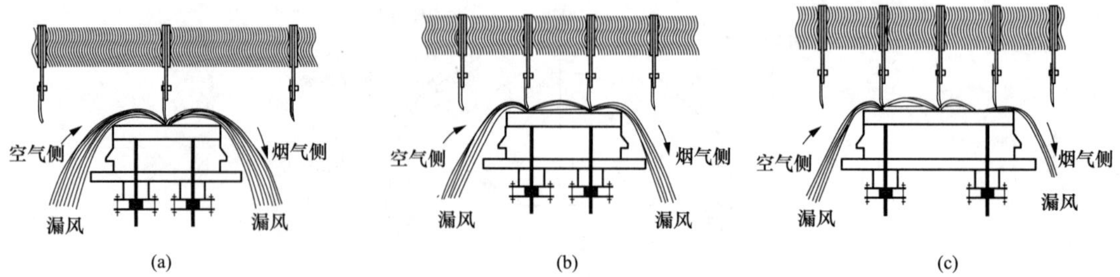

图 3-25 密封系统原理图
（a）单密封；（b）双密封；（c）三密封

径向密封片厚 1.5m，用耐腐蚀钢板制成，沿长度方向分成若干段，用螺栓连接在模数仓格的径向隔板上。由于密封片上的螺栓孔为腰形孔，径向密封片的高低位置可以适当调整。轴向密风封片由 1.5mm 厚的耐腐蚀钢板制成，也用螺栓连接在模数仓格的径向隔板上，沿转子的径向可以调整。径向密封片与扇形板构成径向密封，轴向密封片与轴向密封装置构成轴向密封，所有这些密封结构联合形成了一个连续封闭的密封系统。

此外，在转子外圈上下两端还设有一圈旁路密封装置，防止烟气或空气在转子与壳体之间“短路”，同时它作为轴向密封的第一道防线，也起到了一定的密封作用。旁路密封片为 1.2mm 厚的耐腐蚀钢板，与转子外周的 T 形钢圈构成旁路密封，在扇形板处断开，断开处另设旁路密封件，与旁路密封装置相接成一整圈。

容克式空气预热器的转子工作时下部温度低，上部温度高，中间温度高，四周温度低，致使空气预热器转子工作时呈现一种特殊的“蘑菇状”变形。空气预热器的密封控制系统通过测探转子位置，使扇形板跟踪转子的热变形，使热段扇形板与转子径向密封片的间隙在运行过程中始终维持在冷态设定值范围内，即将密封间隙从几十毫米降低到安全运行间隙，从而减少泄漏。热段扇形板控制原理如图 3-26 所示。

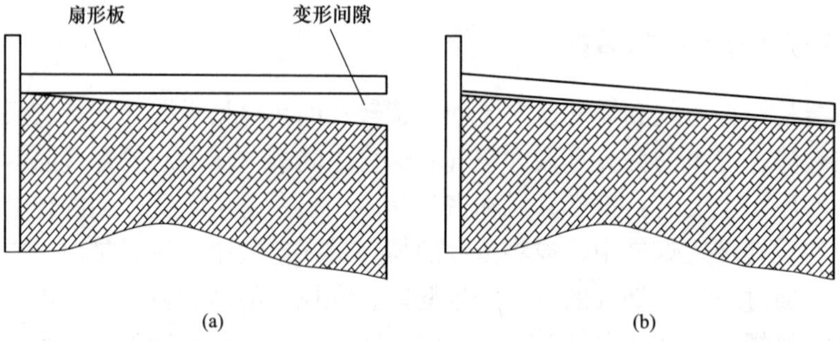

图 3-26 热段扇形板控制原理
（a）跟踪前；（b）跟踪后

密封磨损的原因及防止措施：

空气预热器的密封装置和密封表面在 BMCR 负荷下的设计温度能提供最佳的漏风控制。当温度升高到设计温度以上时，当前的密封和密封表面之间的设计间隙不够弥补过量的热变形，从而导致密封和密封表面接触而磨损。下面的运行情况将产生严重的密封磨损。

（1）进入空气预热器的烟气温度超过设计值。

（2）通过空气预热器的空气减少。当空气量接近零时，密封磨损程度增加。

（3）热备用状态，空气预热器有烟气存在但没有空气流通过，空气预热器或锅炉处于热态。

（4）空气预热器转子转动速度低于设计值，随转子速度的降低而密封磨损的程度增加。

（5）在隔离之前空气预热器正在运行。

因为密封磨损加大了密封和密封表面的间隙，在BMCR负荷下，增加了正常运行时的漏风。并且在密封磨损过程中，如果密封接触阻力变得足够大，空气预热器传动电机可能过载，为减小密封严重磨损的可能性及相关问题的出现，无论何时只要有烟气流通预热器时，就应有空气流通过空气预热器。只有在应急和维修时采用变频调速慢速挡，当采用变频调速慢速挡带动空气预热器时转子速度能降低到1/4r/min。运行前隔离空气预热器。在启动和运行过程中，当烟气入口、烟气出口、空气入口、空气出口温度保持在或低于BMCR工况下的设计温度时，空气预热器密封和密封表面的间隙已经调整好时，不需要采取特别的措施来阻止密封系统的磨损。

五、导向与推力轴承

导向轴承采用双列向心球面滚子轴承，内圈固定在上轴套上，外圈固定在导向轴承座上，随着预热器主轴的热膨胀，导向轴承座可在导向轴承外壳内做轴向移动。导向轴承配有空气密封座，可接入密封空气对导向轴承进行密封和冷却，同时还采用U形密封环进行第二道密封。轴承外壳支承在上梁中心部分。

轴承采用油浴润滑，润滑油为150号极压工业齿轮油，导向轴承座通过四个吊杆螺栓与中心密封筒相连，使其与轴承座同时随主轴膨胀而移动。

推力轴承采用推力向心球面滚子轴承，内圈通过同轴定位板与下轴固定，外圈坐落在推力轴承座上，推力轴承座通过合金钢螺栓紧固在下梁底面。轴承采用油浴加循环油润滑，推力轴承座上设有进油口、出油口、放油口、通气孔、油位计以及热电阻。

六、预热器清洗装置、消防及火灾报警

每台空气预热器在烟气侧的热端和冷端分别设有固定式清洗管。按转子旋转方向，清洗管装在靠近烟气侧的起始边，以便清洗水从烟侧灰斗排出。清洗管上装有一系列不同直径的喷嘴，使预热器转子内不同部位的受热面能获得均匀的水量，从而保证清洗效果。清洗介质为常温工业水，压力为0.59MPa，每根清洗管的容量为400t/h。如用60～70℃温水，清洗效果更好。在一次风侧与二次风分别装设有消防管，每根消防管的容量为200t/h。空气预热器火灾报警目前有用红外传感的形式（分摇臂式和轨道式）和热电偶型。

七、吹灰装置

每台预热器在烟气侧热端装有一台伸缩式蒸汽吹灰器，吹灰器采用电动机驱动，齿轮一齿条行走机构，吹灰器行程约1.4m，移动速度1.4m/min，吹灰器有4个喷嘴，喷嘴直径为6m。吹灰介质为过热蒸汽，吹灰器压力为1.5MPa，温度为350℃，单台吹灰器蒸汽耗量约83t/h。

冷端采用带蒸汽和带在线高压冲洗水系统的双介质吹灰器，蒸汽介质吹灰器压力为1.5MPa，温度为350℃，单台吹灰器蒸汽耗量约83t/h。高压水冲洗系统介质为经过高压泵升压至15MPa清洗水。

1. 空气预热器吹灰

当机组处于煮炉状态，投入正式运行之前，并用燃油，一旦开始点火，应用辅助蒸汽供给吹灰器作吹灰介质。冷端吹灰器应投入运行，热端的吹灰器一旦开始点火应投入运行，在负荷上升到最大连续负荷的10%期间，吹灰器应连续投入运行。不使用燃油后每8h吹灰一次。

正常运行期间空气预热器传热元件的吹灰，且带有脱硝的系统，预热器冷热端采用双介质吹灰器。投入脱硝系统之后，蒸汽用于正常吹灰，大约每天三次，空气预热器正常转速，而高压水用于蒸汽不能达到和不能除去的积灰。在预热器烟气侧阻力上升到最初运行阻力的150%左右时，对空气预热器进行高压水冲洗。

2. 空气预热器堵灰

空气预热器堵灰后，通流截面减少，风烟系统的阻力都将增加，造成送风机、引风机和一次风机的负荷和电耗（汽耗）增加。风机的调节范围减小，风机的出力受限制，堵灰程度严重会使引风机过载而限制锅炉出力，甚至造成设备损坏而被迫停运。空气预热器换热面的换热效率降低，造成排烟温度增高，排烟热损失增大；同时一、二次风的温升减小，入炉风温和煤粉温度降低。空气预热器局部区域流速增加，造成该区域换热面磨损速率增加。如果左、右侧空气预热器堵灰程度不同的话，还会使两侧的风温、排烟温度产生较大偏差，造成漏风增加。

3. 防止空气预热器堵灰的措施

为防止空气预热器堵灰，在机组启停过程中应投入空气预热器连续吹灰，锅炉主蒸汽压力在1.5MPa以上时，及时切换空气预热器吹灰汽源。根据“逢停必检”的原则，一旦发现空气预热器堵灰严重时，采取水冲洗等措施，冲洗后做好干燥措施。正常运行中每班吹灰一次，如果燃烧条件差，低负荷燃油时应连续吹灰，吹灰前应保证系统疏水充分。应密切注意空气预热器的烟气和空气进出口温度、差压的变化，如发现温度、差压异常，应即时就地检查空气预热器的运行情况。空气预热器应在冷段规定温度以上运行，如低于规定温度应投入暖风器运行。

八、 空气预热器的运行

1. 空气预热器启动前的检查

为确定空气预热器是否准备就绪，应对空气预热器及其辅助设备进行全面的检查。运行人员应考虑所有的部件是否安装正确，是否清洁，是否正确润滑以及是否可以操作。启动前，运行人员必须特别注意以下情况以确保空气预热器安全有效的运行。

（1）转子检查。在转子受热面上或者外壳内的任何外来物可能妨碍转子转动，损坏转子密封或导致空气预热器着火；转子停止转动，检查转子和外壳之间的空间；在电机启动之前用摇把使转子慢慢地旋转一周；转子转动时，彻底检查转子的两端；所有外来物必须从转子受热面上或者转子和外壳之间的空间中清除。

（2）油位检查。在需要油润滑的部件中，低油位可严重降低运行寿命，高油位可导致油溢出并引发火灾；检查油位指示器，确保全部轴承箱、减速箱内有足够的油；为了防止油过多溢出，不要超过指示最高油位。

（3）转子转动检查。检查径向密封片和轴向密封片的弯曲方向和转子的转动方向是否正确，错误的转子转动方向会严重损坏转子密封；检查传动电机的高速轴，确保转动方向和转子传动装置上的箭头一致。

（4）转子密封检查。一旦转子转动，转子密封（中心筒，径向，轴向，旁路）和密封表面的过多接触将严重损坏密封。

（5）吹灰装置检查。检查吹灰装置喷嘴开口处的长轴是否正确的位于喷嘴管的中心线上。操作吹灰器确保不干扰吹灰器装置喷嘴的行程，以使吹灰气流作用在全部受热面上。

2. 空气预热器主（辅）电动机启动允许条件

空气预热器导向（顶部）轴承油温度小于70℃，推力（底部）轴承油温小于70℃，主（辅）电动机无故障。

3. 空气预热器启动

检查空气预热器就地柜通电并切至“远方”位置，关闭空气预热器烟风侧进、出口挡板，启动空气预热器主（或辅）驱动电机，检查电流在正常范围内无大幅波动，空气预热器运行平稳，声音正常，上下轴承温度正常，50s后转子停转报警信号消失，打开空气预热器进、出口挡板使烟气及空气进入两台空气预热器。

4. 空气预热器运行及维护

运行中应监视空气预热器出入口风温及烟气温度，维持“冷端综合温度”在148℃以上运行；巡回检查中应注意检查空气预热器有无摩擦、碰撞等异常声音，检查空气预热器有无向外漏风、漏烟气。

空气预热器运行中应监视其电流正常无摆动（正常运行时主驱动电动机电流应稳定在额定电流范围之内），烟气及空气侧差压，烟气及空气进、出口温度，并经常分析；加强空气预热器的吹灰，吹灰蒸汽温度控制在300～350℃，压力满足要求（空气预热器最高允许温度不得超过BMCR工况下烟气入口温度15℃，即395℃）。

检查驱动装置，减速箱油位正常，油温正常，无漏油现象，驱动装置无异常振动。导向、推力轴承油位正常，无漏油现象，上轴承冷却水通畅，轴承油温小于55℃。空气预热器导向、推力轴承油温大于70℃时，报警。空气预热器导向、推力轴承油温大于85℃时，应停止预热器运行。

就地检查变频器控制箱及火灾监控装置正常，无任何报警。注意运行空气预热器不得在就地控制屏进行“远方/就地”切换，否则会造成运行空气预热器电动机跳闸。

5. 空气预热器的正常停运

如果锅炉要停运较长时间直至冷炉状态，应在停炉前对预热器进行一次全面吹灰。负荷减至60%时再全面吹一次，对两台空气预热器进行一次全面吹灰。

停止一次风机、送风机、引风机。关闭两台空气预热器空气和烟气的进出口挡板。确认空气预热器内无火灾报警，保持转子旋转直到空气预热器入口烟温小于120℃时，停止空气预热器运行。切断两台空气预热器电动机电源。预热器停转后，确认导向、推力轴承油温在

45℃以下，方可切断油循环系统及冷却水。

当风机还在运行的时候，应监视烟气和空气的出口温度，当风机停运后，应监视烟气进口和空气出口温度，以防止预热器内着火。

如果空气预热器需要清洗，应在停炉后空气预热器进口的烟道温度降低至 200℃以下时方可进行，清洗完毕可以利用锅炉余热来干燥蓄热元件。

停机过程中，如果发生电流升高现象，应适当开启送风机、引风机及风道挡板，对空气预热器进行冷却。空气预热器跳闸或紧急停运后，辅助电动机应联锁启动，否则应手动启动。如果主、辅电动机均不能投运，应进行手动盘车，保持空气预热器转子转动，并立即通知维护部抢修。如空气预热器卡死，严禁强行盘车，应适当进行通风冷却。

6. 空气预热器故障跳闸

跳闸时 DCS 报警，光字牌报警，主电动机跳闸而备用电动机未联锁启动，同侧的一次风机、引风机、送风机联锁跳闸，负荷大于 380MW 时 RB 保护动作，负荷骤降，炉膛负压波动。

空气预热器备用电动机应自动投入，否则应手动投入，空气预热器电动机均投不上应通知检修人员进行手动盘车。

RB 保护动作后应注意保护动作情况，不能手动干预。如未能正确动作应立即投等离子或微油助燃，确认联锁跳闸同侧引风机、送风机、一次风机，否则手动停运各风机。增加运行侧风机负荷，关闭跳闸侧二次风联络门，维持一次风压在 7kPa 以上。确认跳闸侧 SCR 出入口挡板关闭，确认 SCR 喷氨调节阀自动闭锁，手动加关喷氨调节阀的前后手动门，确认跳闸空气预热器的冷、热一次风、二次风出入口空气挡板联锁关闭，否则手动关闭。切掉上层制粉系统，机组降负荷至 50%以下，注意控制蒸汽温度、蒸汽压力。关闭跳闸侧引风机、送风机出入口风门；调整另一侧引风机、送风机出力，控制炉膛负压。处理过程中若锅炉已灭火或锅炉有灭火可能而运行人员判断不清时应立即手动 MFT。查明空气预热器跳闸原因，检查无问题后，恢复跳闸侧空气预热器及风机运行。启动风机时应注意控制炉膛负压及燃烧情况。

7. 空气预热器着火

着火时火灾报警信号发出，出口空气温度温升过高，排烟温度异常升高。

由于锅炉不完全燃烧给预热器蓄热元件带来的可燃性沉积物，会在氧气存在和一定温度的情况下开始点燃，并导致金属熔化和烧蚀，这就是预热器着火，即二次燃烧。金属受热面上可燃沉积物的着火温度通常在 250～400℃之间，而在燃油百分比较高时可降至 150℃。预热器着火特别容易发生在锅炉频繁启停和热备用时期。

着火时的应切断锅炉燃料供应，紧急停炉，引风机、送风机解列，打开上、下清洗管路上的阀门，投入消防水，同时打开预热器下部灰斗排水口。关闭预热器烟气进口及空气出口挡板，不打开人孔门。维持空气预热器转动，以保证全部受热面得到消防水流。只有确认二次燃烧已被彻底熄灭时，才能关闭清洗水阀门，当进入预热器内部检查时，可以手持水龙，扑灭任何残存的火源；留人看守，以防复燃。

为避免着火应减少起停次数，缩短燃油百分比较高的低负荷运行时间，坚持正常吹灰和常规清洗。加强监视烟风温度指示，尤其在热备用状态和预热器突然故障停转的情况下，更应密切监视预热器上部烟风温度的变化。

九、 空气预热器运行监视

空预热器的传热元件布置紧凑，气流通道狭小，飞灰易积在传热元件中，造成堵塞，气流阻力加大，引风机电耗增加，受热面腐蚀加剧，传热效果降低，排烟温度升高。严重时会使气流通道堵死，影响安全运行。因此空预热器吹灰是很有必要的。锅炉点火后，使用辅助蒸汽对空气预热器进行连续吹灰，直至全停燃油。正常运行中，每班吹灰一次。当出现空气预热器进出口差压增大、受热面泄漏、锅炉低负荷运行、空气预热器排烟温度高、燃烧条件差，如燃油或飞灰可燃物含量大等情况使应及时进行吹灰或增加吹灰次数。

为了使空气预热器保持一定的清洁度，保证好的传热效果，除在运行时定期吹灰外，在无负荷情况下对预热器受热面进行清洗。在预热器发生二次燃烧时必须立即投入消防水。在空气预热器的冷端、热端均装有清洗装置。

空气预热器在运行中应无异常声音，传动装置运转平稳、无摩擦，其电流稳定在正常范围内。检查变频器、电动机运行正常。

监视空气预热器进、出口差压及进、出口风温、烟温的变化情况，发现异常应及时分析原因并采取相应的措施。

轴承润滑油无泄漏，各轴承温度、油位、油温等正常空预热器的启动前应检查支撑轴承和导向轴承的油循环正常，对于电气部分检修后的启动应校验电机转动方向符合要求。其他附属设施符合启动要求。每台空气预热器的上下轴承设有各自独立的轴承润滑油系统，油泵出力正常，油压稳定。上下轴承位于油箱中，当油箱运行时轴承浸在油中。油温的合理性对空预热器的运行也是比较重要的，油温的调节是调节冷却水量。

在空气预热器的运行过程中，还应监视空气预热器的冷端温度，防止空气预热器冷端温度过低而造成空气预热器的冷端腐蚀。一般空气预热器的冷端温度应控制在 68.3℃，冷端温度的计算方法为：(空气预热器烟气出口温度＋空气预热器进口二次风温度＋空气预热器进口一次风温度)/3，若燃煤中所含硫分（收到基）大于 1.4%时，烟气的露点会提高，此时应提高空气预热器的冷端温度，如图 3-27 所示。影响空气预热器低温腐蚀的因素主要有烟气中三氧化硫的形成、烟气露点、硫酸浓度和凝结酸量、受热面金属温度。为减轻和防止空气预热器低温腐蚀应提高空气预热器金属壁面温度，采用热管式空气预热器，使用耐腐蚀材料，采用低氧燃烧方式或降低露点或抑制腐蚀的添加剂，对燃料进行脱硫。空气预热器的冷端温度主要是通过调节空气预热器二次风的进口温度，空气预热器二次风的进口温度又是由二次风的热风再循环挡板来进行调节的。

在运行时，往往会出现一台空气预热器故障需要检修的情况，这时就需要进行空气预热器单侧隔离。由于另一台空气预热器和锅炉还需保持正常运行且空气预热器的隔离涉及一次风、二次风及烟气系统的正常运行，在隔离过程中应尽量减少对它们造成扰动。

在单侧空气预热器需要隔离，应先将机组负荷降至 50%BMCR 及以下，停运对应侧的送引风机和一次风机，保持三台磨煤机运行，并将待隔离空气预热器 LCS 撤出运行，退至最大位置。

缓慢关小一次风出口隔离挡板，注意每次操作幅度不能太大，并注意一次风热风温度的变化情况，确认磨煤机出口温度调节正常。当一次风出口挡板全关后，缓慢关闭空气预热器一次风进口隔离挡板。缓慢关小空气预热器烟气进口隔离挡板，关至 50%左右，注意每次

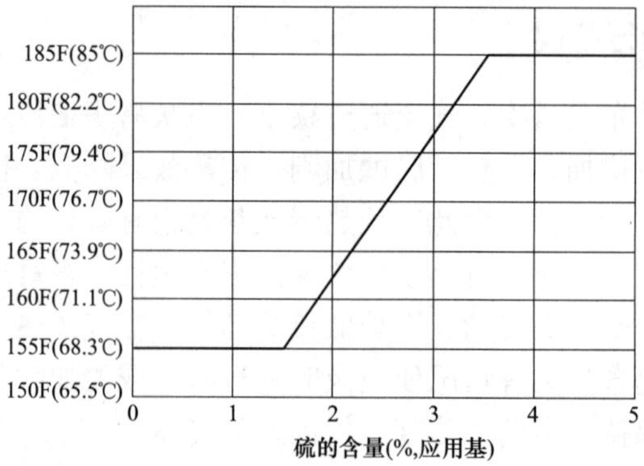

图 3-27　含硫量与空气预热器冷端温度的关系曲线

操作幅度不要太大。为防止二次风温下跌太快，在烟气进口挡板关闭 50%后采用先部分关闭二次风挡板的方法。就地继续缓慢关烟气进口隔离挡板直至全关，再缓慢全关空气预热器二次风出口隔离挡板。待空气预热器出口侧烟气和二次风挡板关闭后，缓慢关闭二次风机进口联络挡板。空气预热器进口烟温小于或等于 150℃时方可停运。检查锅炉火焰正常，燃烧稳定，确认送风机、引风机、一次风机运行参数正常，空气预热器单侧运行期间，应注意一次风机、送风机的运行情况。

第五节　火焰检测冷却风

一、 火焰检测冷却风系统介绍

新昌电厂火焰检测冷却风系统设两台火焰检测冷却风机，为火焰检测探头提供冷却风。采用一台运行一台备用的运行方式，当火检冷却风母管压力低或运行冷却风机故障跳闸时，备用的冷却风机自动启动，以维持母管压力正常，保证锅炉所有的火焰检测器有足够的冷却。其性能参数见表 3-5。

表 3-5　　火检冷却风机性能参数

型号	9-19№5.6A
风温（℃）	＜40
含尘量（mg/m³）	＜30
风压（Pa）	7273
风量（m³/min）	45.23
电机型号/功率	Y132S2-2-7.5
电机额定电压、转速、电流（V、r/min、A）	380、2900、28.9

新昌电厂火检冷却风机选用的是离心式风机。风机由叶轮、机壳、进风口、传动组和调节门等部分组成。其型号为 9-19№5.6A。火检冷却风机结构如图 3-28 所示。火检冷却风机的就地布置如图 3-29 所示。

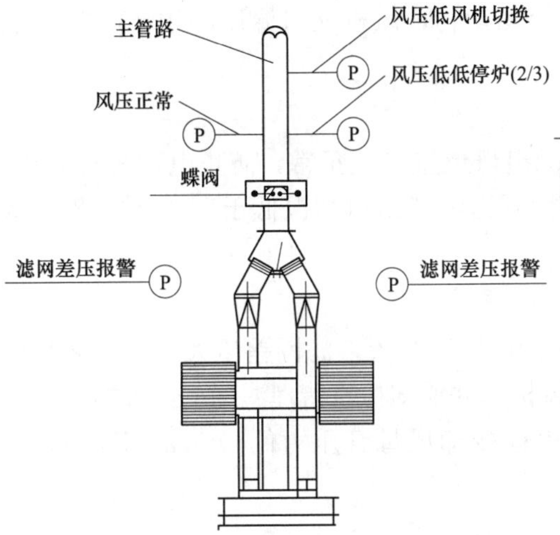

图 3-28 火检冷却风机结构图

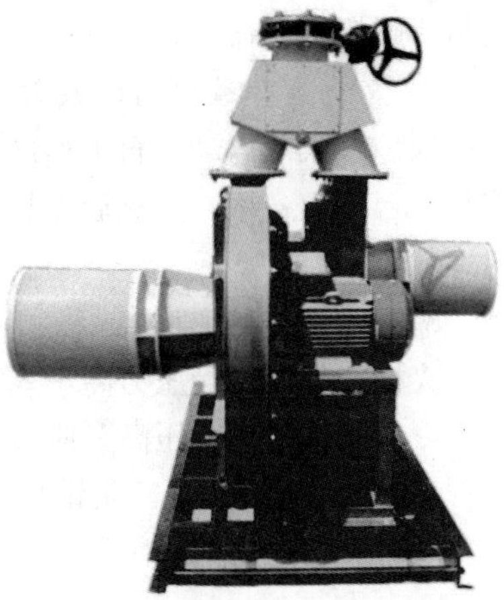

图 3-29 火检冷却风机的就地布置

火检冷却风系统示意如图 3-30 所示。

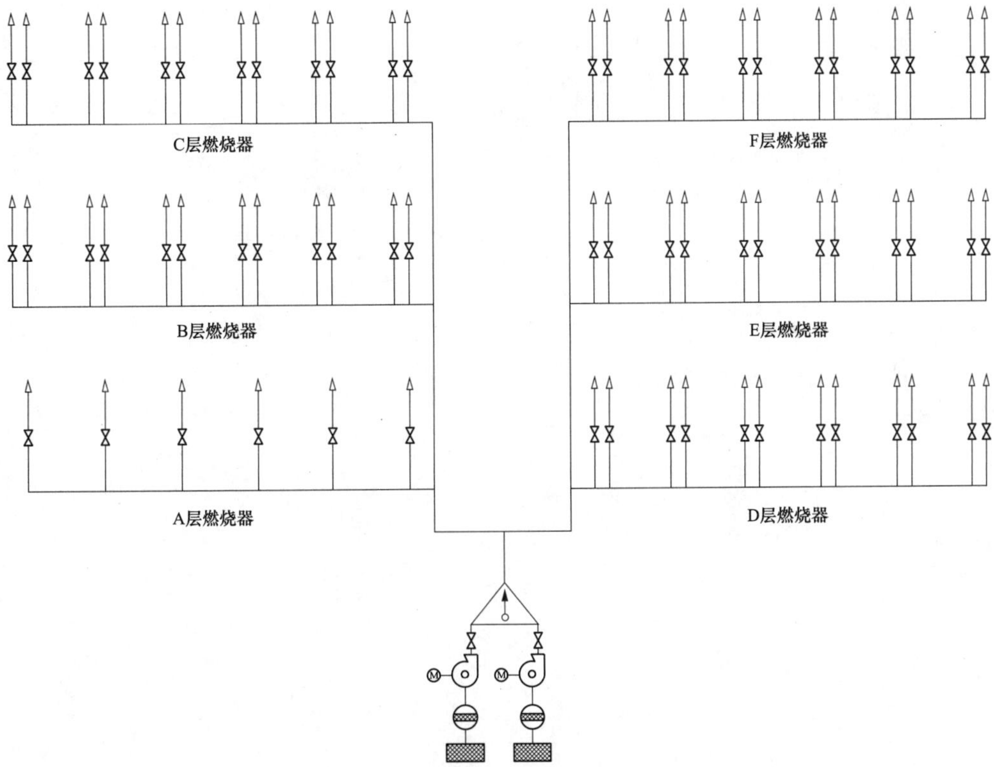

图 3-30 火检冷却风系统示意

二、 火检冷却风机的运行

1. 火检冷却风机启动前准备

按照运行通则的规定对火检冷却风机及系统进行检查，就地控制柜上电源指示灯亮。两台风机控制开关在“远方”位置，风机入口滤网处无杂物；风机入口温度小于 43.3℃，否则将影响探头寿命。

2. 火检冷却风机启动及停止

锅炉上水前启动一台火检冷却风机，检查风机出口位置当板正常，防止电动机过电流，将另一台投入备用。灭火后保持火检冷却风机运行，当炉膛出口烟温低于 50℃时，停止火检冷却风机。

3. 火检冷却风机运行维护

火检冷却风母管压力高于 6.5kPa，入口滤网差压小于 2kPa，滤网差压大于 3.75kPa 时发“冷却风机滤网差压高”应及时倒换火检冷却风机，并通知检修清理滤网。当火检冷却风母管压力低于 6kPa 时，联锁启动备用风机；当火检冷却风母管压力低于 3.23kPa 时，发“冷却风/炉膛差压低跳闸”，延时 120s 锅炉灭火。

第四章 燃 烧 系 统

第一节 燃烧系统概述

燃烧器是锅炉燃烧系统的主要设备，其作用是根据燃料的燃烧特性，合理组织空气与燃料的混合，保证燃料的快速稳定着火，高效燃烧。炉内燃料燃烧的好坏与燃烧过程的组织具有重要的关系，而燃烧过程的组织是指一次风中煤粉浓度或风/煤比的控制，一次风与二次风间的配合，一、二次风风量分配比例，一、二次风混合时机及混合强烈程度的控制等。从功能上来看，燃烧器的作用就是要保证入炉煤粉燃烧具有良好的着火性能、高的燃烧效率、良好的低 NO_x 特性、可有效地防止结渣等。

大型电站煤粉锅炉中，燃烧过程的组织十分复杂，要求燃烧器送入锅炉的空气根据燃料的燃烧特性分批、分次送入，以确保快速、稳定着火与高效燃烧。按送入锅炉中空气的作用不同，通常将入炉空气分成三种，即一次风、二次风、三次风，而输送这些空气的燃烧器喷嘴分别称为一次风喷嘴、二次风喷嘴及三次风喷嘴。其中，一次风实际上是煤粉与空气的混合物，既是煤粉燃料的输送介质，同时，又为煤粉着火及燃烧初期提供燃烧所需的氧气，因而在整个燃烧过程中起决定性的影响；二次风是在煤粉着火后送入的空气，其主要作用有两点：一是为煤粉焦炭粒子的后期燃尽提供氧气，二是加强焦炭粒子与空气间的扰动与混合，以改进后期燃烧，提高燃烧效率；三次风通常是采用热风送粉时制粉系统排出的乏气，其中含有少量的细煤粉，因此，三次风的设计初衷是为了烧掉乏气中细粉分离器难以分离的那部分细煤粉。

第二节 煤粉燃烧器

在电站煤粉炉中，要取得良好的着火与燃烧效果，除了要求有设计合理的炉膛结构及性能优异的燃烧器外，燃烧器与炉膛间的合理匹配也是非常重要的。目前，国内外大型电站煤粉锅炉炉膛与燃烧器的典型匹配关系如下：

（1）切圆燃烧炉膛。切圆燃烧炉膛通常配用直流燃烧器。此时，炉内的空气动力特性不仅取决于每只燃烧器的气动特性，还与邻角气流的冲刷、切圆的大小及燃烧器投运方式有关。

（2）墙式燃烧炉膛。墙式燃烧有前墙、前后墙及两侧墙燃烧。目前，墙式燃烧炉膛大都采用旋流燃烧器，此时，炉内的空气动力特性主要取决于各只燃烧器的气动特性及其投运方式。

（3）W 形火焰燃烧炉膛。燃烧器可采用旋流燃烧器、直流燃烧器或同时采用旋流燃烧器与直流燃烧器。此时，炉内的总体气动特性取决于燃烧器的气动特性及燃烧器的投运方式。

燃烧器的种类很多，按着火稳燃机理来分，可分成烟气回流型燃烧器与煤粉浓淡燃烧器两大类；如按燃烧器出口气流有否切向旋转速度分量来分，可分成直流燃烧器与旋流燃烧器两大类。

一、 旋流燃烧器

1. 工作原理

自旋流燃烧器出口所形成的射流是一围绕燃烧器轴线旋转的气流，称之为旋转射流。旋流燃烧器的喷嘴出口通常为一环形通道。气流自旋流燃烧器入口进入燃烧器环形通道后，经专门的旋流装置（如旋流叶片或蜗壳）后，使气流获得一围绕燃烧器轴线旋转的切向速度分量，此时，燃烧器内的气流边旋转边前进，即螺旋式前进。气流到达燃烧器出口后，由于有切向旋转分量的存在，气流受到一离心力的作用，在此离心力的作用下，出口中心的原有空气有向四周运动的趋势。当气流的旋转强度足够大时，大燃烧器出口附件会产生一定的负压，此时在燃烧器出口较远处的静压基本上为大气压，因此在此静差压的作用下，离喷口较远处的气体介质会沿燃烧器轴线向喷口反向流动，从而产生一回流区，如图 4-1 所示，由于气流的流动是连续不断进行的，因此燃烧器出口的回流也始终存在。随着气流旋转强度的不同，旋流燃烧器出射流的流动状态呈现出三种典型的状态，即封闭气流、开放气流和全扩散气流，如图 4-2 所示。

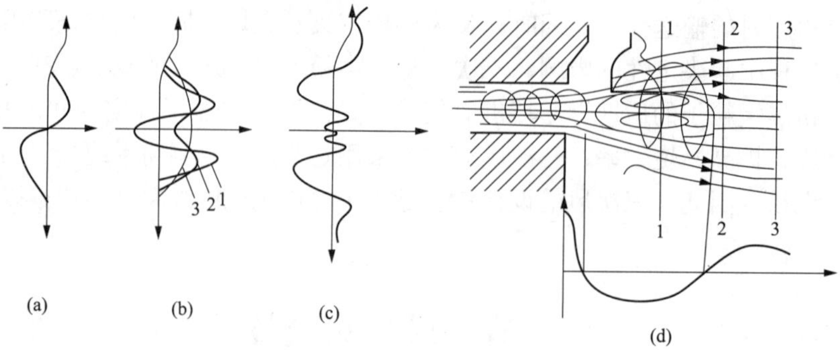

图 4-1 旋流燃烧器出口射流

（a）截面 1-1 内切向速度 ω_t 的分布；（b）截面 1-1、2-2、3-3 内轴向速度 ω_a 的分布；（c）截面 1-1 内径速度 ω_r 的分布；（d）沿射流轴线方向，轴向速度 ω_m 的分布

旋流燃烧器中气流的切向旋转运动是利用其中的旋流装置获得的。产生切向旋转运动的方式通常有简单切向进风、蜗壳、切向叶片和轴向可动叶轮等。气流旋转强度的大小通过调节气流进入燃烧器的切向角度及入口气流速度来实现。

2. 旋转射流的特点

（1）旋转射流有轴向速度并且有较大的切向速度，从旋流燃烧器出来的气体质点既有旋转的趋势，又有从切向飞出的趋势，因此，气流的初期扰动非常强烈。但是，由于射流不断卷吸周围气体，而且不断扩散，其切向速度的旋转半径也不断增大，切向速度衰减得很快，所以射流的后期扰动不够强烈。最大轴向速度由于卷吸剧烈的气体而衰减得很快，因而使旋

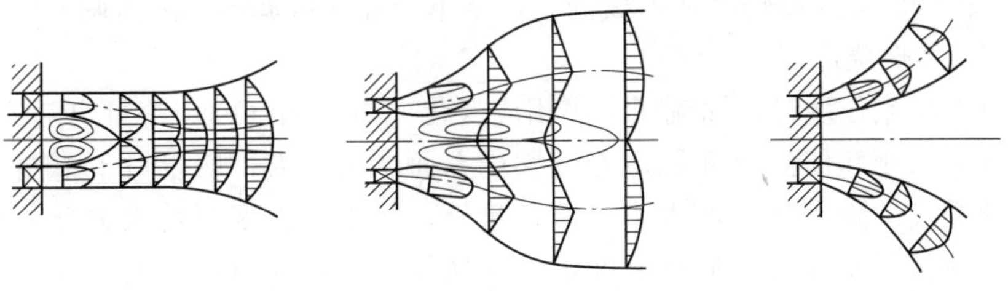

(a)　(b)　(c)

图 4-2　旋转射流的运动形式

(a) 封闭气流；(b) 开放气流；(c) 全扩散气流

转射流的射程相对较短。

(2) 旋转射流在离燃烧器出口一段距离内轴线上的轴向速度为负值，说明射流有一个中心回流区，能回流高温烟气，加热煤粉气流，使之快速着火。因此，旋转射流是从两个方面卷吸周围高温烟气的：一方面从回流区的高温烟气，这对燃烧过程非常重要，因为回流区卷吸高温烟气被送到火炬的根部来加热新的煤粉空气混合物，对稳定着火很有利；另一方面旋转射流也从射流的外边界卷吸周围的高温烟气，所以旋转射流的着火是从内、外边界开始的。旋转射流的扩展角较大。

决定旋转射流旋转强度的特征参数是旋转射流强度。旋转射流强度是用两个特征量——旋转动量矩和轴向动量矩为基础组成的无因次准则。旋流射流强度对旋转射流的影响很大。

1) 随着旋流强度的不同，旋转射流的气流结构形式不同。当旋流强度很小时，出口气流不旋转或很弱，这时气流中心回流区很小或没有，形成封闭气流，不具有旋转射流的特性。

2) 随着旋流强度的增加，中心回流区的回流量加大，回流区的长度是先增加后又缩短。当旋流强度过低时，回流区的长度和回流量都较小，对着火不利；如旋流强度过大，虽然回流量增大，但回流区缩短，对着火也不利。旋流强度太大还会形成全扩散气流，造成飞边。

3) 扩展角随着气流旋流强度的增大而增大。气流的射程随着旋流强度的增大而减小。

3. 旋流式燃烧器的特性

与直流射流相比，旋转气流同时具有向前运动的轴向速度和沿圆周运动的切向速度，这就使气流在流动方向上，沿轴向与切向的扰动能力增强，因而气流衰减速度比较快，射程短。旋转气流的主要特性表现为旋流强度。

燃烧器出口气流的旋流强度取决于燃烧器中旋流燃烧器的结构，取决于从喷口射出的旋流风与直流风的动量比，此外，还与燃烧器的阻力和烟气的黏度等因素有关。在封闭式旋流火焰中，在火焰根部卷吸高温烟气，形成回流区，这种火焰可卷吸火焰自身燃烧放出的热量，具有一定的自稳定着火能力，但因回流量小，不适合燃烧难燃的煤。旋流式燃烧器出口有时可能是开放式气流，这时旋转气流将高温烟气从炉膛中卷吸进来，因而其着火稳定性主要依赖于炉膛内烟气温度。

飞边气流形成贴壁火焰，引起结渣。因此实际运行中应避免旋流强度过大而导致飞边气流的出现。

旋流强度可以调节，根据煤质着火性能和锅炉负荷，调节气流的旋流强度，可获得良好的燃烧状态。由于旋流式燃烧器所形成的火焰是单个独立可调的，因而调节的灵活性比较大，容易维持稳定燃烧。

调节气流的旋流强度时，回流区大小相应变化，高温烟气的回流量也随着发生变化。因为内回流区的大小和回流量在稳定着火燃烧方面作用很大，所以对于不同的煤质应具有不同的旋流强度。除了回流区大小和回流量外。回流区长度对着火也有一定影响，因为比较长的回流区能使气流延伸到温度更高的烟气深层，因而直接关系到回流烟气的温度水平。

提高旋流强度，既能强化内回流区的作用，又能强化空气与可燃物的混合，以及高温烟气与煤粉、空气的混合。随着旋流增强，内回流区变得更宽更强，但同时也会带来一些问题，即一次风与二次风以及内回流与外回流的过早强烈混合，会降低一次风中煤粉的浓度和火焰温度，这对着火的稳定性又是不利的。因此，提高旋流强度给稳定着火造成两个相互对立和相互矛盾的条件，增强内回流对着火造成的有利条件从某一点开始，又被太强的内回流过早混合破坏了。为了解决这一矛盾，可通过运行调节或试验确定出适应燃烧不同煤质的最佳旋流强度和相应的混合强度以及混合点位置。

4. 旋流式燃烧器的布置与供风方式

大容量锅炉布置有几十只旋流式燃烧器，虽然单个的燃烧器形成的火焰可独立燃烧，但各个旋转气流之间仍有相互作用，对燃烧有一定的影响作用。当两个燃烧器旋转方向相反时，两个燃烧器之间的切向速度升高，火焰向上；当两个燃烧器旋转方向相同时，燃烧器之间切向速度减小，火焰向下。这样就影响火焰中心位置和燃烧效率，进而影响到过热器的汽温特性及汽温调节。在大容量锅炉上，旋流式燃烧器通常布置在炉膛的前、后墙上，有的采用大风箱供风，有的采用分隔风箱供风。当采用大风箱供风时，风道系统简单，但单个燃烧器的调节性能比较差。

采用大风箱送风时，不能准确调节各个燃烧器的风煤比，也不利于控制 NO_x。因此，采用分隔风箱配风，即风箱被分隔成很多小风室，每个小风室又有独立的风量调节挡板，给燃烧调节带来灵活、便利的条件。

二、 直流燃烧器

当旋流燃烧器喷口中气流的切向旋转速度分量为零时的气流即为直流射流，相应的燃烧器称为直流燃烧器。直流燃烧器喷口端部的形状通常矩形、方形与圆形。直流燃烧器出口射流的流动与热物理特征如图 4-3 所示。在实际的直流燃烧器出口速度下，直流射流通常处于紊流状态。

1. 四角切圆燃烧器

对于采用燃烧器四角布置的燃煤锅炉，其燃烧器大多采用直流燃烧器。每角燃烧器由数个一、二、三次风喷嘴及油燃烧器喷嘴组成。就整个燃烧器组而言，煤粉空气混合物自燃烧器组出口后，形成的射流与单个燃烧器喷口形成的射流特性及各喷口的组合特点有关。直流燃烧器通常由一列矩形喷口组成，煤粉气流和热空气从喷口射出后，形成直流射流。根据燃烧器中一、二次风喷口的布置情况，直流煤粉燃烧器可分为均等配风和分级配风两种。

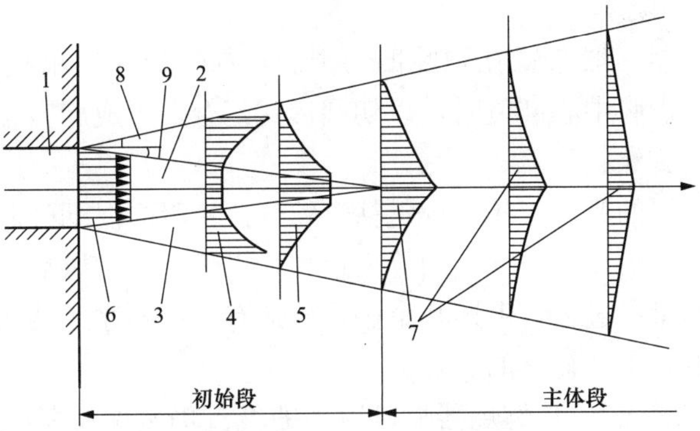

图 4-3　直流燃烧器出口射流的流动与热物理特征

1—煤粉空气喷口；2—射流等速核心区；3—射流边界层；4—射流内温度分布；5—射流内煤粉浓度分布（初始段内速度分布图与此相似）；6—出口速度分布；7—主体段内速度分布；8—射流外扩展角；9—内扩展角

2. 均等配风直流煤粉燃烧器

均等配风方式的一、二次风喷口相间布置，即在两个一次风喷口之间均等布置一个或两个二次风喷口，或者在每个一次风喷口的背火侧均等布置二次风喷口。

均等配风方式的一、二次风喷口间距相对较近，一、二次风从喷口流出后能很快混合，煤粉气流着火后不至于因空气跟不上而影响燃烧，故适用于挥发分较高的烟煤和褐煤，所以又称为烟煤-褐煤型直流煤粉燃烧器。

燃烧器的一、二次风喷口交替间隔排列，相邻两个喷口的中心间距较小。因一次风携带的煤粉比较容易着火，故希望在一次风中煤粉着火后及时、迅速地与相邻二次风喷口射出的热空气混合。这样，在火焰根部不会因为缺乏空气而燃烧不完全，或导致燃烧速度降低。因此，沿高度相间排列的二次风喷口的风量分配就接近均匀。

3. 分级配风直流煤粉燃烧器

分级配风方式是指把燃烧所需要的二次风分级分阶段地送入燃烧的煤粉气流中，即将一次风喷口集中布置在一起，而二次风喷口分层布置，且一、二次风喷口保持较大的距离，以便控制一、二次风的混合时间，这对于无烟煤的着火和燃烧是有利的。故此种燃烧器适用于无烟煤、贫煤和劣质烟煤，所以又称为无烟煤型直流煤粉燃烧器。

一次风集中布置的特点。使着火区保持较高的煤粉浓度，以减少着火热；燃烧放热比较集中，使着火区保持高温燃烧状态，适用于难燃煤；煤粉气流刚性增强，不易偏斜贴墙，同时卷吸高温烟气的能力加强。

一次风集中布置的问题。着火区煤粉高度集中，可能造成着火区供氧不足，延缓燃烧进程。一次风喷嘴附近为高温区，喷嘴易变形，使喷嘴出口附近气流速度分布不均，容易出现空气、煤粉分层现象。为了消除这种现象，有时将一次风分割成多股小射流，使气流扰动增强，提高着火的稳定性。

一次风喷口附近处于高温，且一次风速较低，喷口易烧坏。为了冷却一次风喷口，可在一次风喷口上加装夹心风或周界风。当然，夹心风或周界风也可增强一次风气流卷吸高温烟气的能力。

4. 四角布置直流燃烧器

四角布置直流燃烧器一般布置在炉膛四角上。煤粉气流在射出喷口时，虽然是直流射流，但当四股气流到达炉膛中心部位时，以切圆形式汇合，形成旋转燃烧火焰，同时在炉膛内形成一个自下而上的旋涡状气流。

四角布置直流燃烧器的具体工作过程包括煤粉气流卷吸高温烟气而被加热的过程、射流两侧的补气及压力平衡过程、煤粉气流的着火过程、煤粉与二次风空气的混合过程、气流的切圆旋转过程、焦炭的燃尽过程，上述几个过程虽然有先后顺序或某几个过程同时进行，但各过程之间的相互影响是十分显著的。

（1）直流射流的“卷吸”。从燃烧器喷口射出的气流仍然保持着高速流动，由于气流的紊流扩散，带动周围的热烟气一道向前流动，这种现象称为“卷吸”。由于“卷吸”，射流不断扩大，不断向四周扩张，同时，主气流的速度由于衰减而不断减小。正是由于射流的这种“卷吸”作用，将高温烟气的热量源源不断地运输给进入炉内的新煤粉气流，煤粉气流才得到不断加热而升温，当煤粉气流吸收足够的热量并达到着火温度后，便首先从气流的外边缘开始着火，然后火焰迅速向气流深层传播，最终达到稳定着火状态。

（2）邻角气流的撞击点燃作用。在切圆燃烧炉中，四股气流具有“自点燃”作用，即煤粉气流向火的一侧受到上游邻角高温火焰的直接撞击而被点燃，这是煤粉气流着火的主要条件。背火的一侧也卷吸炉墙附近的热烟气，但这部分卷吸获得的热量较少；此外，一次风与二次风之间也进行着少量的过早混合，但这种混合对着火的影响不大。

（3）煤粉气流接受辐射加热。煤粉气流着火的热源部分来自炉内高温火焰的辐射加热，但着火的主要热源来自卷吸加热，占总着火热源的60%～70%。

（4）热源不足时的着火。当煤粉气流没有足够的着火热源时，虽然局部的煤粉通过加热也可达到着火温度，并在瞬间着火，但这种着火不能稳定进行，即着火后还容易灭火。这样的着火极易引起爆燃，因而是一种十分危险的着火工况。

（5）煤粉气流从着火到燃尽的各阶段。煤粉气流正常燃烧时，一般在距离喷口0.5～1.0m处开始着火，在离开喷口1～2m的范围内，煤粉中大部分挥发分析出并烧完，此后是焦炭和剩余挥发分的燃烧，需要延续10～20m甚至更长的距离。当燃料到达炉膛出口处时，燃料中98%以上的可燃物可以完全燃尽。

三、 切圆燃烧器的优点

1. NO_x 排放量较低

长期的实践经验证明，对大容量燃煤机组来说，切圆燃烧技术具有 NO_x 排放量低的固有特点。切圆燃烧 NO_x 形成量的降低是由于从角部进入炉膛的煤粉和二次风这两股平行气流之间的混合率相对较低的原因所致。因此，着火和部分挥发分的析出只在缺氧的始燃烧区内发生，该区域位于炉膛中从燃料喷嘴至射流被炉膛的旋转火球卷吸之处，同时烟气尖峰热流及平均温度较低，对降低 NO_x 排放量也很重要。

利用基于炉膛整体和局部分级燃烧的低 NO_x 技术，可有效降低挥发分氮形成的始燃烧区域内的氧量，始燃烧区内的富燃料气氛促使挥发分氮向 N_2 转变。采用燃尽风（OFA）来控制主燃烧区域内的过量空气系数，进一步控制 NO_x 排放量。

2. 对燃料变化的适应性强

由于切圆燃烧着火稳定性强、燃烧效率高、防止结渣性能好，因此对燃料变化的适应性强。所配燃烧器结构简单，油枪、点火枪、油系统阀门、火检数量少，操作方便，维修工作量少，从安装到启动调试工作量小，周期短。

3. 烟气旋转残流对烟气温度偏差影响较大

在切圆燃烧锅炉中，燃烧器区域形成的旋转火焰不但旋转稳定、强烈，而且黏性很大。高温烟气流到达炉膛出口的过程中，其旋转强度虽然逐渐减弱，但仍然有残余旋转。残余旋转不但造成炉膛出口处的烟温偏差，而且造成烟速偏差。气流逆时针方向旋转时，右侧烟温高于左侧烟温，右侧烟速高于左侧烟速；气流顺时针方向旋转时，左侧烟温高于右侧烟温，左侧烟速高于右侧烟速。一般烟温偏差达100℃左右，偏差严重的甚至达到300℃。

4. 四墙切圆相对于四角切圆的优点

四墙切圆锅炉相对四角切圆锅炉来说，炉膛内更易形成完整的切圆，火焰不易发生偏斜，炉内气流充满度更合理，同时，四墙切圆锅炉炉膛的四角处会形成回流区，回流区可以卷吸高温烟气。因此，炉膛内不易形成死角，燃烧器喷口射流的刚性较大，并且四墙切圆锅炉的布置受辐射热大，所受辐射热负荷比角上大得多，提高了着火速度，由于旋转动量大，湍流强度大，这可使四墙切圆锅炉炉膛内的煤粉燃烧器上部区域燃烧后期的混合特性增强，充满度好，加快了炉内煤粉燃烧的速率，提高了四墙切圆锅炉的煤粉燃尽率，所以四墙切圆锅炉的煤粉燃尽率高。对比四角切圆锅炉，四墙切圆锅炉的炉膛高温区位于上层燃烧器至燃尽风之间的区域，而四角切圆锅炉的高温区出现在燃尽风区域。在相同条件下，四墙切圆燃烧比四角燃烧的炉膛出口的 NO_x 排放浓度低些。

四、锅炉煤粉燃烧器

新昌电厂采用前后墙对冲燃烧方式。36 只低 NO_x 燃烧器分三层布置在炉膛前后墙上，使沿炉膛宽度方向热负荷及烟气温度分布更均匀。燃烧器上部布置有两层燃尽风（OFA）风口，4 只侧燃尽风风口、24 只燃尽风风口分别布置在前后墙和两侧墙上，如图 4-4 所示。

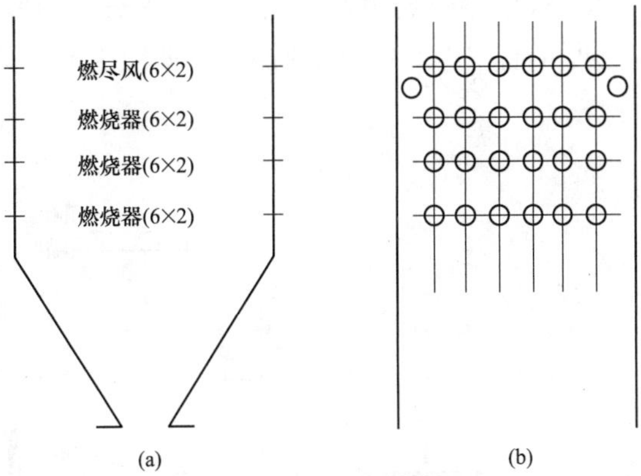

图 4-4 燃烧器布置图

(a) 4 只侧燃尽风口；(b) 24 只燃尽风口

A1～A6 燃烧器增加灭火蒸汽，汽源取自磨煤机灭火蒸汽母管，燃烧器的左、右侧分别安装灭火蒸汽。燃烧器性能参数见表 4-1。

表 4-1 燃烧器性能参数

项目	单 位	参 数
炉膛出口过量空气系数		1.18
燃烧器区域的过量空气系数		主燃区 0.95
一次风量	kg/s	132.95

续表

项目	单 位	参 数
二、三次风量（不含燃尽风）	kg/s	394.34
燃尽风量	kg/s	127.65
一次风率	%	20.3
二、三次风率	%	79.7
燃烧器一次风温度	℃	75
燃烧器二、三次风温度	℃	334
燃烧器一次风风速	m/s	19.1
燃烧器二次风风速	m/s	29.3
燃烧器三次风风速	m/s	28.8
APP燃尽风直流风风速	m/s	52.2
APP燃尽风旋流风风速	m/s	30.6
SAPP燃尽风直流风风速	m/s	52.1
SAPP燃尽风旋流风风速	m/s	29.3
燃烧器一次风阻力	Pa	1500
燃烧器二次风阻力	Pa	2000
实际耗煤量	t/h	270.237

一次风由一次风机提供，一次风管（除A、D层外），均布置自然冷却风门，作用为磨煤机停运后对相应的燃烧器进行冷却，自然冷却风门的开关信号接入磨煤机启停逻辑。

低NO_x燃烧器中，燃烧的空气被分为四股，分别是：直流一次风、旋流二次风、旋流三次风和直流中心风，燃烧器示意如图4-5所示。

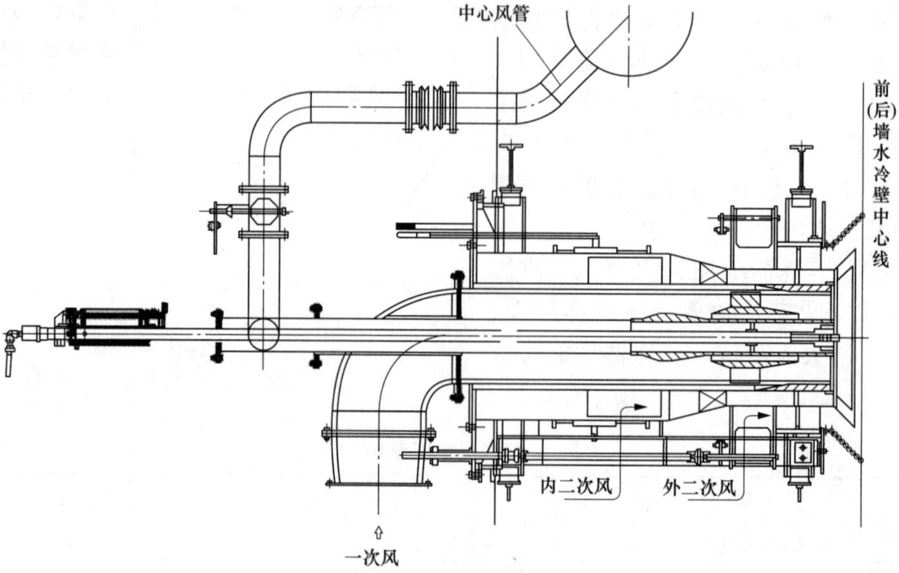

图4-5 燃烧器配风示意

二次风、三次风、燃尽风、贴壁风均由送风机提供，经过空气预热器加热后，通过风道分别进入锅炉前、后墙，自上而下分别进入上层燃尽风风箱、燃尽风风箱、上层燃烧器大风箱、中层燃烧器大风箱、下层燃烧器大风箱。另贴壁风的风口布置在每层燃烧器大风箱 A、B 侧入口挡板前，通过手动控制。通过燃烧器各挡板后为每个燃烧器提供二次风和三次风。

燃尽风风口包含两股独立的气流，中央部位为非旋转的气流，直接穿透进入炉膛中心；外圈气流是旋转气流，用于和靠近炉膛水冷壁的上升烟气进行混合。上层燃尽风为直流风，靠近出口的通流面加装导流板，导流板通过外部拉杆调节。贴壁风的主要作用为减少水冷壁侧墙的高温腐蚀。

燃烧器区域设有大风箱，大风箱被分隔成多层风室，每层燃烧器一个风室。大风箱对称布置于前后墙，设计入口风速较低，风箱内风量的分配取决于燃烧器自身结构特点及其风门开度，保证燃烧器在相同状态下自然得到相同风量，利于燃烧器的配风均匀。

燃烧器每层风室的入口处均设有风门挡板，所有风门挡板均配有执行器，可程控调节。执行器上配有位置反馈装置，且具有故障自锁保位功能。

大风箱和燃烧器的载荷通过风箱的桁架，传递给支撑梁；支撑梁的一端与垂直搭接板相连，另一端与固定在钢结构上的恒力弹簧吊架相连。这样大风箱和燃烧器的大部分载荷不通过螺旋水冷壁支撑，避免了对螺旋水冷壁造成损坏。

第三节　等离子点火燃烧器

目前，等离子点火及稳燃技术已成功大量应用于电站煤粉锅炉，适用煤种为贫煤、劣质烟煤、烟煤和褐煤，适用各类型的机组容量，也适用于切向燃烧直流燃烧器、墙式燃烧旋流燃烧器，其制粉系统为钢球磨中间储藏式、双进双出钢球磨直吹式、中速磨直吹式和风扇磨直吹式。与传统的燃油方式相比，采用等离子点火燃烧器点火和稳燃具有以下优点：

(1) 经济。采用等离子点火时的运行和技术维护费仅是使用重油点火时费用的 15%。对于新建电厂，可以节约上千万的初始投资和试运行费用。

(2) 环保。由于点火时不燃用油品，电除尘装置可以在点火初期投入，因此减少了点火初期排放大量烟尘对环境的污染；另外，电厂采用单一燃料后，减少了油品的运输和储存环节，也改善了电厂的环境。

(3) 高效。等离子体内含有大量化学活性离子，如原子（C、H、O）、原子团（OH、H_2、O_2）、离子（O_2、H_2，OH^-、O^-、H^+）和电子等，可加速热化学转换，促进燃料完全燃烧。

(4) 简单。电厂可以单一燃料运行，简化了系统，也简化了运行方式。

(5) 安全。取消炉前燃油系统，避免了经常由于燃油系统造成的各种事故。

一、等离子点火原理

等离子点火燃烧器是利用直流电流（280～350A）在介质气压 0.01～0.03MPa 的条件下接触引弧，并在强磁场下获得稳定功率的直流空气等离子体。该等离子体在燃烧器的一次燃烧筒中形成温度高于 5000K 的梯度极大的局部高温区，煤粉颗粒通过该等离子“火核”受到高温作用，并在 3～10s 内迅速释放出挥发物，并使煤粉颗粒破裂粉碎，从而迅速燃烧。

由于反应是在气相中进行，使混合物组分的粒级发生了变化，因而使煤粉的燃烧速度加快，也有助于加速煤粉的燃烧，这样就大大减小了促使煤粉燃烧所需要的引燃能量。

等离子体内含有大量化学活性的粒子，如原子、原子团、离子和电子等，可加速热化学转换，促进完全燃烧。除此之外，等离子体对于煤粉的作用，可比通常情况下提高 20%～80%的挥发分，即等离子体有再造挥发分的效应，这对于点燃低挥发分煤粉燃烧有特别的意义。

二、 等离子点火燃烧器工作原理

1. 工作原理

等离子点火燃烧器是借助等离子发生器的电弧来点燃煤粉的煤粉燃烧器，如图 4-6 所示。与以往的煤粉燃烧器相比，等离子点火燃烧器在煤粉进入燃烧器的初始阶段就用等离子弧将煤粉点燃，并将火焰在燃烧器内逐级放大，属内燃型燃烧器，可在炉膛内无火焰状态下直接点燃煤粉，从而实现锅炉的无油启动和无油低负荷稳燃。

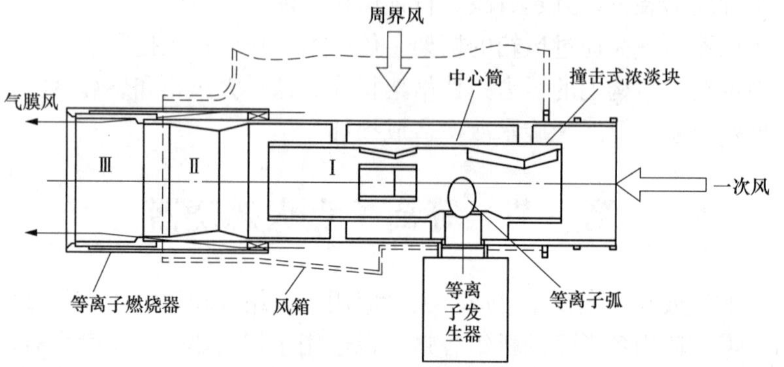

图 4-6　等离子点火燃烧器结构及原理示意

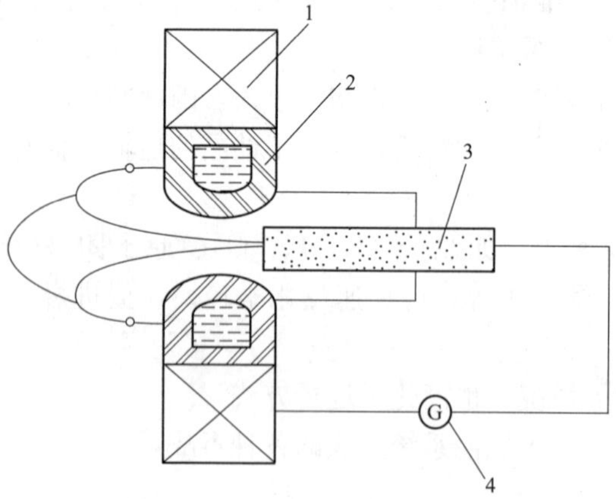

图 4-7　等离子发生器组成示意

1—绕组；2—阳极；3—阴极；4—电源

等离子发生器主要由绕组、阴极和阳极组成，如图 4-7 所示。其中，阴极材料采用高电导率的金属材料或非金属材料制成；阳极由高电导率、高热导率及抗氧化的金属材料制成。阴极和阳极均采用水冷方式，以承受电弧高温冲击。绕组在高温 250℃情况下具有抗 2000V 直流电压击穿的能力；电源采用全波整流，并具有恒流性能。等离子发生器的拉弧原理为：首先设定输出电流，当阴极前进并同阳极接触后，整个系统具有抗短路的能力且电流恒定不变；当阴极缓缓离开阳极时，电弧在绕组磁力的作用下拉出喷管外部。一定压力的空气（压缩空气）在电弧的作用下，被电离为高温等离子体，其能量密度高达 105～106W/cm^2，为点燃不同的煤种创造了良好的条件。

2. 燃烧机理

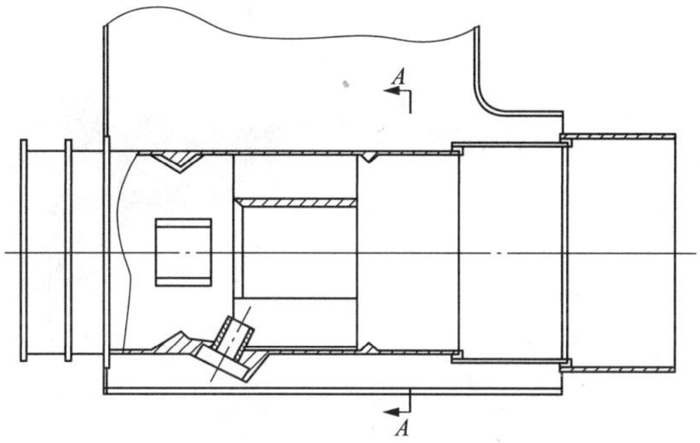

图 4-8 等离子燃烧器燃烧机理图

根据高温等离子体有限能量不可能同无限的煤粉量及风速相匹配的原则设计了多级燃烧器，如图 4-8 所示。它的意义在于应用多级放大的原理，使系统的风粉浓度、气流速度处于一个十分有利于点火的工况条件，从而完成一个持续稳定的点火、燃烧过程。实验证明运用这一原理及设计方法使单个燃烧器的出力可以从 2t/h 扩大到 10t/h。在建立一级点火燃烧的过程中，采用了将经过浓缩的煤粉垂直送入等离子火炬中心区，10 000℃的高温等离子体同浓煤粉的汇合及所伴随的物理化学过程使煤粉原挥发分的含量提高了 80%，其点火延迟时间不大于 1s。

点火燃烧器的性能决定了整个燃烧器运行的成败，在设计上该燃烧器出力为 500～800kg/h，其喷口温度不低于 1200℃。另外加设了第一级气膜冷却技术避免了煤粉的贴壁流动及挂焦，同时又解决了燃烧器的烧蚀问题。该区称为第一区。

第二区为混合燃烧区，在该区内一般采用“浓点浓”的原则，环形浓淡燃烧器的应用将淡粉流贴壁而浓粉掺入主点火燃烧器燃烧。这样做的结果既利于混合段的点火，又冷却了混合段的壁面。如果在特大流量条件还可采用多级点火。

第三区为强化燃烧区，在一、二区内挥发分基本燃尽，为提高疏松炭的燃尽率采用了提前补氧强化燃烧措施，提前补氧的原因在于提高该区的热焓进而提高喷管的初速达到加大火焰长度从而提高燃尽度的目的，所采用的气膜冷却技术亦达到了避免结焦的目的。

第四区为燃尽区，疏松碳的燃尽率，决定于火焰的长度。随烟气的温升燃尽率逐渐加大。

三、 等离子点火燃烧器组成设备

等离子点火设备由等离子发生器、等离子燃烧器、电源整流柜、隔离变压器等组成，辅助系统由载体空气系统、冷却水系统、图像火检系统、热控系统、冷炉制粉系统、等离子燃烧器壁温监测系统、等离子一次风监测系统等组成，如图 4-9 所示。

1. 阳极组件

阳极组件由阳极、冷却水道、压缩空气通道及壳体等构成。阳极导电面由具有高导电性的金属材料铸成，采用水冷的方式冷却，连续工作时间大于 500h。为确保电弧能够尽可能多地拉出阳极以外，在阳极上加装压了弧套。

2. 阴极组件

阴极组件由阴极头、外套管、内套管、驱动机构、进出水口、导电接头等构成，阴极为旋转结构的等离子发生器还需要加装一套旋转驱动机构。阴极头导电面由具有高导电性的金属材料铸成，采用水冷的方式冷却，连续工作时间大于 50h。

3. 绕组组件

绕组组件由导电管绕成的绕组、绝缘材料、进出水接头、导电接头、壳体等构成。导电

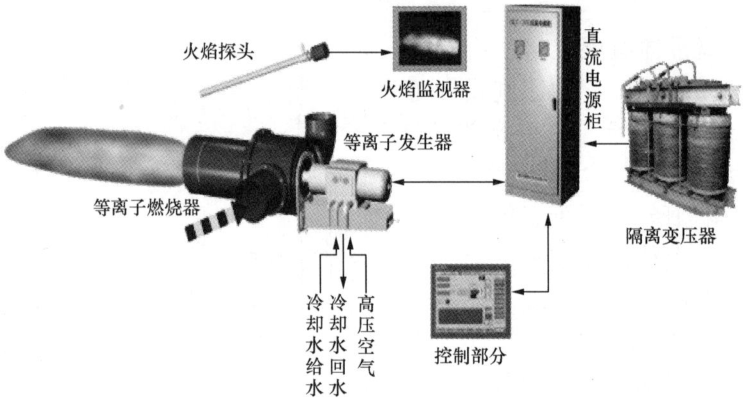

图 4-9　等离子点火燃烧系统组成示意

管内通水冷却。

4. 等离子电气系统

等离子发生器的电源系统是用来产生维持等离子电弧稳定的直流电源装置，其基本原理是通过三相全控桥式晶闸管整流电路将三相交流电源变为稳定的直流电源，其由隔离变压器和电源柜两大部分组成。电源柜内主要有由 6 组大功率晶闸管组成的三相全控整流桥、大功率直流调速器、直流电抗器、交流接触器、控制可编程控制器 PLC 等。

5. 等离子空气系统

压缩空气是等离子电弧的介质。等离子电弧形成后，通过绕组形成的强磁场的作用压缩成为压缩电弧，需要压缩空气以一定的流速吹出阳极才能形成可利用的电弧。因此，等离子点火系统需要配备压缩空气系统，而且压缩空气必须洁净且压力稳定。

6. 等离子冷却水系统

等离子电弧形成后，弧柱温度一般在 5000～10 000K，因此对于形成电弧的等离子发生器，其阴极和阳极必须通过水冷的方式来进行冷却，否则很快会被烧毁。为保证好的冷却效果，需要冷却水以高的流速冲刷阳极和阴极，因此需要保证冷却水不低于 0.3MPa 的压力。另外，冷却水温度不能高于 30℃，否则冷却效果会较差。等离子冷却水系统采用闭式循环，冷却水源选用闭式冷却水，并设两台冷却水泵互为备用。

7. 一次风系统

制粉用热风的来源，在有条件时宜采用邻炉热风。在邻炉来热风有困难时，宜在磨煤机入口热风道上或专设的旁路风道上加装空气加热装置，将磨煤机入口风温加热至允许启动磨煤机的温度。加热装置宜采用蒸汽加热器，热风温度要求较高时，可采取串联安装风道燃烧器加热等方式。

磨煤机对应的所有煤粉输送管道设有进行冷态、热态输粉风（一次风）调平衡的阀门，加装煤粉分配器，以尽可能保持各煤粉输送管道内风速一致、煤粉浓度一致、煤粉细度一致。锅炉冷态启动初期，等离子点火燃烧器的一次风速保持在 19～22m/s；热态或低负荷稳燃时，一次风速保持在 24～28m/s。

四、 等离子点火燃烧器运行控制与调节

锅炉具备点火启动条件，引风机、送风机投入，相应的等离子燃烧器一次风速保持在一定范围，周界冷却风少开或不开。等离子发生器拉弧稳定后，根据炉温及所燃煤种的好坏情况，调节电弧的电流及电压，使电弧功率稳定在 170kW 左右。

根据实际情况，将模式切至“等离子模式”，启动相应的磨煤机和给煤机，迅速调节给煤机的转速，使煤粉浓度在 0.35～0.55kg/kg 范围内，调节一次风速，等离子燃烧器开始燃烧。

尽可能保持各煤粉输送管道内的风速、煤粉浓度、煤粉细度一致。调整其出力和细度至最佳状态，例如：适当调整磨煤机加载油压、调整分离器转速，适当减小一次风量（但风量的调整应满足一次风管的最低流速，中速磨煤机的最低风量应保证允许的风环风速）。在等离子点火装置投运期间，磨煤机受最低煤量限制，投入的燃料量可能较大，要注意观察锅炉蒸汽压力升高的速度以及过热器、再热器的温升情况，根据锅炉升压、升温曲线，通过调整机组旁路系统阀门的开度，控制锅炉的升压、升温速度。

投入等离子燃烧器后，为防止可燃气体沉积在未投燃烧器的邻角，产生爆燃，应适当开启邻层二次风，使可燃气体及时排出炉膛。

加强炉内燃烧状况的监视，实地观察炉膛燃烧，火焰应明亮，燃烧充分，火炬长，火焰监视器显示燃烧正常。如发现炉内燃烧恶劣，炉膛负压波动大，应迅速调节一次风速及给煤机转速以调整燃烧。若炉膛燃烧仍不好，应立即停止相应的给煤机，必要时停止等离子发生器，经充分通风，查明原因后重新再投入。

调整等离子燃烧器燃烧的原则为既要保证着火稳定，减少不完全燃烧损失，提高燃尽率，又要随炉温和风温的升高尽可能开大周界冷却风，提高一次风速，控制燃烧器壁温测点不超温，燃烧器不结焦；在满足升温、升压曲线的前提下，尽快提高炉膛温度，有利于提高燃烧效率。等离子燃烧器都投入后，还需投入其他主燃烧器时，应以先投入等离子燃烧器相对应的燃烧器，并原地观察实际燃烧情况，合理配风组织燃烧。

机组并网带负荷后，根据燃烧情况及锅炉运行规程规定，及时切至“正常模式”，根据锅炉负荷可逐步退出等离子助燃。

五、 等离子点火系统

在 A 层燃烧器的中心风位置布置 6 支等离子点火燃烧器，如图 4-10 和图 4-11 所示。等离子点火器载体的空气气源为仪用压缩空气，拉弧前需检查载体风压力。图像火检系统的冷却风取自等离子火检冷却风机，锅炉停炉后，省煤器出口烟温低于 120℃，方可停运等离子火检冷却风机。

1. 投运前的检查与准备

关等离子点火系统的检修工作全部结束，工作票终结，工作人员已撤离，系统恢复至正常，表计齐全且正常投入，现场清理干净。

检查等离子点火系统中的冷却水系统水泵、管道、阀门、仪表等正常，启动一台冷却水泵，确认泵出口压力在 0.6～0.8MPa，进行水泵联锁试验确认合格（泵出口压力小于 0.3MPa 联锁启动备用水泵），确认等离子点火燃烧器冷却水进水、回水通畅，将点火器前

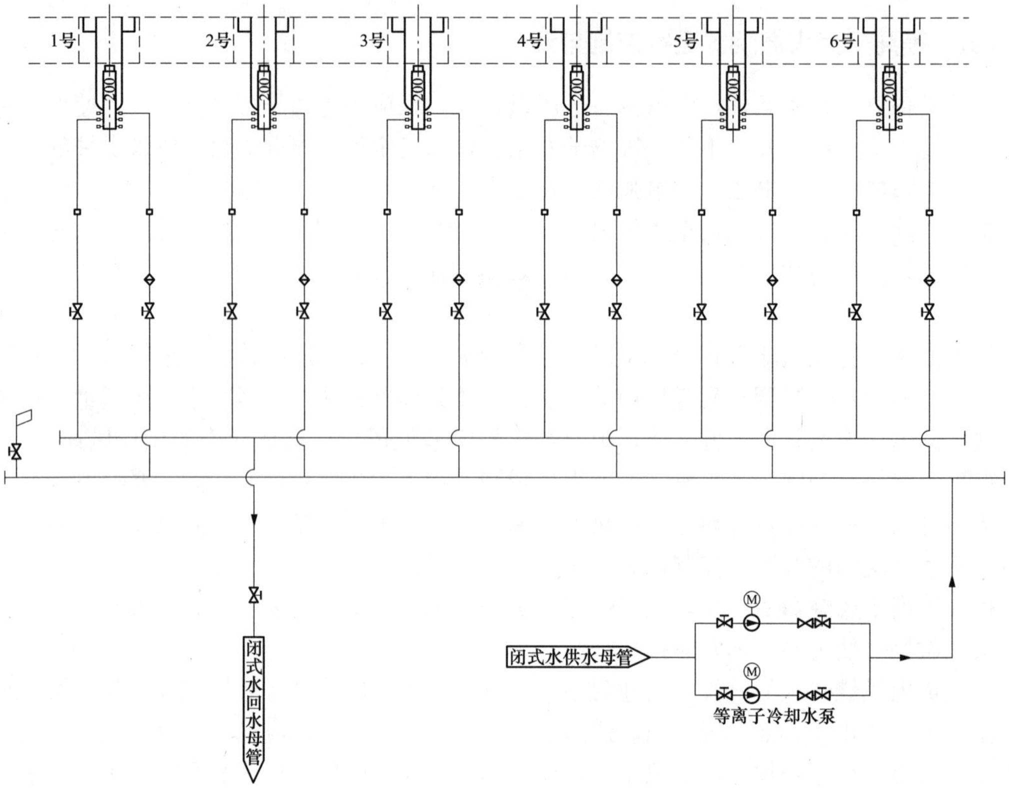

图 4-10　等离子冷却水系统

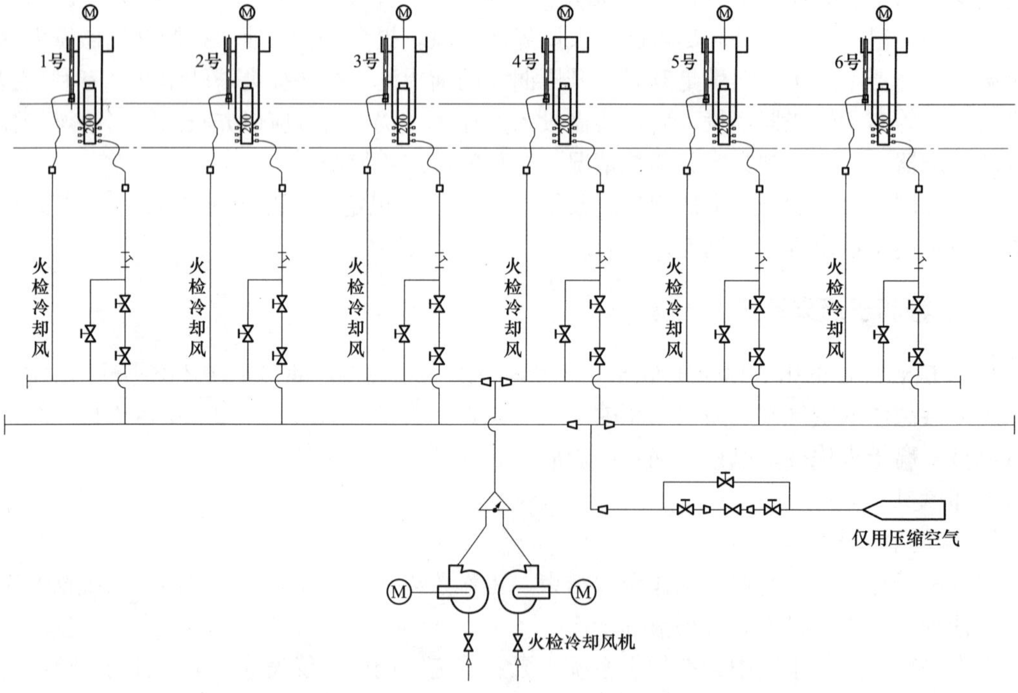

图 4-11　等离子冷却风系统

的冷却水压力调整至0.45MPa，并将备用冷却水泵联锁投入。

检查等离子点火系统中的载体风机、管道、阀门、仪表等正常，启动一台载体风机，确认载体风机出口压力在10～11kPa，进行风机联锁试验合格（风机出口压力小于6kPa联锁启动备用风机），将备用冷却风机联锁投入。

就地检查等离子点火器前的载体风压力，将载体风管道上的手动门全开，根据载体风压力情况，调整仪用压缩空气供等离子载体风手动门，调整载体风压至13kPa。

等离子电源柜送电，检查电源柜与主控室PLC或DCS的通信情况，检查主控室控制画面上各项参数显示是否正常。

在主控室显示起弧条件满足的情况下进行等离子点火器冷态拉弧试验。

由于等离子点火燃烧器对煤质变化比较敏感，煤质较差时会影响点火效果，所以有条件的情况下应采用分煤质配煤的方法，即对等离子点火设备所对应的磨煤机煤斗上相对较好的煤种，以保证等离子点火装置在锅炉启动及低负荷稳燃期间的点火效果。

2. 等离子点火系统投运

检查锅炉上水及吹扫完成，具备点火条件，启动一台一次风机及密封风机，投入A磨煤机暖风器，进行磨煤机的暖磨工作，同时注意维持辅助蒸汽系统压力在0.8MPa以上，一次风压在8kPa；调节等离子燃烧器的二次风的风门开度在5%，其他层燃烧器的二次风门也关至10%，关闭等离子燃烧器中心风门。

确认磨煤机暖磨完成、具备启动条件，“等离子方式投入”状态下，进行6个等离子的拉弧工作，启弧时将电流设到300～330A，启弧稳定后调回300A，如个别角常断弧，应检查该角等离子查找断弧原因然后方可投入。各个等离子启弧正常后，准备启动A磨煤机。

当磨煤机出口温度达到80℃，入口温度达到150℃时，启动A磨煤机运行，给煤量18.5t/h，调整A磨煤机入口一次风压为3.7kPa（实际的热风流量约为60t/h），如果着火效果不好，可适当降低一次风量，初期应将煤粉浓度控制在最利于等离子点火的数值，待燃烧稳定后再根据锅炉负荷要求进行煤量、风量的调整。

点火初期要注意观察等离子燃烧器的煤粉燃烧情况，如果在磨煤机启动180s后某个燃烧器仍未点燃，可停止该燃烧器的运行，待查明原因后再次投入此燃烧器运行。如果大部分燃烧器出口喷出煤粉较长时间等离子还没有将煤粉点燃着火，就必须立即停止给煤机运行并断弧，同时开大引风机静叶，保证吹扫风量，进行炉膛和尾部烟道清扫工作15～20min后再重新进行点火启动工作。

待等离子电弧已经将各个燃烧器喷出的煤粉点燃着火稳定后，可以根据燃烧情况，打开中心风门，慢慢增大二次风量（风门一般为50%～60%），保证燃烧器温度不大于300℃，再根据负荷情况慢慢增减对应A磨煤机的给煤量，直至燃烧正常。同时为控制锅炉温升，炉膛上部二次风门可适当开大，注意观察、记录烟温探针的温度，防止受热面超温。

特别注意：当燃烧器温度大于300℃时，慢慢增大二次风量；如果温度达到500℃时，应该立即停止使用该支的等离子点火设备，其他各角照常使用；600℃以上存在结焦危险；达到900℃时，除了结焦还有烧毁燃烧器的风险。

点火期间注意监视空气预热器的进出口烟温，在等离子燃烧器投入期间，空气预热器的吹灰系统必须全程投入，防止积灰在空气预热器区域发生二次燃烧，同时防止空气预热器堵灰。

当空气预热器出口的热一次风温度高于 180℃之后，可退出磨煤机入口暖风器的运行，同时对第二台磨煤机进行通风暖磨。

将等离子燃烧器的出力增至较大值，准备启动第二台磨煤机。待第二台磨煤机“启允许”条件满足后再启磨，观察燃烧器着火是否稳定，否则投入油枪稳燃。

当有三台磨煤机运行，锅炉燃烧稳定，负荷已达到 40%BMCR 以上，且磨煤机运行方式切换至“正常运行方式”后，可将等离子点火器退出运行。

3. 等离子点火设备运行期间的注意事项

在一次风管未通风的情况下，等离子发生器运行时间不能超过 10min，防止烧坏燃烧器；等离子点火器的载体风在锅炉运行中不得停运，以免煤粉污染点火器，但是仪用压缩空气供载体风手动门可以关闭。

运行人员应定期检查阴极头及阳极运行时间是否到规定值，若超出规定值，应及时通知检修人员更换处理；检修工作完成后，应由集控运行人员在控制系统中把更换的阴极或阳极的运行时间清零，以便准确掌握阳极、阴极实际使用时间。

等离子发生器拉弧稳定后，根据炉膛温度及所燃煤种的情况调节等离子发生器的功率，当燃烧稳定时可适当降低点火器功率，以达到降低电耗并延长阴、阳极寿命的目的。

如等离子点火器中的一只频繁发生断弧时，运行人员应及时通知检修人员检查断弧原因，处理缺陷，尽快恢复等离子装置的运行。

燃烧器着火后应加强炉内燃烧状况监视，实地观察炉膛燃烧情况，火焰应明亮、燃烧充分、火炬长，火焰监视器显示燃烧正常。如发现炉内燃烧恶化，炉膛负压波动大，应迅速调节一、二次风量及给煤量来调整燃烧，如效果不佳，应投入油枪助燃。若燃烧状况仍不好，应立即停止相应燃烧器的给煤或给粉，必要时停止等离子发生器，经充分通风、查明原因后再行投入。

等离子点火装置投运过程中，应严密监视等离子燃烧器壁温，并记录。在燃烧器显示壁温超过 400℃或超过 300℃且壁温仍然上升较快时，应及时采取降低壁温的措施，包括降低磨煤机出力、加大磨煤机的入口风量、降低等离子发生器功率等；燃烧器显示壁温超过 500℃时，应停止该等离子燃烧器进行检查。

在使用等离子点火装置进行锅炉低负荷稳燃时，磨煤机的给煤量应严格控制在燃烧器在等离子状态下的设计出力范围内，防止燃烧器因过负荷造成超温、结渣。

4. 等离子点火器断弧故障处理

等离子点火器断弧时等离子点火器电流到“零”，DCS 盘上发“等离子装置故障”报警，该等离子发生器对应燃烧器燃烧不稳、火检晃动，如有两个及以上等离子点火器断弧将导致磨煤机跳闸。

等离子点火器断弧的主要原因为等离子点火器控制电源或动力电源失电；等离子发生器故障；载体风压力过高或过低；阴极头烧损。

如两个等离子点火器断弧导致磨煤机 A 跳闸，按磨煤机跳闸处理；如是因压缩空气压力过高或过低引起断弧，应检查仪用空气压力是否稳定，仪用空气压力稳定后，维持等离子点火器载体压力在 30～50Pa，再将该等离子点火器投入运行；如是由于阴极头烧损而断弧，应及时更换阴极头。查明等离子断弧原因后，应尽快将等离子点火器投运。

第四节 燃 油 系 统

一、 概述

火力发电厂中配置燃油系统的主要作用是大型燃煤锅炉在启停和非正常运行的过程中，用来点燃着火点相对较高的煤；在低负荷或燃用劣质煤时造成锅炉的燃烧不稳，会直接影响整个机组的稳定运行，这时也会利用燃油来进行助燃，使锅炉的燃烧得到稳定。

二、 燃油的物理特性

1. 黏性

黏性是液体受外力作用流动时，在液体分子间或流团间呈现的内摩擦力，黏性的大小常用动力黏度、运动黏度、恩氏黏度三种方法来表示。

在工程上油的黏度一般用恩氏黏度来表示，恩氏黏度是指在一定的油温下200mL油的流出时间与20℃的同体积蒸馏水从恩氏黏度计流出的时间之比。

黏度是表示液体流动所产生阻力的大小，油的黏度是评价黏性油品的流动性指标，对油的输送和燃烧（雾化条件）有直接影响。燃油的黏度是随温度而变化的，油温越高，黏度越小，因此在一定范围内黏度可通过温度得到调节，与此同时对黏度的表达，也必须随同说明温度条件的注角。温度对于黏度的影响，在较低的温度下比较强烈；在高于一定温度后，这种影响也随之减小或者消失。在较低的温度下，馏分越轻的油，温度对黏度的影响越小，反之相反。不同油制品的黏度与温度的关系是随着油制品的馏分配制而变化。燃油黏度主要和油的组成成分、温度、压力等因素有关。

2. 凝固点

如同前述油制品的黏度会随温度的降低而提高，当达到某一温度时，会丧失可流动的性能。同样，柴油在温度降低到一定数值时会失去流动性，将盛油的试管倾斜45°，油面在1min内仍保持不变时的温度即为此油的凝固点。一般说来比重越大的油制品，其凝固点越高。凝固点的高低还与油中石蜡含量有关，石蜡含量少，凝固点低；石蜡含量高，凝固点高。凝固点温度是油制品的重要指标，表明了对可以通过管路输送以及借助重力装油卸油的温度条件。

3. 闪点

对油加热到一定温度时，表面有油气产生，当油气与空气混合到一定比例时，这种混合气体在试验条件下，遇到明火产生蓝色的短促闪火，此时的最低温度称为闪点。闪点仅仅是短暂的瞬间，这是因为油蒸发速度较慢，油气不能及时补充，闪点往往是事故的先兆。

4. 燃点和自燃点

当燃油加热到一定温度时表面油气分子趋于饱和，与空气混合，且有明火接近时即可着火，并保持连续燃烧，此时的温度称为燃点或着火点。油的燃点一般要比闪点高20～30℃。油在规定加热条件下，不接近外界火源而自行着火燃烧的现象叫自燃，自燃的最低温度叫自燃点。

闪点和燃点都是石油类制品使用的安全指标，油的闪点和燃点温度越高，使用安全性也就越高。黏度可通过温度的提高得到降低，使输送和雾化性能得到改善。但与此同时难免会产生油气的泄漏，也难免会存在与明火相接触的机会，因此油制品的加热温度在许多场合下都是受到闪点温度限制的。在安全条例中针对不同的场合都对加热油温有相应的限制规定。

新昌电厂锅炉的设计点火及助燃用油为 0 号轻柴油，柴油主要是由不同成分的碳氢化合物组成的复杂混合物，从元素成分看，和煤一样，也是由碳（C），氢（H）、氧（O）、硫（S）以及水分和灰分（A）等组成，其特点是碳和氢含量很高，灰分和水分含量极少，所以发热量很高。柴油分轻柴油和重柴油，轻柴油由石油和各种直馏柴油馏分、催化柴油馏分和混合有热裂化油馏分等制成，常用作高速柴油机的燃料，大中型火力发电厂多作为锅炉点火稳燃和启动锅炉燃料之用。按凝固点可将柴油分为 10、0、－10、－20 号。

三、 油枪雾化工作原理

按油的雾化方式，油喷嘴可分为压力雾化式、蒸汽雾化式、空气雾化式等。压力雾化式油喷嘴将具有一定压力的燃油在油喷嘴内产生高速旋转，从油喷嘴射出后，油膜被撕裂，形成雾状小液滴。压力雾化式油喷嘴由雾化片、旋流片、分油嘴组成，压力油经分油嘴小孔汇合到一个环形槽中，均匀分配到旋流片的切向槽中，再进入旋流涡室，此时压力油便产生高速旋转，然后从雾化片的中心孔喷出后，在旋转力的作用下，克服了油的表面张力，被撕碎成细小的油滴，形成了具有一定雾化角的圆锥状油雾。

简单机械雾化油喷嘴的喷油量是由油压来调节的。压力小，流量随着变小，此时雾化质量差。但这种油喷嘴结构及调节比较简单，适用于点火用油燃烧器。

回油式机械雾化油喷嘴的主要特点是在分流片上有回油孔。回油孔的作用是将一部分油在喷出油喷嘴前，从旋涡室返回回油管路，用以调节喷油量。分流片中心有回油孔的称为集中大孔回油喷嘴，分流片上有分散小回油孔的称为分散小孔回油嘴。

这种油喷嘴的调节特点是进油量可保持不变，只调节回油量就能改变喷油量，因而雾化质量不受喷油量变化的影响。

机械雾化：机械雾化油枪燃烧器结构如图 4-12 所示，一个简单机械雾化油喷嘴主要包括雾化片、旋流片、分流片三部分。机械雾化的工作原理是具有一定压力的油首先流经分流

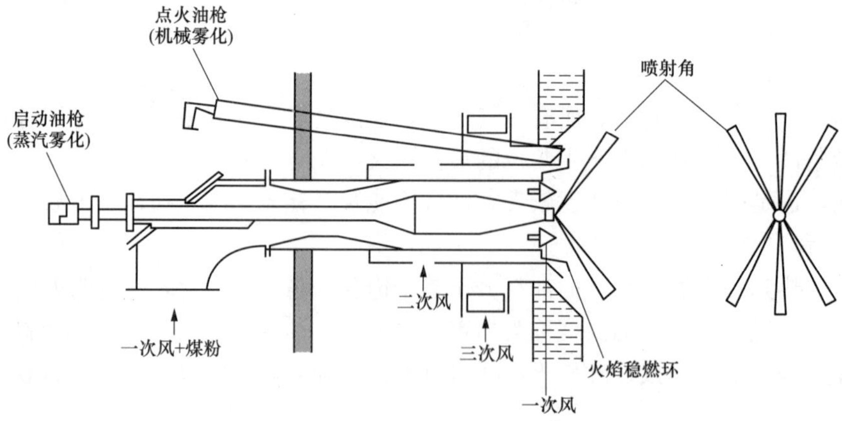

图 4-12　机械雾化油枪燃烧器结构示意

片上的若干个小孔，汇集到一个环形槽中，然后经过旋流片上的切向槽进入中心旋涡室，分流片起均匀进入各切向槽油流量的作用，切向槽与涡旋室使油压转变为旋转动量，获得相应的旋转强度；强烈旋转着的油流在流经雾化片中心孔出口处时，在离心力作用下克服油的表面张力，被撕裂成油雾状液滴，并形成具有一定扩散角的圆锥状雾化炬。在机械雾化喷嘴中，雾化油滴粒径决定于当时的油黏度，油压或者说是它能在油喷嘴中所获得旋转强度。

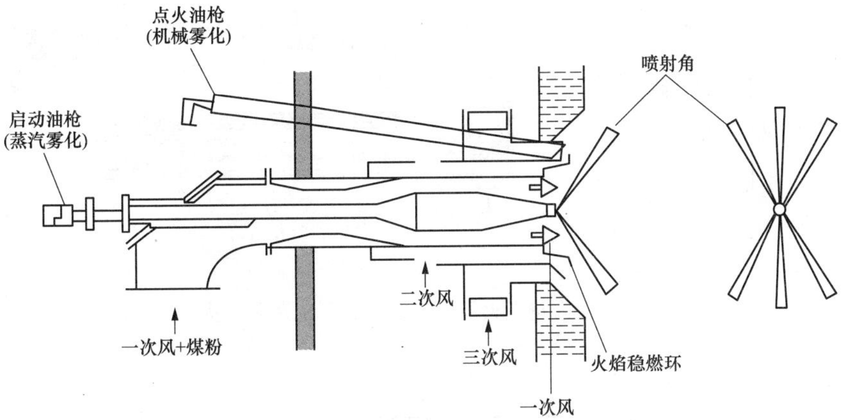

图 4-13　蒸汽雾化油枪燃烧器结构示意

蒸汽雾化：如图 4-13 所示，蒸汽雾化油枪燃烧器结构是利用油与雾化蒸汽在喷嘴中进行内混，以及这一混合物在喷嘴出口端的压力降，体积膨胀，使油被碎裂成雾滴。在蒸汽雾化喷嘴中决定于雾化蒸气量以及雾化蒸汽的参数（温度、压力）。

四、燃油点火器

煤粉炉点火装置的用途，主要是在锅炉启动时，利用它来点燃主燃烧器的煤粉气流。另外，当锅炉机组需在较低负荷下运行，或当燃煤质量变差时，由于炉膛温度降低危及煤粉着火的稳定性、炉内火焰发生脉动以至有熄火危险时，也用点火装置来稳定燃烧或作为辅助燃烧设备。

锅炉常用的点火器有电火花点火、电弧点火和高能点火三种。

（1）电火花点火由产生电火花的打火电极、火焰检测器和燃气配风三部分组成，如图 4-14 所示。电火花点火是由点火杆与外壳组成的两极间加上 5000～10 000V 的高电压，高压下两极间产生火花放电，借以点燃燃气，然后燃气燃烧点燃油喷嘴喷出的油雾，最后点燃煤粉。

（2）电弧点火装置由电弧点火器和点火轻油枪组成，如图 4-15 所示。通电后，碳棒和炭块接触再拉开起弧，电极间形成高温电弧。点火顺序：电弧点火器点燃轻油枪，轻油枪点燃煤粉（或者轻油枪点燃重油枪、重油枪点煤粉）。

（3）高能点火是一种新型的点火装置，如图 4-16 所示，用来直接点燃燃料油。国内电站锅炉多采用半导体高能点火器，其工作原理是：将半导体电嘴两极置于一个能量峰值很高的脉冲电压作用下，在半导体电嘴的表面就产生出强烈的电火花，其能量能够直接点燃雾化燃料油。锅炉点火装置由高能点火器和点火油枪组成，其推进机构多采用汽动驱动方式。高能点火装置由点火激励器、点火杆、点火电缆、半导体火花塞、点火枪等组成；每套点火装

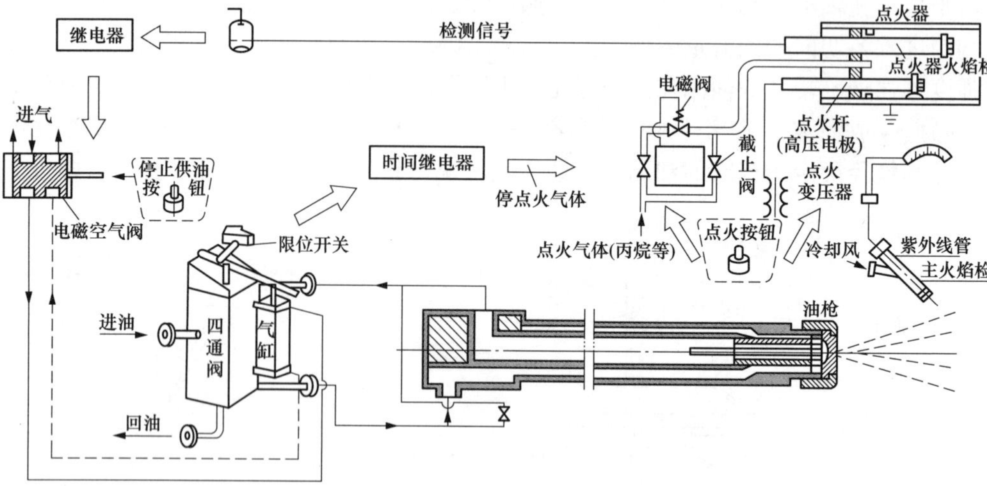

图 4-14　电火花点火器的三级点火系统及其点火程序

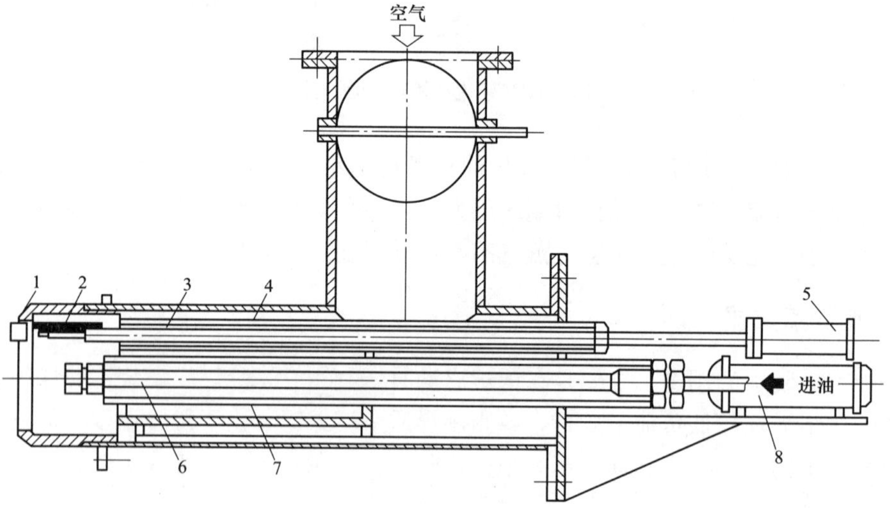

图 4-15　电弧点火装置

1—炭块；2—碳棒；3—电弧点火器；4、7—套管；5—油枪进出缸；6—进油；8—点火轻油枪

置均装有一支点火油枪，可用来点火、暖炉、升压及引燃和稳燃所属的燃烧器。油喷嘴采用机械雾化方式，也可采用蒸汽雾化方式，油枪的总出力一般按锅炉 BMCR 所需热量的 30%设计。

油枪和点火装置的启动顺序为油枪和点火枪已进入炉内点火位置，在确认位置以后，点火器打火 15s；点火器开始打火时，打开进油快关阀，使油进入油枪；油燃烧器投运成功后延时 10s，点火枪自动退出。每个油燃烧器配置火焰检测器，当点火成功时将有信号显示；若点火未成功，无信号显示，则自动关闭进油快关阀，切断供油，此时应立即查明原因，吹扫后并重复上述程序。

点火器工作完成后，由驱动装置将油枪退后 500mm。点火油枪采用机械雾化方式，二级点火方式，即先由高能点火器点燃轻柴油，然后点燃煤粉。整个点火装置放在主燃烧器

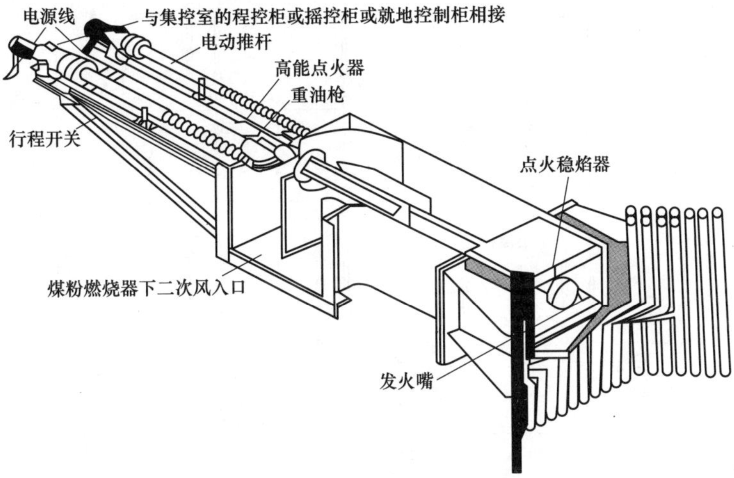

图 4-16　半导体高能点火组装图

内，高能点火器和点火油枪（包括点火稳焰器）由两台电动推杆分别带动。

五、 燃油系统的运行

燃油系统的运行主要包括燃油系统的启动、停止及正常运行时的维护，锅炉启动前在燃油系统方面首先在燃油泵房启动离心式燃油泵，使炉前油系统建立母管油压，在锅炉需要时能及时的投油助燃或稳燃。炉膛前墙燃油系统、炉膛后墙燃油系统如图 4-17 和图 4-18 所示。

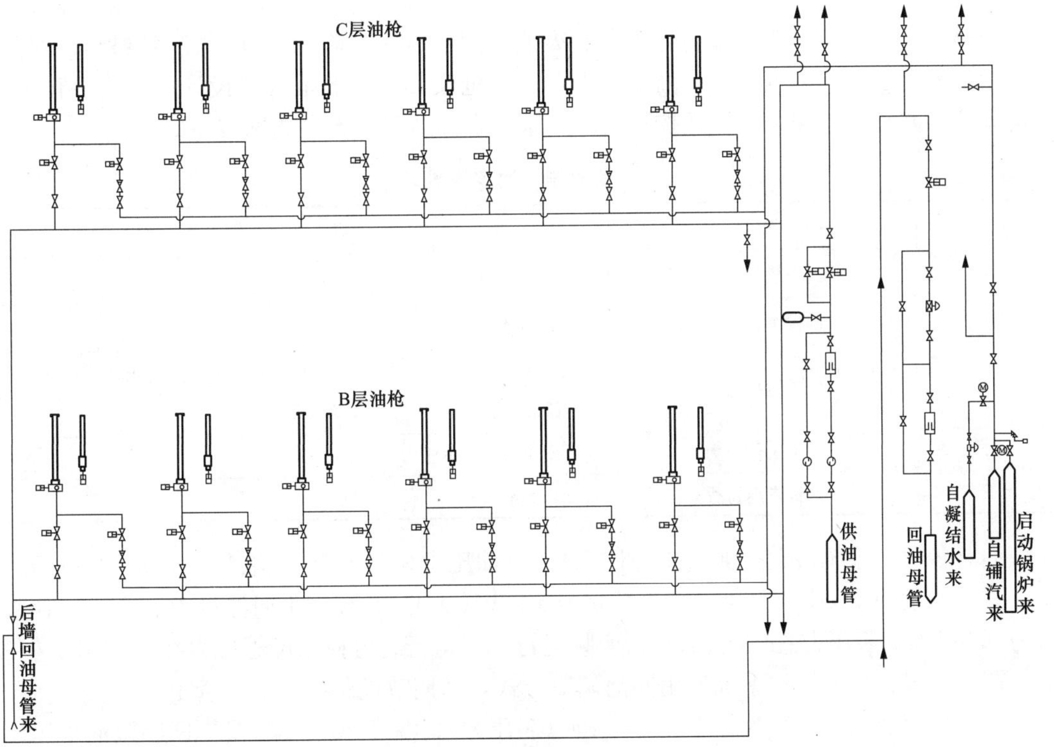

图 4-17　炉膛前墙燃油系统

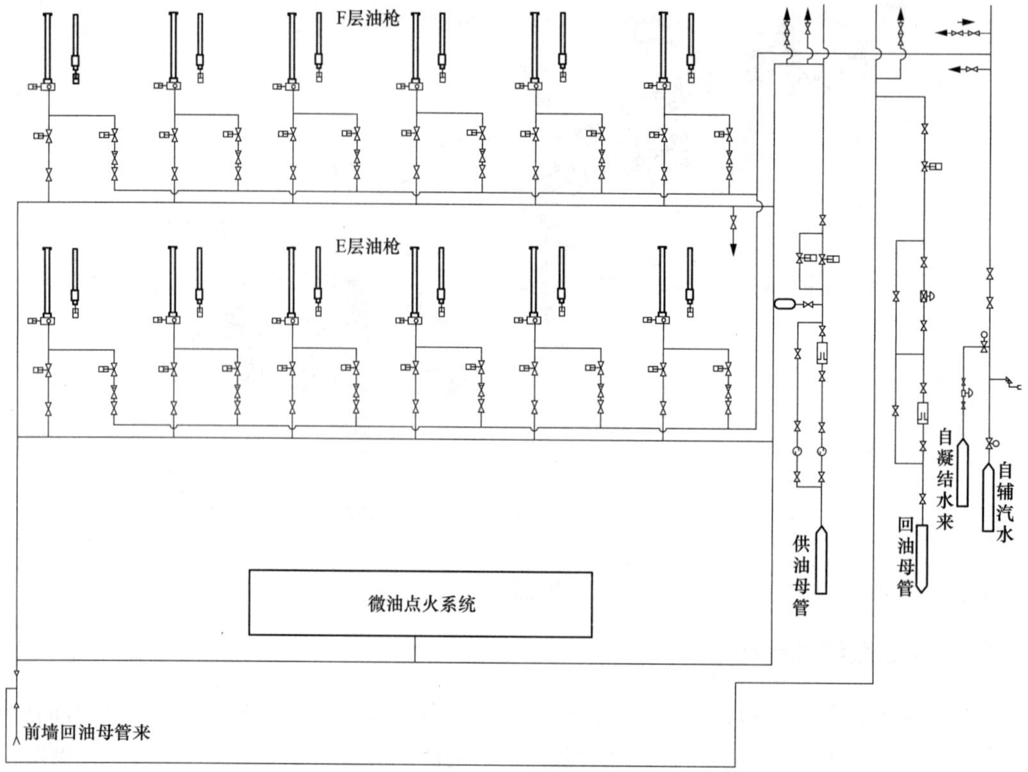

图 4-18 炉膛后墙燃油系统

新昌电厂锅炉每只燃烧器装有 1 支点火油枪用于点火（除 A、D 层燃烧器外）。每只点火油枪配有自身的高能点火器。高能点火器、油枪及其各自的推进器设计成组合一体形式，结构紧凑，并且能够完全满足程控点火的要求。燃油装置技术参数见表 4-2。

表 4-2　　燃油装置技术参数

序号	项目	规　　范
1	燃油	0 号轻柴油
2	油枪雾化形式	机械雾化
3	单枪出力	单只油枪出力：500kg/h（中层）、300kg/h（上层）、90kg/h（D 层实施微油改造）
4	油枪工作压力	＞3.0MPa（表压力）
5	油枪进退行程	400mm

油路参数：系统最大进油量 47t/h，系统进油压力为 3.0MPa（表压力，过滤器后），系统最大回油量为 47t/h，回油压力为 0.6MPa（表压力），系统最小回油量为 5.6t/h，回油压力为 0.3MPa（表压力）。A 燃油泵为变频运行，其运行时可控制母管压力在 3.2MPa 左右。

调节方式：炉前燃油系统采用回油调节方式，即调节设备在回油母管上。

吹扫采用蒸汽：压力为 0.6～0.8MPa（表压力），温度 220～250℃。D 层微油采用压缩空气吹扫。

1. 燃油系统启动前的检查操作

按照运行通则的规定对制粉系统进行检查，检查燃油系统仪用、吹扫压缩空气已正常投入；检查燃油泵房运行正常；检查火检冷却风机运行正常；检查所有油枪控制电源送电完毕，集控画面显示油枪和点火枪状态正确；检查油系统各热工表计投入，所有压力表和流量表阀门开启，核对各表计指示正确；检查各油枪手动阀门关闭，打开进油、回油手动阀门，检查系统无泄漏；根据需要打开各油枪手动阀门；打开各燃烧器冷却风阀门。

2. 燃油泄漏试验

MFT之后，在一次完整的炉膛吹扫完成和一次成功的油泄漏试验完成之前，对油燃烧器的任何操作都被禁止。油泄漏试验可以与炉膛吹扫同时进行。油泄漏试验成功是炉膛吹扫条件之一。

油泄漏试验有两步：第一步确定油母管在充压之后不会发生泄漏；第二步确定燃油母管关断阀不会在关闭的状态发生泄漏。

当炉膛吹扫在进行时，第一步油泄漏试验进行，油泄漏试验第二步要求燃油母管回油快关阀门打开，但在吹扫过程中，燃油母管回油快关阀门关闭作为炉膛吹扫的允许条件之一被要求一直存在。那么，第二步试验只有在炉膛吹扫完成后即 MFT 被复位后进行。

（1）泄漏试验 1（炉前燃油系统管道泄漏试验）。油泄漏试验启动允许条件为（以下条件须同时满足）：①油角阀门全关；②燃油进油压力正常（大于或等于 3MPa）；③炉膛总风量大于 30%；④燃油进油快关阀门已关；⑤油泄漏试验未旁路。当这些条件都满足就发出“油泄漏试验启动”信号，启动油泄漏试验流程，发出指令开燃油母管泄漏试验阀门对油母管进行充油。

关闭回油母管快关阀门，开进油母管快关阀门的旁路泄漏试验阀门，同时“试验进行中”指示灯亮；60s 后关泄漏试验阀门，燃油泄漏试验阀门关到位 5s 后，开始 180s 倒计时。若炉前燃油系统中燃油压力大于或等于 2.8MPa，则在 180s 后发出“泄漏试验油母管试验成功”信号；若炉胶燃油系统中燃油压力小于 2.8MPa，则“油母管及油角阀泄漏”指示灯亮，并显示“油泄漏试验失败”，终止油泄漏试验，检查供油系统、炉前油管道和阀门，消除设备缺陷或油泄漏缺陷后再重新进行试验。

（2）油泄漏试验 2（炉前进油快关阀门泄漏试验）。开启回油母管关断阀，10s 后关闭该阀门，阀门关闭到位后，进入“燃油进油快关阀门油泄漏试验”，同时开始 300s 倒计时。若此时供油压力高于 0.3MPa，则“泄漏试验燃油进油快关阀门泄漏”信号发出，“燃油进油快关阀门泄漏”及“泄漏试验失败”指示灯亮，检查进油快关阀门，消除油泄漏缺陷后重新进行整个“炉前进油快关阀门泄漏试验”；否则，倒计时完成后，“燃油进油快关阀门泄漏试验”成功信号发出，“试验成功”指示灯亮。

3. 油燃烧器启动的条件

油层点火允许，油阀门关到位，电源正常，无油燃烧器跳闸条件。

4. 油燃烧器点火的步序

第一步进油枪，且油枪进到位；第二步进点火枪，点火枪进到位，打火；第三步开油阀门；第四步等待火焰，要求有油火检信号，若 30s 内无火焰信号则跳油阀门，报警；第五步点火成功后，退出点火枪，点火结束。

5. 油燃烧器的停止的步序

第一步关闭油阀门；第二步吹扫，进点火枪、打火，开吹扫阀门，等待吹扫，关吹扫阀门；第三步吹扫完成后退出油枪。

6. 油枪的投停的注意事项

启动锅炉前，必须吹扫炉膛至少 5min，把炉膛内残存的可燃气体及细小煤粉吹扫干净；人工检查风机和调节挡板装置，检查它们在全程范围内的动作是否灵敏和正确；油枪投运时必须检查油压和油量，以保证油枪稳定燃烧；确保高能点火器的正常运行，用一个高能点火器点燃一支油枪，绝对不能用已点燃的油枪去点燃另一支油枪；正确设定风门挡板的位置，使各挡板控制辅助风室和燃油风室的风量合理分配。

插入油枪前，应全面检查油枪，包括检查喷嘴雾化板装配是否正确，固定连接体垫片是否就位；插入油枪后，才打开进油阀门；在点燃油枪时，要用肉眼观察着火是否及时，如果没有着火或燃烧很不稳定时，必须立即关闭进油阀门，再抽出油枪并将其拆卸，进行全面检查，找到未能点燃的原因，并将其缺陷消除后，才能重新点燃该油枪。

油枪不投时，即在断油后，应立即吹扫油、汽管道，在吹扫完毕关闭门后，再退出油枪。在停炉时，如果关闭阀门前火焰监测器指示炉内有火，应继续吹扫油枪管道。冷炉点火时务必小心谨慎，应密切注意观察油燃烧情况。在此期间，未燃油可能被带出，凝结在尾部受热面上，有析出可燃气体和炭黑的潜在危险，此时应投入空气预热器连续吹灰。

油枪投入运行时，应每 2h 至油枪层检查运行油枪的油压、燃烧工况应正常，系统的有关阀门、油枪的金属软管均应无泄漏现象。

在锅炉停炉油枪已全部停用后，锅炉不处于备用状态时，为防止油系统外漏或油角阀门内漏，应关闭进油总阀门，开启回油各阀门，待回油压力泄至零后关闭回油总阀门，退出该炉燃油系统，防止火灾的发生。锅炉运行时，可以将某一层油枪投入备用，当煤火检不良或炉膛负压波动超限时，油枪自动投入，提高机组运行的安全可靠性。

油枪投入时应密切注意着火及燃烧工况的正常，合理配风，使燃油充分燃烧。不良的燃烧工况通常可以反映为：着火不稳定；火焰尾部管冒烟；炉膛出口有明显的烟雾，表明炉内燃油的着火燃烧是不完全的。可能引起燃油的不完全燃烧的原因有下列几个方面：由于油压不适当，造成油雾化不良；由于清理不好，使油枪喷嘴结渣；由于燃油风室挡板未处于最佳位置，造成二次风分配不当。

投油枪前，要清理掉油枪管道内的焊渣、污垢、铁屑等障碍物，以免堵塞油汽通道。在运行油枪中，如果在投入前吹扫不好，油焦也会滞留在油枪内，同样会造成通道堵塞。

第五节　锅炉炉膛安全监控系统及运行控制

锅炉炉膛安全监控系统由燃料安全系统（FSSS）和燃烧器控制系统（BCS）两大系统组成，是分散控制系统（DCS）的主要控制部分之一。FSSS 和 CCS 一起被称为现代大型火力发电机组锅炉控制系统的两大支柱，其中 CCS 主要用来进行参数的调节。FSSS 的主要功能有以下几个方面：

（1）锅炉燃烧和制粉系统启停操作。在 FSSS 中，可以完成磨煤机、给煤机、燃烧器和油枪的启停操作，油层的投切操作等。同时，为防止锅炉积存煤粉以及燃油入锅炉内引起爆燃，锅炉在点火、停运及跳闸后必须进行炉腔吹扫，在点火前还必须进行燃油泄漏试验，这些功能均由 FSSS 实现。

（2）运行监视与保护。在锅炉运行过程中，连续监视锅炉内燃烧相关的各个参数，当参数超限时发出报警，提示运行人员进行处理，以免引起跳闸事故；若运行人员来不及处理，则完成相关设备的联锁和跳闸操作，以保证炉膛内的安全。

（3）参数控制。对一次风、二次风系统的挡板等进行控制。

（4）FSSS 还可为磨煤机、燃烧器监视和控制提供必要的操作接口，为锅炉控制及保护系统提供必要的接口，进行主燃烧器的煤火焰及等离子燃烧器火焰的检测。

炉膛安全监控系统有很多，如美国福尼公司（FORNEY）的燃烧器管理系统（BMS）、日本三菱公司的燃烧器自动控制系统（DABS）等。这些系统能实现的功能基本相同，但也会根据实际的燃烧系统特性以及燃料种类而对某些功能进行调整。

一、 燃料安全系统的功能

1. 燃油系统泄漏试验

锅炉点火前及主燃料跳闸（master file table，MFT）后，如果有燃油泄漏入炉膛中，就有可能引起炉膛爆燃。因此，在锅炉点火吹扫前，必须进行燃油泄漏试验，以保证燃油系统中各阀门及管道无泄漏。如果锅炉点火时采用的是轻油点燃重油、重油点燃煤粉的三级点火，燃油系统图如图 4-16 和图 4-17 所示。当燃油泄漏试验条件满足后，即可进行试验。在锅炉炉膛安全监控系统（furnace safety supervision system，FSSS）相应的阴极射线管（cathode ray tube，CRT）的显示器画面上按下“点火油泄漏试验按钮”，试验自动进行，启动锅炉吹扫程序时，也可以自动启动燃油泄漏试验。

2. 炉膛吹扫

锅炉点火前必须对炉膛进行吹扫。吹扫开始时和吹扫过程中必须满足以下条件，若以下吹扫条件中任意一条失去，则不得开始吹扫，若已在吹扫过程中则认为吹扫失败，吹扫计时中断，排除故障后重新开始吹扫并重新计时。

炉膛吹扫条件如下：

引起主燃料跳闸的条件不存在（不包括条件“全炉膛火焰丧失”和“临界火焰出现”）；火检冷却风母管压力合适，任一送风机在运行，任一引风机在运行，任一空气预热器在运行；炉膛总风量合适，风量在 30%～40%BMCR 风量范围内；炉前油系统进油快关阀门关闭，全部油角阀门关闭，全部点火枪已退回；一次风机全停；给煤机全停，磨煤机全停；所有煤粉管道上一次风门全关，全部火检无火，所有风箱人口二次风门挡板在吹扫位置，燃烧器摆角在水平位，燃油泄漏试验无失败。

以上条件全部满足后发出“吹扫请求”信号，然后可手动按“启动”指令，发“吹扫进行中”信号，吹扫计时开始，当吹扫计时 300s 后发出“吹扫完成”信号。“吹扫完成”信号发出后可使主燃料跳闸复归，并发出复归信号。吹扫完成后，应始终维持炉膛通风量在 30%～40%BMCR 风量范围内，直至锅炉负荷达到相应水平为止。

3. 炉膛火焰检测

炉膛内是否有火焰的判断对锅炉的安全运行至关重要。这里所说的有火焰，是指稳定燃烧的火焰，如果油层中或锅炉内只有少量燃烧器或油枪燃烧，无法形成稳定火焰，那么就认为炉膛是无火焰的，锅炉 MFT 保护将会动作。下面就针对两种不同燃烧方式来说明 FSSS 如何判断炉膛内是否有火焰。

四角切圆燃烧方式。四角切圆燃烧方式下，有“层火焰”和“全炉膛火焰”两个概念。同一层的四个火焰检测信号被送入同一火焰检测控制箱，并采用 4 取 2 逻辑来判断该层是否有火焰。所谓 4 取 2 逻辑，即一层四个燃烧器中，至少有 2 个火焰检测发出“有火焰”信号，才认为本层有火焰。全炉膛火焰是在有煤粉投入的情况下，当各油层火焰信号、各煤粉层火焰信号均输出“无火焰”时，发出“全炉膛灭火”信号，MFT 动作。

前后墙对冲燃烧方式。当采用前、后墙对冲燃烧方式时，层火焰和全炉膛火焰的判断与四角切圆燃烧方式有所不同。如新昌电厂采用前、后墙对冲布置，一台磨煤机对应的燃烧器中有 4 只燃烧器丧失火焰，则切停该磨煤机，该煤层无火。煤层或油层投运时，煤火检无火信号 6 取 4 则该煤层无火，当六层煤层均无火且全部油火检无火时，“全炉膛火焰丧失”保护动作。三台及以上磨煤机运行时，在已投入的磨煤机火检中，9s 内未检测到火焰的火检数量大于检测到火焰的火检数量，则临界火焰保护动作。MFT 已复位、燃油进油快关阀门已开（延时 900s）、无油层或煤层运行，则临界火焰保护动作。

4. MFT 和燃料油跳闸（OFT）

MFT 和 OFT 是锅炉安全监控系统的主要组成部分。当有可能危及锅炉安全运行的危险情况出现时、FSSS 可以快速切断进入炉膛的所有燃料，以避免损坏设备，或者限制事故的进一步扩大；同时、触发 MFT 及 OFT 的首出会在画面中显示，以供运行人员行行判断和处理、只有当触发报警的条件被消除、相关的继电器复位之后，首出报警条件才会被消除。当下次安全启动允许、炉腔吹扫完成，OFT 复位条件不满足后、MFT 才可以被复位。FSSS 系统还有硬件 MFT 跳闸控制回路及硬手操 MFT 按钮。

（1）引起 MFT 的条件如下，只要其中任意一条成立即应立即引起主燃料跳闸。机组负荷大于或等于 100MW，汽轮机已跳闸，送风机全停，引风机全停，燃油母管压力低低（三取二）2.0MPa（延时 3s）并且磨煤机和给煤机全停且油角阀门未全关，炉膛压力高Ⅱ（三取二）+3000Pa（延时 3s），炉膛压力低Ⅱ（三取二）-3000Pa（延时 3s），临界火焰，空气预热器全停，总风量小于 25%BMCR 风量（567t/h）（延时 5s），全炉膛灭火，全燃料丧失，手动 MFT，给水泵全停（有燃料投入）延时 1s，给水流量低低（三取二）336t/h 且此时有燃料投入延时 20s，给水流量低低（三取二）252t/h 且此时有燃料投入延时 3s，再热器保护，延时点火，主蒸汽压力高高（三取二）29.256 MPa（延时 3s），火检冷却风丧失，以下条件只需满足一条，两台火检冷却风机都停止（延时 100s），火检冷却风压力低低（三取二）（延时 120s）。

（2）MFT 动作时引发的部分联锁设备跳闸。MFT 跳闸继电器动作，停止所有高能点火器打火和油枪吹扫，关燃油进回油阀，关闭所有油角阀，停所有磨煤机，停所有给煤机，关闭所有过、再热减温水电动总门及各管路分电动门，停所有一次风机及密封风机，关闭磨煤机出口风粉排出阀，将大风箱所有风门挡板置于吹扫位置，送风调节和引风调节切换至“手动”状态，跳所有给水泵；关闭主汽门。

二、燃烧器控制系统的功能（BCS）

1. 油燃烧器的控制

锅炉吹扫完成、并且点火条件具备后、锅炉就可以点火，对于没有采用无油点火技术的锅炉、或采用无油点火技术、但仍需油枪稳然的锅炉，首先应进行油枪点火。FSSS的油燃烧器控制逻辑包括各油燃烧器单角投、切控制，对角投、切控制（四角切圆燃烧方式下）及层投、切控制，也可以进行就地操作，就地操作只对单支油枪起作用。

2. 磨煤机和给煤机的控制

磨组控制包括磨煤机、给煤机的启停和跳闸保护以及相关设备的控制，如磨煤机出口风门、磨煤机一次风挡板、给煤机进/出口挡板、消防蒸汽电动门等。

当投煤粉许可条件满足后，运行人员可进行相关设备的启停控制。控制方式有手动控制、自动控制和顺序控制3种。当采用手动控制时，由运行人员手动执行单个设备的启停；当采用自动控制时，FSSS可自动确认单台磨组启停条件，并按启停程序自动执行每一步；成组控制是按煤层的位置，自动完成全部煤层的启停控制。

3. 煤粉燃烧器的控制

煤粉燃烧器的自动点/熄火控制功能是FSSS的基本功能之一。FSSS的燃煤控制逻辑包括各制粉系统的顺序控制及单个设备的控制。运行人员只需在控制盘或CRT上进行操作，即可发出点、熄火指令，FSSS就可以对燃烧器的上述过程进行自动顺序控制。如果在规定时间内没有完成点火或熄火的操作，系统会发出警报，同时使系统自动转向安全操作。

4. 风门挡板控制

锅炉运行时，各风门挡板的开闭状态以及开度由FSSS和CCS自动进行控制。

5. 事故状下燃烧器的投切控制

当机组发生RB或FCB时、需快速切除部分燃烧器、以将负荷降到一个设定值。同时，根据降负荷的幅度，FSSS可以按设定的程序决定保留哪些燃烧器、是否投油、投入哪些油枪。

6. 其他管理

燃烧器控制系统中，除了对上述设备的管理外，还有对密封风机、火焰检测冷却风机，主跳闸阀门的管理。

三、 煤粉燃烧器点火及控制

煤粉燃烧器的点火依靠等离子或油枪进行。当锅炉达到点火条件时，可进行煤粉燃烧器的点火。

1. 锅炉燃煤及煤粉点火许可的部分条件

制粉系统投运前至少应满足以下条件：①润滑油满足；②磨辊全部提升到位；③点火能量满足；④炉膛风量在30%～40%BMCR范围内；⑤磨煤机、给煤机等无跳闸条件存在。

2. 煤粉喷嘴点火

当“煤粉点火许可”条件满足后，可投运煤粉喷嘴。开相应煤粉管道上的一次风门，待一次风压达到要求值（保证管道系统中任何地方的一次风速不低于17m/s）后启动给煤机等设备。若对应的煤粉喷嘴任何一只的火焰检测器未能检测到火焰存在信号，则该层煤粉喷嘴点火失败。此时应立即停运相应的给煤机，关闭热风门，开启冷风门，维持足够的风量，吹扫足够的时间，至少1min后才能再次投煤粉喷嘴。

3. 燃烧器运行控制

当锅炉负荷达到30%～40%BMCR范围后，应注意使风量与燃料量相匹配。继续升负荷时，应先增风量后增燃料量；降负荷时先减燃料量，后减风量。当锅炉负荷处在最低不投油稳燃负荷以下时，应有油枪或等离子助燃；当锅炉负荷处在最低不投油稳燃负荷以上时，可逐步停运油枪或退出等离子。同层煤粉喷嘴的出力相差不应超过 5%。当投运的煤粉喷嘴层数超过一层时，原则上还应使各层煤粉喷嘴的出力一致。停某一煤粉喷嘴时，应以一定的风量对该煤粉喷嘴及其管道系统进行吹扫。不同工况、负荷下，锅炉煤粉喷嘴的投运数量应使各运行喷嘴的风速与设计工况尽可能地接近。

4. 燃烧设备风门挡板的控制

（1）风门挡板的控制。炉膛吹扫时，由炉膛吹扫发出的信号使二次风门置于吹扫位；原则上是当所有的二次风门、燃尽风门及送风机在吹扫位时，锅炉总风量为 30%～40% BMCR 所需的风量。当某台磨煤机切除且需投运此磨煤机组对应的油枪时，应将二次风挡板置吹扫位。当只用燃油时，风箱入口二次风门置于“手动控制”方式，其开度以保证油枪能稳定着火、高效燃烧为原则。在油枪投运时，应调整风门挡板开度，使投运油枪风量的过量空气系数保持在 1.2～1.8，仅当一层煤粉燃烧器全部投入正常运行后，才能将该层风门挡板置于“自动控制”。

当一台磨煤机对应的一层煤粉燃烧器全部投入运行后，可将该层燃烧器的二次风门置于“自动控制”方式。此时，该层燃烧器所需的理论二次风量与磨煤机出力、磨煤机出口一次风量及未投运燃烧器的冷却风量有关。

当某层风箱的测风装置测得的实际风量与控制系统的理论风量存在差别时，应自动发出信号调节风门开度，直至实际风量与理论风量一致。当某层煤粉燃烧器停运且全炉至少还有两层煤粉燃烧器在运行时，可关该层二次风门挡板。风门挡板控制过程如图 4-19 所示。

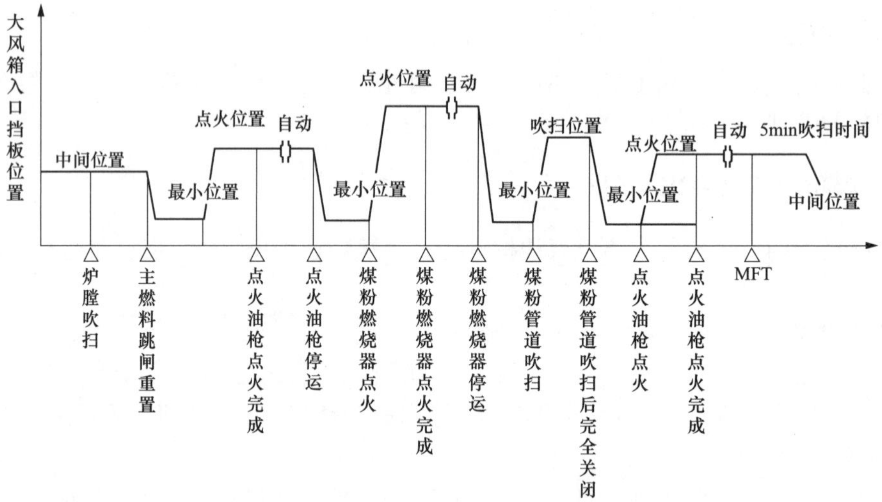

图 4-19　锅炉制造厂推荐的风门挡板控制过程

（2）总风量的控制。燃烧设备各层风箱入口均设有风门挡板，每个风箱的风门挡板均可通过各自的执行器实现调节。风室挡板的作用是分配燃烧器各层风箱之间的风量，不能用于调节炉膛总风量。如图 4-20 所示为燃烧器风箱入口压力与锅炉负荷的关系曲线（BMCR 工况下燃烧器区域压力约为−0.3kPa），如图 4-21 所示为燃尽风风箱入口压力与锅炉负荷的关系曲线。风箱压力变化主要由燃烧器区域、燃尽风区域的过量空气的系数决定，燃烧器区域的过量空气系数的变化范围为 0.75～0.9。锅炉进入启动程序后，当锅炉负荷大于或等于 30％BMCR 后，风箱入口风门挡板的开度是锅炉负荷的函数；炉膛吹扫时及锅炉停运阶段应将风门置于吹扫位置。

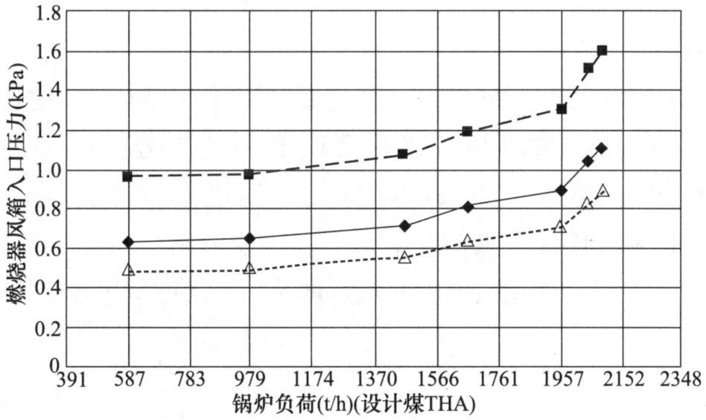

注：α为过量空气系数。

图 4-20 燃烧器风箱入口压力与锅炉负荷的关系曲线图

——◆——α＝0.8；——■——α＝0.9；---△---α＝0.75

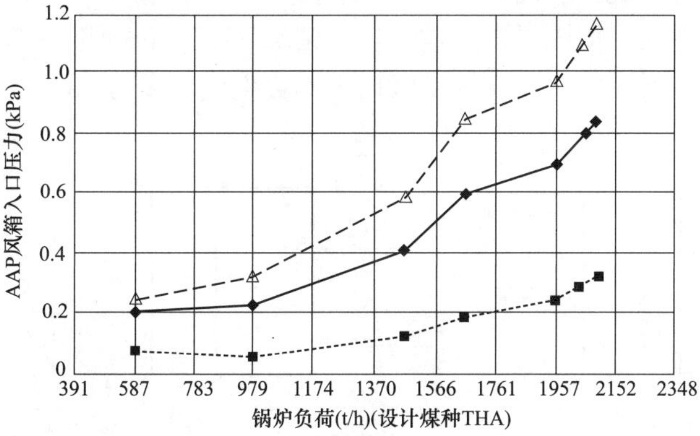

注：α为过量空气系数。

图 4-21 燃尽风风箱入口压力与锅炉负荷的关系曲线图

——◆——α＝0.8；——■——α＝0.9；---△---α＝0.75

第六节 低 NO_x 燃烧技术

NO_x 的控制可分为燃烧前处理、燃烧中处理和燃烧后处理。燃烧前脱氮主要是燃烧前将燃料转化为低氮燃料。燃烧后脱硝主要指烟气净化技术，即把已生成的 NO_x 还原为 N_2 从而脱除烟气中的 NO_x，烟气净化技术主要包括湿法脱氮技术和干法脱氮技术。湿法脱氮技术有选择性催化还原法（SCR）、非选择性催化还原法（SNCR）、吸收法；干法脱氮技术有吸附法、等离子体活化法、生化法。烟气脱硝的效率可高达 90％以上，但由于存在着反应温度窗口较窄，需要昂贵的催化剂以及需要增加装置和占用空间等不利因素，导致初始投资及运行成本较高，因而其应用受到较大限制。对燃烧过程中 NO_x 生成的控制从两个方面考虑：一是抑制燃烧中 NO_x 的形成：二是还原已形成的 NO_x。主要是通过运行方式的改进或者对燃烧过程进行特殊的控制，抑制燃烧过程中 NO_x 的生成反应，从而降低 NO_x 的最终排放量。目前，所形成的抑制燃烧过程中 NO_x 生成的具体方法有分级燃烧、再燃烧法、浓淡偏差燃烧、低氧燃烧和烟气再循环燃烧等。

减少燃料周围的氧气浓度。减少燃料周围的氧气浓度包括：①减少炉内过量空气系数，以减少炉内空气总量或减少一次风量和减少挥发分燃尽前燃料与二次风的掺混，以减少着火区段的氧浓度；②在氧浓度较少的条件下，维持足够的停留时间，使燃料中的 N 不易生成 NO_x，而且使已生成的 NO_x 经过均相或多相反应而不还原分解；③在过剩空气的条件下，降低温度峰值，以减少热力 NO_x，如采用降低热风温度和烟气再循环等；④加入还原剂，使还原剂生成 CO、NH_3 和 HCN，它们可将 NO_x 还原分解。

具体方法是分级燃烧、再燃烧法、浓淡偏差燃烧、低氧燃烧和烟气再循环燃烧等。

一、 分级燃烧

分级燃烧的原理如图 4-22 所示。将燃烧用的空气分两阶段送入，首先将理论空气量80%左右从燃烧器中送入，使燃料在缺氧富燃条件下燃烧，燃料的燃烧速度和燃烧温度降低，燃烧生成 CO；而且燃料中将分解生成大量的 HCN、CN、NH_3、NH_2 等，它们相互复合，或将已有的 NO_x 还原分解，因而抑制了燃料 NO_x 的生成。然后，将燃烧用空气的剩下部分以二次风形式送入，使燃料进入空气过剩区域（作为第二级）燃尽。虽然这时空气量多，但由于火焰温度较低，所以，在第二级内也不会生成较多的 NO_x，因而总的 NO_x 生成量是降低的。

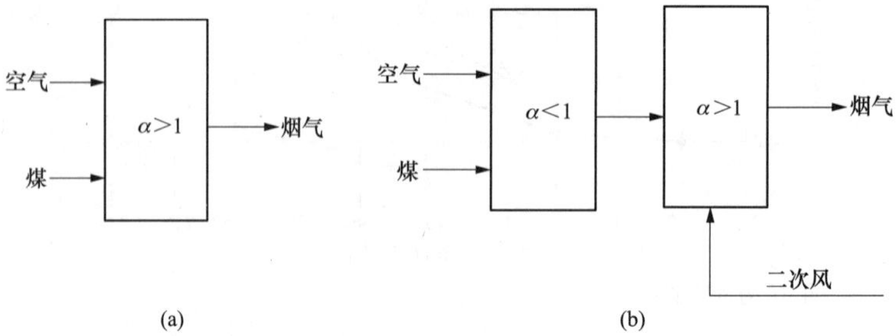

图 4-22　分级燃烧的原理
（a）不分级燃烧；（b）分级燃烧

燃烧器分级燃烧时，在火焰根部形成富燃区，抑制了燃料 NO_x 的生成。由于二次风延迟与燃料混合，燃烧速度降低，使火焰温度降低，所以也抑制了热力 NO_x 的生成。实验表明，燃烧器分级燃烧时 NO_x 降低约 40%。

燃烧器分级燃烧时，将增加 CO 等还原性气体，若没燃尽，则产生化学不完全燃烧的热损失。此外，由于燃烧器分级燃烧时的燃料与空气混合延缓，燃烧速率减慢，燃烧时间相应延长，在炉膛尺寸一定的条件下，炭燃尽率降低，使机械不完全燃烧的热损失增加。虽然在第一级富燃区内燃料气化成 CO，然后在二级燃尽区燃烧，将燃料部分的固相反应转变为气相反应，对燃料燃尽有利，但就总的情况而言，对于反应能力较低的燃料，机械不完全燃烧的热损失增加较多，而对于挥发分高的燃料，它增加不多或增多不明显。

如果炉内受热面长期与还原性气氛相接触，会引起腐蚀，水冷壁的高温腐蚀有两种：一种是硫化物型腐蚀，煤粉中的黄铁矿分解生成原子硫，它在还原性气氛下不可能全部氧化，而有一部分硫与管壁金属反应生成 FeS，它在水冷壁受热面所处的温度下缓慢氧化生成 Fe_3O_4，使水冷壁管不断被腐蚀；另一种是硫酸盐型腐蚀，是煤粉燃烧时释放出的 Na_2SO_4 和 K_2O，当凝结于管壁上时，与周围烟气中的 SO_3一起通过灰层向管壁扩散，与氧化保护层 Fe_2O_3 反应，氧化层被破坏，使金属不断腐蚀。

为了解决结液与腐蚀问题，通常设法改进燃烧器，或在炉壁上形成氧化性气氛，避免还原性气氛直接与炉壁相接触。

提高碳燃尽率的措施是提高煤粉细度，改善燃料与空气的分配均匀性，降低炉膛容积热负荷以延长燃料在炉内的停留时间等。

在燃烧器不分级燃烧条件下，提高煤粉细度会使 NO_x 增加，但是在燃烧器分级燃烧时提高煤粉细度，使耗氧增快，燃料在富燃条件下生成较多的 CH 基团等气体，促使 NO_x 还原分解成 N_2，因而使 NO_x 减少。

由上述可知，二次风喷口位置不仅与降低 NO_x 有关，而且与炭燃尽率和炉膛出口烟温有关。显然，若二次风喷口位置增加，延迟送入二次风，NO_x 将降低，但同时，炭燃尽率将降低，炉膛出口烟温增加，甚至会引起炉膛出口结渣和过热器超温，这是不利的。因此，二次风喷口位置的确定，应顾及降低 NO_x、炭燃尽率和炉膛出口烟温等因素。对于烟煤与褐煤炉，为降低 NO_x，可以增加二次风喷口位置的高度，但对燃用低挥发分煤时，炭燃尽率明显降低，由此可知，二次风喷口位置的最终选择，应按照煤中的挥发分大小，低挥发分煤的 H 值小，反之，高挥发分煤的 H 值大。

二、 再燃烧法

再燃烧法的特点是将燃烧分成三个区域：一次燃烧区、第二燃烧区和燃尽区。其中一次燃烧区是氧化性或弱还原性气氛；在第二燃烧区，将二次燃料送入还原性气氛，因而生成碳氢化合物基团，这些基团与一次燃烧区内生成的 NO_x 反应，最终生成 N_2，这个区域通常称为再燃烧区，二次燃料称为再燃燃料；最后再送入二次风，使燃料燃烧完全，成为燃尽区，如图 4-23 所示。这种再燃烧法又称为三级燃烧或燃料分级。

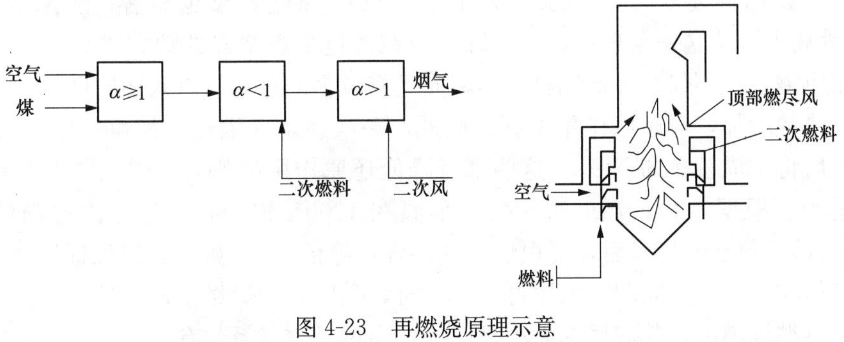

图 4-23 再燃烧原理示意

这种再燃烧方法对于单个燃烧器可以分出再燃烧区，对于多个燃烧器，可以在主燃区之后分出再燃烧区。在一次燃烧区生成物中有 NO_x、CO_2、H_2O、SO_2、灰和 O_2。

还原区中还原作用与反应温度、初始 NO_x 浓度、反应时间以及还原区内的过量空气系数等因素有关。现分述如下。

一次燃烧区出口 NO_x 含量多少的影响：一次燃烧区出口 NO_x 含量的多少对 NO_x 总排放量的影响不大，要求一次燃烧区内过量空气系数减至最小。

还原区过量空气系数的影响：

如图 4-24 所示，当二次燃料份额 f 为某值时，NO_x 排放量最少，而且，即使一次燃烧区的过量空气系数变化，上述规律不变，只改变 NO_x 绝对值。通常，二次燃料量占输入热量的 10%～20%，或还原区内过量空气系数为 0.7～1.0。

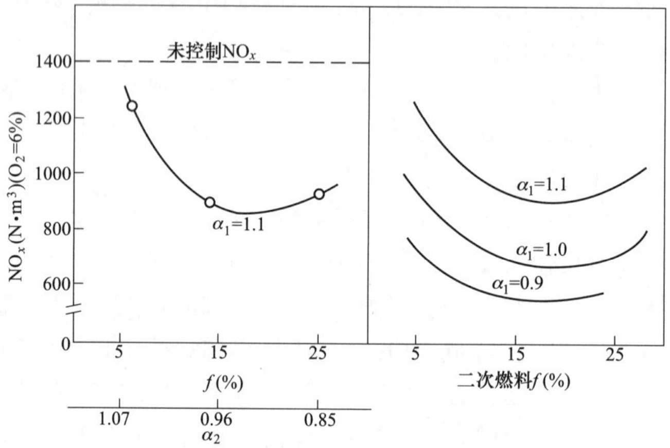

图 4-24　还原区过量空气系数对 NO_x 排放量的影响

二次燃料性质的影响：煤粉燃烧时，二次燃料可以是同一煤种。由于二次燃料从炉子上部引入，一般停留时间很短，因此易燃易着火的燃料，如固体燃料采用高挥发分和易磨细的煤。此外，还要求燃料含 N 量低，以减少 NO_x 排放量。由此看出，天然气含 N 少，热值高，易于着火和燃烧，降低 NO_x 更显著，又不需要输送气体，因此，天然气是一种理想的二次燃料。

还原区内温度和停留时间：为了保证还原反应正常进行，需要一定的温度和停留时间。温度越高，停留时间越长，则还原反应充分，NO_x 降低效果越显著，还原区长度增加，NO_x 排放量减少。从这一点来看，二次燃料应在接近主燃烧器的地方送入炉内。这样，一次燃烧区相应缩短，不仅会降低燃料燃尽率而且有较多的过剩氧进入还原区，而且使还原区内过量空气系数增加，对还原作用不利。此外，一次燃烧区缩短，使焦炭中 N 增多，进入焦炭燃尽区后将生成较多的 NO_x。这些都将降低还原作用的效果，因此二次燃料送入的位置应比较适当。根据实验，要求送入处的烟温在 1200℃以上，还原区内燃料停留时间为 0.4～1.5s；送入顶部燃尽风后，要很快与气混合，停留 0.7～0.9s，以保证燃尽。

燃料燃尽与实际应用问题：采用再燃烧法时，燃料起始燃尽很好，送入二次燃料后，燃尽率突降，再继续燃尽，其燃尽率大小与燃尽区内过量空气系数有关。

如果在已有的煤粉炉上采用再燃烧法，则须对锅炉和燃烧系统进行改造，而且改造工作量大，也不容易保证二次燃料送入处所需的温度与混合条件，使煤粉燃尽。因而比较适宜于用油或煤气作为二次燃料，也可考虑采用原煤种，但煤粉要更细些。

三、低氧燃烧

低氧燃烧指的是在炉内过量空气系数 α 较低的工况下运行。对于燃气与燃煤的扩散火焰，NO_x 最大值处在 $\alpha>1$ 的区域，故当 α 减小时，NO_x 减少。

对于每台锅炉，过量空气系数 α 对 NO_x 的影响程度是不可能相同的，因而在采用低氧燃烧后 NO_x 降低的程度也不可能相同。例如，燃用同一燃料，由于燃烧器的布置方式不同，其过量空气系数对 NO_x 的影响是不同的。实际锅炉采用低氧燃烧法时，不仅降低 NO_x，而且锅炉排烟热损失减少，对提高锅炉热效率有利；但是 CO、C_mH_n、烟黑等有害物质也相应增加，飞灰中可燃物质也可能增加，因而使燃烧效率降低。因此在确定低 α 范围时，必须兼顾燃烧效率、锅炉效率较高和 NO_x 等有害物质最少的要求。

考虑到 α 对 NO_x 浓度有稀释作用，因此当比较不同工况下的 NO_x 值时，应折算到同一 α 的工况值，即

$$c_{NO_x}=\frac{21-x}{21-c_{O_2}}c_{NO_x}^{实测} \tag{4-1}$$

式中 x——折算到同一工况下的 NO_x 浓度；

$c_{NO_x}^{实测}$——在氧浓度 c_{O_2} 下所测得的 NO_x 浓度。

对于煤粉炉，要实现低氧燃烧，必须准确控制各燃烧器的燃料与空气均匀分配，并使内燃料与空气平衡；必须减少漏风，监测和控制炉内的含氧量与 CO 含量。

多数燃用烟煤电站锅炉设计在 $\alpha=1.17\sim1.20$（O_2 浓度 3.5%～4.0%）下运行，在此工况下，CO 浓度急剧增加，不仅导致化学不完全燃烧损失急剧增加，而且会引起炉壁的结渣与腐蚀。因此，要控制炉内 O_2 浓度在 3%以上。

对于燃油炉，要实现低氧燃烧，必须选用性能良好的雾化器和调风器，保证燃料与空气混合良好，而且各燃烧器之间的空气分配也要均匀。研究表明，采用 Y 形蒸汽雾化喷嘴，雾化质量要比机械式喷嘴的好，平均雾化粒径在 5μm 以下，而且对变化的适应性较好，即在负荷变化较大时，所有燃烧器同时运行，不需停用喷嘴，因而无须喷嘴冷却风。这种雾化器的缺点是耗器量较大。对于调风器，平流式比旋流式更理想，因为平流式的阻力小，因而在风积压头相同的条件下，可选用较高的调风器出口风速，这样气流速度衰减较慢，对燃料与空气的充分混合、燃料的燃尽有利。此外，在运行中，燃烧器出口要有一定大小的回流区，以保证油雾的着火稳定。

四、浓淡偏差燃烧

浓淡偏差燃烧是基于上述过量空气系数对 NO_x 的变化关系，使部分燃料在空气不足下燃烧，即燃料过浓燃烧；另一部分燃料在空气过剩下燃烧，即燃料过淡燃烧。无论是过浓燃烧或过淡燃烧，燃烧时 α 都不等于 1，前者 $\alpha<1$，而后者 $\alpha>1$，故又称为化学当量比燃烧或偏差燃烧。

燃料过浓部分，因氧气不足，燃烧温度也不高，所以燃料型 NO_x 和热力型 NO_x 都不高，比不采用浓淡燃烧时还要低。

燃料过淡部分，因空气量很大，燃烧温度降低，使热力 NO_x 型生成量降低。总的结果是 NO_x 生成量低于常规燃烧。

因此，这种方法是在总风量不变时，调整上下喷口的燃料与空气比例，然后保证部分燃气充分混合并燃尽。

五、 烟气再循环

烟气再循环是将再循环烟气（占正常燃烧空气体积的 15%～30%）掺入助燃空气中再次送入炉膛，主要作用是降低火焰温度，减少热力型 NO_x 的生成，同时由于烟气含氧量低，降低了氧浓度，从而降低 NO_x 生成量。烟气再循环法的效果与烟气再循环率关系密切，经验认为 15%～20%的烟气再循环率可以达到很好的效果。由于主要针对热力型 NO_x，所以对燃用低氮燃料的锅炉如燃气锅炉有很好的效果。

第五章 制 粉 系 统

第一节 制粉系统分类

制粉系统是锅炉设备的一个重要系统，基本任务是将原煤碾磨、干燥，使之成为具有一定细度和水分要求的煤粉并通过输送装置送入锅炉以满足锅炉燃烧的需要。

制粉系统可以分为直吹式和中间储仓式两种。直吹式制粉系统，是指原煤经过磨煤机磨成煤粉后直接由燃烧器吹入炉膛中燃烧；中间储仓式制粉系统，是将磨好的煤粉先储存在煤粉仓中，然后再根据锅炉负荷的需要，由给粉机将煤粉仓中的煤粉经燃烧器送入炉膛中燃烧。不同的制粉系统宜配置相应的磨煤机，直吹式制粉系统一般配用中速或高速磨煤机，中间储仓式制粉系统均配置低速磨煤机。

一、 直吹式制粉系统

在直吹式制粉系统中，磨煤机磨制的煤粉全部送入炉膛内燃烧，在运行中任何时刻锅炉的燃料消耗量均等于磨煤机的制粉总量（投用辅助燃料除外），即几台磨煤机的制粉总量随锅炉负荷的变化而变化，因此制粉系统的工作情况将直接影响锅炉的运行工况。在制粉系统中，通常使用热风对进入磨煤机的原煤进行干燥，并将磨煤机磨制好的煤粉输送出去。单位时间内，在保证一定煤粉细度条件下，磨煤机所能磨制的原煤量称为磨煤出力；单位时间内，磨煤系统能将多少原煤由最初的水分 M_{ar}（收到基水分）干燥到煤粉水分 M_{mf}的原煤量，称为干燥出力。

在直吹式制粉系统中，由于一次风机（或称排粉风机）相对于磨煤机先后位置不同，又可分为负压直吹式系统和正压直吹式系统。

当一次风机置于磨煤机之后，整个系统处于负压状态下工作，称为负压直吹式制粉系统；当一次风机置于磨煤机之前，整个系统处于正压状态下工作，称为正压直吹式制粉系统。负压系统的最大优点是磨煤机处于负压下工作不会向外冒粉，工作环境比较清洁；缺点是由于一次风机置于磨煤机之后，磨煤机磨制的煤粉全部经过一次风机进入炉膛内燃烧，因此风机叶片极易磨损，叶片磨损后，风机效率降低，电耗增加，系统可靠性降低，维修工作量加大。

如图 5-1 所示是正压直吹式制粉系统。直吹式制粉系统的煤、粉流程如下：原煤经原煤仓，由给煤机送入磨煤机碾磨成粉，由一次风机送入分离器，粗粉返回磨煤机继续碾磨，细粉则被送入燃烧器，进入炉膛燃烧。

由图可知，一次风机装在磨煤机之前，整个系统在正压下工作。该系统的设备配置，使得系统中磨煤机干燥能力增强，对于燃料的水分适应性较好，而且，一次风机装在磨煤机之前，不存在叶片的磨损问题，这就克服了负压系统的缺点。但是，在正压直吹式系统中，由于磨煤机和煤粉管道都处在正压下工作，如果密封问题解决不好，系统将会向外冒粉，造成环境污染，严重者会引起自燃或爆炸，因此必须在系统中加装密封风机。

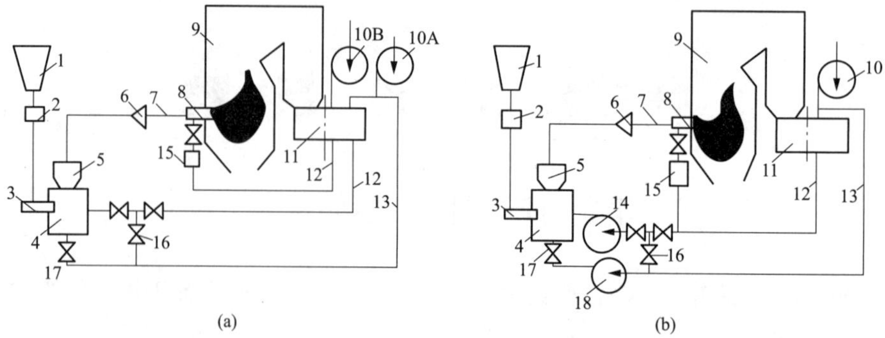

图 5-1　正压直吹式制粉系统图

(a) 带冷一次风机正压系统；(b) 带热一次风机正压系统

1—原煤仓；2—煤称；3—给煤机；4—磨煤机；5—粗粉分离器；6—煤粉分配器；7——次风管；8—燃烧器；9—锅炉；10A——次风机；10B—二次风机；11—空气预热器；12—热风道；13—冷风道；14—排粉风机；15—二次风箱；16—调温冷风门；17—密封冷风门；18—密封风机

当然，在正压直吹式系统中，一次风机可布置在空气预热器前，也可布置在空气预热器后。布置在空气预热器之后的一次风机称为热一次风机，该种布置方式将使风机效率下降，可靠性也较低；布置在空气预热器之前的一次风机称为冷一次风机，该种布置由于进入冷一次风机的空气介质较为洁净且温度较低，因此可减少风机的磨损，并提高风机效率。

二、 中间储仓式制粉系统

中间储仓式制粉系统一般均配置转速较慢的钢球磨煤机，与直吹式系统相比，增加了细粉分离器、煤粉仓、锁气器、螺旋输粉机等设备。中间储仓式制粉系统的工作原理是：原煤在落煤管中与用作干燥的热空气相遇，一边被干燥一边落入磨煤机；经磨煤机碾磨的煤粉，由干燥剂送至粗粉分离器，粗粉被分离出并落入磨煤机中继续碾磨，合格的煤粉被送至细粉分离器；在细粉分离器中，大部分细粉被分离出来，经锁气器和网筛落到煤粉仓，也可经螺旋输粉机送往其他锅炉的煤粉仓中；煤粉仓中的煤粉，在运行需要时由给粉机送至一次风管，进入炉膛燃烧。

中间储仓式制粉系统分乏气送粉系统和热风送粉系统。由细粉分离器燥剂（也称磨煤乏气）中含有未被分离出来的少量细粉、低温空气和水蒸气，可作为一次风输送煤粉，经排粉风机送入炉膛燃烧，此即乏气送粉系统，该系统一般用于的烟煤；而当燃用贫煤、无烟煤、劣质煤时，为稳定燃烧，常采用热空气作一次风输送煤粉，称为热风送粉系统，此时由细粉分离器出来的磨煤乏气经燃烧器的专门喷口送入炉膛，称为三次风。

三、 直吹式和储仓式制粉系统的比较

直吹式制粉系统结构简单，设备部件少，输粉管路阻力小，因而输粉系统电耗小；而储仓式制粉系统设备多，管路长，投资大，而且占地面积也大，随着机组容量的增加，其矛盾越发突出。

由于直吹式制粉系统中锅炉的燃料量任何时候均等于磨煤机磨制的煤粉量，因此，制粉系统设备的稳定性，直接影响到机组的可靠性。特别是在锅炉变负荷时，直吹式系统改变煤量要从改变给煤量开始，经过整个系统后才得以实现，因而变负荷时的迟缓性较大。而储仓式制粉系统则灵敏得多，锅炉变负荷时，只需要改变给粉机的给粉量即可，而磨煤机则仍可以在经济状态下运行。

制粉系统的选择还与燃煤的着火温度有密切的联系。不同的着火温度，影响煤粉细度、一次风温度、一次风比例等制粉系统等工艺参数的选取。

中间储仓式制粉系统复杂，设备多，自动化水平低，检修运行工作量大，国内外的燃煤电厂只在中小汽轮机组上采用中间储仓式制粉系统。随着设备制造技术、控制技术和运行管理水平的提高，目前国内大容量、高参数大型发电机组基本都采用直吹式制粉系统。负压直吹式制粉系统的一次风机（排粉风机）由于设在磨煤机之后，输送高含粉气体，磨损严重、故障率高、检修维护工作量大，我国除早期电厂外，现在基本不采用，目前大多数直吹式制粉系统采用正压系统，而且，一次风机大都布置在空气预热器前输送冷风，并配置三分仓空气预热器，避免了热的一次风机在高温含粉尘的工况下工作，使工作条件改善，故障率低。因此，在目前的超超临界压力机组中，基本都采用冷一次风机正压直吹式制粉系统。

四、 正压直吹式中速磨煤机的原理和特点

磨煤机按转速可分为中速、低速、高速磨煤机。

辊-盘式通常称平盘辊式中速磨。平盘辊式中速磨的下部是可转动的磨盘，两只锥形辊子靠弹簧压力压在磨盘上，随磨盘原位转动。

辊-碗式称碗式中速磨。近代碗式中速磨用浅碗形磨盘（即 RP 型磨），三只锥形辊靠液压或气压压紧在磨盘上，并随之原位转动。

球-环式称中速球磨机（E 型磨）。中速球磨机的下部磨盘上有弧形槽道，十个左右的大钢球置于其中，上部带有弧形槽道的上磨环，靠弹簧（或液压、气压）压在球上。

辊-环式称轮式磨或 MPS 型磨。轮式磨的下部磨盘上有弧形槽道，三只形同轮胎的磨辊靠弹簧压力压在其上，弹簧的压力靠液压加压系统提供。

中速磨煤机形式各异，但其基本工作原理大体相似。中速磨煤机的下磨盘都为主动，磨辊或钢球为摩擦从动。原煤加在转动的磨盘中间，电动机通过减速机带动磨盘转动，物料经锁风喂料器从进料口落在磨盘中央，同时热风从进风口进入磨内。随着磨盘的转动，物料在离心力的作用下，向磨盘边缘移动，经过磨盘上的环形槽时受到磨辊的碾压而粉碎，粉碎后的物料在磨盘边缘被风环高速气流带起，大颗粒直接落到磨盘上重新粉磨，气流中的物料经过上部分离器时，在旋转转子的作用下，粗粉从锥斗落到磨盘重新粉磨，合格细粉随气流一起出磨，通过收尘装置收集，即为产品。含有水分的物料在与热气流的接触过程中被烘干，通过调节热风温度，能满足不同湿度物料要求，达到所要求的产品水分。通过调整分离器，可达到不同产品所需的粗细度。

五、 锅炉制粉系统

新昌电厂采用 HP1003 型中速磨煤机、正压直吹式制粉系统。采用前、后墙对冲燃烧方式。36 只低 NO_x 燃烧器分三层布置在炉膛前、后墙上，使沿炉膛宽度方向热负荷及烟气温

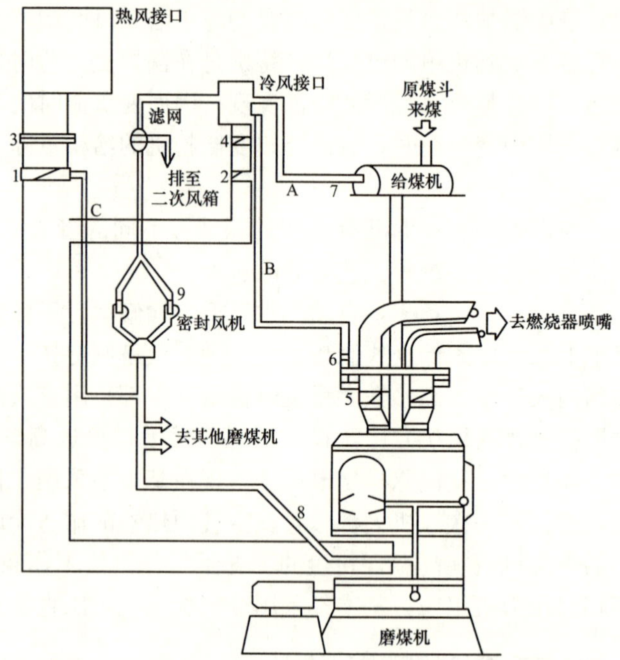

图 5-2　中速磨煤机冷一次风机正压直吹制粉系统

1—热风控制挡板；2—冷风控制挡板；3—热风关断门；4—冷粉关断阀；5—出粉管阀；6—出粉管空气密封阀；7—给煤机密封空气关断阀；8—磨煤机密封空气关断阀；9—密封风机、密封空气；A—去给煤机；B—去热风关断门和控制挡板；C—去磨煤机轴承和磨辊

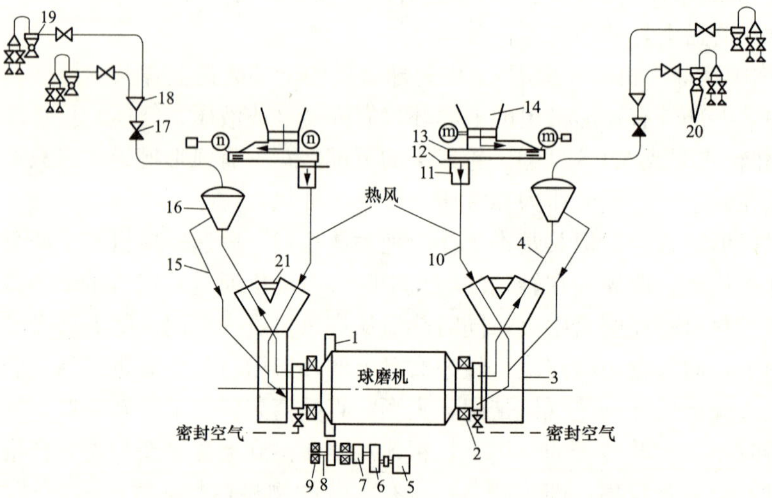

图 5-3　双进双出钢球磨煤机正压直吹式制粉系统

1—大齿轮；2—耳轴；3—磨煤机给煤/出粉箱；4—磨煤机至分离器导管；5—电动机；6—齿轮箱；7—气动离合器；8—小齿轮轴；9—小齿轮轴承；10—原煤/热风导管；11—原煤斜槽；12—给煤机关断门；13—给煤机；14—原煤仓；15—回粉管；16—粗粉分离器；17—文丘里管；18—分配器；19—旋风子；20—燃烧管；21—旁通管

度分布更均匀。制粉系统图如图 5-4 所示。

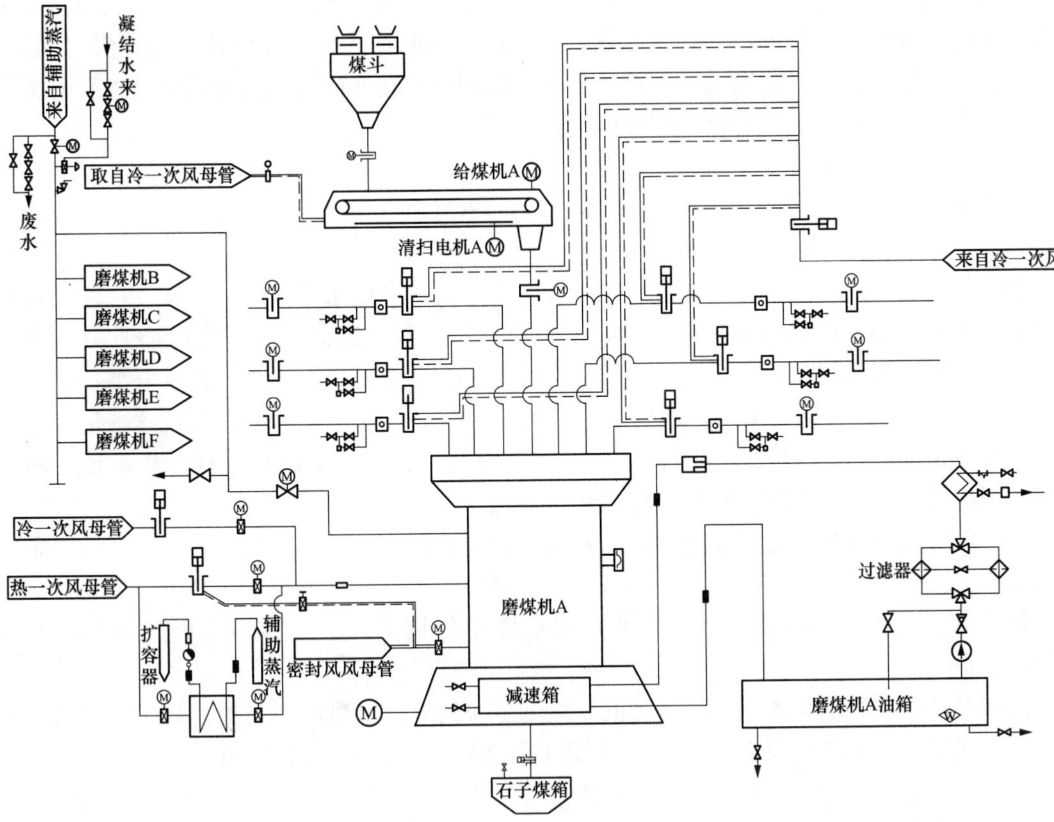

图 5-4　制粉系统图

第二节　原煤与煤粉

原煤是火力发电厂运行过程中的最初处理对象，原煤特性的改变将影响到发电厂整个的后续的生产过程。对锅炉机组的出力与可利用率、机组的效率与维修费用、整个发电厂的经济性与运行的可靠性都具有很大的影响。

煤炭的热值、水分和可磨度系数将影响到磨煤机的出力、功耗与运行方式；原煤灰分的大小与组成将直接影响碾磨部件的使用寿命和维修费用；原煤挥发分的大小将影响到燃烧的着火稳定性和炉内的燃烧工况，从而影响到过热蒸汽温度、再热蒸汽温度、配风方式和燃烧对煤粉细度的要求。

一、煤炭的生成和分类

煤炭是由不同时代的植物在造山运动中由于漂流等原因被积聚、再埋藏于地层中而形成的有机生物岩。因此成煤的先决条件是在造山运动之前有一个高等植物的蓬勃发展期及起伏的地形与广大的沼泽地带，使植物能通过漂流得到储积，并浸没在水中和在缺氧条件下与细菌的作用产生反应并保存下来，再在造山运动中被埋于地层中，在地压地温的作用下缓慢的转变成煤。不同的埋压时间使煤具有不同的煤炭特性。中科院出版的《中国地质概述》一书中提出古生代的石炭纪和二叠纪生成的煤种主要是烟煤和无烟煤；中生代的侏罗纪和新生代的第三纪所生成的主要煤种是褐煤与烟煤。我国煤炭资源在成煤方面的特点是成煤时期多、分布广泛类型复杂。煤炭的生成过程可以分成由植物残骸转变成泥炭的泥碳化过程和由泥炭转变成褐煤、烟煤和无烟煤的煤化过程两个过程。

我国习惯上根据煤的干燥无灰基挥发分含量（V_{daf}）的大小来分类。按此分类方法，把煤分为四类：$V_{daf} \leqslant 10\%$的为无烟煤；$10\% < V_{daf} < 20\%$的为贫煤；$20\% \leqslant V_{daf} \leqslant 40\%$的为烟煤；$V_{daf} > 40\%$的为褐煤。

褐煤是一种生成年代较近的煤炭。在沉浸于水中时，会使水呈褐色，在堆放过程中容易因收缩而脆性断裂。褐煤的结构较松散，易风化，易碎裂与磨制，表现出可磨系数高的现象。新采掘的褐煤呈块状，经短期的堆放后会因失水而碎裂成屑；褐煤的含水分高，分析水分多为8%～16%，干燥无灰基挥发分多为40%～60%，干燥无灰基元素分析含碳量多小于77%，含氧量高者可达30%，氢的含量变化相对较大；有含氢量较高也有含氢量较低的褐煤。故褐煤着火和燃烧都较为容易，但发热量较低。

烟煤的挥发分含量较高，故较为容易着火，燃烧快、火焰较长，发热量较高，是优质的动力煤。

贫煤介于无烟煤和烟煤之间，干燥无灰基挥发分较低，不太容易着火，燃烧时不易结焦。

无烟煤是煤炭类别中碳化程度最高的。无烟煤块的外观呈黑色到钢灰色，光泽性强，硬度高。纯无烟煤的密度常在1.4～1.9。干燥无灰基碳元素含量常高达90%～98%、氢元素的含量小于4%，氮和氧的含量均低。干燥无灰基挥发分含量少，且挥发分析出温度较高，所以无烟煤着火困难也不易燃尽，但其发热量一般很高，燃烧时焦炭无黏结性，储存过程中不易风化和自燃。

二、 煤炭的元素和分析

无论是煤炭的元素分析还是工业分析，其结果都是通过各组成的质量百分率来表达的。煤炭都带有水分，所含的水分也都随着其所处的环境温度、湿度等条件而变，从而使这些分析值也随着外部条件而变，因此不是在相同的条件下得出的结果相互之间是无法进行比较的。在表明分析结果时，必须同时表明相应于这些分析结果的基准（试验条件）。这些基准分别是收到基、空气干燥基、干燥基、干燥无灰基。

（1）收到基。收到基是以实际工作为基准，用下角标“ar”表示。

元素分析：

$$\mathrm{C_{ar}} + \mathrm{H_{ar}} + \mathrm{O_{ar}} + \mathrm{N_{ar}} + \mathrm{S_{ar}} + A_{\mathrm{ar}} + M_{\mathrm{ar}} = 100\% \tag{5-1}$$

工业分析：

$$\mathrm{FC_{ar}} + V_{\mathrm{ar}} + A_{\mathrm{ar}} + M_{\mathrm{ar}} = 100\% \tag{5-2}$$

式中　C、H、O、N、S、A、M——分别表示煤中碳、氢、氧、氮、硫、灰分和水分；

$\mathrm{FC_{ar}}$——表示煤中的碳的总量；

V_{ar}——表示煤中挥发分的总量。

在锅炉设计和运行中采用收到基。

（2）空气干燥基。空气干燥基是以自然干燥除去外在水分的煤为基准，用下角标“ad”表示。

元素分析：

$$C_{ad}+H_{ad}+O_{ad}+N_{ad}+S_{ad}+A_{ad}+M_{ad}=100\% \tag{5-3}$$

工业分析：

$$FC_{ad}+V_{ad}+A_{ad}+M_{ad}=100\% \tag{5-4}$$

空气干燥基是用来确定煤的真实内在水分。在实验室中常用该基准对煤进行分析。

（3）干燥基。干燥基是以除去全部水分的煤为基准，用角标“d”表示。

元素分析：

$$C_{d}+H_{d}+O_{d}+N_{d}+S_{d}+A_{d}+M_{d}=100\% \tag{5-5}$$

工业分析：

$$FC_{d}+V_{d}+A_{d}+M_{d}=100\% \tag{5-6}$$

干燥基用来表示煤的灰分含量。

（4）干燥无灰基。干燥无灰基是以除去全部水分和灰分的煤为基准，用下角标“daf”表示。

元素分析：

$$C_{daf}+H_{daf}+O_{daf}+N_{daf}+S_{daf}+A_{daf}+M_{daf}=100\% \tag{5-7}$$

工业分析：

$$FC_{daf}+V_{daf}+A_{daf}+M_{daf}=100\% \tag{5-8}$$

由于干燥无灰基成分不受水分含量和灰分含量影响，比较稳定，因此干燥无灰基能准确地反映煤的燃烧性。特别是干燥无灰基挥发分的含量，它能确切反映煤燃烧的难易程度，是煤分类的一个重要指标。

因此可以看出：用收到基、空气干燥基、干燥基、干燥无灰基来表达煤炭的组成成分，在本质上都是相同的，差别只是它们的数值来自不同的分析标准。以不同基准的测得的百分值也可以进行相互换算。煤炭分析数据换算关系见表 5-1。

表 5-1　　煤炭分析数据换算表

项目	收到基	空气干燥基	干燥基	干燥无灰基
收到基	1	$\frac{100-M_{ad}}{100-M_{ar}}$	$\frac{100}{100-M_{ar}}$	$\frac{100}{100-M_{ar}-A_{ar}}$
空气干燥基	$\frac{100-M_{av}}{100-M_{ad}}$	1	$\frac{100}{100-M_{ad}}$	$\frac{100}{100-M_{ad}-A_{ad}}$
干燥基	$\frac{100-M_{ar}}{100}$	$\frac{100-M_{ad}}{100}$	1	$\frac{100}{100-A_{d}}$
干燥无灰基	$\frac{100-M_{ar}-A_{ar}}{100}$	$\frac{100-A_{ad}-M_{ad}}{100}$	$\frac{100-A_{d}}{100}$	1

1. 煤炭的元素分析

煤的元素分析成分即煤的化学组成成分。

煤的化学组成成分包括碳（C）、氢（H）、氧（O）、氮（N）、硫（S）五种元素，以及水分（M）和灰分（A）。其中碳、氢、硫（指挥发硫）是可燃的，其余是不可燃的。这些成分在煤中并不是呈机械的混合物，而是呈复杂的化合物。

煤的各种成分性质如下：

碳：碳是煤中的主要可燃物质。地质年龄越长的煤，其含碳量越高，通常各种煤的含碳量约占其可燃成分的 50%～90%。

煤中的碳不是以单质状态存在，而是一部分与氢、氧、硫等结合成挥发性的复杂化合物，其余部分（煤受热析出挥发性化合物后的那部分碳）叫固定碳。固定碳只在高温下才燃烧，煤中固定碳含量越高（如无烟煤），越不容易着火和燃烧，且燃烧缓慢，火焰短。1kg 碳完全燃烧可放出 32 866kJ 的热量。

氢：煤中的氢，一部分与氧结合，称为化合氢，不能燃烧放热；另一部分在煤受热时会挥发成氢气或各种碳氢化合物形成（C_mH_n）的气体，它们极易着火和燃烧。

氢是煤中的有利元素，1kg 氢完全燃烧时（生成水蒸气）约放出 119 743kJ 的热量。但煤中含氢量一般只有 3%～6%，并且随着地质年龄的增长，其含量逐渐减小。另外，煤在储藏时也会风化而失去部分可燃元素，其中首先是氢。

氧和氮：氧和氮都是不可燃元素，也可以说是煤中的有机“杂质”，它们的存在使煤中可燃元素相对减少，燃烧放出的热量降低。不同煤的含量差别很大，地质年龄越短，煤含氧量越高，褐煤的含氧量有时可达 20%左右。煤中含氮量一般不多，只有 0.5%～2%，但燃烧时会形成有害气体氧化氮（NO_x），污染大气。

硫：煤中硫可分为有机硫和无机硫两大类。有机硫和煤中的 C、H、O 等结合成复杂的化合物，均匀地分布在煤中。无机硫包括黄铁矿硫（FeS_2）和硫酸盐硫（$CaSO_4$、$MgSO_4$、$NaSO_4$）等。有机硫和黄铁矿硫可以燃烧，合称为可燃硫。硫酸盐不能燃烧，故并入灰分。

煤中可燃硫的含量一般不超过 1%～2%，个别的可达 3%左右。硫燃烧时放热量不多，仅为碳的 0.29 倍左右。但硫燃烧后形成的 SO_2 和部分 SO_3 与烟气中的水蒸气相遇，能形成 H_2SO_3 和 H_2SO_4 蒸汽，并在锅炉低温受热面等处凝结，而腐蚀金属。此外，SO_2 和 SO_3 随烟气排入大气，对人体和动、植物也会带来危害。同时含黄铁矿硫的煤较硬，破碎时要消耗更多的电能，并加剧磨煤机的磨损。因此，硫是煤中的有害元素。

水分：煤的水分是由外部水分和内部水分组成。外部水分，即煤由于自然干燥所失去的水分、又叫表面水分；失去表面水分后的煤中水分称为内部水分，也叫固有水分。

在实验室的特定条件下，煤样干燥后所含的固有水分称为分析水分（M_{ad}）。

固有水分主要决定于煤的化学性质和周围环境条件。一般来说，随着地质年龄的增长，煤的固有水分减少。煤的外部水分则和开采方法、运输和储存等条件有关。因此，不同煤的水分差别很大，可从 1%～2%到 60%不等。

水分的存在使煤中的可燃元素相对减少，同时它在煤燃烧时要汽化、吸热，从而使燃烧温度降低，甚至会使煤难于着火。同时由于水分在煤燃烧后形成水蒸气，使烟气体积增加，即增加引风机电耗，又带走大量热量，降低锅炉热效率。另外，原煤的水分过大，常会造成煤斗或落煤管道黏结，甚至堵塞，并增加碎煤和制粉的困难（因湿煤不易破碎）。

灰分：煤中含有不能燃烧的矿物杂质，在煤完全燃烧后形成灰分。但灰分不同于煤中的矿物杂质，因后者在煤燃烧的过程中会发生组成变化（失去结晶水、发生分解、被氧化等），所以灰分的组成和质量并不等于矿物杂质的组成和质量。当温度达到 800℃时，上述反应基本结束，煤的灰分是在 800℃±25℃下灼烧 2h 后测出的。

不同煤的灰分含量相差很大，可从 10%～50%。灰分的存在不仅使煤中的可燃元素相对减少，还会阻碍空气与可燃物接触，增加不完全燃烧损失。灰分在燃烧时会熔化，沾污受热面（结渣或积灰）、降低传热系数。烟气中的飞灰会磨损受热面，因而限制了烟速的提高，也影响传热效果。同时飞灰随烟气排入大气，会造成环境污染。因此，和水分一样，灰分也是燃料中的有害成分。

2. 煤炭的工业分析

煤的元素分析并不能反映煤在燃烧时的某些性质（如焦结性，点燃性等）。煤的挥发物在燃烧过程中对煤的着火影响很大，高挥发分煤着火迅速，燃烧稳定，燃烧时有长的火焰；低挥发分的煤不易着火，燃烧时火焰短。这些都说明，应该有一种能够从应用角度要求来表征煤的某些特点的分析，称为煤的工业分析。工业分析资料对决定燃煤装置的结构、操作运行条件影响很大。

煤的工业分析内容包括分析煤的水分、挥发分、灰分以及固定碳，并对灰渣观察，做出对灰熔点的判断。煤的工业分析可在煤的使用单位进行，分析试验设备比元素分析简单。煤的工业分析的测定内容和方法如下：

煤的工业分析
- 气态物质
  - 水分（水蒸汽）M_{ad}——测定值
  - 挥发分 V_{ad}——求定值
- 固态物质
  - 灰分 A——测定值
  - 固定碳 FC——求定值

水分：将煤样放在烘箱中保持 102～105℃的温度，烘至其质量不再变化时为止（一般约需 2h），煤样所失去的质量占原煤样的百分比，称为这种煤的水分。

挥发分：煤样中水分蒸发后，继续升温，某些物质会挥发成气体。煤样中由于这种挥发所失去的质量占原煤样（未烘干加热前）质量的百分比，称为这种煤的挥发分。

由于挥发分的析出没有明显的开始点和停止点，通常规定各种煤在测定挥发分时的统一加热温度为 900℃±10℃，加热时间约为 7min。为防止煤试样被烧掉，加热时应隔绝空气。

挥发分的组成，除了有少量不可燃气体如 O_2、CO_2、N_2 等以外，主要为可燃气体，如 CO、H_2、H_2S 以及一些碳氢化合物等。

应当指出，挥发分不是以现成的状态存在于煤中，而是煤在被加热时才形成的。因此，所谓煤的挥发分含量，实质上并非指煤中含有挥发物质多少，而是指在一定加热条件下能够分解生成的挥发物的数量。

固定碳和灰分：煤样除掉水分和挥发分以后，剩余下来的煤的固体部分，称为焦炭，焦炭是由固定碳和灰分组成的；将焦炭在空气中加热到 800℃±25℃的温度下灼燃，到质量不再变化时（约 2h）取出来冷却，这时焦炭失去的质量，就是固定碳的质量，剩余部分则是灰的质量。这两个质量各占煤试样原质量的百分比，就是固定碳和灰分在煤中的成分含量。

根据工业分析测定的项目，煤的组成可用水分、挥发分、固定碳和灰分来表示。

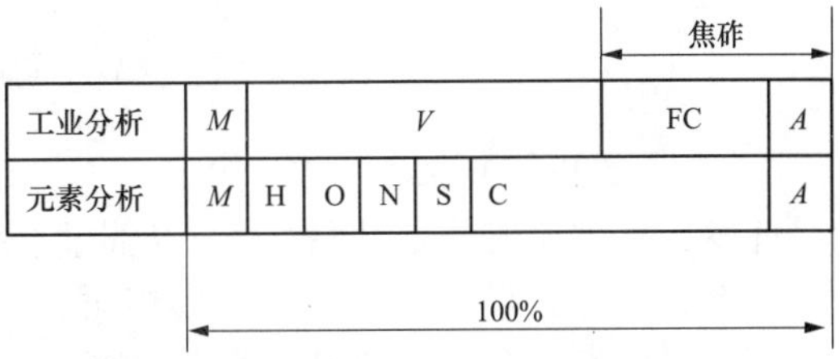

图 5-5　煤的工业分析与元素分析成分的关系

煤的工业分析与元素分析成分的关系如图 5-5 所示。燃料不可能长期保持不变，即使是同一矿区的煤也可能因坑号不同，开采条件不同，甚至运输条件不同其燃料成分将会发生不同程度的变化。

在运行中煤质成分的变化会使燃料发热量、挥发分、水分、灰分、硫分和灰渣特性都会变动，因而对锅炉工作的影响较为复杂、这里不予叙述。

三、 煤的主要特性

1. 发热量

发热量是燃料的重要特性。单位质量的煤完全燃烧时所放出的热量，单位是 kJ/kg，用符号 Q 表示。

煤的发热量有高位和低位之分。高位发热量指燃料燃烧后产生的全部热量，包括产物中的全部水蒸气凝结为水（放出汽化潜热）后所能放出汽化潜热量，以 Q_{gr}表示。实际锅炉的排烟温度甚高，烟气中的水蒸气不会凝结放出汽化潜热。从高位发热量中扣除水蒸气的汽化潜热后就得到低位发热量 Q_{net}。煤的各种基质的高位发热量之间可利用换算系数进行计算，例如：

$$Q_{gr\ ad}=Q_{gr\ daf} \tag{5-9}$$

但各种基准的低位发热量之间的换算却不能这样，因为这时不必须考虑汽化潜热的影响。

由于各种煤的发热量不同，有时差别很大，为使燃用不同煤种的锅炉煤耗有可比性和编制燃煤计划方便，需要规定一种标准煤，其他煤必须折算成标准煤后才能互相比较。规定把发热量 $Q_{net\ ar}=29\ 310$kJ/kg 的煤称为标准煤。实际燃煤量 B(kg) 折合成标准煤质量 B_b(kg) 的公式为

$$B_b=\frac{BQ_{net.\ ar}}{29\ 310} \tag{5-10}$$

式中 B_b——标准煤耗量，kg/h；

B——实际煤耗量，kg/h。

2. 折算灰分和折算水分

煤的灰分和水分不能确切表示出对锅炉工作的影响。例如华能安源电厂的设计煤种为收到基灰分 $A_{ar}=33.13\%$，收到基低位发热值 $Q_{net.\ ar}=18.64$MJ/kg；校核煤种一的 $A_{ar}=37.38\%$，$Q_{net.\ ar}=16.69$MJ/kg；校核煤种二的 $A_{ar}=29.13\%$，$Q_{net,ar}=20.51$MJ/kg。把灰分和水分与发热量联系起来，就得到折算灰分和折算水分，即

$$M_{zs}=10\ \frac{M_{ar}}{Q_{net.\ ar}} \tag{5-11}$$

$$A_{zs}=10\ \frac{A_{ar}}{Q_{net.\ ar}} \tag{5-12}$$

3. 挥发分和结焦性

挥发分其主要成分是可燃气体，因此挥发分很容易着火燃烧。挥发物的数量，质量和性质，对燃烧过程有很大影响。燃料燃烧时，首先析出挥发物，并和周围空气混合而着火燃烧。所以，挥发分含量高的煤易着火燃烧，而挥发分含量低的煤（如无烟煤）则着火困难，燃烧也不易稳定和完全。

挥发分析出后的残留物就是焦炭，其特性随煤种不同而差异很大：有的呈粉状，有的黏结，有的可能结成硬块。按照焦炭的机械强度，煤的焦结性大致可分为三个等级：①不结焦

性煤—焦炭呈粉末粉；②弱焦结性煤—焦炭呈松散状；③强焦结性煤—煤炭坚硬而呈块状。

焦结性是煤的一个重要特性，对锅炉工作将产生一定影响，当锅炉燃用焦结性强的煤时，极易形成坚实的焦粒，焦粒内部的可燃质又很难与空气接触，致使燃烧比较困难，因此不得不将煤磨得更细一些，这样就增加了电耗。

4. 灰的性质

灰的性质主要是指它的熔融性、烧结性和黏度特性，熔融性影响炉内的运行工况；烧结性则影响对流受热面，特别是过热器的积灰。

煤灰的熔融性就是指煤中灰分熔点的高低。当炉内的温度达到或高于灰分的熔点时，固态的灰分将逐渐变为熔融状态。熔化的灰分具有黏性，当它未得到及时冷却而与受热面接触时，就会黏附在受热面上造成结渣（或称结焦），使传热恶化，影响正常的水循环，严重时会影响锅炉的安全经济运行。因此，灰熔点关系到锅炉工作的可靠性。

由于灰的组成很复杂，并且是变化的，所以没有固定的熔点，而只有熔化温度范围。通常将它们分为三个阶段，DT(t_1) 灰熔融性变形温度；ST(t_2) 灰熔融性软化温度；FT(t_3) 灰熔融性流动温度。为了测得上述数值，通常是在实验室中先把灰做成具有正三角形底（底边 7mm）、高为 20mm 的灰锥，然后送入电炉，在半还原性介质中加热，并根据灰锥的变形情况，确定灰熔化的三个阶段温度。

灰熔点的高低主要与灰的化学成分有关。一般说来，煤灰中的高熔点的成分越多其灰熔点也就越高。有些金属化合物，如 C_aO、M_gO 其本身熔点很高，为 2600～2800℃，但在高温作用下，往往与其他成分（如 F_eO、S_iO_2、Al_2O_3 等）结合生成熔点共晶体，熔点在 1000～1200℃之间。煤灰的成分按其化学性质可发为酸性氧化物（如 S_iO_2）和碱性氧化物（如 Fe_2O_3），灰中酸性成分增加，会使熔点提高。当酸性成分超过 80%～85%时，灰往往是难熔的，相反，碱性氧化物增多则熔点下降。灰熔点还随含铁量的增加而下降。

另外，周围介质性质对灰熔点也有影响。在锅炉炉膛中，特别是灰渣形成区周围，往往还有原性气体存在，能促使灰熔点降低。

灰分的烧结性是指灰分在高温对流受热面（如过热器）生成高温烧结性积灰的性能。灰分的烧结性与灰分的熔化性并没有直接的关系。灰分的烧结性影响因素较多，首先与煤灰的成分有关，当灰中所含钠和钙对烧结强度的影响较大，前者具有增高烧结强度的作用，而后者则明显抑制烧结过程。

煤灰的黏度特性是煤灰熔体的主要物理特性之一，表征着煤灰熔体流动时内部分子间的摩擦力。在不同温度下，煤灰熔体有不同黏度，煤灰熔体流动时粘滞活化能随温度升高而降低，因此煤灰的黏度随温度升高而降低。煤灰成分对黏度特性的影响可以表示为煤灰的酸性氧化物与碱性氧化物之比对黏度的影响，当酸性氧化物与碱性氧化物之比值增大而形成较大的网络阴离子团，从而增高了煤灰熔体的黏度。

5. 煤的可磨性系数

煤是一种脆性物质，在机械力的作用下，可以被破碎为小颗粒的煤粉。碎煤机的碎煤率一般只有 4～20 倍，而磨煤机的碎煤率可达 200～500 倍。煤在破碎过程中出现的新表面需要外作用力来克服煤分子间的结合力，从而消耗一部分外来能量。试验表明，破碎所消耗的能量与新形成的自由表面积成正比，煤粉越细，形成的自由表面积越大，破碎所消耗的能量越多。

所谓标准煤，就是指选定的一种难磨的无烟煤，规定它的可磨性系数为 1。煤种越容易磨，所消耗的能量就越小，可磨性系数越大，反之，则可磨性系数越小。

煤在磨制过程中，对磨煤机金属碾磨部件的磨损程度，称为煤的磨损性。

四、 煤粉的一般特性

1. 吸附性

煤粉是由不规则形状的微细颗粒组成的颗粒群，其尺寸一般小于 300μm，其中 100μm 以下的颗粒占多数（尤其 20～50μm 的颗粒）。与其他颗粒群不同的是，煤粉由于在制粉系统中被干燥，其水分一般为 0.5～1.0W_{mf}，因此干燥的煤粉具有很强的空气吸附能力。

2. 流动性

刚刚磨制出的煤粉是松散的，轻轻堆放时，自然倾斜角为 25°～30°。吸附了空气薄层的煤粉的自然堆积密度为 700kg/m^3。堆放久了的煤粉，被压紧成块，流动性减少，其堆积密度可达到 800～900kg/m^3。由于干燥的煤粉流动性好，可以通过很小的间隙，因此制粉系统的严密性是设计和运行制粉系统都必须考虑的，煤粉的自流给锅炉运行中的调整和操作造成困难。

3. 吸湿性

干燥的煤粉也有很强的从周围的环境中吸收水分的能力，称为吸湿性。煤粉吸收水分后会影响其自身的导电性、自黏性，尤其是流动性，而流动性直接影响煤粉的正常气力输送。

4. 磨蚀性

煤粉在管道中进行输送及在制粉系统内部流动时，煤粉在惯性力的作用下对管道及各种部件的金属表面进行冲撞和摩擦以致造成壁面的磨蚀，这就是煤粉的磨蚀性。在制粉系统中，分离器内筒、导向叶片，以及旋风分离器进口气流第一次拐弯处的筒壁、锥体部分磨损的情况特别严重。其中对分离器锥体部分的磨损主要是由于大颗粒的煤粉冲击的结果，这些大颗粒从器壁上反弹而做跳跃运动，在很多情况下，大颗粒的煤粉未返回磨煤机而在分离器的锥体部分继续旋转，使锥体部分受到更为严重的磨损。

5. 自黏性

自黏性是由于静电作用力、分子引力及毛细作用力所引起的，这是描述煤粉颗粒之间相互作用的力。除此之外黏附性则描述煤粉颗粒与器壁表面的相互吸引的作用力。

6. 自燃性

煤粉长期堆放在某一死区内，与空气中的氧气长期接触而氧化时，自身热分解释放出挥发分和热量，使温度升高，而温度升高又会加剧煤粉的氧化。若散热不良，会使氧化过程不断加剧，最后使温度达到煤粉的着火点而引起煤粉的自燃。在制粉系统中煤粉是由风来输送的，风和粉混合成云雾状的混合物，一遇到火花就会造成爆炸。影响煤粉爆炸的因素很多，如挥发分的含量、煤粉的细度、风粉混合物的浓度、流速温度、湿度和输送煤粉的气体中氧的比例等。一般来说，挥发分的含量 $V_{daf}<10\%$的煤粉（无烟煤）是几乎没有爆炸危险的；而 $V_{daf}>20\%$的煤粉（烟煤等）很容易自燃，爆炸的可能性很大。煤粉越细越易爆炸，越粗爆炸的可能性越小，例如：煤粉的细度为 0.1mm 时几乎不会爆炸。对于挥发分过高的煤不宜磨得过细，煤粉浓度是影响煤粉爆炸性的重要因素，实践表明：最危险的浓度在 1.2～2.0kg/m^3，大于或小于该浓度爆炸的可能性都会减小；风粉混合物的温度要低于煤粉的着火温度，否则可能会自燃引起爆炸。

制粉系统的煤粉管路应具有一定的倾斜角，风粉混合物在管内的流速应合适：过低会造成煤粉的沉积；过高又会引起静电火花，故一般在 16～30m/s 范围内。潮湿的煤粉具有较小的爆炸可能性，煤粉的湿度往往反应在磨煤机出口的温度上，因此直吹式制粉系统都对磨煤机出口温度提出严格的要求。对于正压直吹式制粉系统还应特别指出的是分离器出口煤粉管在锅炉周围有的管段是水平布置的，这样的管段内部很容易积粉，特别是当锅炉冒正压的工况下，火焰可能会“回火”引燃煤粉管内的积粉造成燃烧或爆破，严重的情况下可能造成煤粉管烧毁。为了防止此种情况的发生应采取合适的方式避免磨煤机煤粉管内的积粉，合理投入清扫风，加强对备用中的磨煤机煤粉管检查，防止煤粉管内积粉自燃爆破的情况发生。

五、 煤粉的细度

细度是用来反映煤粉颗粒粗细程度的指标。煤粉的细度是指：把一定量的煤粉放在筛孔尺寸为 x μm 的标准筛上进行筛分、称重，煤粉在筛上的剩余量占总量的百分数定义为煤粉的细度 R_x，即

$$R_x = \frac{a}{a+b} \times 100\%$$

式中　a ——筛孔尺寸为 x μm 的筛上剩余量；

　　　b ——通过筛孔尺寸为 x μm 的煤粉量。

对于一定的筛孔尺寸，筛上的剩余煤粉量越小则说明煤粉磨得越细，也就是 R_x 越小。用于衡量煤粉细度的标准筛具有特定的筛号与标准的筛孔尺寸。筛号用目数来表达，目数即筛网单位长度上的孔眼数。各国有不同的惯用标准。在我国如 70 目筛，表明的是一种在每厘米长度上有 70 个筛孔眼，即在每平方厘米网面积上有 4900 个筛孔眼的筛子。不同筛号的筛网由不同直径的金属丝编织而成，筛网的孔眼尺寸与筛网丝的直径近似比为 3∶2。

从燃烧角度看煤粉磨得越细越好，这样也可以适当减少炉内的送风量使排烟热损失降低，同时煤粉细也可降低机械部完全燃烧热损失；从降低制粉系统电耗和降低磨煤机的磨损角度，则希望煤粉磨得粗些。因此锅炉实际采用的煤粉细度应根据不同的煤种的燃烧特性和磨煤机运行费用两个方面进行综合的技术经济比较后确定。因此把 $q_2+q_4+q_n+q_m$ 之总和为最小时所对应的煤粉细度称为经济细度（q_2 为排烟热损失、q_4 为机械不完全燃烧损失、q_m 为磨煤机电耗、q_n 为制粉系统金属消耗）如图 5-6 所示。

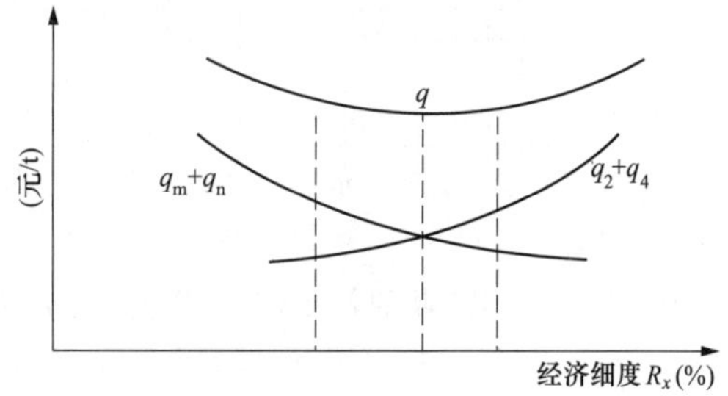

图 5-6　煤粉的经济细度

六、 燃煤成分对锅炉的影响

发电厂所燃用燃料种类和成分的变化对锅炉燃烧设备的结构选型，受热面布置，以及运行的经济性和可靠性都有很大影响。下面介绍煤质成分变化对锅炉运行的影响。

1. 挥发分的影响

煤的挥发分含量是评定其燃烧特性的首要指标。不同煤种，挥发分含量也不同。不同煤种挥发分的性质也不同。不同煤种挥发分的特性见表 5-2。

表 5-2　　不同煤种的挥发分特性

煤　种	挥发分开始逸出温度（℃）	挥发分发热量（MJ/kg）
无烟煤	～400	69.08
贫　煤	320～390	54.43～56.52
烟　煤	210～260	39.36～48.15
长焰煤	～170	～35.59
褐　煤	130～170	～25.75

挥发分含量最高的煤，很容易着火燃烧。挥发分析出后，燃料会变得比较松散、孔隙较多，增加了燃料的燃烧面积，加速了燃烧过程。

由图 5-6 可知随着挥发分含量的减少，煤粉的着火温度显著增加。有的资料认为：高挥发分煤粉的着火温度约在 800℃，低挥发分煤的着火温度可高达 1100℃。对国内一些煤种用热差分析方法测得堆集煤粉引燃明显放热时温度大致是：对 $V_{daf}=40\%$ 的长焰煤，约为 210℃，挥发分在其余范围内的煤种，其温度水平也相应地介于上述各间隔温度之内。挥发分含量对着火过程的影响是：按挥发分含量增加，着火速度加快。所以煤的着火特性主要取决于挥发分的含量，图 5-6 所示为着火温度与挥发分含量的关系。挥发分含量对煤粉的燃尽度也有直接的影响。挥发分含量越高，一般灰渣未完全燃烧热损失就越小，从一些固态排渣煤粉炉调查研究的结果来看，飞灰可燃物的含量随燃煤的挥发含量增加而减少。

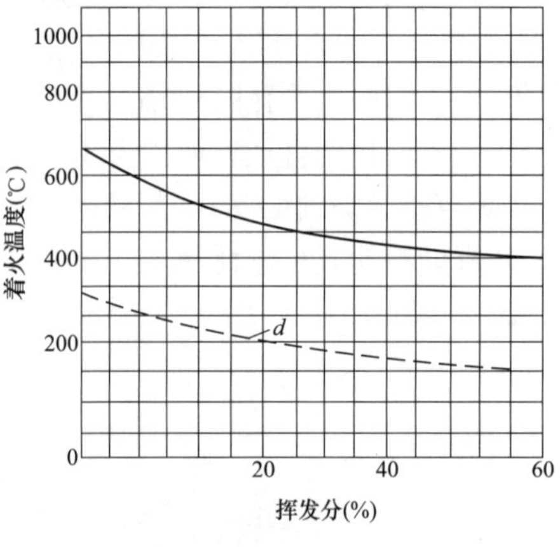

图 5-7　气粉混合物的着火温度与挥发分含量关系
d—堆积煤粉的阴燃温度

从图 5-7 可以看出，堆积煤粉的阴燃温度也是随挥发分的增加而降低的。高挥发分煤对制粉系统的安全性是不能忽视的。

燃料的挥分发也是对燃烧器选型、布置、炉膛形状、制粉系统形式及防爆措施的设计依据。例如原为烧用低挥发分煤的锅炉改烧高挥发分煤后，炉膛火焰中心逼近燃烧出口处，容易使燃烧器烧坏；反之，火焰中心远离燃烧器，推延着火时间，燃烧不完全，如调整不及时会造成燃烧不稳定甚至灭火。

2. 水分的影响

煤的水分是评价煤炭经济价值的基本指标，既是数量指标又是质量指标。燃煤的水分增加，会使燃烧温度下降。原因是在燃烧过程中，煤中的水分吸热而汽化并过热，经多次试验表明，水分对燃烧温度的影响比灰分还大。炉膛温度的降低，不但会使燃烧不稳定，而且还影响煤的燃尽程度，从而影响锅炉的安全性和经济性。

在燃料燃烧后，燃料中水分吸热变成水蒸气并随烟气排入大气，增加烟气量而使排烟损失增加，降低锅炉热效率，并且使引风机电耗增大。当水分增大，也给低温受热面的积灰和腐蚀创造了外部条件。水分增大，对过热汽温造成影响，一般经验数据为，水分每增加 1%，过热蒸汽温度会升高 1.5℃。

燃煤的水分增加，其流散性逐渐恶化，也使煤仓、输煤管道及给煤机黏结、堵塞。但是，从燃烧动力来讲，燃烧含有适量的水分对燃料过程有以下有利的作用：

（1）火焰中含有水蒸气对煤粉炉的悬浮燃烧是一种有效的催化剂。

（2）水蒸气分子可以加速煤粉焦炭残骸的汽化和燃烧。

（3）水蒸气还可以提高火焰黑度，增加辐射放热强度。

对于烟煤，外在水分超过8%～10%，就会造成输煤、给煤系统运行中的麻烦；如水分超过12%～15%，就严重影响运行的可靠性。

3. 灰分的影响

灰分对燃烧的影响表现在对着火的影响，从图5-8可以看出，灰分含量高会使火焰传播速度减慢，着火时间推迟，燃烧温度下降，燃烧稳定性差。

燃煤灰分增加，其可燃质含量减少。因此，发热量、燃烧所需的空气量和燃烧后生成的烟气量等比设计值低。

如果燃料消耗量保持不变，则由于燃料发热量降低，使炉内总放热量降低，因而锅炉蒸发量降低，同时炉膛出口烟温也会降低，对流受热面的传热温差减少，使对流受热面吸热量显著降低。

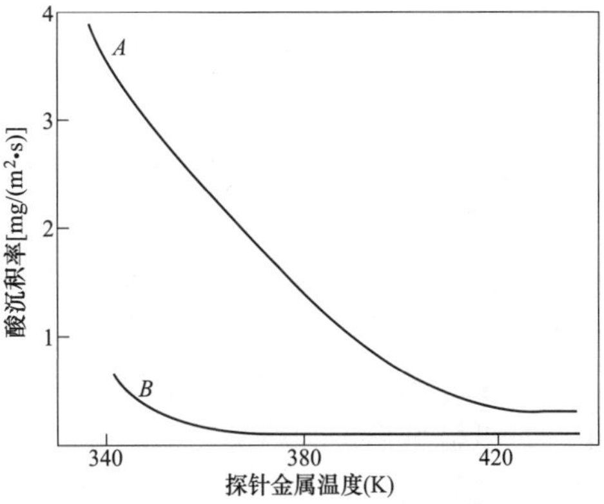

图5-8　煤灰成分对炉内酸沉积的影响

A—低钙灰，煤中硫含量0.9%；

B—高钙灰，煤中硫含量1.5%

如果保持蒸发量不变，则必须增加燃料消耗量，这样总灰分就增大了，会使火焰温度下降，因灰分在燃烧过程中要吸收热量，高灰分的煤，由于着火时间推迟，燃烧温度下降，因而燃烧的稳定性会变差。

灰分增加会使着火推迟，燃烧的稳定性较差，因此要求有较高的预热空气温度及其他改善着火条件的措施。

灰分增加会使煤的燃尽度变差，同时煤的可燃质组成成分相应减少，虽然飞灰可燃物含量也略有降低，但总的机械不完全燃烧损失是增加的。

灰发的增减，会对过热蒸汽温度产生影响，一般是燃烧灰分每变化±10%，过热蒸汽温度就相应变化±5℃。

从运行安全性来看，燃料灰分越多，受热面的沾污和磨损就越严重。炉膛水冷壁受热面的沾污常引起结渣及过热器超温爆管而威胁锅炉的安全运行。过热器和再热器的沾污常引起高温黏结灰和高温腐蚀，而尾部受热面的沾污则会导致排烟温度的显著上升，增加排烟热损失而降低锅炉运行的热经济性。

灰分增多，会引起对流受热面，特别是尾部对流受热面的严重磨损。因此，燃用高灰分燃料的锅炉，炉膛及对流受热面都应装有有效的吹灰装置，并定期吹灰。为了减轻受热面的飞灰磨损，必须限制烟气流速及采取有效的防磨措施。

此外，燃料中灰分增加，特别是高灰分的煤种，往往质地坚硬，破碎困难，会增加磨煤机的电耗，造成制粉系统设备的磨损增大并增加检修和更换设备的工作量。灰分还是造成大气的环境污染的根源。因此，对于固态除渣煤粉炉，从燃烧的稳定性和安全性考虑，燃煤灰分不宜超过 40%。华能安源发电厂的设计煤种灰分 A_{ar} 为 33.13%，校核煤种一、二的灰分分别为 37.38%、29.13%。

灰分熔融性对锅炉运行影响也很大，因为它是造成炉膛结渣和高温对流受热面沾污、结渣的主要原因。为避免高温对流管束的沾污和结渣，通常要控制炉膛出口烟温低于灰的变形温度 DT 以下 50～100℃。

4. 硫分的影响

煤中的硫对着火和燃烧过程没有明显的影响，但煤中含硫量增加，常会引起煤粉仓内煤粉温度升高，当进入空气时，甚至自燃。

燃煤中含硫量增大，最大的影响是燃烧产生的烟气会使低温受热面形成低温酸腐蚀，随之也会带来烟气通道堵塞等问题。

燃煤中的可燃硫在燃烧过程中被氧化，生成 SO_2 及微量的 SO_3，硫酸盐也会受热分解出 SO_3。SO_3 含量虽然是很少的，但由于与烟气中的水蒸气结合形成硫酸蒸汽，硫酸蒸汽开始凝结的温度称为酸露点，当烟气温度低于酸露点时，硫酸蒸汽在低温受热面及烟道部分就会凝聚造成酸腐蚀和沾污。烟气中的 SO_2 对受热面的腐蚀及沾污没有明显的影响。

根据电厂的运行经验，对于煤粉锅炉，当煤的含硫量小于 1.5%时，尾部受热面不会产生明显的低温酸腐蚀和堵灰，即使排烟温度和空气预热器的进风温度较低，也无明显腐蚀；当煤的含硫量为 1.5%～3%，如不采取有效措施就会有明显的腐蚀和堵灰；若煤的含硫量大于 3%，就进入严重的腐蚀和堵灰范围，使空气预热器堵灰和因腐蚀而大量漏风，因而严重影响锅炉运行的安全性和经济性。

仅有煤的硫含量这一单一指标无法正确预测煤粉炉内酸沉积率或露点温度的高低。这是由于有相当的一部分 SO_3 与钙的氧化物反应后形成硫酸钙。对于通常灰中 CaO 含量较低的高硫烟煤，炉内烟气呈高度酸性、当烟气中 SO_3 浓度超过 5μL/L 时，空气预热器严重腐蚀；对低硫高钙煤，烟气 SO_3 浓度往往低于 1μL/L，是非酸性的；对于大多数中硫煤，低温腐蚀则取决于煤中非硅酸盐的钙和碱金属含量高低，烟气可能是高度酸性、中等酸性或是非酸性的。燃用不同煤种锅炉烟气的酸性（烟气过剩氧量 4%）见表 5-3。

表 5-3　燃用不同煤种锅炉烟气的酸性

煤种	煤中硫（%）	灰中 CaO（%）	烟气中 SO_3 (μL/L)	露点温度（K）	最大酸沉积率 [mg/(m² · s)]
高硫低钙	>2.5	2～5	10～25	400～410	5～10
中硫低钙	1～2.5	2～5	5～10	295～400	2.5～5
中硫中钙	1～2.5	5～10	1～5	285～295	1～2.5
低硫高钙	<1	>10	<1	<285	<1

5. 有害元素的影响

（1）磷。煤中的磷对锅炉有害，在煤燃烧时，煤中磷灰石在湿空气中受热，这时磷灰石中的磷经磷化氢（HP）的形式逸出，磷化氢是剧毒物质。同时，在高温的还原气氛中，磷被还原为磷蒸汽，附着在火焰上燃烧，遇水蒸气形成焦磷酸（$H_2P_2O_7$）。而焦磷酸附着在锅炉管壁上与飞灰结合，时间长了就形成坚硬的难溶的磷酸盐结垢，使管壁受损。

（2）氯。煤中的氯多以 N_aCl、KCl 的形态存在，如果氯含量较高时，在燃烧过程中会腐蚀炉管壁。有报道指出，锅炉燃用含氯量0.06%～0.6%的贫煤时，在4000h运行周期内，空气预热器低温端受热面厚度为1mm的低碳钢板已全部腐蚀。

其他微量元素，煤中含有氟、砷、汞、铍、镉、铝、硒等微量元素时，在燃烧过程中会生成有害的燃烧产物。对环境造成污染，严重时致使动、植物生病甚至死亡。

七、燃煤特征

新昌电厂设计煤种为混煤（黄陵烟煤：丰城煤＝60∶40），校核煤种1为淮南烟煤，校核煤种2为混煤（黄陵烟煤：平顶山煤＝26∶74），校核煤种3为黄陵烟煤。煤质分析数据及灰分组分见表5-4，煤灰熔点特性见表5-5。

表5-4　煤质分析数据及灰分组分

项目	符号	单位	设计煤种	校核煤种1	校核煤种2	校核煤种3
煤种			混煤	淮南烟煤	混煤	黄陵烟煤
工业分析						
空气干燥基水分	M_{ad}	%	1.23	1.00	1.32	1.73
收到基全水分	$M_{t,ar}$	%	10.4	6.49	4.13	9.95
收到基灰	A_{ar}	%	22.33	23.82	35	17.21
干燥无灰基挥发分	V_{daf}	%	31.27	40.42	35.41	36.89
固定碳	FC_{ar}	%	45.61	41.52	—	45.97
元素分析						
收到基碳	C_{ar}	%	54.88	58.32	49.46	59.78
收到基氢	H_{ar}	%	3.72	4.11	3.34	4.16
收到基氧	O_{ar}	%	6.31	5.93	6.06	6.77
收到基氮	N_{ar}	%	1.13	1.08	0.81	1.09
收到基硫	S_{ar}	%	1.27	0.27	1.2	1.04
收到基低位发热量	$Q_{ar,net}$	MJ/kg	21.43	22.89	19.23	23.32
可磨性系数						
哈氏可磨性指数	HGI		69	60	71	63
冲刷磨损指数	K_e		—	1.49	—	—

表5-5　煤灰熔点特性

项　目	符号	单位	设计煤种	校核煤种1	校核煤种2	校核煤种3
灰变形温度	DT	℃	1150	>1500	1220	1150
灰软化温度	ST	℃	1210	>1500	1310	1210
灰半球温度	HT	℃	1220	>1500	1320	1220
灰熔化温度	FT	℃	1230	>1500	1330	1230

第三节　磨　煤　机

一、 磨煤机的分类

磨煤机是把原煤磨制成煤粉的设备，是制粉系统的重要设备。磨煤机将原煤磨制成煤粉主要是根据撞击、挤压和研磨等原理来实现的，每一种磨煤机往往同时具有上述两种或三种作用力，但是以其中一种为主。

磨煤机按转速可分为以下几种类型：

（1）低速磨煤机。低速磨煤机通常指筒式钢球磨煤机，其转速为 15～25r/min。

（2）中速磨煤机。中速磨煤机包括中速平盘式磨煤机、中速钢球磨煤机、中速碗式磨煤机，转速为 50～300r/min。中速磨煤机具有质量轻、占地少、制粉系统简单、投资少、电耗低、噪声小等特点，因此在大容量机组中得到日益广泛的应用。目前我国电厂中应用较多的中速磨煤机有四种：平盘磨、碗式中速磨煤机、MPS 磨、中速球磨或 E 形磨。

中速磨煤机的结构各不相同，但是具有共同的工作原理，即都是两组相对运动的研磨部件；在弹簧力、液压力或其他外力的作用下，把它们之间的原煤研磨成煤粉，然后通过研磨部件的旋转运动，把磨碎的煤粉甩到周围的风环室，流经风环室的热风把这些煤粉带到位于中速磨煤机上部的旋转分离器；在旋转分离器中，粗煤粉被分离出来重新再磨，合格的煤粉送往燃烧器。在磨粉过程中，还伴随有热风对煤粉的干燥；同时，被甩出来的原煤中的少量的石块和铁块等杂物落入石子煤箱，被定期排出。

（3）高速磨煤机。高速磨煤机包括风扇式磨煤机和锤击式磨煤机，转速为 500～1500r/min。

一般情况低速磨煤机常用于中间储仓式制粉系统，中速和高速磨煤机常用于直吹式制粉系统。

新昌电厂是由东方锅炉厂设计的超超临界变压运行直流锅炉，选用的是上海重型机器厂生产的 HP1003 型带静态分离器的磨煤机，这是 RP 型磨煤机的基础上发展起来的碗式磨煤机。每台机组配套 6 台中速磨煤机，其中 5 台运行，1 台备用。磨煤机特性参数见表 5-6。

表 5-6　　磨煤机特性参数

设备	项　目	规　范	单　位
磨煤机	磨煤机型号/形式	HP1003/冷一次风机正压直吹中速碗式磨煤机	
	生产厂家	上海重型机器有限公司	
	防爆蒸汽压力	0.3～0.8	MPa
	防爆蒸汽温度	150	℃
	入磨煤粒度	0～35mm（95%），35～50mm（5%）	
	磨煤机出口干燥介质温度	77（设计煤种）	℃
	煤粉细度	R_{90} = 19.64%	
	磨煤机抗爆能力	0.35	MPa
	石子煤的排出量	小于 0.1	%

续表

设备	项目		规范	单位
磨煤机	磨煤机出力		设计	
		最大出力	74	t/h
		计算出力	54.23	t/h
		保证出力	66.6	t/h
		最小出力	18.5	t/h
	磨煤机通风量	最大通风量	103	t/h
		计算通风量	·92	t/h
		保证出力的通风量	99	t/h
		最小通风量	72	t/h
		磨煤机转速	33.01	r/min
	磨煤机通风阻力（包括分离器、煤粉分配箱）	最大通风阻力	4.5	kPa
		通风阻力（保证出力）	4.147	kPa
		计算通风阻力	3.589	kPa
	磨煤机密封风系统	磨煤机的密封风量	70.75	m^3/min
		磨煤机的密封风（或与一次风压的差压）	2000	Pa
	磨煤机单位功耗（BMCR）		9.38	kWh/t
	保证出力下的单位功耗		8.3	kWh/t
	磨煤机单位磨损率		1.8	g/t
	主要部件寿命	磨辊	≥10 000	h
		磨碗衬板	≥15 000	h
		磨辊轴承密封件	≥20 000	h
		石子煤刮板	≥10 000	h
	分离器形式		静态离心式分离器	
	磨辊加载方式		弹簧变加载	
	磨煤机分配器形式		文丘里套管	
磨煤机电机	电动机型号		YHP560-6	
	额定功率		560	kW
	额定转速		982	r/min
	额定电压/额定电流		6000/70	V/A
	冷却方式		IC611（空-空冷却）	
传动装置	减速机型号		KMP300	
	传动方式		螺旋伞齿轮加行星齿轮二级传动	
	传动比		29.748	
	润滑冷却装置（型号）		OWTS09	
	油泵流量		175	l/min

续表

设备	项　目	规　范	单　位
传动装置	电动机功率	7.5	kW
	正常供油压力	0.15～0.35	MPa
	冷却水量	14.7	m^3/h
	冷却水压力	0.3～0.6	MPa
	油箱电加热器数量	6	台
	额定电压	220	V
	额定功率	0.1775	kW
	润滑油牌号	ISO-VG320	

二、HP、RP 磨煤机结构及特性

1. HP 磨煤机主要结构与特点

原煤经连接在给煤机上的中心管送到磨碗上，在离心力的作用下，向磨碗的周边移动。三个独立的弹簧加载磨辊按相隔 120°分别安装于磨碗上部，磨辊与磨碗之间保持一定的间隙，两者并无直接的接触。磨辊利用弹簧加压装置施以必要的研磨压力，当原煤通过磨碗与磨辊之间时，原煤就被磨制成煤粉。HP 磨煤机主要是利用压碎和碾磨两种方法来实现制粉的，磨制出的煤粉由于离心力作用继续向外移动，最后沿磨碗周边溢出。HP 磨煤机结构如图 5-9 所示。

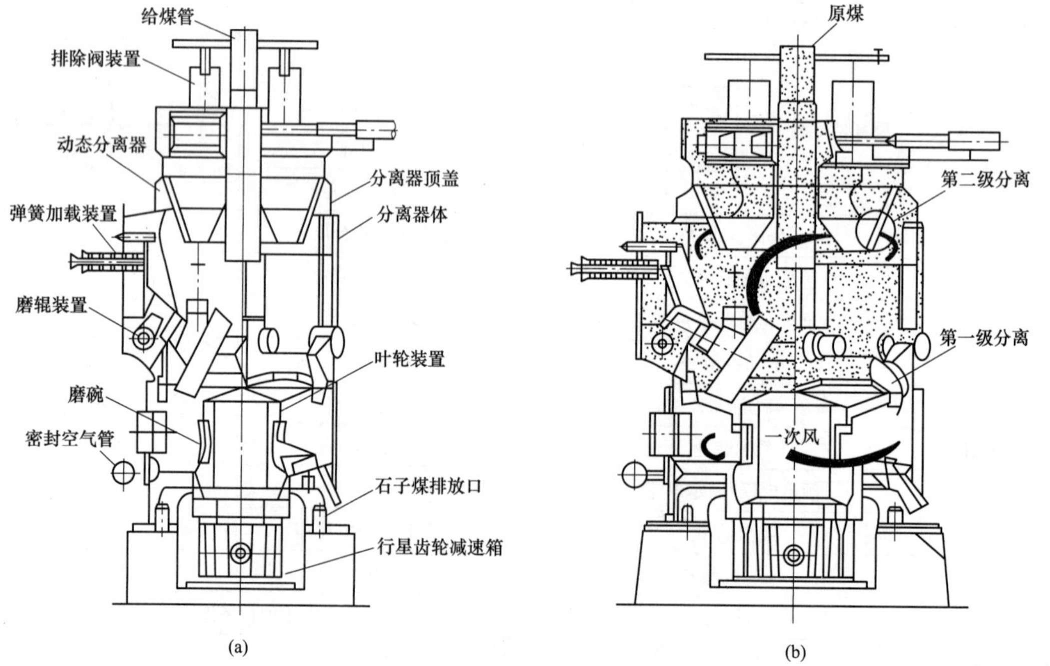

图 5-9　HP 磨煤机结构示意

(a) 结构示意图；(b) 工作原理图

HP 磨煤机的主要功能是将直径小于或等于 38mm 的原煤研磨成 0.075mm 左右的煤粉。热一次风从磨碗下部的进风口进入，围绕磨碗向上穿过磨碗边缘的叶轮装置，装在磨碗上的叶轮使气流均匀分布在磨碗边缘并提高了速度。与此同时，煤粉和气流就混合在一起了，气流携带着煤粉冲击固定在分离器体上的固定折向板，颗粒小且干燥的煤粉仍逗留在气流中并被携带沿着折向板上升至分离器，大颗粒煤粉则回落至磨碗被进一步碾磨和分离。

HP 型磨煤机的主要特点：

（1）采用了单独的齿轮减速箱，第一级为螺旋伞齿轮，第二级为行星齿轮，具有强度高、质量轻的优点。减速箱能从磨煤机底部取出，换上备用减速箱方便，缩短了停磨时间，独立的减速箱也便于隔热和密封。齿轮的工作温度较低，润滑条件好。磨煤机的研磨力由液压动力止推轴承承受，支撑性能好。止推轴承上装有温度监测装置，当温度超过一定限度时，磨煤机立即自动停止运行。

（2）通过采用新的耐磨材料和增加耐磨材料的体积来延长磨辊的使用寿命。磨辊设计中采用特殊的磨辊翻出装置，磨辊可转出工作位置到垂直的维修位置，不需要拆卸磨辑。

（3）采用弹簧加载装置，不存在弹簧的磨损问题。同时弹簧的位移量较大，允许较大的杂物通过磨辊，对磨煤机起到了保护作用。

（4）采用了随磨碗一起转动的风环装置，使通过磨煤机的空气分布更为均匀，使磨煤机内部的磨损降低，同时加强了煤粉的一次分离，减小了一次风的压力损失。

（5）HP 型磨煤机的分离器增加了顶盖高度，从而降低了通过分离器的气流速度，磨损减轻，差压降低，并改善了煤粉在这一区域的分离效果。

HP 型磨煤机的优点是出力调节范围大，煤粉细度可以作线性调节，两碾磨件无接触，能空载启动，启动力矩小，安全可靠；噪声小，密封性能好，更换磨损件方便，停机时间短，单位电耗小，结构紧凑，占地面积小。

扇形衬板的一端被紧密地镶嵌在磨碗的凹槽内，另一端用夹紧环压紧，当拧紧环上的螺栓后，衬板就被牢牢地固定了，并形成朝向中心的环形碾磨表面，直接与煤相接触。磨碗外周缘装有一圈叶轮，叶轮随磨碗一起由驱动装置驱动旋转，使气流经叶轮后垂直向上。叶轮的通风面积可通过增减空气节流环来调节，从而调节磨煤机的通风量，磨碗结构图如图 5-10 所示。

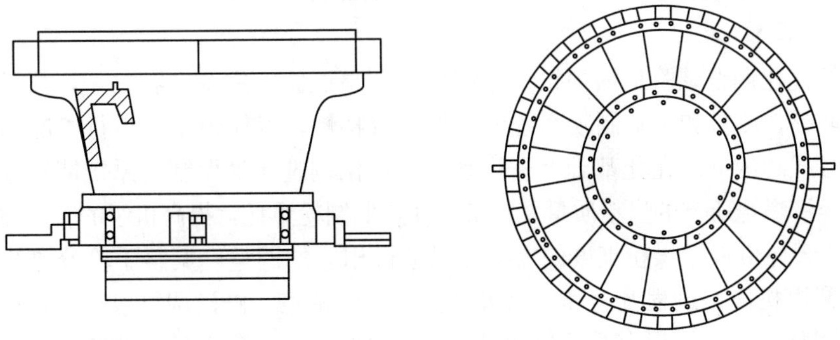

(a)　　(b)

图 5-10　磨碗结构图

（a）磨碗侧视图；（b）磨碗俯视图

磨辊与磨碗配合将原煤磨制成一定细度的煤粉，磨碗上方设有三组磨辊，配有液压加载装置。磨辊由磨辊轴、上下轴承和辊体组成。如图 5-11 所示为磨辊示意图。

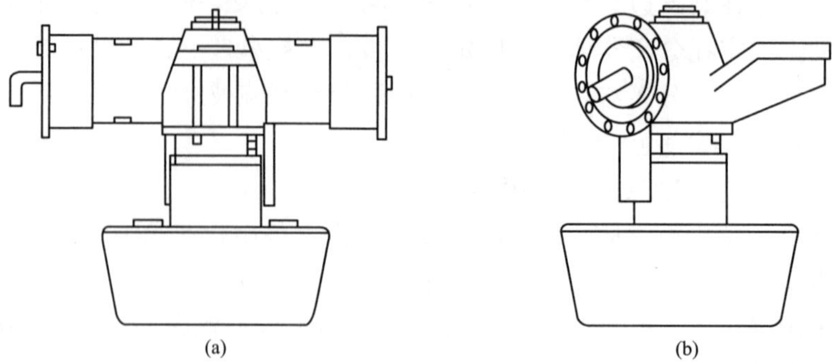

图 5-11　磨辊示意
（a）磨辊俯视图；（b）磨辊侧视图

磨辊与磨碗之间留有一定的间隙，以保证磨煤机空载时，磨碗衬板与磨辊不会直接接触，避免无谓的能耗，使启动时平稳、无噪声。磨辊上设有磨辊与磨碗间隙调节杆，可通过调节杆调节磨辊与磨碗之间的间隙。磨辊轴是固定的，当磨碗转动时，靠原煤的摩擦力传递磨碗的转动力矩使磨辊绕其轴而转动。

动态分离器改善了煤粉细度，提高了燃料热效率，改善了锅炉燃烧状况。动态分离器的设计适用于研磨低挥发分煤，或当磨煤机的研磨能力下降时使系统能够处于常规状态，完成出力调节或者改型为低 NO_x 排出的燃烧器。动态分离器上装有旋转叶片装置，叶片沿顺时针方向旋转，支承在固定于磨煤机外部的轴承装置上。转子包含用于颗粒分离的叶片和原煤落煤管，转子叶片由耐磨钢板制成。分离器的传动方式为通过变频率电动机和减速器的带传动。动态分离器如图 5-12 所示。

静态分离器不能有效地将细的煤粉从粗煤粉中分离出来，会导致细煤粉在磨煤机里再循环。含有细煤粉的研磨区域会降低研磨效率和磨煤机研磨能力（磨煤机出力）。

动态分离器有效地减少了细煤粉在磨煤机内部的循环次数，大大提高了研磨效率和磨煤机出力。动态分离器利用空气动力学和离心力将细煤粉从粗煤粒中分离出来。

2. 磨煤机调整

制粉系统优化调整试验是锅炉机组燃烧优化调整试验的主要内容之一，其目的是通过对制粉系统的调整，测量和了解制粉系统的各种运行特性，以作为系统运行工况调整及确定制粉系统运行方式的依据。在此基础上进行系统的优化调整，确保制粉系统能够连续、均匀供给锅炉安全经济燃烧所需的煤粉质量及数量，并降低制粉单耗，提高机组的安全性和经济性。

HP 中速磨煤机根据煤粉细度的需要可以进行相应的调整，调整手段分离线调整和在线调整，即在磨煤机停运过程调整和磨煤机运行过程中调整。停机调整包括弹簧加载力、磨辊与磨碗间隙调整；运行过程中调整包括风量、出口温度、分离器转速调整。

（1）弹簧加载力调整。加磨煤机加载装置的定值，可提高煤层上的碾磨能力，使磨煤机最大出力增加，煤粉变细，石子煤排放量降低。但磨煤机电耗因磨辊负载增大而增大，并且导致磨煤机的磨损加重。当碾磨压力增加到一定程度后，制粉系统经济性开始降低。从燃烧

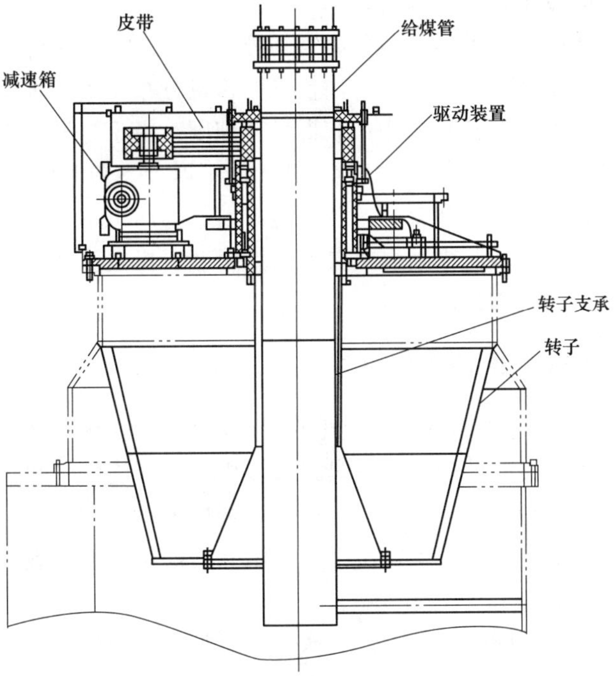

图 5-12　动态分离器示意

经济性来看，增加碾磨压力是有利的。

(2) 磨辊与磨碗间隙的调整。磨辊和磨碗之间的间隙是指磨煤机空载状态下两者之间的间隙，一般维持在 8～10mm。该间隙值直接影响煤粉细度，间隙越小，煤粉越细，但如果间隙过小，在磨煤机低负荷运行工况下，会发生磨辊与磨碗之间剧烈的撞击。

(3) 磨煤机入口一次风量调整。磨煤机的通风量对煤粉细度、磨煤机电耗、石子煤量和最大磨煤出力有影响。在一定的给煤量下增大风量（即增加风煤比），煤粉变粗，磨煤机内循环煤量减小，煤层变薄，磨煤机电耗下降。但由于风环风速增大，石子煤量减少，风机电耗增加，减薄煤层和降低磨煤机电流使磨煤机的最大出力潜力加大。风量的高限取决于锅炉燃烧和风机电耗，如果一次风速过大，将导致煤粉浓度太低或煤粉过粗，易对燃烧产生不利影响，或者风机电流超限，则风量不可继续增加；风量的低限主要取决于煤粉输送和风环风速的最低要求。煤粉管道内的一次风速低，则不足以维持煤粉的悬浮，煤粉会在管内沉积造成管道堵塞，甚至可能引起自燃着火，最低允许值为 18m/s；一次风速过高则不经济，且容易磨损管道、降低煤粉浓度影响着火稳定，因此一次风速不宜超过 27m/s。

(4) 磨煤机出口温度调整。直吹式制粉系统出力的变化（风煤比）是影响磨煤机出口温度的一个经常性的因素。改变风煤比或干燥剂进口温度都可达到调节作用，但为了维持风煤比曲线并使制粉经济，在煤质允许的条件下，应尽量使用改变干燥剂入口温度的方法调节磨煤机出口温度。

提高磨煤机的入口风温可增加磨煤机的磨制能力；在给煤量不变时，可减少磨煤机内的再循环煤量和煤层厚度，使制粉电耗降低。同时，开大热风门、关小冷风门可降低排烟温度和散热损失，并对提高燃烧效率有明显的效果。在安全允许的条件下，推荐维持磨煤机出口温度在上限运行，即按设计温度运行。

（5）分离器转速调整。动态旋转分离器的分离效率高、效果好。通过调整转子转速不仅可获得所需要的煤粉细度，还可调匀各输粉管的粉量分布。当煤种变化时，能够灵敏地用叶片转速来调整离心力大小，及时操作，获得最佳细度。由于分离出来的煤粉细且均匀，有助于实现锅炉分级燃烧，以实现低 NO_x 燃烧技术而不增加飞灰未燃尽碳所产生的燃烧损失。

动态旋转分离器转速要调整合理，否则容易引起磨煤机本体产生大幅振动；另外，如果是通过皮带传动，应该密切监视磨煤机电流，如果磨煤机电流严重偏低，可能是皮带松动引起动态分旋转离器传动机构打滑。

三、 MPS 磨煤机主要结构及特点

MPS 型磨煤机具有高效、节能、低耗的特点，并且适应煤种的能力较强。MPS 系列磨煤机是具有三个固定磨辊的外加力型辊盘式磨煤机。落到旋转的磨盘中间的煤在离心力作用下被甩到磨盘瓦表面并经过磨辊的碾压。三个磨辊均匀布置在磨盘上，碾磨压力由液压缸提供，加载力通过加载架作用到三个磨辊上。磨辊和磨盘受到的加载力是由拉杆、液压缸实现的，最终作用到基础上。

物料的干燥和碾磨是同时进行的。一次风从磨盘周围的喷嘴环喷出，起到干燥和把磨盘上的碾碎的物料吹到中架体上部的分离器里的作用，在分离器里完成粗细粉的分离，符合要求的煤粉被吹走，不符合要求的煤粉将落回到磨盘重新进行碾磨。外来杂质和大块物料因质量较大，不能被一次风吹走，将通过喷嘴环的喷嘴落入中架体底部一次风室中，然后由刮板机构将其刮到排渣箱中排出。

MPS 磨煤机结构及工作原理图如 5-13 所示。

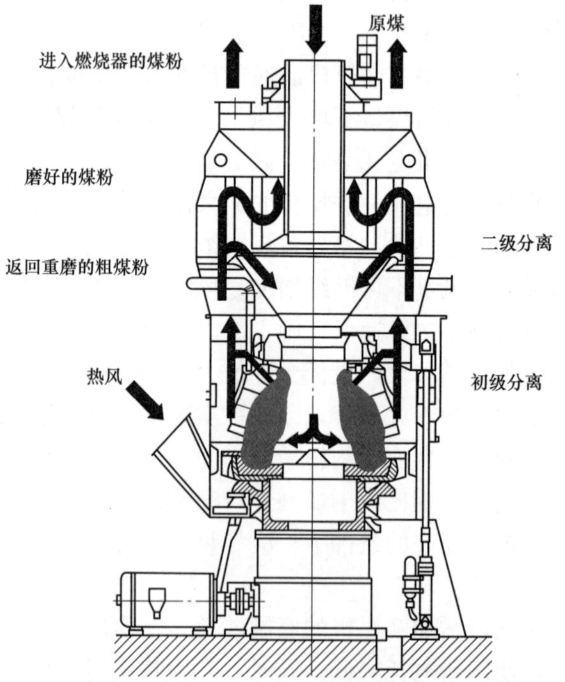

图 5-13　MPS 磨煤机结构及工作原理图

MPS磨煤机由鼠笼式电动机驱动。行星伞齿轮减速机不仅有传输力矩、减速的作用，还承受来自磨煤机质量和加载力所产生的垂直和水平的作用力。主电机的后输出轴可以连接盘车装置，用于磨煤机维修。

液压站通过液压缸和拉杆对磨辊进行加载和提升。润滑站对减速机进行润滑和冷却。

密封风用于磨煤机磨盘处、拉杆关节轴承处和磨辊处的密封。

1. 基础

减速机底板、电机底板和拉杆锚板都通过地脚螺栓和地脚螺栓盒与基础块相连。

2. 下架体

下架体主要承受磨煤机中架体和分离器等大型部件的质量和磨煤机工作中通过中架体导向装置传到中架体上的水平方向的扭转动载荷。下架体下部容纳减速机，上部安装下架体密封环，下架体通过地脚螺栓和基础相连。在下架体旁边设置了排渣箱，在排渣箱上部设置了两套气动闸门阀门。

3. 下架体密封环

磨煤机是一种有压力的设备，为了防止里面的热气泄漏，在下架体上安装了炭精式密封环。密封环是一个法兰环，在其内通以密封风，密封环通过内防护罩安装在下架体的上表面上。

炭精环式密封环，具有密封效果好、耐磨损等优点。此外，密封环是分体的，有利于现场维修更换，在一定范围内有自动补偿磨损的作用。

磨煤机正压运行时，为确保此处的密封作用，必须保证密封风室内的密封风压高于一次风室内一次风压 $\Delta p \geqslant 2\text{kPa}$。密封风绝大部分经密封壳体上部间隙吹入一次风室，仅极少部分漏到大气中，这样就起到了防止一次风室中一次风和粉尘向外泄漏的作用，改善磨煤机周围环境。

4. 中架体

中架体下部与下架体焊接，上部与分离器用螺栓进行连接，中架体承受这分离器的质量和加载架的切向负荷。中架体的内壁上焊有耐磨衬板，以防止煤粉对内壁的冲刷。中架体筒壁上有一个磨辊翻出门（检修磨辊用）、一个检查门（维护检查用人口门）、三个磨辊油位检查门（测量磨辊油位和加油）和两个刮板检查门（检修刮板组件和事故排渣）。中架体为三个拉杆提供密封风接口，拉杆与中架体连接处安装了拉杆密封装置，对上下运动的拉杆进行密封。中架体为下面部分提供惰化蒸汽的接口：碾磨区域和一次风入口。

5. 磨盘装配

磨盘上安装有磨盘瓦，运行时磨辊装配压在磨盘上，磨盘传递行星伞齿轮减速机所提供的转矩，磨盘用螺栓固定在减速机的输出法兰上。磨盘瓦是由高耐磨性的铸铁材料铸造而成，磨盘瓦靠夹紧螺栓固定。在磨盘中间有个中心盖板，用于分开煤料和防止灰尘、水等进入下部空间。刮板用螺栓固定在磨盘上，随磨盘旋转，用于将一次风室内的渣料排入排渣箱。

6. 磨辊装配

由设备质量、碾磨压力、转动所产生的反作用力由磨辊轴承承受。由于润滑条件影响轴承的寿命，因此要特别注意润滑情况。润滑油位不应低于最低油位，以保证磨辊装配的密封圈浸泡在油池里。

为了避免漏油或杂质进入轴承，注意要有良好的密封效果。两套耐高温材料制成的密封圈套在轴上，密封圈的空隙填充润滑脂来增加寿命。中空的辊支架与密封风系统管路连接，密封风通过辊支架内部的环形空腔进入轴前端。为补偿温度变化产生压力的影响，辊轴密封风通道上设有通气器。

在轴端有一个油位检测孔，通过将油标尺插入磨辊装配内部来测量油位，此孔用螺塞封堵。磨辊辊套是由高耐磨性的铸铁材料铸造而成，辊套装入轴承座，侧面用夹紧环固定。

7. 加压装置

加载架通过中架体的三个凸槽来防止扭转，加载架、中架体上有特种铸铁制成的限位板来承受扭转压力，并承受加载架上下运动中的摩擦力。加载架连接支座用来连接磨辊和加载架。连接支座分别与加载架和磨辊装配连接，用于调节磨辊向内的摆动角度，无论是在升起还是降落时，磨辊装配总是由摆动装置保持一定的倾斜度，使其与磨盘瓦保持正确位置。

8. 喷嘴环

喷嘴环由静喷嘴环和动喷嘴环组成。动喷嘴环用螺栓固定到磨盘上，静喷嘴环调整好与动喷嘴环的间隙后焊接到中架体上。

9. 分离器

分离器为动、静态分离器，安装在中架体上并成为磨煤机的一部分。风粉混合物被旋转的一次风从磨盘上吹到分离器里，在分离器里粗粉被分离并落回磨盘重新碾磨，符合要求的煤粉被吹到燃烧器燃烧。

煤粉细度的调整是通过调整分离器转子的转速来实现，最佳转速应经磨煤机试验确定。如果在一次风量和煤质条件都为恒定的条件下，煤粉细度随着分离器转子的转速变化而变化。

每个磨辊装配上都有一个密封风管路与到分离器上的环形管路进行连接，管路的一端连接在辊支架上，另一端通过关节轴承与分离器上的环形管路连接，这样可以补偿在碾磨时磨辊装配产生的位移。分离器出口处设有密封风管道接口，分离器体上有惰化蒸汽管路插入点。

10. 拉杆结构

拉杆的一侧连接在加载架上，另一侧通过连接件连接到液压缸活塞杆上。液压缸通过关节轴承与基础上的拉杆锚板相连。每台磨煤机三个液压缸的头部都安装有限位开关，连接件上的触头接触到开关时开关就启动。当限位开关被触动时，碾磨件就处于运行位置。

第四节　给　煤　机

给煤机是制粉系统供给锅炉燃料的主要辅机之一，其作用是将原煤按要求数量均匀、连续、可调地送入磨煤机。对于大型锅炉不仅要求保证给煤机出力，而且要有良好的调节性能以及供煤的连续性、均匀性，以保证锅炉稳定燃烧工况。尤其是直吹式制粉系统，对给煤量的精确性有更高的要求，以便控制过量空气系数和风粉的精确混合，保证锅炉良好燃烧。

给煤机的种类较多，电厂中常用的有皮带式、皮带重力式、刮板式和电磁振动式等。新昌电厂采用的 GM-BSC22-26 型给煤机，其性能参数见表 5-7。

表 5-7　　给煤机技术性能参数

项　　目	单　　位	参　　数
形式	GM-BSC22-26	
给料率	t/h	9—90
进料口直径	mm	660
进料口与排料口间距	mm	2150
耐压能力	MPa	0.35
计量精度		±0.25%
控制精度		±0.5%
煤层高度	mm	180
给煤机电动机	kW	2.2
给煤机电流	A	9
绝缘等级	级	F
链式清扫刮板电动机	kW	0.37
链式清扫刮板电动机电流	A	1.32
生产厂家	上海某公司	

一、电子称重式给煤机简介

电子称重式给煤机配有电子称重装置和微机控制装置。给煤机一般由原煤仓出煤口闸门、落煤管、可调连接节、给煤机主体、出口落煤斗、清扫装置、给煤机微处理机控制柜、称重装置、皮带断煤报警装置、取样装置等组成锅炉给煤系统。电子称重式给煤机的结构图如图 5-14 所示。

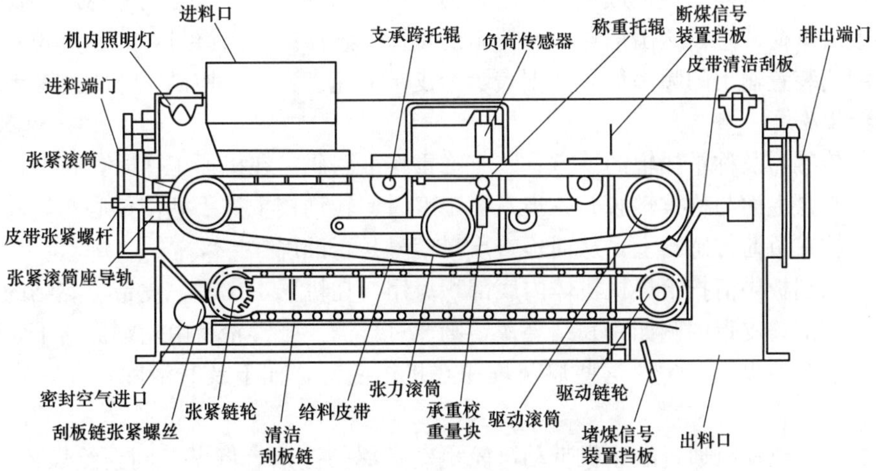

图 5-14　电子称重式给煤机的结构图

二、 给煤机结构及特点

机座由机体，进料和排料端门体，侧门和照明灯等组成。机体为一密封的焊接壳体，能承受 0.35MPa 的爆炸压力。机体的进料口处设有导向板和挡板，使煤进入机器后能在皮带上形成一定断面的煤流，所有能与煤接触的部分，均以不锈钢制成。进料和排料端门体用螺钉紧密压紧于机体上，以保持密封。门体可以选用向左或向右开启。在所有门体上，均设有观察窗，在窗内装有刷灰装置。具有密封结构的照明灯，供观察机器内部运行情况时照明使用。

给料皮带机构由电动机、减速机、皮带驱动轮，张紧轮，张力轮，皮带支撑板以及给料皮带等组成。给料皮带带有边缘，并在内侧中间有凸筋，各轮中有相应的凹槽，使皮带能很好地导向。在驱动轮端，装有皮带清洁刮板，以刮除黏结于皮带外表的煤。皮带中部安装的张力轮，使皮带保持一定的张力得到最佳的称量效果，皮带的张力，随着温度和湿度的变化而有所改变，应该经常注意观察，利用张紧拉杆来调节皮带的张力。在机座侧门内，装有指示板，张力轮的中心调整在指示板的中心刻线。

给料皮带机构的驱动电动机采用特制的变频调速电动机（含测速装置），通过变频控制器，组成具有自动调节功能的交流无级调速装置，能在此较宽广的范围内，进行平滑的无级调速。

给料皮带减速机为圆柱齿轮及涡轮两极减速装置，涡轮采用油浴润滑，齿轮则通过减速箱内的摆线油泵，使润滑油通过蜗杆轴孔后进行润滑，蜗轮轴端通过柱销联轴器带动皮带驱动轮。

断煤信号装置安装在皮带上方，当皮带上无煤时，由于信号装置上挡板的摆动，使信号装置轴上的凸轮触动限位开关从启动煤仓振动器，断煤信号提供停止给煤量累计以及防止在皮带上有煤的情况下定度给煤机。堵煤信号装置安装在给煤机出口处，其结构与断煤信号装置相同，当煤流堵塞至排出口时，限位开关发出信号，并停止给煤机。

称重机构位于给煤机进料口与驱动轮之间，3 个称重辊的表面均经过仔细加工，其中有一对称重辊固定于机体上，构成称重跨距，另外一个称重辊，则悬挂于一对负荷传感器上。皮带上煤重由负荷传感器送出信号，经标定的负荷传感器的输出讯号，表示单位长度上煤的质量，而测速装置输出的频率信号，则表示为皮带的速度，微机控制系统把这两者综合，得到机器的给煤率。

在负荷传感器及称重托辊的下方，装有称重校准砝码。在机器工作时，校准砝码支承在称重臂和偏心盘上而与称重辊脱开，当需要定度时，转动校重杆手柄使偏心盘转动，称重校准砝码即悬挂在负荷传感器上，从而检查质量信号是否准确。

链式清扫刮板供清扫给煤机机体内底部积煤用，在机器工作时，皮带上黏结的煤通过皮带清洁刮板刮落，皮带内侧如有黏结煤灰，则通过自洁式张紧轮后由轮端面落下，同时密封风的存在，也会使煤灰产生，这些煤灰堆积在机体底部，如不及时清除，往往有可能引起自燃。

刮板链条由电动机通过减速机带动链轮拖动带翼的链条，将煤灰刮至给煤机出口排出。链式清扫刮板推荐随着给料皮带的运转而连续运行，采用这种运行方式，可以使机体内积煤最少；连续的运转，也可以防止链销黏结和生锈。

清扫刮板机构驱动电动机采用精确的电子式电流继电器进行过载保护，当清扫刮板机构过载时，在电流继电器作用下最后切断电动机供电电源，使减速机停止转动。

密封空气的进口位于给煤机机体进口处的下方，法兰接入密封空气。在正压运行系统中，给煤机需要通过密封空气来防止磨煤机热风通过排料口回入给煤机。密封空气压力为磨煤机进口压力加上60～245Pa的压力，所需密封空气量则为通过进料落煤管由煤斗部分的空气泄漏量，加上形成给煤机和磨煤机进口间的压力差所需的空气量。给煤机本身密封可靠，可以认为无泄漏。在给煤机机体进口处附近，装有内螺纹接口，可以在此接上压力表来测定机内的压力数值，在不接压力表时则以螺塞密封。

密封空气压力过低会导致热风从磨煤机回入给煤机内，这样，煤灰将容易积滞在门框或其他凸出部分，从而引起自燃。密封空气压力过高或风量过大，又会将煤粒从皮带上吹落，从而使称量精度下降，并增加清扫刮板的负荷，密封空气量过大也容易使观察孔内产生尘雾不利于观察，因此应当适当调整密封空气的压力。

机器的润滑除减速机采用润滑油浸油润滑外，其余润滑均采用润滑脂。机器内部的润滑靠利用软管接至机体外，所以不需打开机器门体即可进行润滑。

给煤机微机控制柜装在机器本体上，在柜内装有电源开关，可以切断电源。微机控制柜内除装有微机控制系统必需的微机控制板、电源板、信号转换板，变频控制器外，还装有热过载保护的磁力启动器以及变压器、熔断器与继电器等。微机控制柜柜门表面装置着微机显示器键盘以及开关SSC和FLS。

第五节 密封风系统

密封风机是为磨煤机提供洁净的密封风，密封风机采用集中供风，与一次风串联设计。每台锅炉配置二台密封风机，由左、右各一台密封风机组成一个密封风供风系统，当一台密封风机运行时，另一台密封风机备用。

每台密封风机进、出口设有电动关断门，每台磨煤机磨前配有密封风管支路电动阀门执行器，作用是切断单台磨煤机的密封风供给。密封风机参数见表5-8，密封风机电动机参数见表5-9。

表5-8 **密封风机参数**

形式	离心式	台数	2
出力（m^3/h）	42 221	全压（Pa）	6382
转速（r/min）	1450	生产厂家	江苏省某有限公司

表5-9 **密封风机电动机参数**

型号	Y315L1-4	功率（kW）	132
额定电压（V）	380	转速（r/min）	1490
额定电流（A）	235	绝缘等级	F
生产厂家	上海某机厂		

每台磨煤机提供一个密封风管总接口，装设一个开关型电动阀。密封风的用户主要有：

分离器上的环形密封风管路；磨辊密封风管路；下架体密封风管路；拉杆密封风管路；磨煤机出口风门后做冷却风用的密封风管路；给煤机密封风管路。

由于密封风机对磨煤机轴承等保护点十分重要，磨煤机启动前必须确认每台磨煤机密封风管支路电动阀和各手动隔离阀开启。在磨煤机运行及调整磨煤机投运台数时尽量不要调整密封风机入口阀门的流量，使入口阀门的开度保证6台磨煤机所需的密封风流量，保证6台磨煤机不论是否投运都有密封风供给，以避免由于磨煤机投运台数的改变而频繁调节阀门开度及流量，保证每台磨煤机的密封风压稳定。当一台磨煤机进行检修或维护时，确认磨煤机入口一次风闸板门已关闭后，再关闭这台磨的密封风电动阀后，对密封风机入口阀门开度及流量进行调整。

1. 密封风机启动前准备

检修工作已结束，热力工作票终结或有试转单，密封风机电源已送上，轴承箱油位在油窗中间位置附近，不低于油窗1/3，油质合格，无乳化变质；密封风机轴承温度小于75℃，电机轴承温度小于75℃，电机绕组温度小于120℃。

2. 密封风机启动

关闭密封风机进出口挡板，至少打开2～3台磨的密封风门，满足风机启动逻辑条件，就地检查正常，启动密封风机，注意电流应在正常时间内恢复至空载电流。检查进出口挡板联开，监盘人员注意监视密封风机电流和密封风压变化在正常范围内；就地检查风机运行正常。

3. 密封风机运行及维护

检查密封风机轴承箱油位应不低于油位表的1/3，油质合格，无乳化变质现象，检查轴承箱各部温度应低于70℃，轴承部位的振动不应大于0.1mm。

检查密封风机及进出口风道严密无漏风，备用风机处于随时可以启动状态，检查密封风机进口滤网差压正常，否则应打开滤网反冲洗门进行冲洗，反冲洗过程中应注意密封风压变化，或通知维护部处理。

第六节　制粉系统的运行

一、制粉系统运行

1. 制粉系统启动前准备

按照运行通则的规定对制粉系统进行检查。磨煤机、给煤机、磨煤机油站已正常送电；磨煤机油箱油位大于2/3，油站就地控制柜电源指示正常，油箱油温大于35℃，即可启动油泵运行；油箱油温小于35℃时联锁启动电加热，油温高于40℃时电加热自动停止。

启动油泵，检查油泵和电机振动不超过0.04mm，电机和泵无异声，泵轴端不渗油，润滑油泵出口油压大于0.9MPa，小于0.9MPa报警，润滑油流量小于121L/min时报警，油泵启动后检查供油压力大于0.2MPa，滤网差压小于0.2MPa；检查供油温度30～60℃。

磨煤机电机及油站冷却水投入，冷却水量合适。磨煤机电机轴承箱油位在1/3～2/3之间，通过油面镜观察油质透明，无乳化和杂质。磨煤机及给煤机的密封风手动门已打开，磨煤机石子系统正常，排渣门打开，检查给煤机已具备启动条件。

给煤机出、入口门开启，检查给煤机减速机内润滑油液位高度不低于1/3，给煤机照明完好，机体内部无积煤和杂物，皮带无破损和撕裂，给煤机就地控制盘各按钮指示正确。

2. 磨煤机启动允许条件

MFT已复位，任一煤层投运或者任一油层投运或者总风量在30%～40%，任一一次风机运行，磨煤机A入口一次风量不低于72t/h，发电机功率大于140MW或A层等离子方式运行（磨煤机A启动），发电机功率大于140MW或B油层运行或等离子方式下A煤层投运且给煤量大于35t/h运行（磨煤机B启动），发电机功率大于140MW或此油层运行（磨煤机C～F启动），磨煤机A变速箱进口油温大于30℃，磨煤机A油站滤网前后差压正常，密封风机A或B运行。磨煤机A密封风/磨碗下部差压大于1.25kPa，入口冷风隔绝门已开，密封风门已开，无磨煤机A跳闸条件，A层燃烧器入口风粉门全开（六取六），减速箱入口润滑油流量大于121L/min，出口挡板开（六取五），润滑油泵运行，润滑油压高。火检冷却风机出口母管压力正常，磨煤机燃烧器冷却风门关到位。

3. 给煤机启动允许条件

磨煤机运行，煤层点火能量满足，出口挡板开（六取五），磨煤机入口冷风隔绝门已开，入口热风隔绝门已开，给煤机A出口闸门全开，密封风门已开，磨煤机A出口温度合适，无给煤机A跳闸条件，出口堵煤信号。

4. 制粉系统启动

给煤机、磨煤机具备启动条件后，确认锅炉机组具备投入磨煤机运行的条件。

在机组启动过程中，投首套制粉系统时本层燃油必须在运行且着火良好（A层制粉系统除外），有油枪及煤层在运行时，炉膛具有足够的热负荷。

打开磨煤机出口门，密封风门，确认建立正常密封风压，检查密封风压应高于一次风压至少2kPa。磨辊装置和齿轮箱与磨碗毂气封装置接通密封空气。打开燃烧器入口风门和磨煤机出口挡板，打开冷、热风隔绝门，调整冷、热风调整门进行暖磨，使磨的通风量及出口温度平稳上升。调整相应层的二次风门开度。关闭燃烧器冷却空气阀门（中心风门）。

当磨通风量在72t/h以上，暖磨至磨出口温度达65～82℃，启动磨煤机，检查磨煤机电流在30s内返回至正常值。磨煤机运行稳定后启动给煤机，但应注意，在给煤之前，磨煤机应在规定的出口温度下暖磨15min以上，并用手动控制给煤量，此时给煤率为磨煤机额定出力的25%（18.5t/h），在磨煤机出口温度未回到规定值之前不应增加给煤量。

当磨煤机出口温度达到正常温度之后，可根据需要逐渐加大磨煤机风量及煤量，注意维持磨煤机风量和出口温度在正常范围内。当已运行的磨煤机的负荷达到80%时，第二台和相继的磨煤机应投入运行。在达到机组负荷所要求的给煤量之后，可根据机组运行的需要，将给煤机投入自动控制方式。

5. 制粉系统运行及维护

监视磨碗差压小于3.25kPa，磨通风量大于72t/h（最小通风量），磨煤机出口温度根据煤质挥发分进行控制。煤质挥发分如果在25%以下时，出口温度控制在80～90℃；煤质挥发分如果在25%以上时，出口温度控制在70～80℃。磨密封风与一次风差压应大于2kPa以上。

检查磨煤机及其油站运转情况，应无异常振动及声响，磨辊运转正常，磨本体及输粉管无漏风、漏粉、漏油的现象。检查磨煤机齿轮油箱油位和润滑油箱油位在 1/2～2/3 内，发现油位不正常的降低、升高应立即查找油位降低、升高的原因进行处理。检查油箱及减速箱内油质应透明，无乳化和杂质，油面镜上无水汽和水珠。检查磨煤机润滑油温在 35～55℃之间，大于 60℃报警，发现油温异常及时检查调整冷却水。润滑油油压正常，过滤器差压应小于 0.2MPa。磨煤机电动机轴承温度小于 85℃，减速箱轴承温度小于 75℃。

给煤机运行中本体无振动，内部无异声，检查皮带无跑偏，无严重划痕和撕裂。给煤机下煤均匀，清扫电机、链条、刮板正常，皮带上无杂物堆积。给煤机就地控制箱的给煤量和给煤总量显示正常，给煤机无报警。磨煤机电机、给煤机及清扫电机、油泵电机及相应的电缆无过热冒烟、着火现象，现场无绝缘烧焦气味。发现异常应立即查找根源进行处理。

6. 制粉系统正常停运

逐渐降低给煤机转速直到最小给煤机速度。最小给煤机速度应用手动方式操作才能达到，给煤机每次降低 10%给煤量。进一步减少给煤量之前，在每一被减的给煤量运行时，磨煤机出口温度应回复到给定值，不允许出口温度超过给定值 11℃，磨煤机通风量应维持自动控制。

逐渐关小相应层二次风门。当给煤机达到最低给煤速度时，关闭热风调整门、热风隔绝门以降低磨煤机出口温度，而冷风挡板应自动打开，并进行检查确认。磨煤机出口温度降至50℃左右，停止给煤机，磨煤机继续运转 10min 以上，出清磨碗的存煤（从低的电动机电流可看出碾磨已经停止)，一旦磨煤机存煤出清，停止磨煤机运行。打开燃烧器冷却空气阀门（中心风门)。确定磨煤机已冷却到环境温度，关闭排出阀门。磨煤机停运后半小时，停止磨煤机润滑油泵运行。磨煤机不使用时，如果在冷天关闭润滑系统应该排出冷油器中的冷却水。如果由于种种原因在冷却管内结冰，启动前应仔细检查，要保证管子没有裂开，润滑油是否被冷却水沾污。

二、 制粉系统事故处理

1. 磨煤机故障跳闸

磨煤机跳闸时 DCS 及光字报警，跳闸磨煤机电动机电流指示到零，炉膛负压增大，联锁跳闸相应给煤机，跳闸磨煤机无火检；过热度、主蒸汽温度、再热蒸汽温度下降。

RB 保护动作后应注意保护动作情况，不能手动干预。如未能正确动作手动处理，若一套制粉系统跳闸后，仍有四套或四套以上制粉系统在运行，应认真进行调整，加大运行磨煤机出力，确保燃烧稳定，立即投备用磨煤机运行并尽快查明磨煤机跳闸原因，恢复该磨煤机备用。若一套制粉系统跳闸后，有三套或三套以下制粉系统在运行时，应立即投油助燃，并启动备用磨煤机。

磨煤机跳闸后，给煤机应联锁跳闸，否则应立即手动停给煤机，关闭该磨热风隔绝门、调整门、磨煤机出口门，开冷风调整门，注意监视磨煤机出口温度不超过 120℃。

如处理过程中锅炉灭火或锅炉有灭火可能但不能准确判断时，应立即手动紧急停炉，再次启动已经跳闸的磨煤机时，必须进行 10min 以上的磨煤机吹扫。

2. 给煤机故障跳闸

给煤机跳闸时 DCS 光字报警，跳闸给煤机电流指示到零，给煤率显示零，其他给煤机给煤量增加。

若一台给煤机跳闸后，仍有四套或四套以上制粉系统运行，应认真调整，确保燃烧稳定，尽快查明原因，恢复该给煤机运行或投入备用制粉系统运行。该给煤机跳闸后，有三套或三套以下制粉系统在运行时，应视情况投油助燃，若给煤机短期内不能恢复运行时，应停止磨煤机运行并尽快投入备用磨煤机。

3. 磨煤机自燃

自燃时磨煤机出口温度无故迅速升高，磨煤机机体热辐射增大，油漆脱落。

如果磨煤机系统出现着火，不管在什么部位着火，磨煤机都不能停止运行，在所有着火迹象清除和磨煤机冷却到环境温度之前决不能打开磨煤机的检修门。

一旦有着火迹象，迅速关闭热风挡板，全开冷风挡板，继续以等于或高于正好着火时的给煤率向磨煤机给煤，但小心不能使磨煤机超载。此时，关闭热风截止闸门通常可熄灭着火，如果磨煤机温度继续升高，就需要注水冷磨。

关闭石子煤收集装置的隔离阀门，打开分离器体顶盖上的消防门，侧机体上的惰性（蒸汽灭火）系统的蒸汽灭火门对着火磨煤机进行灭火工作。

在磨煤机出口温度降低以及所有着火迹象消失之前，继续给煤和注水，在磨煤机出口温度已降低以及所有着火迹象已消失之后，可停止给水、给煤。磨煤机应运转数分钟以清除积煤和积水的系统。

停止磨煤机，关闭所有闸板和阀门，冷风截止阀门，密封空气阀门，煤管截止阀等，使磨煤机隔绝。切断磨煤机和给煤机电源，并挂上禁操牌，通知维护部人员对磨煤机进行检查。

检修工作结束后，应全部检查下列区域（煤粉管道、侧机体、分离器体、内锥体和分离器顶盖等处）的着火迹象和煤或焦灰的燃烧产物并予以清理。清除磨碗上的剩煤，磨煤机不能在磨碗上有煤的情况下重新启动。

在着火或磨煤机冒烟之后，整个磨煤系统从给煤机到燃烧喷嘴（给煤机，磨煤机进风管道、煤粉管道、格条分配器，内部的煤粉喷嘴，翻出机构等）应检查其可能的损坏和完好。如果需要的话应予以修理和清理。一定要清除煤和焦炭的沉积物。检查润滑油，如出现碳化现象应该更换。全面检查正常后，即可重新按正常的启动步骤启动制粉系统。

4. 磨煤机堵煤

磨煤机堵煤时过热度、蒸汽温度下降，磨煤机电流先增大后减小，磨煤机风量降低，磨出口温度下降，负荷下降，总煤量增加。

降给煤量至最低或停止给煤机并增加风量，采取措施的同时应做好启动备用磨煤机的准备，必要时启动起备用磨煤机，如堵煤严重应停磨并通知维护部处理。

5. 防止制粉系统爆炸事故的运行措施

接班前，确认各原煤仓振打器就地控制柜切为“自动”位置（在该方式下，DCS 才可操作），振打器频率应置于最大位置（或接近于最大位置）。

启磨前，应充分暖磨，维持磨出口温度大于或等于 60℃的时间不少于 5min，确保磨煤机与粉管暖管时间较为充分，启动磨煤机前必须确认磨煤机出口温度低于磨煤机入口温度，防止磨煤机内存粉自燃导致磨煤机启动时发生爆炸。

磨制烟煤时控制磨出口温度不大于 85℃，投用等离子点火器时，维持磨出口一次风速在 20～25m/s。

磨煤机运行过程中如果出现断煤情况，应迅速调整热风门开度并全开冷风门降低磨入口风温，特别是磨制高挥发分煤种时应特别注意。同时检查振打器自动投入运行，可适当提高振打器的振打频率，组织人员疏通给煤机，若长时间断煤应停止磨煤机运行并通知检修人员开启给煤机前后盖进行疏通。

投运的燃烧器严禁粉管出口一次风门长时间关闭运行，如出现个别粉管有堵，可采取降低磨煤量并增大通风量的方式吹通粉管。低负荷运行过程中应提高单台磨的运行出力，防止低煤量时磨煤机内煤粉浓度降低至爆炸浓度（尤其是磨制高挥发分煤种的磨煤机）。

磨煤机正常运行过程中石子煤排放应及时，防止有铁丝、铁块等金属在磨内与转动设备摩擦打出火花导致制粉系统着火爆炸，磨煤机停运前应将石子煤排空。

磨煤机停运前应先降低磨入口的热风温度（小于 200℃）再逐渐减少给煤机的煤量，防止煤粉浓度的突然变化导致制粉系统爆炸。

制粉系统正常运行过程中，如磨煤机出口温度快速上升经调整无效后应立即停止磨煤机运行，并投入惰性蒸汽灭火，磨煤机经检查确认无火且出口一次风温度正常后方可重新启动磨煤机运行，磨煤机运行后应加强石子煤的排放。

制粉系统停运后需注意监视磨煤机进、出口温度的变化情况，如出现进、出口温度明显快速上升情况时，应立即投入惰化蒸汽灭火。

三、 制粉系统的运行调整

机组运行中要加强对制粉系统的运行监视和调整，保证制粉系统和机组安全运行，磨制锅炉燃烧所需的燃料量，保证合格的煤粉细度，降低制粉能耗。

尽可能保持制粉系统在最佳出力运行，燃料量和负荷应紧密匹配。加强制粉系统运行参数的监视，防止磨煤机堵磨（尤其是多台磨煤机同时堵塞）。疏通磨煤机时应逐台疏通，防止由于通磨时大量煤粉带入炉膛导致锅炉超温超压。及时判断给煤机运行状况，防止由于给煤机的煤量测量装置异常，导致大量原煤未计算入燃烧控制系统中，引起锅炉严重超温。

各磨煤机热风门的开度尽量保持在 60%～70%，当某一台磨煤机热风门开度过大时，可以适当降低该磨对应的给煤量；当大多数磨热风门的开度均偏小时，应降低一次风机动叶开度，降低一次风母管压力。

正常运行时，磨煤机入口冷、热风调门尽量投自动模式，冷风调门控制磨煤机出口温度，热风调门控制制粉系统通风量。

根据锅炉负荷来调节磨煤机出力，在一定范围内磨煤机出力和一次风量之间有一个线性关系，简单地说也就是风煤比，一般风煤比 V_{daf}＜20%时，风煤比控制在 1.6～1.8 之间；V_{daf}＞20%时，风煤比控制在 2.0～2.2 之间。

磨煤机出口温度根据磨制的煤种而设定（见表 5-10），在允许的前提下尽量提高磨出口温度设定值，降低空气预热器后排烟温度。

表 5-10 磨出口温度限值

序号	干燥无灰基挥发分 V_{daf}（%）	磨煤机出口温度限值（℃）
1	$V_{daf}<20$	100～130
2	$20\leqslant V_{daf}<28.6$	90
3	$28.6\leqslant V_{daf}<31.6$	85
4	$31.6\leqslant V_{daf}<34.4$	80
5	$34.4\leqslant V_{daf}<37.2$	75
6	$V_{daf}\geqslant 37.2$	70

合理调整煤粉细度，兼顾制粉出力和机械不完全燃烧损失，在燃烧设计煤种时当然是选择设计细度，但当煤种偏离设计值时，煤粉细度应该及时调整。挥发分低的煤，煤粉应细些，挥发分高的煤，煤粉可以稍粗点。

严密监视磨煤机的振动情况，运行中可根据煤种的变化选择不同的函数曲线，或调整碾磨压力和反作用压力偏置，或调整给煤量。一般来说，煤层较薄振动较大，煤层较厚振动较小但可能会将原煤排入石子煤箱。

磨制高挥发分煤时，在启动或停止制粉系统以及给煤机断煤时要喷入消防蒸汽，防止制粉系统起火爆炸。

经常监视燃水比，燃水比变化较大时说明煤质波动大，此时如叠加负荷变化快，容易引起主蒸汽温度或壁温超温，需人工手动干预。

给煤机断煤时，检查振打是否自动投入，否则人工敲打，此时应注意调节热风量，避免磨煤机出口超温的同时防止过调触发磨煤机风量低保护动作。

四、磨煤机闭环控制逻辑

1. 磨煤机一次风量调节

在正常运行时，每台磨煤机都要有一次风量控制。一次风量的测点在热风和冷风混合点的下游，因为热风的风量比冷风的风量大，磨煤机的一次风量调节主要通过调节磨煤机进口的热风调节挡板来完成的。在磨煤机进口的一次风混风风道上装有风量测量装置，根据测量装置测得的风量与风量的设定值进行比较，产生控制偏差，由该偏差驱动磨煤机的风量调节比例积分微分控制器（proportional integral differential，PID），PID 产生控制信号作用于热风调节挡板，从而使磨煤机的实际风量与设定值相符。

为了将磨制好的煤粉输送到炉膛，并且维持每个煤粉燃烧器都有适当的煤/风比例，磨煤机风量的设定值由磨煤机的负荷决定，如图 5-15 所示为磨煤机负荷与一次风量关系曲线。

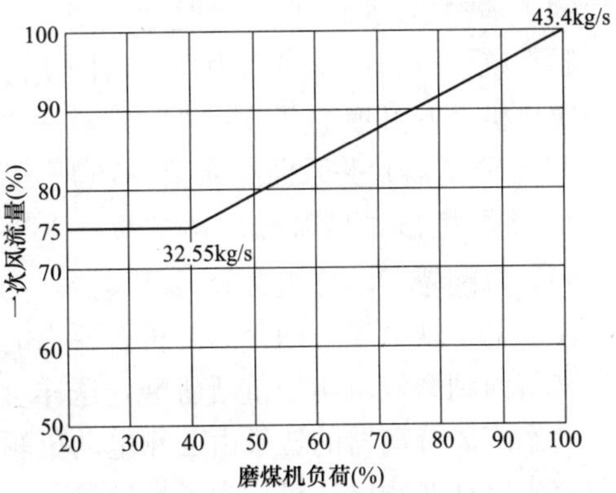

图 5-15 磨煤机负荷与一次风量关系曲线

2. 磨煤机出口温度的调节

为了维持磨煤机出口温度为设定值，每台磨煤机都设计有出口温度控制。采用冷风挡板控制磨煤机的出口温度。

磨煤机的出口温度应在一定的范围之内，若磨煤机的出口温度太高，可能会引起磨煤机着火等，给磨煤机的安全运行带来不利；而若磨煤机出口温度太低，煤粉可能还没有完全干燥，对煤粉的燃烧不利，同时，煤粉进入炉膛后，由于温度太低，炉膛内烟气需继续对煤粉进行加热才能达到煤粉的着火温度，对煤粉的着火不利。因此磨煤机出口温度应控制在70～90℃之间。根据煤种的不同，如煤种的挥发分、灰分等，应做一定的调整。一旦温度设定值确定后，其出口温度应稳定在设定值，出口温度的调节是通过调整一次风的冷风和热风的混合比例实现的。比例积分 PI 调节器直接作用于冷风调节挡板，在原煤湿度过高时，若冷风调节挡板已开度最小，而磨煤机出口温度还是偏低时，要注意磨煤机的一次风量，必要时降低磨煤机的出力，以使磨煤分离器机出口温度保持在正常范围内。

磨煤机正常运行时一次风的调节方式通常为一次热风调节挡板调节磨煤机所需流量，一次冷风调节挡板调解磨煤机出口温度。但在磨煤机启动时的冷、热风的主要控制方式为最小一次风量控制、磨煤机进口一次风温控制和磨煤机出口温度控制等三种方式。

(1) 最小流量控制方式：在大部分情况下，磨煤机是在磨内残存有煤及煤粉状态下启动的。磨机启动前以所需的最小风量（约为最大风量的 75%）对磨内残粉和水蒸气（在此之前为降低磨内氧含量和暖磨而通入的）进行吹扫，并满足磨煤机所需的最小流量。

(2) 磨煤机进口一次风温控制方式：在磨煤机以最小流量控制方式操作的同时，应控制磨煤机进口一次风温，使磨煤机进口一次风温度小于或等于 150℃，这样可减少磨内着火的危险性。

(3) 磨煤机出口温度控制方式：磨煤机分离器出口温度应控制在 75℃以下，但最低温度应高于露点 5℃，以防止磨煤机和管道内结露。磨煤机启动程序的设置应使磨煤机进口温度的控制方式自动转换为磨煤机出口温度控制方式。磨煤机出口温度控制由调节冷风调节挡板的开度来控制。由于磨煤机出口温度是磨煤机控制的最重要控制点之一，在分离器出口处装设三只测温元件，用于对该处温度的监测、控制和比较，并控制磨煤机入口一次冷风调节挡板的开度。

3. 一次风压力调节

制粉系统对一次风的要求除了满足磨煤机出力的一次风量和出口温度外还包括任意出力下一定的一次风压，以保证磨机在任何负荷下，一次风压力始终维持在所需范围内从而保证煤粉的正常输出。一次风压力是通过调节一次风机动叶开度来实现的，一次风压力的设定值由控制系统给出，一次风压力设定值同实际的一次风压力通过 PI 控制器比较后最终作用于对一次风机动叶开度的调节，来实现对一次风系统压力的调节。磨煤机负荷与通风阻力（包括 SLS 型分离器）关系曲线如图 5-16 所示。

4. 磨煤机出口煤粉细度调节

磨煤机配置了动静组合旋转分离器。动态旋风分离器是通过叶片的旋转，在离心力和碰撞的作用下实现对煤粉的分离。符合要求的细度的煤粉被带入煤粉管道，粗颗粒从细粉中分离出来落回到磨煤机碗中重新研磨，这样可得到燃烧所需的最适合的煤粉细度。

动态旋风分离器的转子由变频电动机驱动，变频器安装在就地变频控制柜中。磨煤机启动前应先启动变频电动机。为了启动顺利，应首先低速启动并适当延长启动时间，然后逐渐过渡到工作转速（分离器转子转速为 75～85r/min、相应变频电动机转速约为 1160r/min，

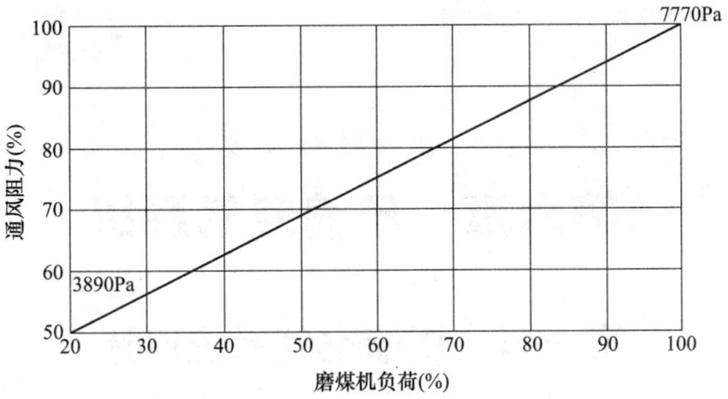

图 5-16　磨煤机负荷与通风阻力（包括 SLS 型分离器）关系曲线

最终转速应根据具体情况调整）。变频电机上有风扇电动机，应与变频电动机同步启动。

磨煤机出口的煤粉细度是通过调节磨煤机的分离器变频电动机的转速来实现的。煤粉细度的调节其实是一个开环的调节过程。磨煤机分离器变频电动机的转速是根据磨煤机的出力来决定的。磨煤机负荷与分离器转速的关系如图 5-17 所示。

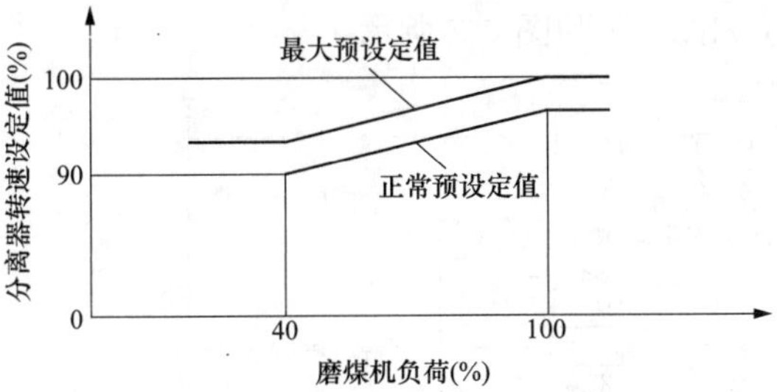

图 5-17　磨煤机负荷与分离器转速关系曲线

第六章　压缩空气系统

第一节　压缩空气系统概述

压缩空气系统为除灰、热控、热机、脱硫等专业提供气源，设置集中压缩空气站，可以简化系统，方便管理，降低基建投资。母管后根据各系统对空气品质的不同要求，分成三类，一类为检修用气；第二类为仪用气，从组合式干燥器出口母管上接出；第三类为干灰输送用气，从冷冻式干燥器出口母管上接出。

根据各专业对压缩空气品质的要求，空气压缩机出口设有不同的处理设备。仪用压缩空气的处理，采用带有前后过滤器的组合式干燥器处理装置。

机组空气压缩机系统如图 6-1 和图 6-2 所示。

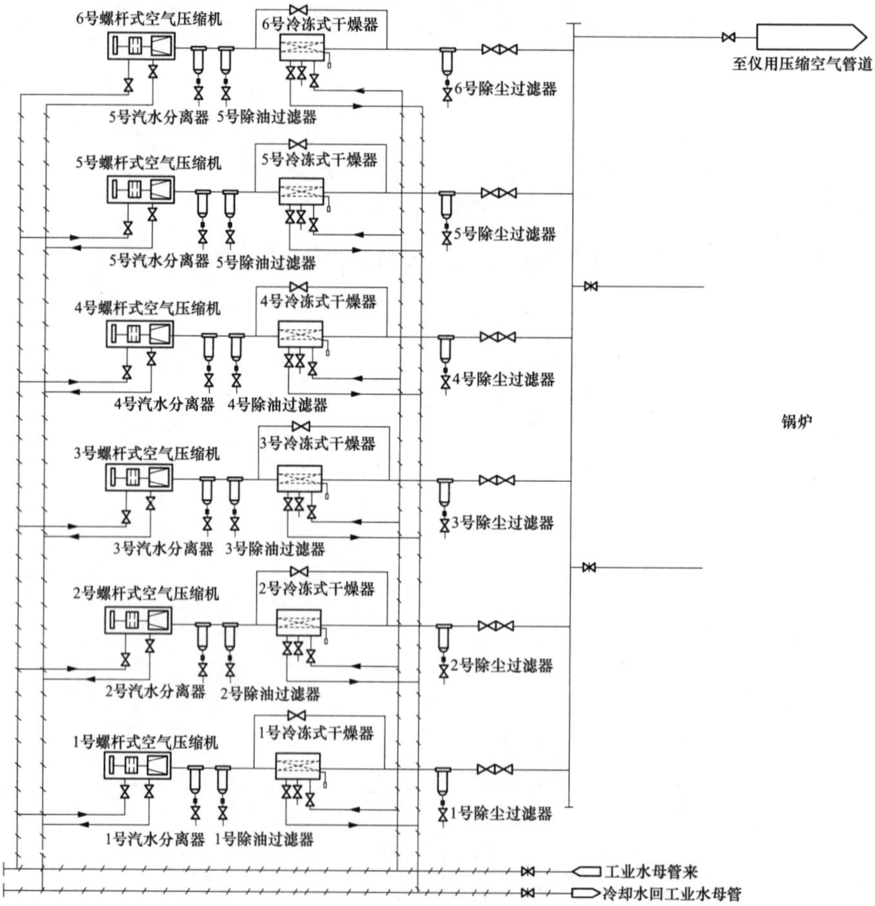

图 6-1　除灰空气压缩机系统图

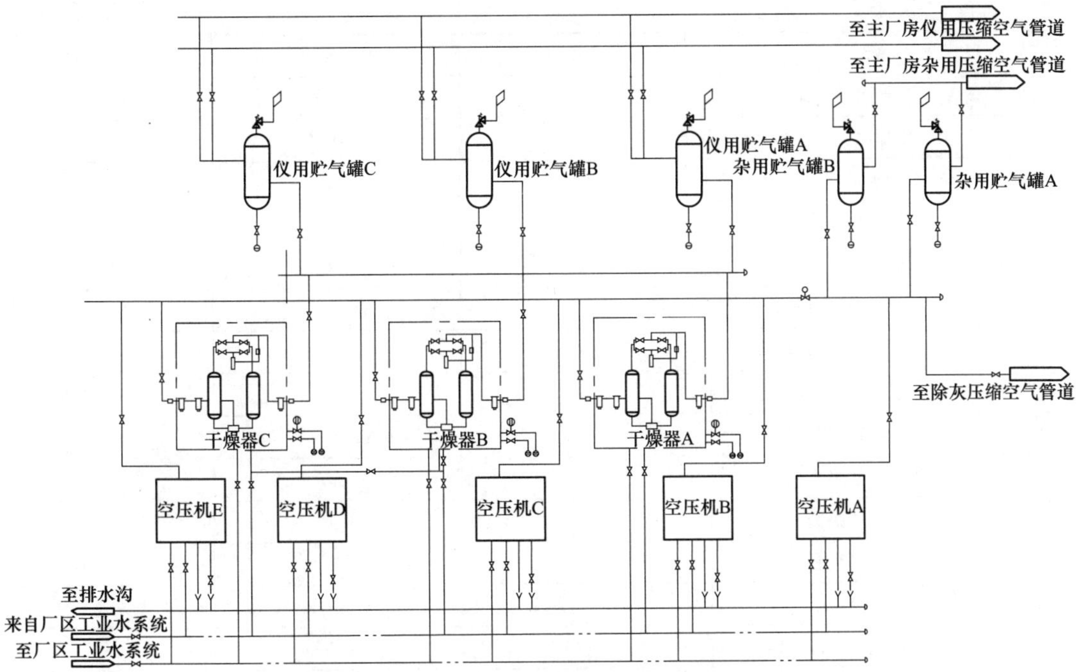

图 6-2　仪用空气压缩机系统图

第二节　压缩空气站设备

一、设备概述

新昌电厂采用螺杆式空气压缩机，共设置 5 台仪用空气压缩机，设置 6 台除灰空气压缩机，除灰空气压缩机同时兼作仪用空气压缩机备用。空气压缩机技术性能参具体参数见表 6-1 和表 6-2。

表 6-1　　　　**空气压缩机参数**

序号	名　称	单位	技术参数	备　注
1	排气量	m^3/min	41.7	
2	进气压力	MPa (a)	0.1	
3	环境温度	℃	20	
4	排气压力	MPa (g)	0.85	
5	冷却方式		水冷	
6	排气温度	℃	≤40	
7	轴功率	kW	252	
8	比功率	kW/m^3	5.99	
9	阴阳转子型线		AtlaS SAP 型线	
10	冷却水进水温度	℃	≤33	

续表

序号	名　称	单位	技术参数	备　注
11	冷却水最大流量	m^3/h	20.16	
12	冷却水进水压力	MPa	≤1.0	
13	冷却水进出水差压	MPa	＜0.4	
14	气体出口含油	PPm	＜3	
15	气体出口压力露点	℃	＜10	
16	空气压缩机电源总输入功率	kW	250	
17	空气压缩机额定电流	A	30.4	6000V
18	空气压缩机启动电流	A	167.2	直接启动
19	主电动机型号		Y2-355-4	
20	主电动机名义功率	kW	250	
21	服务系数		1.15	
22	主电动机台数		1	
23	电源		6000V/50Hz/3Ph	
24	主电动机绝缘等级		F	
25	主电动机防护等级		IP55	
27	机组噪声	dB（A）	75	
28	机组外形（长×宽×高）	mm×mm×mm	3386×2120×2400	
29	机组质量	kg	5017	
30	压缩机油	L	110	AtlaS 螺杆专用油

表 6-2　　组合式干燥机

编号	项　　目	单　　位	数　　据
1	型号	山立	SLAD-40ZW
2	形式		冷冻＋吸附
3	额定处理量	m^3/min	43.5
4	工作压力	MPa（g）	0.85
5	进气温度	℃	40
6	压力损失	MPa（g）	0.05
7	再生方式		微热
8	再生气耗量	%	3～5
9	工作方式		两吸附筒连续交替工作
10	成品气露点温度（常压）	℃	−40
11	成品气露点温度（排气压力下）	℃	−20
12	成品气含油量	mg/m^3	0.01
13	成品气含尘粒径	mm	1
14	成品气含颗粒浓度	mg/m^3	0.1

续表

编号	项　　目	单　　位	数　　据
15	吸附剂		活性氧化铝
16	安装方式		无基础安装
17	吸附剂装填量	kg	845
18	吸附剂寿命	年	3
19	电加热器	kW/V	12/380
20	进气口法兰	mm	DN100
21	出气口法兰	mm	DN100
22	外形尺寸（长×宽×高）	mm×mm×mm	2340×1710×2872
23	质量	kg	2960

二、 空气压缩机

新昌电厂空气压缩机采用水冷式喷油螺杆空气压缩机，空气压缩机工作流程如图 6-3 所示。

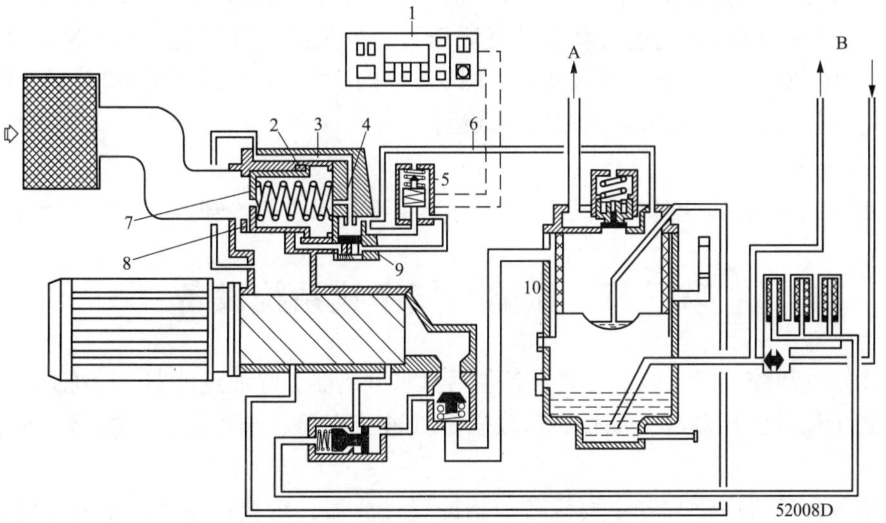

图 6-3　空气压缩机流程图

1—电脑控制器；2—压缩机腔室；3、4—通道；5—加载电磁阀门；6—软管；
7—卸荷阀门；8—空气孔；9—单向阀门；10—储气罐；
A—至空气冷却器；B—至/自油冷却器

大气通过过滤器和卸载装置进入压缩机主机，空气在腔室内被压缩。压缩空气和油通过单向阀门排放到储气罐/油分离器，油将在此处与压缩空气分离。空气通过最小压力阀门输送到空气冷却器，其中，单向阀门（图 6-3 中的 9）可以防止压缩空气倒流，储气罐顶部的最小压力阀门可以防止储气罐压力低于最小压力，即最小压力阀门具有内置单向阀门。

1. 调节系统

压缩机有电脑控制器控制。根据系统耗气量，电脑控制器可以通过自动加载和卸载压缩机，使管网压力保持在可设定的压力限制范围内。它还可以保护压缩机并监控保养条件下的各部件。

2. 加载

当管网压力降到工作压力的下限（加载压力）时，电磁阀（图 6-3 中 5）就会通电。加载电磁阀的柱塞会克服弹簧力向上移动，电磁阀门的柱塞恢复对压缩机腔室（图 6-3 中的 2）的压力供应，卸荷阀（图 6-3 中的 7）将克服弹簧力打开，储气罐压力也会将阀（图 6-3 中的 9）向上推，切断排放通道（图 6-3 中的 3 和 4），恢复空气输出（100%），压缩机加载运行。

3. 卸载

如果耗气量小于压缩机的供气量，则管网压力会增加，当管网压力达到工作压力（卸载压力）的上限时，电磁阀（图 6-3 中的 5）会断电，阀的柱塞会通过弹簧力向下移动，电磁阀（图 6-3 中的 5）的柱塞将切断储气罐对腔室（图 6-3 中的 2）的压力供应，腔室（图 6-3 中的 2）中存在的控制压力通过加载电磁阀门（图 6-3 中的 5）释放到大气中，卸荷阀（图 6-3 中的 7）通过弹簧力关闭，阀（图 6-3 中的 9）被压下，通过软管（图 6-3 中的 6）和通道（图 6-3 中 3 和 4）向空气进口释放储气罐压力，少量的空气经孔（图 6-3 中的 8）和通道（图 6-3 中的 3）吸入，然后通过软管（图 6-3 中的 6）从储气罐（图 6-3 中的 10）吹向空气进口，空气输出停止（0%），压缩机卸载运行。

4. 冷却系统

对于水冷式压缩机，空气冷却器和油冷却器由冷却水进行冷却。

第三节　压缩空气净化系统设备

除灰用空气压缩机净化装置主要设备包括汽水分离器、除油过滤器、冷冻式干燥机。其中，冷冻式干燥机包括制冷压缩机、蒸发器、气液分离器、预冷器、冷凝器、热交换器等部件。

仪用空气压缩机净化装置主要设备包括前置过滤器、后置过滤器、精密过滤器及疏水器、组合式再生空气干燥机。其中，组合式再生空气干燥机包括制冷压缩机、蒸发器、气液分离器、吸附干燥塔、预冷器、冷凝器、热交换器等部件。

冷冻式干燥机和组合式再生空气干燥机工作方式均是 PLC 自动控制，都提供“就地”“启动”“停止”控制按钮。干燥机外箱体上设有带背光的液晶显示触摸控制面板，可显示该设备各种运行参数并且能在面板上方便灵活地进行参数的设定。控制面板上有下列信号：“运行”“停止”“故障”“远方控制 ”“空气入口温度”“冷凝温度”“蒸发温度”“压力露点温度”“制冷压缩机故障”等显示。

一、冷冻式干燥机的工作原理

冷冻式干燥器是根据冷冻除湿原理，将压缩空气强制通过蒸发器进行热交换而降温，使压缩空气中气态的水和油经过等压冷却，凝结成液态的水和油，并夹带尘埃，通过自动排水器排出系统外，从而获得清洁的压缩空气。

1. 压缩空气部分

从空气压缩机系统输出的湿热压缩空气进入冷干机的预冷器，湿热空气受到干冷压缩空气的热交换冷却，使温度下降，其中部分水气和杂质凝结成液体混合物，同时可节省冷媒压缩机 50%左右的能耗。被预冷后的压缩空气进入空气对冷媒的热交换器（习惯上称之为蒸发器），压缩空气受到低温冷媒的急剧冷冻，使其中的水蒸气、油雾结合尘粒凝结出来。在蒸发器中，压缩空气可被冷却到 1.7 倍左右的压力露点。凝结液被祛水器分离出来，并通过自动排器排往外界。干冷洁净的压缩空气回到预冷器，受到入口的热空气加热，温度回升，因此可以避免因压缩空气温度太低而在下游输送管路外表凝结成水滴。

2. 制冷系统

制冷剂被压缩机压缩成高温高压的气态冷媒后输出，经过冷凝器的冷却后，即变成常温高压的液态冷媒，同时放出热量。液态冷媒经过膨胀阀门节流膨胀后进入蒸发器，变成低温低压的气、液混合体，这些低温低压液态冷媒吸取进入蒸发器的压缩空气的热量后，汽化成气态冷媒，气态冷媒再回到冷媒压缩机，进行再次压缩。热气旁路阀控制蒸发器温度的恒定，使冷干机的制冷量与压缩空气的负荷变化相适应，以保证稳定的压缩空气品质。

二、 组合式再生空气干燥机的工作原理

压缩空气干燥机常用的主要有冷冻式干燥机和组合式干燥机，其中冷冻式干燥机具有无气量损耗的优点，但却有露点温度的局限性，而组合式再生空气干燥机具有露点低的优点，但却会损耗部分气量。

组合式再生空气干燥机的工作原理是由压缩机来的高温高湿压缩空气，首先在换热器中与已干燥过的低温压缩空气进行热交换，降低温度，然后进入蒸发器被进一步降温至 2℃左右，在此压力露点下大部分气态水分已成液态水被排出；此后低温的干燥压缩空气进入换热器，冷却了高温高湿蒸汽，同时本身温度也升高，防止了输送管路的外结露；最后湿量很低的压缩空气进入吸附塔内被进一步干燥除湿，得到更低露点的压缩空气。吸附塔干燥剂为活性氧化铝，一个吸附塔工作时，另外一个再生，周期交替连续工作。

组合式再生空气干燥装置结构紧凑，便于安装维修，且压力降减小，有利于吸附干燥及解吸再生。组合式再生空气干燥装置如图 6-4 所示。

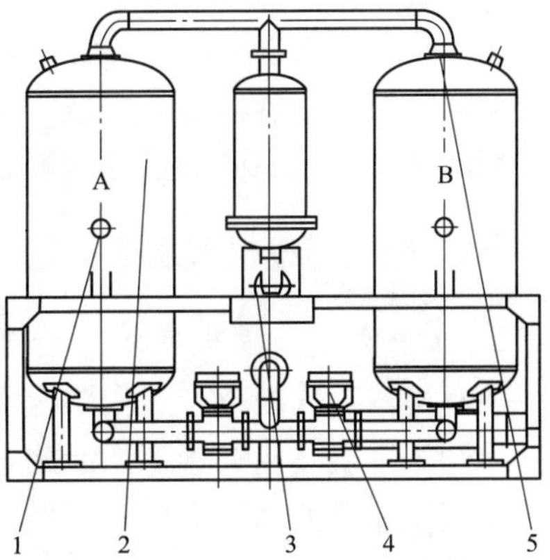

图 6-4　组合式再生空气干燥装置

1—压力表；2—活性氧化铝；3—电磁先导阀；4—气动切断阀；5—止回阀

三、 油气分离器

油气分离器由罐体和滤芯组成。滤芯有两个，一个是初级滤芯，作粗分离用；另一个是二级滤芯，做精分离用。油气分离器的功能体现在四个方面：

（1）作为初级分离器。来自主机的油气混合物进入油气分离器后，首先撞击分离器内的

弧形板，降低其流速，形成大的油滴。由于油滴自身的质量，它们大部分沉降到分离器的底部。

（2）作为压缩机的储油罐，储存润滑油。

（3）安装滤芯。罐体内装有两个滤芯—初级滤芯和二级滤芯。进入罐体内的油气混合物经撞击分离后，再通过这两道滤芯，做精细分离，把残留在压缩空气中的少量润滑油分离出来，并积聚在滤芯的底部；然后通过两根回油管，回到主机进气口，吸入工作腔。

（4）稳压作用。由于储气罐本身储存一定量的气体，可有效地避免用户管路中的压力波动，从而起到稳定压力的作用。

四、 压缩空气过滤器

大气环境下的自由空气经空气压缩机压缩后，其中的水汽、尘埃、油雾等有害物质随同压缩空气一起被送入气动装置和仪表，无须多久就会对昂贵的气动装置、仪表及管道造成严重的锈蚀和污染，除影响产品品质外，往往还会因仪表及装置失准而造成设备及人身事故。因此，对压缩空气进行进一步的净化处理，使之达到生产要求已是必不可少的重要手段，采用压缩空气干燥机和与之配套的空气过滤器是满足这一要求的可靠保证。

精密过滤器主要由滤芯和滤壳两部分组成，由于滤壳结构不同分为法兰式和压盖式两种基本形式，如图 6-5 所示。上游压缩空气经进气口和滤芯（图 6-5 中的 5）上端的通气孔进入滤芯，由于滤芯由多层不同作用的过滤材料构成，压缩空气通过拦截、惯性、重力、扩散及吸附等效应，使其中的水汽、尘埃、油雾及化学异味物质被阻隔截留，纯净的压缩空气通过滤芯（图 6-5 中的 5）从滤壳压盖的出气通道进入下游，源源不断供应气动装置使用，被截留的水分、油雾、尘埃等有害物质被收集在滤壳筒体（图 6-5 中的 6）的底部，达到一定容量后由自动排水器自动打开阀门，使之排出机外。滤壳的进出气通道有隔板（图 6-5 中的 2）和 O 形橡胶滤芯密封圈（图 6-5 中的 3）隔开。

滤壳均按压力容器的有关技术标准进行设计制造和检测，滤芯是一种由多层不同材料构成的管状零件，按不同的过滤功能分 HC、HT、HA、HF、HH 五种基本规格。

五、 空气压缩机系统的运行

1. 仪用空气压缩机启动前检查

所有检修工作结束，工作票全部收回并验收合格，现场清洁无杂物，标志牌齐全，投入工业冷却水系统。检查管道无泄漏，水压在规定值（0.3～0.4MPa）。

空气压缩机的油池油位，不低于下刻度线，所有空气压缩机各连接件的结合与紧固情况正常，各种指示仪表完整、正常，指针回零，空气压缩机油管、空气管及接合处无漏油现象；空气压缩机接线无松脱，电脑操作面板各参数显示正常，压缩空气系统各阀门开关灵活，各阀门状态正确。

系统所有的温度表、压力表正常，进口冷却水温度不超过 40℃，压力不低于 0.3MPa，冷却水回路畅通，空气压缩机电源送上，控制面板指示灯指示正确，无报警，各参数设置正确。空气过滤器清洁，无渗漏油现象，油分离器罐安全阀门校验合格，外形完好；管道连接牢固，橡皮管无裂纹及老化；所有的测量元件接线牢固，无松动。

检查组合冷冻式干燥机电源已送上，停机指示灯亮，开启组合冷冻式干燥机自动排水

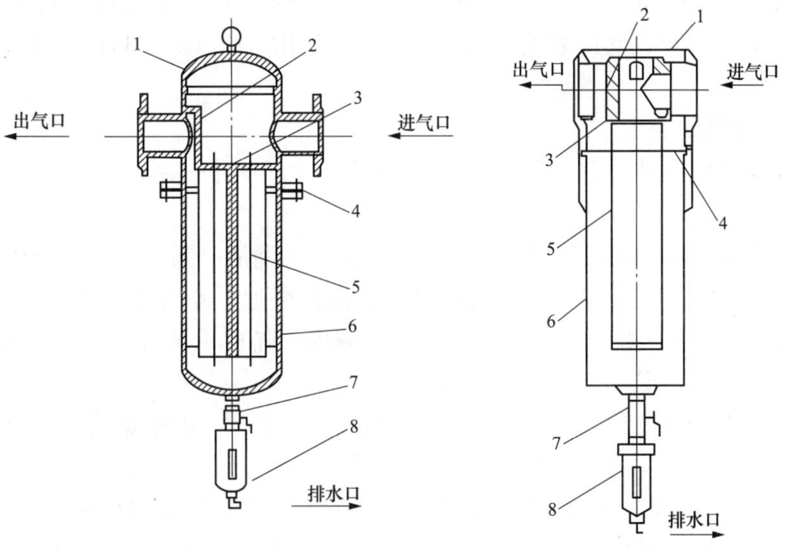

图 6-5　精密过滤器

(a) 法兰式空气过滤器；(b) 压盖式空气过滤器

1—滤壳压盖；2—隔板；3—O 形橡胶滤芯密封圈；4—筒体密封圈；5—滤芯；6—滤壳筒体；7—球阀；8—自动排水阀

器、电子排水阀门前手动门，组合冷冻式干燥机冷却水应畅通，自动排水器应无堵塞现象，各仪表指示正确。

2. 空气压缩机启动

厂用空气压缩机 6kV 电源及控制盘电源送电完毕，检查就地控制屏显示信息，检查显示屏运行状态显示“准备运行”。空气压缩机启动可在“远控”和“近控”“自动”和“手动”进行。远方手动启动将方式开关置“远控”位置，手动启动空气压缩机。将空气压缩机置“远控”“自动运行”方式，当压缩空气母管压力低于设定 0.8MPa，空气压缩机将自动启动。就地置“近控”“自动运行”方式，当压缩空气母管压力低于 0.6MPa，空气压缩机自动启动。就地手动启动将方式开关置“近控”“准备运行”位，在就地盘按启动按钮启动空气压缩机。正常运行将空气压缩机置“远控”“自动运行”方式。

空气压缩机启动后，就地检查空气压缩机运行平稳，内部无异常声音。空气压缩机空载运行 20s 后根据供气要求自动进行加载运行。检查空气压缩机根据设定的状态“启动”“加载”“卸载”“停止”正常，仪用和杂用压缩空气母管压力在 0.6～0.80MPa 范围内；压缩空气系统无泄漏，冷却系统不漏水，空气压缩机控制面板无报警显示。

空气压缩机启动并加载后，组合冷冻式干燥机已运转 3min，缓慢打开组合冷冻式干燥机进口阀门，使干燥机缓慢加压。开启组合冷冻式干燥机自动排水器前手动排水阀门，在组合冷冻式干燥机工作 15min 后，缓慢打开空气出口阀门，空气压缩机加载后，检查管路无漏气现象。

3. 组合冷冻式干燥机的启动

开启组合冷冻式干燥机进出口阀门、冷却水进出口阀门；将干燥机转换开关切至“手动”位置，按下启动按钮，经过 3min 延时后，运行指示灯亮，组合冷冻式干燥机启动；干燥机运行 10min 后，冷媒低压表指示在 0.35～0.45MPa；当冷媒低压 0.2MPa 时，干燥机低压保护动作跳闸。

4. 空气压缩机运行维护

定期检查空气压缩机压力正常，压缩空气系统压力正常；巡检滤网差压，及时通知维护对差压大滤网进行清理。

空气压缩机无螺丝松动或脱落现象，内部无漏气、漏油、漏水现象；冷却水畅通，进口水温不超过 40℃，压力不低于 0.3MPa，冷却水回路畅通；空气压缩机主机头振动不超过 0.08mm，无异声，油位指示指针在“橙色”区域内，隔声罩顶部排风扇运转正常；油管、水管和气管路均无泄漏现象。

控制面板上指示灯指使正确，无报警，各参数显示正常，能根据储气罐的压力自动“加载”或“卸载”。

每 2h 打开空气压缩机排污门以及各储气罐、除油过滤器排污门排污一次。

组合冷冻式干燥机运行正常，自动排水器排放正常，每班对干燥机手动排污两次，干燥塔工作压力与管路压力一致，再生压力小于 0.02MPa。

空气压缩机运行中发现电动机轴承温度升高或噪声增大应立即关闭压缩机，系统正常运行时，不得将压缩空气不经过组合冷冻式干燥机直接向系统供气。

组合冷冻式干燥机进气温度不得超过 45℃，进气压力小于或等于 1.0MPa，无负荷情况下不得长时间运行。干燥塔在正常工作时的出口空气压力大于 0.5MPa，组合冷冻式干燥机在运行中若发现有金属撞击声，应立即停止运行，如果再生塔压力超过极限值，应通知检修人员更换消声器芯。

干燥机运行中出现故障时，干燥机将自动停止运行，并发出报警信号。当故障消除后，必须将干燥机切至“手动”方式，并按下停止按钮才能清除故障信息，清除故障信息后干燥机才能再次启动。

第七章 脱 硝 系 统

第一节 烟气中 NO_x 生成机理

煤燃烧过程中产生的主要是一氧化氮（NO）和二氧化氮（NO_2），这二者统称为 NO_x。在氮氧化物中，一氧化氮占有 90%以上，二氧化氮占 5%～10%。在燃烧过程中，NO_x 生成的途径有 3 条：

（1）热力型 NO_x（thermal NO_x），是空气中的氮气在高温下氧化而生成的 NO_x。

（2）燃料型 NO_x（fuel NO_x），是燃料中含有的氮化合物在燃烧过程中热分解而又接着氧化而生成的 NO_x。

（3）快速型 NO_x（prompt NO_x），是燃烧时空气中的氮和燃料中的碳氢离子团如 CH 等反应生成的 NO_x，其生成速度快，故称快速温度型 NO_x。在燃煤火焰中，快速型 NO_x 只占 5%以下，故其意义不大。

一、 热力型 NO_x

1. 生成机理

燃烧时，空气中氮在高温下氧化产生，其中的生成过程是一个不分支连锁反应。其生成机理可用捷里多维奇（Zeldovich）反应式表示。

随着反应温度 t 的升高，其反应速率按指数规律增加。当 $t<1500℃$时，NO 的生成量很少；而当 $t>1500℃$时，t 每增加 100℃，反应速率增大 6～7 倍。

$$
\begin{aligned}
&O_2 + N \Longleftrightarrow 2O + N \\
&O + N_2 \Longleftrightarrow NO + N \\
&N + O_2 \Longleftrightarrow NO + O
\end{aligned}
\tag{7-1}
$$

在高温下总生成式为：

$$
\begin{aligned}
&N_2 + O_2 \Longleftrightarrow 2NO \\
&NO + \frac{1}{2}O_2 \Longleftrightarrow NO_2
\end{aligned}
\tag{7-2}
$$

大量的实验数据可知，热力型 NO_x 的生成速率与燃烧温度密切相关，燃烧温度越低，热力型 NO_x 的浓度越低。在循环流化床锅炉中，床温较低，一般在 800～950℃，因此，热力型 NO_x 的生成量很少，一般只占循环流化床锅炉总 NO_x 的 5%左右。

2. 影响因素

热力型 NO_x 的生成浓度与温度的关系。在实际燃烧火焰中的温度分布是不均匀的，所以，即使火焰的平均温度低，但局部高温处将产生大量 NO_x，对总的 NO_x 生成量起决定性作用。因此，要使炉内温度分布均匀，避免局部高温，以减少 NO_x 生成量。

氧浓度越高，NO_x 生成速度越快，NO_x 越多。必须指出，对预混火焰，只有当过量空气系数小于理论空气量（$\alpha<1$）时增加 α，因燃烧温度也随之增加，NO_x 增加；如果 $\alpha>1$ 时，氧化浓度增加，但燃烧温度大大降低，故 NO_x 反而降低；当 $\alpha=1$ 时，则 NO_x 最大。对于扩散火焰，因混合情况较差，故 NO_x 的最大值移至 $\alpha>1$ 区域，且因燃烧温度较低，故 NO_x 最大值降低。

缩短燃料在高温区的停留时间，使 NO_x 生成反应不充分，因而可使 NO_x 减少。

二、燃料型 NO_x

1. 生成机理

燃料型 NO_x 由燃料中氮化合物在燃烧中氧化而成。由于燃料中氮的热分解温度低于煤粉燃烧温度，在600～800℃时就会生成燃料型 NO_x，燃料型 NO_x 在煤粉燃烧 NO_x 产物中占60%～80%。

煤中氮的主要存在形式是芳香杂环氮化物、吡啶和砒咯及其衍生物，因此，燃料型 NO_x 的形成分两步进行：第一步，在燃烧条件下，燃料中的杂环氮化物等将受热分解成 HCN 或 NH_3，然后，随着挥发分一起释放出来；第二步，在氧化气氛下，HCN 或 NH_3 被氧化生成 NO_x。除了受热分解后随挥发分一起释放出来的氮外，还有一部分氮将残留在煤焦中，这部分氮在煤焦燃烧时也会被氧化生成 NO_x。

燃料型 NO_x 的转化机制及转化率的高低主要取决于炉内温度，当燃烧温度较低时，绝大部分氮残留在焦炭中；而当温度较高时，氮则主要以挥发分的形式析出。研究表明，当燃烧温度为850℃时，燃料型 NO_x 的70%以上来自焦炭燃烧，而在1150℃时，则仅为50%。在循环流化床锅炉中，燃料型 NO_x 的生成速度在低温时主要受温度控制，而在高温时则主要受分子质扩散过程控制，因此，当温度超过900℃以后，燃料氮的转化率仅有少许增加。

燃料型 NO_x 的生成与燃料的组成特性有关。在生成燃料型 NO_x 的过程中，首先是含有氮的有机化合物热裂解产生 N、CN、HCN 等中间产物基团，然后再氧化成 NO_x。因此燃料型 NO_x 的生成，大致包括由挥发分中均相生成的 NO_x 和残碳中异相生成的 NO_x 两部分组成。随挥发分一起从燃料中析出的有机化合物（包括热分解产生的 HCN、NH_3、CN 等），称之为挥发 N，仍残留在焦炭中的氮化合物称之为焦炭 N。由于煤的燃烧过程由挥发分燃烧和焦炭燃烧两个阶段组成，故燃料型的形成也由气相氮的氧化（挥发分）和焦炭中剩余氮的氧化（焦炭）两部分组成。

2. 影响因素

影响燃料型 NO_x 生成浓度和转化率的主要因素是燃煤特性 FC/V（固定碳/挥发分）、过量空气系数等。燃料型 NO_x 受炉膛温度的影响较小，但受氧量的影响较大。过剩空气量大，一般产生的燃料型 NO_x 多。燃料型 NO_x 的生成，与过量空气系数成单值递增函数关系，过量空气系数大，剩余氧量多，NO_x 的生成就越多。在通常的燃烧温度下，燃料型 NO_x 主要来自挥发 N（占60%～80%），由焦炭氮 N 所生成的 NO_x（占20%～40%）。挥发分高的煤种，其挥发 N 较高，反之，焦炭 N 较高。在氧化性气氛中生成的 NO_x 当遇到还原性气氛（富燃料燃烧或贫氧状态）时，会还原成氮分子 N_2，即 NO_x 被还原。

3. 燃料型 NO_x 的转化率 CR

定义燃烧过程中最终生成的 NO 浓度和燃料中氮全部转化成 NO 时的浓度比为燃料型

NO_x 的转化率 CR。

$$CR=[\text{最终生成的 NO 浓度}]\div[\text{燃料全部转化成 NO 的浓度}] \quad (7\text{-}3)$$

研究表明，影响 CR 的主要因素是煤种特性以及炉内的燃烧条件。

燃料中氮含量对 NO_x 转化率的影响。燃料中氮的含量增加时，生成的燃料型 NO_x 量增加，但 NO_x 的转化率减小。

煤燃料比 FC/V（固定碳/挥发分）对 NO_x 转化率的影响。煤的燃料比 NO_x（固定碳/挥发分）越高，NO_x 的转化率越低。

过量空气系数对 NO_x 转化率的影响。过剩空气量大，一般产生的燃料型 NO_x 多。

如上所述，NO_x 的生成和破坏规律十分复杂，而影响 NO_x 转化率的因素又很多，所以对燃料型 NO_x 的转化率进行理论计算非常困难；但目前已建立数百个与 NO_x 生成规律及其破坏有关的化学反应在内的数学模型。

第二节　烟气脱硝技术简介

一、 概述

对于燃煤 NO_x 的控制主要有 3 种方法：燃烧控制技术、炉膛喷射脱硝技术、烟气脱硝技术。

燃烧控制技术一般采用低氧燃烧技术减少 NO_x 的生成，如分级燃烧法、低氧燃烧法、浓淡偏差燃烧和烟气再循环等方法。低氧燃烧技术的基本思想是：使已生成的 NO_x 被碳部分还原；设法造成氧富燃的燃烧区域；设法降低局部高温区的燃烧温度；使燃烧区域的氧浓度适当降低。

炉膛喷射脱硝类似于炉内喷钙脱硫过程，实际上是在炉膛上部喷射某种物质，能够在一定温度条件下还原已生成的 NO_x，以降低 NO_x 的排放量。炉膛喷射包括炉膛喷水或注入水蒸气、喷射二次燃料、喷氨等方法。

烟气脱硝技术则是对燃烧后烟气中的 NO_x 进行治理。净化处理烟气中 NO_x 的方法按治理工艺可分为：干法和湿法。其中，干法包括非催化还原法、催化还原法、吸附法、等离子法；湿法包括：水吸收、酸吸收、碱吸收、氧化吸收、液相还原吸收、络合吸收、微生物法。如图 7-1 所示。

二、 干法脱硝技术

1. 选择性催化还原法（SCR）

选择性催化还原法是利用氨（NH_3）对 NO_x 的还原功能，在催化剂的作用下将 NO_x 还原为对大气没有多大影响的 N_2 和水，催化剂用于促进还原剂与 NO_x 之间的化学反应，还原剂主要是用氨。“选择性”的意思是指氨有选择地进行还原反应，在这里它只选择 NO_x 还原。选择性催化还原法具有净化率高，工艺设备紧凑，运行可靠，氮气放空，无二次污染等特点。

氨与烟气中的 NO_x 在催化剂（如 V_2O_5-TiO_2）床层上进行如下的主要反应：

$$4NO+4NH_3+O_2 \longrightarrow 4N_2+6H_2O \quad (7\text{-}4)$$

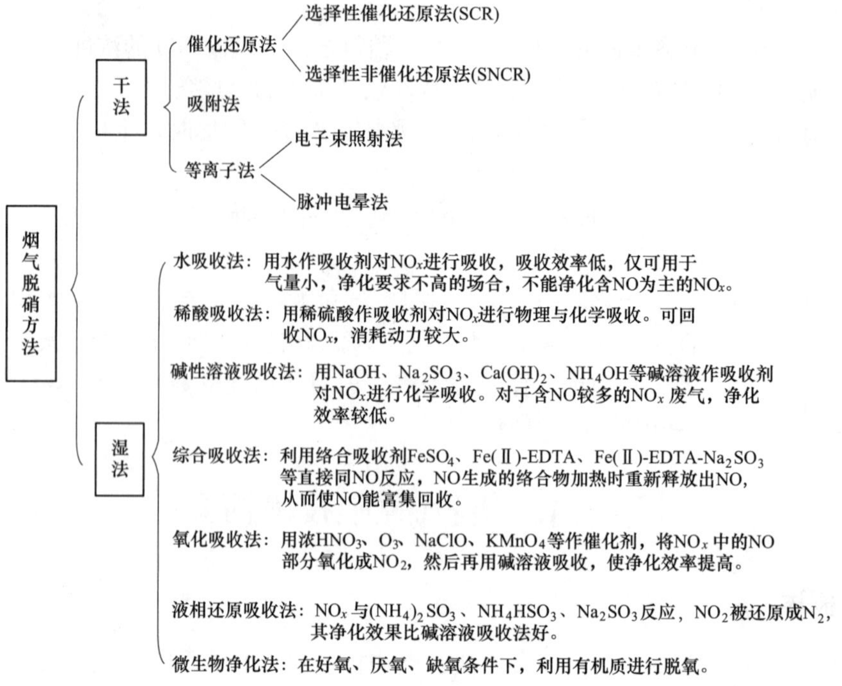

图 7-1　烟气脱硝方法介绍

$$6NO + 4NH_3 \longrightarrow 5N_2 + 6H_2O \tag{7-5}$$

$$6NO_2 + 8NH_3 \longrightarrow 7N_2 + 12H_2O \tag{7-6}$$

$$2NO_2 + 4NH_3 + O_2 \longrightarrow 3N_2 + 6H_2 \tag{7-7}$$

还原剂 NH_3 与烟气均匀混合后一起通过一个由催化剂填充的脱氮反应器，反应器中的催化剂分上下多层（一般为 2～4 层）有序放置。在催化剂作用下，NO_x 和 NH_3 发生还原反应，生成 N_2 和 H_2O。经过最后一层催化剂后，使烟气中的 NO_x 控制在排放限值以下。

但选择不同的催化剂，得到的脱氮效果也不尽相同。催化剂的不同反应所需要的温度也不同。根据使用催化剂种类的催化温度，SCR 工艺分成高温、中温和低温 3 种。一般中温为 300～400℃，高温大于 400℃，低温小于 300℃。根据选择的催化剂种类，反应温度可以选择在 250～420℃之间，甚至可以低到 110～150℃。已经开发应用的催化剂及其使用温度见表 7-1。

表 7-1　　催化剂及其使用温度

催化剂	沸石催化剂	氧化钛基催化剂	氧化铁基催化剂	活性炭/焦催化剂
使用温度（℃）	345～590	300～400	380～430	110～150

2. 选择性非催化还原 SNCR

SNCR 脱除 NO_x 技术是把含有 NH_x 基的还原剂，喷入炉膛温度为 800～1100℃的区域，该还原剂迅速热分解成 NH_3 并与烟气中的℃进行 SNCR 反应生成 N_2。SNCR 技术的工业应用是在 20 世纪 70 年代中期日本的一些燃油、燃气电厂开始的，在欧盟国家从 80 年代末一些燃煤电厂也开始 SNCR 技术的工业应用。美国则是在 90 年代初开始的。目前世界上燃煤电厂 SNCR 工艺的总装机容量在 2GW 以上。

三、湿法烟气脱硝技术

液体吸收法烟气脱硝又可称为湿法烟气脱硝，主要包括水吸收法、酸性吸收法、碱中和吸收法、氧化吸收法、液相还原吸收法等。液体吸收法烟气脱硝工艺技术要点见表 7-2，这些脱硝方法消耗大量吸收剂，吸收产物会造成二次污染，湿法脱除 NO_x 困难在于 NO 的惰性，NO_x 脱除的立足点是强化 NO 的吸收。我国化工行业废气处理常用这些方法，对 NO_x 中以 NO 为主的燃煤烟气不太适合。

表 7-2　液体吸收法烟气脱硝工艺技术要点

脱硝工艺	优　缺　点
水吸收法	用水作吸收剂对 NO_x 进行吸收，吸收率低，仅可用于气量较小、净化要求不高的场合，不能净化含 NO 为主的 NO_x
酸性吸收法	用稀硝酸等作为吸收剂对 NO_x 进行物理吸收和化学吸收，可以回收 NO_x，消耗动力较大
碱中和吸收法	用 NaOH、Ca（OH）$_2$ 等碱性溶液作吸收剂对 NO_x 进行化学吸收，对 NO 净化效率低
氧吸收法	对 NO 较多的 NO_x 使用浓硝酸、臭氧、高锰酸钾、N_aClO 等作氧化剂，先将 NO 氧化，再用碱溶液吸收，使净化效率提高
液相还原吸收法	将 NO_x 吸收到溶液中，与（NH_4）$_2SO_3$、（NH_4）HSO_3 等还原剂反应，NO_x 被还原为 N_2，净化效果比碱溶液好

第三节　选择性催化还原（SCR）烟气脱硝系统

一、SCR 烟气脱硝系统工艺流程简介

典型的选择性催化还原（SCR）烟气脱硝装置采用氨（NH_3）作为还原介质，其主要工艺系统主要包括液氨储存、供应及废气排放系统、氨与空气混合系统、氨气喷入系统、脱硝反应系统、检测控制系统等，SCR 法脱硝主要工艺流程如图 7-2 所示。

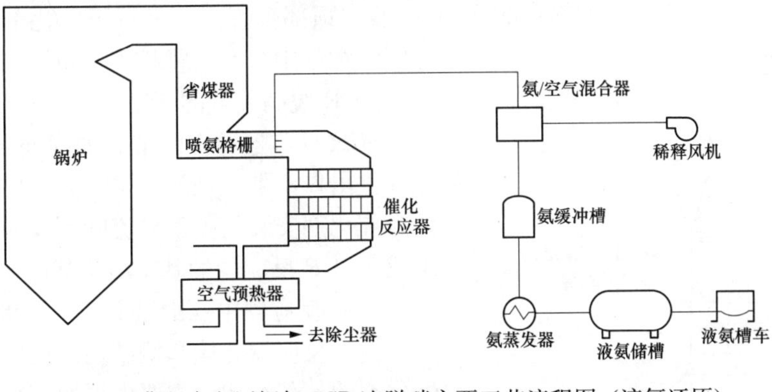

图 7-2　典型火电厂烟气 SCR 法脱硝主要工艺流程图（液氨还原）

烟气从锅炉省煤器出来后通过 SCR 反应室入口烟道进入 SCR 反应器，在 SCR 反应器入口烟道上设置有喷氨格栅（AIG），将氨/空气混合气体均匀地喷射到 SCR 反应器入口烟

道中，使喷入的氨气能与烟气中的 NO_x 充分混合，为了保证烟气能垂直地通过 SCR 反应室床层，在烟道转弯处均设置有烟气导流板，烟气通过导流板后均匀分布并流过催化剂床层，氨在反应塔中催化剂的作用下，在有氧气的条件下选择性地与烟气中的 NO_x 发生还原反应，生成无二次污染的 N_2 和 H_2O，随烟气流经锅炉空气预热器、除尘器、脱硫装置后，进入烟囱排放。

二、 SCR 反应器

1. SCR 反应器布置

根据反应器布置位置的不同，有三类 SCR 脱硝工艺，即高温高含尘工艺、高温低尘工艺和低温低含尘工艺。对于一般燃油或燃煤锅炉，则采用高温侧高含尘烟气段布置，即其 SCR 反应器安装于锅炉省煤器与空气预热器之间，烟气经过省煤器进入 SCR 反应器时的温度为 300～400℃的范围内，如图 7-3 所示，该区间的烟气温度刚好适合于多数催化剂的反应温度，投资费用与运行费用较低，因而被广泛采用，目前已成为新建与现役燃煤电厂锅炉安装 SCR 烟气脱硝装置时普遍采用的标准化布置方式。此时烟气中所含有的全部飞灰和 SO_2 均通过催化剂反应器，反应器的工作条件是在高尘烟气中。

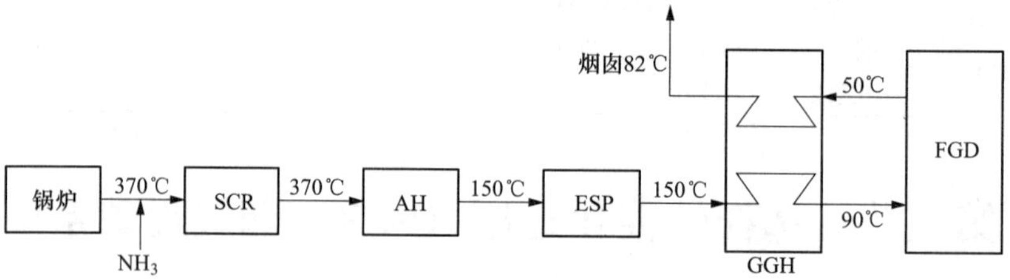

图 7-3　SCR 高温高尘布置各区间温度示意

2. SCR 反应器结构

SCR 工艺的核心装置是脱氮反应器，是还原物和烟气中的氮氧化物发生催化还原反应的场所。理论上选择性催化还原烟气脱硝装置可以在水平烟道或垂直烟道中，但对于燃煤锅炉一般布置在垂直烟道中，烟气自 SCR 反应器中顶部垂直向下平行于催化剂表面流动，这是因为烟气中含有大量粉尘，布置在水平烟道中易引起 SCR 脱硝装置的堵塞。

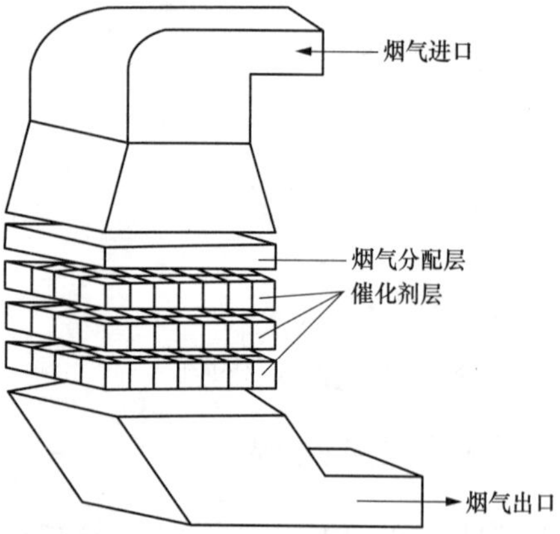

图 7-4　SCR 反应器的基本结构

SCR 反应器通常由带有加固筋的碳钢制壳体、烟气进出口、催化剂放置层、人孔门、检查门、法兰、催化剂安装门孔、导流叶片及必要的连接件等组成。SCR 反应器的基本结构如图 7-4 所示。

SCR 反应器主要由以下几部分构成：

（1）反应器壳体和钢结构。反应器壳体是包含催化剂的外部结构，主要由框架钢结构、钢板焊接而形成密闭的空间。为了防止烟气的散热，在反应器内外护板之间布置保温材料。

为支撑催化剂，在每层催化剂的下面布置有支撑钢结构梁，将催化剂模块成排布置在支撑梁上。内部各种加强板及支架均设计成不易积灰的形式，同时将考虑热膨胀的补偿措施。在反应器壳体上设置更换催化剂的门、人孔门和安装声波吹灰器的孔。

（2）导流板。当进入 SCR 反应器前烟气分布不均匀时，会导致脱硝效率的降低，这时就需要在 SCR 反应器的入口设气流均布装置，入口及出口段加装导流板，从而使得烟气和氨的混合更充分，烟气进入反应器的分布也更加均匀。对于反应器内部易于磨损的部位设计必要的防磨措施。

（3）反应器入口烟道。入口烟道从锅炉尾部省煤器出口膨胀节至反应器入口为止，在入口烟道上布置有氨喷射置、管式混合器、烟气导流板和灰斗等。

在反应器入口垂直段烟道下部设置灰斗 5 个，收集锅炉低负荷情况下造成的积灰。对烟道积灰情况进行模拟实验，并根据实验结果对技术方案进行优化设计。每个灰斗灰量为设计煤种 3.9t/h。

三、 催化剂

在选择性催化还原烟气脱硝中，催化剂的投资占了整个系统投资的 60%左右，而且催化剂的寿命一般也在 2～3 年，所以催化剂更换频率的高低直接影响到整个脱硝系统的运行成本，催化剂的选择也是整个 SCR 系统中的重点。

1. 催化剂的种类

SCR 催化剂可以根据原材料、结构、工作温度、用途等标准进行不同的分类。

（1）按原材料催化剂分为铂系列、钛系列、钒系列及混合型系列。最初的催化剂为铂系列催化剂，由于铂系列催化剂价格昂贵，对灰分要求高，在电厂烟气 SCR 脱硝技术中已停用。目前的 SCR 催化剂一般为使用 TiO_2 载体的 V_2O_5/WO_3 及 MoO_3 等金属氧化物。催化剂的这些主要成分占 99%以上，其余微量组分对催化剂性能也起到重要作用。

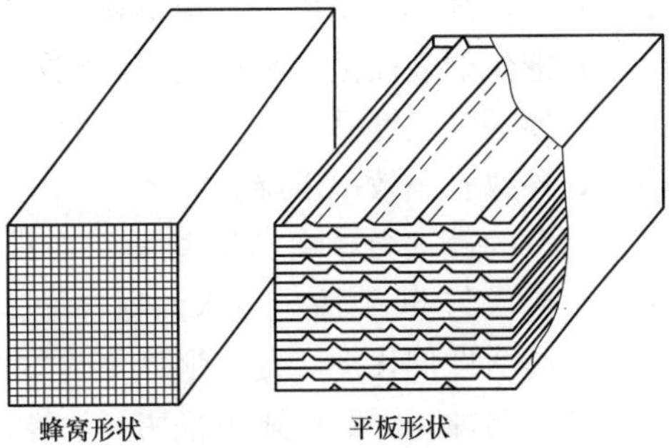

图 7-5 典型的催化剂形状

（2）按结构催化剂分为板式、波纹式和蜂窝式（如图 7-5 所示）：板式催化剂为非均质催化剂，以玻璃纤维和 TiO_2 为载体，涂敷 V_2O_5 和 WO_3 等活性物质，其表面遭到灰分等的破坏磨损后，不能维持原有的催化性能，催化剂几乎不可能再生；波纹式催化剂为非均质催化剂，以柔软纤维为载体，涂敷 V_2O_5 和 WO_3 等活性物质，催化剂表面遭到灰分等的破坏磨损后，不能维持原有的催化性能，催化剂再生不可能；蜂窝式催化剂属于均质催化剂，以 TiO_2、V_2O_5、WO_3 为主要成分，催化剂本体全部是催化剂材料，因此其表面遭到灰分等的破坏磨损后，仍能维持原有的催化性能，催化剂可以再生。全世界大部分燃煤发电厂（95%）使用蜂窝式和板式催化剂，其中蜂窝式催化剂由于其强耐久性，高耐腐性、高可靠性、高反复利用率、低压降等特性，得到广泛应用。从目前已投入运行的 SCR 看，75%采用蜂窝式催化剂，新建机组采用蜂窝的比例也基本相当。

（3）按载体材料催化剂分为金属载体催化剂和陶瓷载体催化剂。陶瓷载体催化剂耐久性强、密度轻，是采用最多的催化剂载体材料。此外，陶瓷载体催化剂的主要成分为董青石，高岭土中蕴藏着丰富的董青石原料，在我国有丰富的资源，价格相对较低。

按工作温度催化剂分为高温型、中温型和低温型。高温型催化剂以 TiO_2、V_2O_5 为主要成分，适用工作温度为 280～400℃，适用于燃煤电厂、燃重油电厂和燃气电厂；低温型催化剂以 TiO_2、V_2O_5、MnO 为主要成分，适用工作温度为大于 180℃，适用于燃油、燃气电厂。催化剂使用温度见表 7-3。

表 7-3　　各类催化剂使用温度范围表

催化剂	使用温度（℃）	催化剂	使用温度（℃）
沸石催化剂	345～430	氧化铁基催化剂	380～430
氧化钛基催化剂	300～400	活性炭・焦催化剂	100～150

（4）按用途催化剂分为燃煤型和燃油、燃气型。燃煤和燃油、燃气型催化剂的主要区别是蜂窝内孔尺寸，一般燃煤大于 5mm，燃油、燃气小于 4mm。

2. 催化剂的选择

SCR 催化剂的选取是根据锅炉设计与燃用煤种、SCR 反应器的布置、SCR 入口的烟气温度、烟气流速与 NO_x 浓度分布以及设计脱硝效率、允许的氨逃逸量、允许的 SO_2/SO_3 转化率与催化剂使用寿命保证值等因素确定的。

3. 催化剂寿命影响因素

由于离开锅炉省煤器的烟气中的全部飞灰和 SO_2 等要全部流过催化剂，SCR 入口烟气中飞灰浓度较高（20～30g/m^3），飞灰颗粒粗大（15～25μm），且 SO_2 含量较高。因此催化剂的寿命会受下列因素的影响：

（1）烟气所携带的飞灰中含有 Na、Ca、Si、As 等成分时，会使催化剂“中毒”或受污染，从而降低催化剂的效能。

（2）催化剂表面受粗大飞灰颗粒的冲刷而易磨损。

（4）催化剂表面微孔易被飞灰颗粒及副反应产物硫酸氢铵堵塞。

（4）如烟气温度升高，会将催化剂烧结或使之再结晶而失效，从而使催化剂反应活性逐渐降低，导致脱硝效率下降。

（5）氨的逃逸会影响 SCR 装置下游设备（如空气预热器、除尘器）运行性能，同时也影响飞灰质量与 FGD 脱硫废水的氨含量。

（6）高活性催化剂会促使烟气中的 SO_2 氧化成 SO_3，SO_3 浓度将增加 2～4 倍，从而引起预热器的腐蚀，因此应避免采用高活性的催化剂。

为了尽可能地延长催化剂的使用寿命，SCR 采用调温侧高含尘烟气段布置时，需选择具有较高抗飞灰腐蚀与堵塞性能的催化剂，通常采用较低的烟气流速（4～6m/s），必要时需要对催化剂进行硬化处理，并采用较大孔径（6～7mm）的催化剂。

四、SCR 吹灰器

因燃煤机组的烟气中飞灰含量较高，通常在 SCR 反应器中安装吹灰器，以除去可能遮盖催化剂活性表面及堵塞气流通道的颗粒物，从而使反应器的压降保持在较低的水平。吹灰器还能够保持空气预热器通道畅通，从而降低系统的压降。这在对现有锅炉进行 SCR 改造中尤为重要，因为空气预热器的板间距一般都较小，更易造成硫酸铵的沉积和阻塞。吹灰器通常为可伸缩的耙形结构，采用蒸汽或空气进行吹扫，且每层催化剂的上面都设置吹灰器。一般各层吹灰器的吹扫时间错开，即每次只吹扫一层催化剂层或一层中的部分催化剂。如图7-6所示为声波（空气）吹灰器典型布置示意。

吹灰系统在结构、材料、性能等诸方面必须考虑系统的实际工况，吹灰系统应具有良好的清洁效果。当锅炉在全负荷运行状态和SCR系统运作时，声波吹灰器保证每层催化剂层的差压不大于165Pa。保证不因为未达到预期的吹扫效果，而造成催化剂的堵塞及SCR系统造成不良影响。

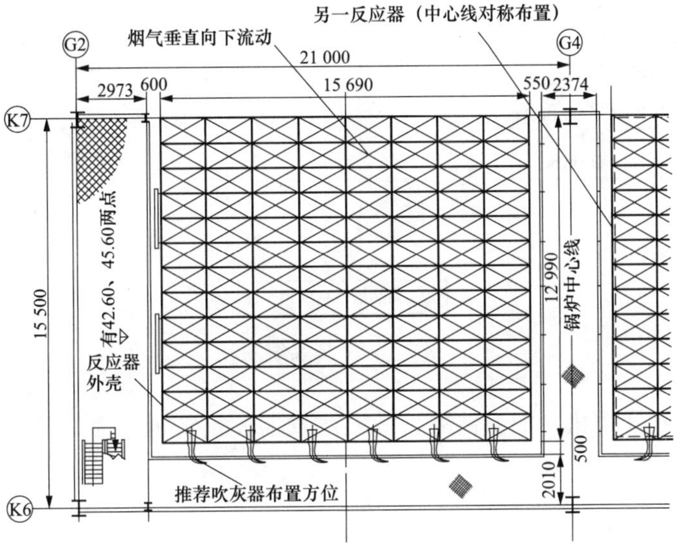

图7-6　声波（空气）吹灰器典型布置示意

第四节　典型选择性催化还原（SCR）脱硝系统

一、脱硝系统概述

新昌电厂2×700MW超超临界压力燃煤机组安装两套脱硝装置，采用选择性催化还原法（SCR），在设计煤种及校核煤种、锅炉最大工况（BMCR）、处理100%烟气量条件下脱硝效率不小于80%。脱硝装置布置在省煤器和空气预热器之间。脱硝烟气从省煤器至空气预热器之间的旁路烟道接入，SCR系统如图7-7所示。

催化剂为美国康宁公司制作所生产的蜂窝式催化剂，用液态纯氨作还原剂，与烟气中的NO_x进行反应生成氮气和水，从而降低烟气中的NO_x排放。

（1）按工艺划分，脱硝系统主要分为烟气系统、SCR催化反应系统、氨储存和制备系统、蒸汽和压缩空气供给系统等系统，其中烟气系统的流程为省煤器出口→催化反应器进口烟道→氨气喷射格栅→烟气/氨气混合器→均流板→催化反应器→催化反应器出口烟道→空气预热器。

（2）按区域划分，脱硝系统主要分为SCR反应区和氨区两大区域，其中氨区系统主要

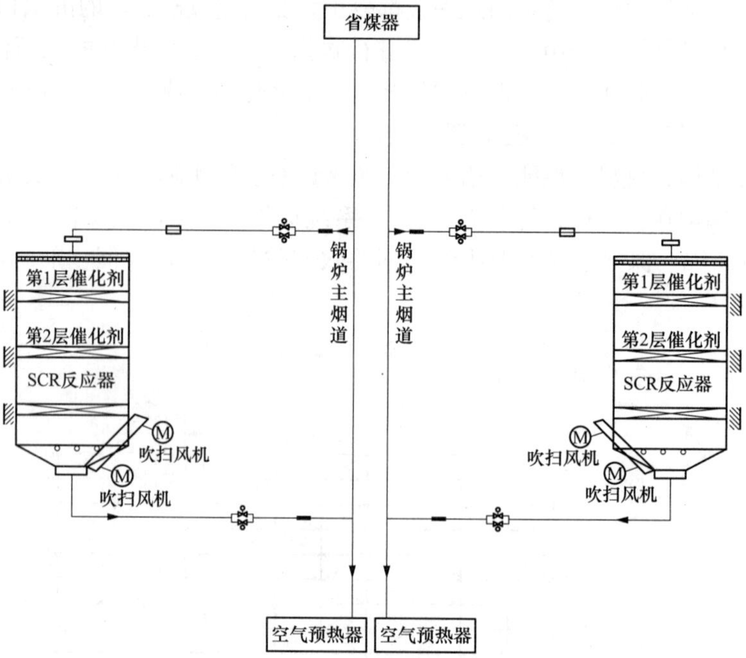

图 7-7　SCR 系统图

包括如下设备：卸料压缩机、液氨储罐、液氨蒸发器、氨气缓冲罐、氨气吸收槽、废水泵、废水池。

二、 脱硝工艺系统

新昌电厂机组采用选择性催化还原法（SCR）脱硝工艺，脱硝剂为纯氨。利用催化剂，促使烟气中氮氧化物与氨气供应系统喷入的氨气混合后生成还原反应，将氮氧化物转变为氮气和水。

机组共两套脱硝系统。全烟气脱硝效率为 80%。

1. 烟气系统

烟道系统的设计考虑到了系统的正常运行及紧急情况的操作，包括由于上游锅炉的突然变化引起的短时间烟气温度变化过大的情况。在各种工况下能安全运行。

烟道系统为单元制，每套系统包括烟气挡板（SCR 入口挡板、SCR 出口挡板、旁路烟气挡板）及相应的烟道、膨胀节等。

为了能将 SCR 系统与锅炉系统分离开来，每套烟道系统中设置有 3 套烟气挡板（1 套入口挡板、1 套出口挡板、1 套旁路烟气挡板）。脱硝系统正常运行时，旁路挡板关闭，入口挡板和出口挡板开启，原烟气通过入口挡板进入 SCR 装置进行脱硝。在要求关闭 SCR 系统的紧急状态下，旁路挡板自动快速开启，入口挡板和出口挡板自动关闭，烟气通过旁路烟道直接接入空气预热器。

烟气系统主要设备包括烟气挡板、膨胀节、挡板密封系统等。

每套 SCR 烟道系统共设有 3 个烟气挡板。所有烟气挡板均采用单轴双挡板，具有开启/关闭功能，采用电动驱动。

2. SCR 反应器

共配置两台 SCR 反应器，每台 SCR 反应器设计三层催化剂层（2+1 层），其中上层为预留层。烟气竖直向下流经反应器，反应器入口设置气流均布装置，反应器入口及出口处均设置导流板，对于反应器内部易于磨损的部位设计必要的防磨措施。反应器内部各种加强板及支架均设计成不易积灰的形式，同时将考虑热膨胀的补偿措施。反应器设置有足够大小和数量的人孔门。反应器配置了可拆卸的催化剂测试元件。SCR 反应器能承受运行温度低于 450℃长期运行的考验，而不产生任何损坏。

3. 催化剂

催化剂采用蜂窝式催化剂。催化剂按 2+1 层设计，初装 2 层，预留 1 层。催化剂设计有防堵灰措施，确保催化剂不堵灰，催化剂飞灰浓度按 25.4037g/m^3 设计（标准状态，干基，6%含氧量），按 3 种校核煤种 25.5288、44.50、18.0244g/m^3 校核（标准状态，干基，6%含氧量）。

催化剂模块设计有效防止烟气短路的密封系统。

催化剂能在烟气温度不高于 400℃的情况下长期运行，同时催化剂能承受运行温度 430℃不少于 5h 的考验，而不产生任何损坏。催化剂烟气流速范围为 4.8～5.3m/s。

4. 稀释风机

喷入反应器烟道的氨气为空气稀释后的含 5%左右氨气的混合气体。稀释风机按每个反应器两台 100%容量（一运一备）设置。

5. 氨气/空气混合器

每台 SCR 反应器配置一台氨气/空气混合器，确保氨与空气混合均匀。

三、 脱硝系统运行

1. 脱硝系统的启动

（1）启动前的检查。220、24V 仪表电源正常，双电源切换装置投入正常，380V 挡板门和电动门电源正常，仪用空气系统投入正常，压力、温度、流量等仪表投入正常，吹灰蒸汽系统具备启动条件（蒸汽具备投入条件，吹灰器 PLC 电源投入正常，具备投入条件）。

烟气分析仪系统检查：分析仪带电投入正常，循环取样风机盘车正常、电动机绝缘合格、润滑油正常，送电正常。

稀释风系统检查：电动机绝缘合格、润滑油正常、盘车正常、送电正常，调节阀、气动阀操作灵活，液氨蒸发系统具备启动条件，DCS 联锁保护投入正常。

（2）启动步骤。检查吹灰系统疏水相关阀门在正确位置，疏水系统投入正常，打开吹灰蒸汽截止阀，将吹灰蒸汽压力调节阀投入自动方式，压力设定为 1.2MPa。

启动循环取样风机系统：打开风机进出口及管道上手动门，关闭循环取样风机入口阀，启动 1 号循环取样风机，打开 1 号循环取样风机入口电动阀和出口阀，将 2 号循环取样风机投入备用，反应器进出口分析仪投入。

投入反应器烟气系统：打开反应器出口挡板，打开反应器入口挡板，关闭反应器旁路挡板（运行慢关程序，注意观察当催化剂温升超过 60℃/min 和反应器进出口温度差超过 4℃/min 后，则手动暂停关闭旁路挡板，待温度稳定后，慢慢关闭旁路挡板）。

当旁路挡板全关后启动稀释风机系统：打开稀释风加热器蒸汽截止阀的前、后手动门，打开稀释风蒸汽加热器的疏水器的前、后阀门，关闭稀释风蒸汽加热器的疏水器旁路阀门，启动稀释风机，打开 1 号稀释风加热器蒸汽截止阀，观察 1 号稀释风系统正常（1 号稀释风流量大于 8500m^3/h、温度正常大于 100℃），将 2 号稀释风机投入备用。

启动喷氨系统：如果脱硝反应器入口的烟气温度满足喷氨条件下（大于 320℃）持续 10min 以上，则可以向系统喷氨；（以 1 号液氨蒸发器工作为例）将 1 号液氨蒸发系统投入运行（启动 1 号液氨蒸发器功能组），打开氨气供应控制平台上的喷氨流量调节阀门前、后手动门，并确认喷氨流量调节阀和调节阀的旁路手动门和喷氨隔离阀已经全关；确认气氨缓冲罐至喷氨调节阀的管道已经置换合格，且就地观察压力表为正压；打开氨气缓冲槽出口的气动阀和手动阀，把氨气供应至喷氨流量调节阀门前。再次检查确认以下条件是否全满足：脱硝反应器入口的烟气温度在 320～420℃之间，且持续 10min 以上；反应器出口的氮氧化物分析仪、氨气分析仪、氧量分析仪已经工作正常，CRT 上显示数据准确；已有两台稀释风机正常运行，风机出口风压和流量正常。

上述条件满足后，打开喷氨隔离阀门，手动缓慢调节每个反应器的喷氨流量调节阀门，观察脱硝效率及相关参数，使脱硝效率达到 80%；把喷氨调节阀门投入自动控制方式；然后增加或者减少反应器出口的 NO_x 浓度的控制目标，观察调节阀门的自动控制是否正常。系统的投入过程中，密切关注脱硝系统投入对锅炉的影响，记录相关参数。

2. 脱硝系统的停止

（1）短期停运。停止液氨蒸发系统（启动液氨蒸发器停止顺控），关闭喷氨调节阀和喷氨隔离阀，同时关闭喷氨调节阀前的手动门，启动吹灰器（停止前必须吹灰一次）；打开旁路挡板，关闭反应器入口挡板，关闭反应器出口挡板；延时 10～30min，停止稀释风机，停止循环取样风机（注意，氨分析仪的返吹风机不能停止，如果停止会导致，氨分析仪探头积灰，测量不准，如果积灰，需要擦拭镜头和重新对光）。

（2）SCR 系统的长期停运（锅炉停运）。在锅炉降低至最低允许喷氨温度前，负荷暂时稳定，等喷氨流量调节阀门关闭后再继续降负荷。

关闭液氨储罐液氨出口管道气动阀及其手动门，关闭蒸发槽液氨入口管道控制阀门，继续加热蒸发器数分钟，待蒸发槽出口氨气压力几乎降为零后，逐渐关闭蒸发槽入口的蒸汽控气动阀及调节阀，然后关闭手动阀；缓冲压力基本为零后，关闭蒸发槽出口控制阀门，关闭 SCR 喷氨气动阀、氨气流量调节阀门。

在锅炉停运后，锅炉已经完全冷却至环境温度后，停运稀释风机。

如果液氨存储罐还存有液氨，则要按正常情况继续监视和巡视液氨存储罐的运行情况。氨区如有检修工作，必须放尽相关设备管线阀门内压力；如需要动火作业时，还必须按有关要求办理动火工作票，并加好相关隔离堵板，用氮气置换，分析合格后，才允许动火。

每次停止反应系统后，必须用稀释风机运行 30min，通过稀释风吹扫反应器内的氨气。如果长期停运，必须关闭蒸汽系统，将循环取样系统的所有手动门关闭。

3. SCR 系统的正常运行维护

每天要定期检查整个系统，是否存在泄漏，特别是设计到氨气的所有设备和管道，如有泄漏，要及时联系安装单位进行处理。注意重点监视反应器进出口压降、空气预热器进出口压降、反应器出口各烟气分析仪、液氨存储罐的压力和温度、蒸发器水温等重点参数，发现异常，要及时分析原因，以及时排除隐患，把系统恢复至正常的运行状态。

每天检查稀释风机的运行情况，包括其噪声、振动、轴承温度、润滑情况等；每周要检查稀释风机入口滤网的污染情况、连接部件的紧固情况。每月要注意检查风机的叶片是否粘有异物，联轴器是否连接牢固。

每天要检查蒸汽吹灰器的运行情况，包括噪声水平、振动、运行时的蒸汽压力；每周要定期检查吹灰器是否有渗漏、润滑情况；每月要定期检查吹灰器的齿轮磨损情况；每周要定期检查烟道膨胀节是否存在扭曲变形、是否存在泄漏、是否已经变薄、连接件是否有松动等情况。

每周要定期检查 SCR 反应器的人孔门、检查孔等是否有渗漏痕迹、连接部位是否有松动、连接法兰垫是否有损坏；要定期检查喷氨格栅是否有腐蚀、磨损、泄漏或者堵塞现象。每周要定期检查系统各阀门是否有裂纹、是否有渗漏痕迹、工作状态是否正常、阀门行程是否充足。

每月要定期检查系统内的阀门是否有腐蚀、设备标签是否丢失；每天要定期检查系统内所有管道是否存在振动过大现象；每周要定期检查系统内的管道是否有泄漏痕迹、膨胀情况是否良好；每月要定期检查系统内的管道是否出现连接不良而弯曲的现象、是否有堵塞、支吊架是否工作正常。

对系统内的仪表每天要检查是否存在振动大现象，是否存在泄漏痕迹、CRT 上数值显示是否准确；每周要定期检查是否有堵塞、连接部位是否松动、电缆连接是否正常、传感器工作是否正常、控制柜是否干净；每月要定期检查是否标签丢失、是否有丢失零部件、是否已经到了检验日期；每月还要定期对系统内所有的平台、护栏、人行道、梯子等通行设施进行检查，确保上述设施完好、可正常使用。

第五节 全负荷脱硝技术介绍

SCR 反应器中的烟气温度一般设计要求为 300～420℃之间，当烟气温度低于 300℃时，用于反应的氨气会和烟气中的 SO_3 反应生产硫酸铵和硫酸氢铵，此时铵盐会对催化剂活性微孔堵塞和加速对催化剂的磨损，降低催化剂的活性。硫酸氢铵在 147～207℃温度范围内呈现液态，液态的硫酸氢铵是一种“鼻涕状”黏性、强腐蚀性的物质。对于火电厂燃煤机组而言，由于烟气中飞灰的含量比较高，而空气预热器冷端的温度正好在此温度区，硫酸氢铵会黏附在空气预热器冷端并且会黏住烟气中的飞灰造成空气预热器堵塞。当机组低负荷运行或机组启动初期，SCR 反应器中的烟气温度很难达到最低温度要求，这就导致脱硝系统不能投运。随着环保要求的日益提高，需要全天候的脱硝，全负荷 SCR 技术应运而生。

全负荷 SCR 脱硝技术一般分为两类，一是通过设备改造；二是通过运行调节。目前低温催化剂尚在实验室阶段，未能工程应用，只能采用低负荷时提高烟气温度的方法。

一、设备改造措施

1. 增加省煤器烟气旁路

增加省煤器烟气旁路技术主要是采用减少经过省煤器用于给水加热的烟气，使部分高温烟气通过旁路直接进入 SCR 装置的方法，提高进入 SCR 反应器烟气的温度。在省煤器旁路烟道出口处设置旁路烟气挡板，通过调节旁路烟气挡板的开度可以控制直接进入 SCR 反应器的烟气量，进而可以控制烟气温度。增加省煤器烟气旁路的方法优点是烟温提升效果好，控制简单；缺点是烟气挡板存在积灰卡涩可能，需要对锅炉钢架改造，施工难度及工程量较大，提高了排烟温度，降低了锅炉热效率。

2. 增加省煤器水旁路

在省煤器水侧设置旁路，低负荷时开启水侧旁路调节阀门，减少流经省煤器给水水量，减少水侧的吸热量，以提升 SCR 入口烟温。增加省煤器水旁路的方法优点是投资少，施工简单，工程量少。缺点是烟温提升能力较小，一般约 10℃；旁路水量过大时，省煤器存在沸腾风险；提高了排烟温度，降低了锅炉热效率。

3. 省煤器采用分组布置

省煤器分级布置即将原单级布置省煤器分为两级布置，一级布置在 SCR 反应器的入口，另一级布置在 SCR 反应器出口，在不升高空气预热器入口烟气温度的前提下提高 SCR 反应器的入口烟温。省煤器分级布置方法优点是不增加控制系统，不改变整个热力系统的热力分配和运行、调节方式，不提高压缸排汽烟温度，不降低锅炉热效率；缺点是投资成本高，施工难度大，改造工期长，不适合老机组改造。一般新机组多采用该方法，催化剂运行温度高，在机组满负荷运行时存在催化剂烧结大风险。

4. 增加高压加热器

在 1 号高压加热器前增加一级加热器，通过抽取蒸汽加热给水，减少省煤器烟气与水的传热温差，提高省煤器出口烟温。增加高压加热器方法优点是改造工期短，施工简单；缺点是需要对锅炉蒸汽和给水管道实施改造，增加控制系统，烟气温度提升有限，提高了排烟温度，降低了锅炉热效率。

5. 热水再循环

热水再循环是指从锅炉启动分离器后储水箱中引一路水，通过炉水循环泵，送入省煤器入口，提高了省煤器进口水温，减少了省煤器烟气与水的传热温差，提高了省煤器出口烟温。热水再循环方法在提高 SCR 进口烟温的同时可以减少锅炉外排水量，回收部分工质和热量；缺点是只能在锅炉湿态时采用，投资较大，需要增加控制系统。

二、 运行调节措施

机组低负荷运行和机组启动初期，SCR 进口烟温难以达到最低烟温要求，除进行以上技术改造外，还可以采用以下运行调节措施来提高 SCR 进口烟温。

（1）提高给水温度。及时投入辅助蒸汽至除氧器加热，逐步提高压加热器热蒸汽压力，提高除氧器出口水温，在汽轮机暖机过程中控制除氧器水温不低于 130℃。锅炉点火起压后，调整汽轮机旁路，高压加热器随机启动（抽汽为高压缸排汽）；中速暖机过程中调整高压加热器出口给水温度在 230℃，控制锅炉给水流量在允许的最小流量，尽量少排水，保证省煤器入口给水温度在 260℃以上。

（2）在允许范围内提高温再热器热蒸汽温度。高压旁路出口蒸汽温度设定在 425℃，以旁路减温水不投运作为控制标准，防止因温度设定过低喷入减温水，降低再热器进口蒸汽温度，进而增加再热器吸热量，降低 SCR 进口烟温。

（3）视凝结水温度情况，尽早投运风机暖风器，提高锅炉进风温度。

（4）提高再热器蒸汽温度，同时增加烟气流量，提高 SCR 进口烟温。

（5）机组并网前启动第二套制粉系统，并网后逐步加煤，控制旁路缓慢关闭，防止旁路关闭过快造成高压加热器的加热蒸汽压力下降过快，进而造成在升负荷初期由于省煤器进口水温大幅下降，SCR 进口烟温不升反降。

有些锅炉尾部烟道为双烟道结构，一侧烟道布置低温再热器受热面，另一侧烟道布置低温过热器和省煤器。对于这种炉型，在机组启动初期通过全开再热器侧的烟气调温挡板，让锅炉大部分烟气通过低温再热器区域，减少与省煤器的换热，能有效提高 SCR 进口烟温。另外，若设计了邻机或邻炉加热的机组，可尽早投入，以提高 SCR 进口烟温。

第八章 吹 灰 系 统

第一节 锅炉受热面积灰和结渣

炉膛中心高温区域内，粉煤灰的某些成分（如一些熔点较低的成分及一些共晶混合物）熔化成液态，另一些难熔的成分则在火焰中心也不熔化。但是，灰是由各种成分组成的，因而在高温处的灰粒一般为液态或软化状态，随着烟气的流动，温度逐渐降低，当接触到受热面时，如灰粒仍保持软化状态，则可能黏结在受热面上形成积灰。由于灰的导热性差，使积灰的外表温度升高，又因为积灰壁面的粗糙度增大，使软化状态的灰更容易黏附，因而在积灰外面很容易又黏上一层软化的灰粒，形成第一层渣。如此发展下去，外表温度越来越高，结渣越来越厚，当渣的温度达到熔化温度时，溶渣会流到邻近的受热面上，扩大结渣的范围。因而，结渣的过程是一个自动加剧的过程。

影响锅炉积灰和结渣的因素很多，除了与燃煤中的灰分含量、灰熔点及锅炉受热面的布置方式有关外，还与锅炉的负荷、火焰中心位置（是否偏斜或偏上）、炉内空气量及燃料与空气的混合程度等因素有关。因为如果炉内空气量不足或燃料与空气混合不充分，均会使炉内生成较多的还原性气体，以致灰的熔点降低，使积灰和结渣加剧。此外，吹灰、除渣不及时也会加重结渣，因为粗糙的壁面容易结渣，而且开始时渣质较疏松，如不及时清除，由于壁温升高，结渣将加剧，而且越来越严重。

当水冷壁受热面上发生严重积灰或结渣时，会使并列管的吸热不均，造成管屏的热偏差增大，局部水冷壁管超温；同时，由于炉膛出口烟温升高，还将引起过热器、再热器壁温的升高。炉内结渣不均匀时，将会造成过热器、再热器的严重热偏差，在自重和炉内压力波动或气流扰动的作用下，大渣块会突然掉落。如果渣块足够大，对炉底冷灰斗的动态冲击力将非常大，有可能损坏设备。渣块掉落在冷灰斗上，还会使水冷壁产生振动，引发更多的落渣。由于炉内结渣的温度很高，渣块的热容较大，短时间内大量炽热渣块落入渣池，蒸发大量水蒸气，会导致炉内压力的大幅度波动。炉内压力波动超过一定限制时，会引发燃烧保护系统错误动作，切断燃料投放，导致锅炉灭火或停炉。在低温空气预热器，如果排烟温度低于酸露点温度，会发生结露现象。飞灰在硫酸和凝结水的作用下，会形成酸性黏结灰，除了被捕捉的飞灰颗粒，酸性黏结灰中还含有酸腐蚀形成的各种腐蚀产物，以及硫酸与飞灰中的铁、钠、钙等反应生成的硫酸盐。酸性黏结灰有成片蔓延生长的趋势。

锅炉受热面发生积灰或结渣时，将使排烟温度和排烟热损失增大；燃烧器出口结渣时，会造成气流偏斜，使不完全燃烧损失增加，最终导致锅炉热效率将降低。此外，受热面积灰或结渣时，会使烟气通道局部堵塞，增加锅炉的通风阻力，使锅炉辅机电耗增大，严重时甚至会由于锅炉通风不足而被迫降低锅炉出力运行。

锅炉受热面积灰和结渣灰还会促进受热面的腐蚀，当煤中 S、Cl 和碱金属元素的含量较多时，往往同时发生严重的灰污和高温腐蚀。煤中的碱金属化合物，在高温条件下发生升华，然后冷凝在温度较低的受热面管壁上，形成复杂的低熔点复合物，常以液相状态存在，称为熔池。熔池中的碱金属硫酸盐会与管壁金属发生强烈的腐蚀反应，形成所谓硫酸盐高温腐蚀。高温腐蚀可导致管壁金属迅速减薄，降低受热面管子的使用寿命。

轻度的结渣、积灰因不妨碍锅炉的正常运行，更不会危及安全性，对经济性的影响大家还未有足够的重视，而实际上只要极小比例的灰分沉积就会对锅炉的热交换产生巨大的影响。所以为了保持锅炉受热面的传热效果，必须经常清除受热面管壁上的积灰或结渣，以提高锅炉运行的安全性和经济性。

一、 受热面积灰

积灰主要发生在对流过热器、再热器、省煤器、空气预热器等对流受热面。这些部位的烟气温度低于煤灰的软化温度，沉积物大多由固态飞灰颗粒堆积形成，颗粒之间有清晰的界限。外表面有时发生部分烧结，形成一个比较硬的壳。低温受热面由于酸性结露和腐蚀导致的飞灰沉积也归属于积灰。

1. 受热面积灰的形态

受热面积灰多发生在锅炉尾部低温受热面中，此时烟气已没有熔化的飞灰，碱金属（钠、钾）氧化物蒸汽的凝结也已结束，所以不会出现高温黏结灰，因此，积灰的形态有干松灰和低温黏结灰两种。

（1）干松灰。干松灰是粒度小于 30μm 的灰的物理沉积，呈干松状，易清除。在燃用固体燃料时，在对流受热面、省煤器和空气预热器上都会有干松灰的沉积。实际上，干松灰也不是绝对的干松，只不过其黏结性较小而已。

（2）低温黏结灰，这种形态的灰常会在空气预热器冷端形成。低温黏结灰的形成有两种原因：一是积灰与冷凝在管壁上的硫酸形成以硫酸钙为主的水泥状物质；二是吹灰用的蒸汽冷凝成的水或省煤器的漏水，渗到积灰层也会产生水泥状物质。这两种原因引起积灰的“水泥化”，便是低温黏结灰。低温黏结灰呈硬结状，会把管子或管间堵死，清除低温黏结灰也很困难。低温黏结灰对锅炉工作的影响很大，在燃用多硫、多灰、多水的燃料时，要特别注意防止低温黏结灰的形成。低温黏结灰的形成与 SO_3 的生成和结露有关。

干松灰的沉积过程，开始是迅速增加的，但很快便达到动平衡，积灰不再增加。这时，一方面仍有细灰沉积，另一方面烟气中的大灰粒又把沉积的细灰粒冲刷带走。当然，这只是指干松灰而言，如果灰粒遇水或冷凝的硫酸，形成低温黏结灰，则灰粒不易被冲刷带走，积灰将逐渐加剧。

2. 受热面积灰的机理

受热面积灰的形成及影响因素。烟气在温度低于 600～700℃的烟道内，低温受热面管子表面形成的积灰是松散灰。因为该处烟温较低，低熔灰已凝固成固体颗粒，CaO 等灰也无烧结现象。如图 8-1 所示表示了在不同烟气流速下管表面松散灰层的形成图。管

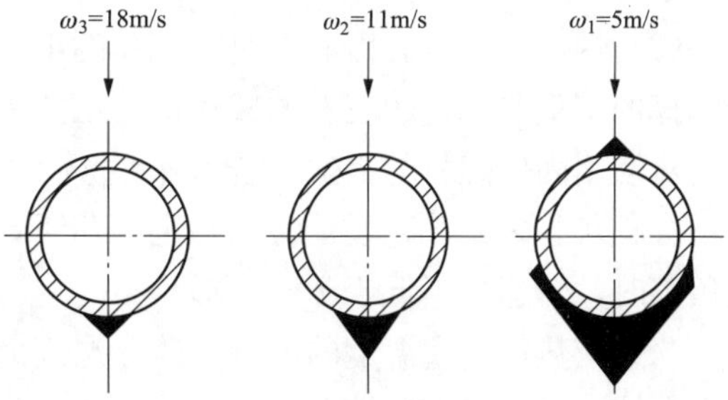

图 8-1 不同烟气流速下管表面松散灰层的形成

背面的积灰比正面严重，因为管正面受到烟气流的直接冲刷，管背面存在旋涡区，只有在烟气流速 $w_y \leqslant 5m/s$ 时，管子正面才有明显积灰。

烟气中携带的飞灰由各种大小不同的颗粒组成，但大都小于 200μm，而以 10～20μm 的居多。当含灰的气流冲刷蛇形管时，在管子的背风面形成涡流区，较大颗粒飞灰由于惯性大不易被卷进去，而小于 30μm 的小颗粒跟随气流卷入涡流区，在管壁上沉积下来，形成楔形积灰。灰分沉积是由微小灰粒的物理化学特性所引起的。

当含灰气流冲刷受热面管束时，管子的背风面产生旋涡，大颗粒由于惯性大，不易被卷进去，而小颗粒，特别是小于 10μm 的微小灰粒，很易被卷进去，碰上管壁便沉积下来。

微小灰粒，其单位质量具有较大的表面积，亦即具有较大的表面能。当灰粒与管壁接触时，微小灰粒与金属表面间有很大的分子引力（吸附力），靠分子引力吸附在壁面上，形成积灰。灰粒尺寸越小，其引力越大，小于 3～5μm 的灰粒，其分子引力比本身质量还要大，附上了就不能靠重力掉下，形成积灰。

烟气流动时，烟气中的灰粒会发生静电感应，灰粒带电荷。当小于 20～30μm，特别是小于 10μm 的灰粒碰到金属壁面时，灰粒的静电引力足以克服它本身的重力而吸附在金属壁面上，形成积灰。

金属壁面具有粗糙度，3～5μm 的灰粒可靠机械作用停留在粗糙的金属壁面上，形成积灰。

3. 影响积灰的因素

（1）飞灰颗粒组成成分的影响。烟气中的微小颗粒容易沉积，但大颗粒不仅不易沉积，且有冲刷受热面金属壁面的作用。因此，沿管壁两侧面及迎风面不易积灰，背风面积灰层达到一定厚度后也不再增加，达到动平衡。若飞灰中大颗粒少而细灰多，则因冲刷作用减弱而使积灰较多。

（2）烟气流动工况的影响。烟气流动工况是受对流受热面的布置方式及结构特性决定的，对积灰也有较大的影响。

对于错列布置的管束，如果管子排列很稀，冲刷工况与单管相似。当管子排列很密时，由于邻近管子的影响，烟气曲折运动，气流扰动大，气流对管子的冲刷作用增加，既可吹掉松散的干灰，又可使冲刷区域增大，减少背风面的旋涡区，因而可减少积灰。

在管束顺列布置时，除第一排管子烟气可冲刷到正面及侧面 90°范围外，从第二排开始，烟气冲刷不到管子的正面及背面，只冲刷到侧面，因此，管子迎风面（正面）及背面都处于旋涡区，会严重积灰。

（3）烟速的影响。由静电引力沉积的细灰量与烟速的一次方成正比，其沉积量较小；而冲刷掉的灰量与烟速的三次方成正比，烟速大，冲刷作用大。因此烟速越大，积灰越少。

对燃用固体燃料的锅炉，若烟速小于 2.5m/s，则管子的迎风面容易积灰，大于 10m/s 则不会积灰。因此，在设计时，额定负荷下，尾部受热面的烟速不应小于 6m/s，这样，在低负荷时，烟速也不低于 2.5m/s。

（4）受热面金属温度的影响。若此温度太低，则会使烟气中的水蒸气或硫酸蒸汽在受热面上凝结，将使飞灰黏结在受热面上，或者形成低温黏结灰。因此，该处温度不能低于酸露点温度。

4. 积灰对锅炉工作的影响

受热面积灰后，使传热恶化，排烟温度升高，使排烟热损失增大，降低锅炉热效率。积灰堵塞烟道，轻则增加对流烟道的流动阻力，增加电耗，降低出力；严重时会堵塞烟道流通截面，阻碍烟气的正常流动，不但会降低锅炉出力，甚至可能被迫停炉来清灰。积灰后会促使受热面金属产生低温腐蚀。

5. 减轻和防止积灰的措施

设计时采用足够高的烟速，在额定负荷时烟速不低于 6m/s，但也不能过高，否则会使磨损加剧；正确设计和布置吹灰装置，运行时定期进行吹灰，并制订合理的吹灰间隔时间和持续时间；采用适当的管束布置，包括管束排列形式、管径、横向和纵向节距；对于容易产生黏结灰的燃料，锅炉受热面布置时更要注意；运行中应防止发生省煤器泄漏事故。

二、 受热面结渣

受热面结渣发生在炉膛水冷壁、卫燃带、屏式过热器、凝渣管等辐射或半辐射受热面，以及靠近炉膛出口的部分对流受热面，在炉膛下部冷灰斗也可能发生结渣现象。这些部位的烟气温度较高，在燃烧过程中，软化或者熔融状的灰颗粒黏结在受热面上，在受热面上不断生长、积累，形成覆盖层。

目前用来判别结渣性指标有三种类型—灰熔点、灰成分、灰黏度，其中灰熔点是最常用的判别指标。

1. 灰分的熔融特性指标

灰加热到软化温度时呈塑性，灰渣黏度在 250～1000poise 之间，最容易黏附到炉墙或受热面上，造成严重结渣。因此软化温度 ST 越小，其结渣的可能性越大，国内一般认为：

ST＞1390℃　　　　轻微结渣；

ST＝1260～1390℃　中等结渣；

ST＜1260℃　　　　严重结渣。

用灰的熔融温度来判断炉内的结渣倾向性，有一定的准确性，得到许多国家的广泛应用，并作为新锅炉的设计和现有锅炉的运行中防止结渣的重要依据。应当指出，灰熔融温度的测定仅是一种规范型的实验方法，用此数值作为唯一预测炉膛结渣指标是有局限性的，甚至发生较大的偏差，这不仅是因为实验环境不同于锅炉实际运行情况（环境气氛、温升速度、灰分偏析等），而更主要的是：

（1）实验室测定的灰熔融温度只是三个特定形态下的温度，属于静态参数，较难反应灰分黏度随温度变化的动态规律，而此规律对炉膛结渣影响很大，而且实验测定的温度还存在着较大的重现误差。

（2）实验室测定的灰熔融特性是升温过程中的属性，而煤灰在炉内结渣是降温过程中的属性，此两过程的结渣特性（包括特性速度）并不重合，不同煤灰有不同程度的差异。

（3）实验室测定的三个特性温度，事实上仅是灰样外型变化的标志，不能说明灰熔融内部相态变化的情况，而此时相态变化是与黏度紧密相连的。

因此，判别炉内结渣，单用灰熔融温度作为唯一判别指标是不全面的。为了提高判别的准确性，还采用灰分成分、灰黏度类型指标来综合判断。

2. 灰分的成分指标

据资料分析，此类指标较多，我国常用的有下面几种指标：

(1) 碱酸比 B/A。从岩相学观点出发，把灰渣成分分为碱性氧化物和酸性氧化物。

碱性氧化物：Fe_2O_3、CaO、MgO、Na_2O、K_2O 等；

酸性氧化物：Si_2O_3、Al_2O_3、Ti_2O_3 等。

煤灰中酸性成分增加，会使灰熔点提高，当酸性成分超过 80%～85%时，灰往往是难熔的；相反，煤灰中金属氧化物增加，则使灰熔点下降，灰熔点随含铁量的增加而下降，尤其是 FeO 的含量越大，灰熔点下降的越迅速。

$$B/A = (Fe_2O_3 + CaO + MgO + Na_2O + K_2O) / (Si_2O_3 + Al_2O_3 + TiO_2) \tag{8-1}$$

式 (8-1) 中各项灰成分系干燥基质量百分数，我国采用下面判别界限：

$B/A > 0.7$ 严重结渣；

$B/A = 0.4 \sim 0.7$ 中等结渣；

$B/A = 0.1 \sim 0.4$ 轻微结渣；

$B/A < 0.1$ 不结渣。

一般认为当煤种煤灰的碱酸比大于 0.4 时，应优先考虑设计液态排渣炉。

(2) 硅铝比 SiO_2/Al_2O_3。提出硅铝比的理由是：灰中的 $(SiO_2 + Al_2O_3)$ 含量越高，则可望有较高的灰熔融温度，即较低的结渣性能，但也与比值大小有关，而随着 SiO_2/Al_2O_3 比值的升高，灰熔融温度会逐渐降低，因为自由的 SiO_2 易与灰中其他成分形成低熔融温度的共熔体，见表 8-1。

表 8-1　温度的共熔体的熔点

与 SiO_2 有关的共熔体	熔点 (℃)
$Al_2O_3 \cdot 2SiO_2$	1850
$CaO \cdot SiO_2$	1540
$CaO \cdot Fe \cdot SiO_2$	1100
$Al_2O_3 \cdot 2SiO_2 + FeO \cdot SiO_2 + SiO_2$	1000～1100
$2FeO \cdot SiO_2 + FeO$	1175
$2FeO \cdot SiO + FeO$	1180
$CaO \cdot Fe \cdot SiO_2 + CaO \cdot SiO_2$	1090
$CaO \cdot Al_2O_3 + CaO \cdot SiO_2 + SiO_2$	1170

我国采用的划分界限如下：

$SiO_2/Al_2O_3 < 1.7$ 轻微结渣；

$SiO_2/Al_2O_3 = 1.7 - 2.8$ 中等结渣；

$SiO_2/Al_2O_3 > 2.8$ 严重结渣。

(3) 综合结渣指数 R_s。考虑到含硫对结渣的影响，引入了综合结渣指数 R_s，是碱酸比 B/A 和空干基含硫率综合考虑的一个指数。

$$R_s = (B/A)S$$

此指标对煤中含硫以黄铁矿 (FeS_2) 为主的灰渣。我国采用的划分界限为：

$R_s < 0.6$ 轻微经渣；

R_s=0.6～2.0　　中等结渣；

R_s=2.0～2.6　　强结渣；

R_s>2.6　　严重结渣。

可见含硫量越高，结渣性越强。

用单一的结渣性指标判别其炉膛结渣的倾向性，其准确性均不够理想，这是因为某一个指标仅从某一方面反映煤灰的结渣特性，只有一定的判别能力，而采用多个结渣指标综合评判的方法，使判别的准确性得到进一步提高。

应当指出，关于煤灰特性对结渣的影响，是一个颇为复杂的问题，不管采用多少指标来综合判断结渣性能，只能相对地提高判别准确程度，而不可能百分之百准确。这是因为结渣不仅与灰分中各组分的含量有关，也与各组成的物理化学性质、相互之间的作用有关，还与运行工况有关。

3. 煤灰沾污性的常规判别准则

对于炉内沾污的形成及程度，煤的灰分含量高低固然有着一定的影响。然而研究表明，灰分杂质的组成成分却起着决定性的作用。灰中纳、钙的影响最大，其次是硅、铁、而铝通常是减缓沾污的。这里必须指出，过热器的沾污过程中，钙似乎具有双重作用。一方面钙的碳酸盐矿物质受热分解后形成 CaO，而 CaO 微粒与烟气中 SO_2 和 O_2 反应生成 $CaSO_4$，通常沾污内层富集 $CaSO_4$，这表明钙可以引发沾污的增长；另一方面，在沾污主体层中，钙又可借助于生成斜长石来阻止沾污层强度的增长，并因此抑制钠的作用，它可维持沾污主体层处于疏松的烧结状态。

第二节　锅炉吹灰器

一、 常见吹灰器工作原理和种类

吹灰器是利用吹灰介质在吹灰器喷嘴出口处所形成的高速射流，对受热面上的灰渣进行冲刷，使灰渣脱落的装置。吹灰器除下的较大焦渣落入灰斗或烟道中，较大的灰粒则随烟气被带走。

吹灰器的控制方式过去多采用单台独立控制方式。随着锅炉容量的增大，吹灰器的数量增加，单台独立控制方式现在已不太适用，对于大型煤粉锅炉，均装有几十台乃至100多台各种形式的吹灰器，一般都实行程序控制，这不但减轻了运行人员的工作负担，而且也提高了吹灰效果和减少了蒸汽消耗，从而改善了锅炉运行的安全性和经济性。

吹灰器程控又分为全程控和部分程控。全程控即所有的吹灰器及其相关的阀门都按顺序全部投入程序，程控系统一旦启动，各吹灰器和电动阀门均自动投入运行，这是一种大系统程控；部分程控则是按需要将部分吹灰器及其相关的电动阀投入程控，是一种小系统程控。有些高度自动的机组，其吹灰系统作为一个子系统与机组的计算机控制系统相连接，可按时、按规定或根据需要自动投入吹灰系统，无须工作人员发出指令。

吹灰器按吹灰介质的不同，通常有蒸汽吹灰和水力吹灰两种。目前众多电厂广泛采用蒸汽吹灰，通常它是将过热蒸汽经减压至1～2MPa后作为吹灰介质。水力吹灰主要是利用连续排污水或生水在吹灰喷头的射流下产生较高的冲刷力，当水珠碰在灰渣上蒸发时吸收大量潜热，使灰渣层因剧冷而碎裂脱落。水力吹灰如使用在烟温较高区域时，对吹灰部位的管材及布置应做一些特殊考虑。

常见的锅炉吹灰器主要有以下几种：

1. 短伸缩式吹灰器 IR

炉膛水冷壁或其他壁面一般选用短伸缩式吹灰器 IR。短伸缩式吹灰器的特点是吹灰器边前进边旋转，到位后行走停止，喷嘴作 360°吹扫后吹灰管反向旋转后退，直至喷嘴头部退至炉膛内停用位置。吹扫器与炉墙通过安装法兰进行连接，其质量由水冷壁承受，热态时随水冷壁的膨胀一起同步位移。

2. 长伸缩式吹灰器 IK

长伸缩式吹灰器主要用于吹扫锅炉对流受热面和屏式过热器，特别适用于烟气温度较高区域（＞600℃）的受热面。

长伸缩式吹灰器的特点是吹灰管很长，工作时边旋转，边前伸（或后缩），边喷射。伸缩的行程很长，一般在 2.5m 以上，甚至 10m 以上。吹灰管在工作时，前端的介质喷嘴（2只对称）做螺旋运动，对四周的受热面进行吹扫。过去的吹灰器，喷嘴在前进后退的轨迹是重合的，这样有些部位吹不干净，有些部位却发生重复吹扫现象，容易吹损受热面，现在大多数改为吹灰器前进和后退时其喷嘴轨迹错开 1/4 节距，以扩大吹扫面积，提高吹灰效果和安全性。

3. 固定旋转式吹灰器

固定旋转式吹灰器主要作用于吹扫锅炉对流受热面或空气预热器，一般安装在烟温较低的区段，根据需要以一定的角度，针对积灰部位进行有效的吹扫。

固定旋转式吹灰器的特点是无论是否工作，吹灰管始终置于烟道内。工作时吹灰管只旋转而不做伸缩运动，因而具有结构简单、紧凑、安装使用与维护方便等优点。为防止吹灰管在较长时间内由于受力和重力作用而产生弯曲，可将吹灰管每次停止的方位改变 180°以使各次停用时弯曲效应相互抵消。

4. 其他形式的吹灰器

吹灰器的形式除上述之外，还有往复式、摆动式等多种，可根据现场需要设计制造适宜的吹灰器。但是，根据吹灰器的动作原理，仅有旋转和伸缩两种基本动作（摆动式也可纳入旋转式中），任何吹灰器可以是其中一种，也可是两种动作的组合，再辅之以启闭阀门的动作，就可完成各种吹灰功能。

吹灰器除机身有各种不同的形式外，也可根据需要设计成各种形式，如单管式、多管式、爬式（丁形）、矩形等。吹灰喷嘴的布置也可以是单喷嘴、对称双喷嘴、对称均布多喷嘴等多种形式。

二、 锅炉吹灰器

为了保持锅炉各级受热面的清洁，设置了足够数量的炉膛吹灰器及用来吹扫过热器、再热器、省煤器的长伸缩式吹灰器和半伸缩式吹灰器，分布在炉膛、水平烟道、后竖井、省煤器区域。另外为防止水平烟道下部严重积灰，在水平烟道底部安装吹灰器。

新昌电厂锅炉吹灰系统包括吹灰器、减压站、吹灰管道及其固定和导向装置等。减压站的减温水来自锅炉再热器减温水总管。

吹灰系统的汽源取自高温再热器出口。锅炉启动时，空气预热器用的吹灰汽源取自辅助蒸汽，吹灰器设备技术性能见表 8-2。

表 8-2　　吹灰器设备技术性能

序号	设备	项目	规范	单位
1	长吹灰器及炉膛短吹灰器	吹灰汽源压力	0.8～1.5	MPa
		吹灰汽源温度	≤340	℃
		吹灰管减压阀压力	2.5～3.0	MPa
		吹灰管安全阀压力	3.9	MPa
		疏水阀温度定值	>230	℃
		炉膛吹灰器型号	IR-3Z	
		炉膛吹灰器数量	48	台
		长伸缩式吹灰器型号	IK-545	
		长伸缩式吹灰器数量	28	台
		长伸缩式吹灰器行程	10 896	mm
		半伸缩式吹灰器型号	IK-525EL	
		半伸缩式吹灰器数量	6	台
		半伸缩式吹灰器行程	5700	mm
		生产厂家	某电力机械有限公司	
2	空气预热器吹灰器	吹灰汽源压力	1.5	MPa
		吹灰汽源温度	300～350	℃
		辅助吹灰汽源压力	1.5	MPa
		辅助吹灰汽源温度	300～350	℃
		吹灰管减压阀压力	2.5～3.0	MPa
		吹灰管安全阀压力	3.9	MPa
		疏水阀温度定值	>230	℃
		生产厂家	戴蒙德电力机械（湖北）有限公司	
		吹灰器型号	IK-AH500	
		吹灰器数量	4	台
		吹灰器行程	1110	mm

第三节　锅炉吹灰系统及运行

一、吹灰系统简介

锅炉的吹灰系统由减压站、吹灰器、吹灰管道、固定和导向装置及疏水管道组成。减压站包括电动截止阀、气动调节阀、弹簧安全阀等组成。从后屏进口联箱后抽出的蒸汽，经气动调节阀后压力减至到一定参数，然后送至各吹灰器，吹灰器前的压力为 1.2～1.5MPa。吹灰系统减压站示意如图 8-2 所示。

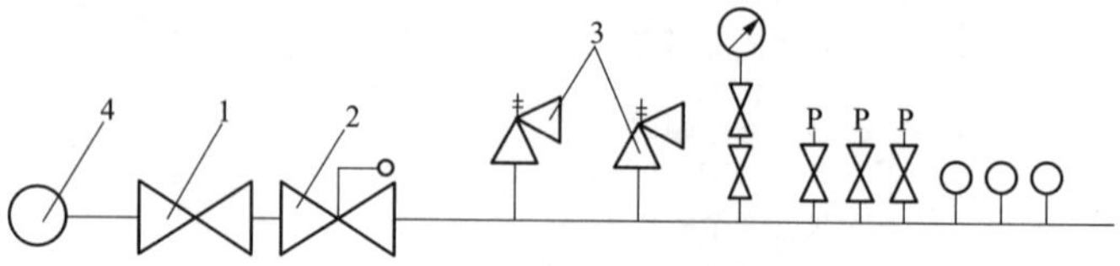

图 8-2　吹灰系统减压站示意

1—电动截止阀；2—气动调节阀；3—安全阀；4—汽源

空气预热器吹灰器的介质为过热蒸汽，吹灰系统的汽源取自高压再热冷段管道上，锅炉启动时，空气预热器用的吹灰汽源取自辅助蒸汽，其蒸汽压力冷端 1.2～1.4MPa，热端 0.7～0.8MPa，温度约为 320℃。

锅炉吹灰系统分为三部分：炉膛区域、受热面区域、空气预热器区域。每一区域由一单独的电动阀门所控制，凝结水及疏水通过电动阀门后排入疏水扩容器。炉膛布置有 78 只墙式吹灰器（装于炉膛水冷壁的四墙），对流受热面区域设置了 68 只长伸缩式吹灰器（装于上炉膛高温区域受热面、水平烟道区域和尾部烟道）和 12 只半伸缩式吹灰器，每台空气预热器布置 2 只吹灰器。

吹灰器设备及吹灰程控系统是保证锅炉正常运行及性能参数必不可少的手段。

1. 炉膛吹灰器

在炉膛前后墙及两侧墙分多层布置了短伸缩式吹灰器。每只短伸缩式吹灰器吹扫角度 360°，有效吹扫半径约 2m。一般由双齿轮箱驱动，即控制直线运动的直行程减速箱和控制回转运动的回转减速箱。当按动吹灰器前进按钮后，直行程齿轮箱开始运转驱动吹灰管及回转齿轮箱前进，达到最大行程时，限位开关动作，吹灰管停止前进，打开蒸汽阀门，吹灰管开始旋转，转一周后，停止回转，并退出炉膛。在两侧墙分隔屏和后屏底部间的下方设置了一对高温长伸缩式吹灰器。

2. 对流受热面吹灰器

在高温过热器前的水平烟道中，高温再热器前、水冷壁后墙排管前、靠近水平烟道底部上方、在低温再热器烟道中，均布置了长伸缩式吹灰器，在运行中可消除该区沉积的灰。长伸缩式吹灰器主要由钢梁、吹灰器外管、内管、回转减速箱，直行程减速箱、阀门、阀门开闭机构等部件组成。一般而言，吹除结渣需 1.37～1.72MPa 吹扫压力，吹除烟灰和飞灰需要 1.03～1.72MPa 的吹扫压力，调节阀上的螺钉可改变阀门出口压力。在高烟温区，通过吹灰管的流量取决于冷却吹灰管的要求。吹灰管工作区烟温越高，吹灰管越长，吹灰管外径越大，则需较多的吹灰介质通过吹灰管使之冷却。当按动启动前进按钮后，吹灰管前进，并旋转，再打开蒸汽喷嘴，到全行程时，电动机反转，吹灰管退回，退出后，关闭阀门，停止运动。

3. 吹灰管道

蒸汽从后屏进口联箱引出后经减压站分成三路：第一路至炉室吹灰管路；第二路至对流受热面吹灰管路；第三路至预热器吹灰管路。

减压站后的第一条管路是炉室吹灰管路，被分成四条支路，即炉室前墙、炉室后墙、炉室左侧墙和炉室右侧墙，每一条支路的进口均设一流量孔板，减压站后的蒸汽经孔板后蒸汽压力降至 1.2～1.5MPa。

减压站后的第二条吹灰管路是至对热受热面的吹灰管路，被分成四条支路，即后烟井左侧前墙、后烟井左侧后墙、后烟井右侧前墙和后烟井右侧后墙（此处的前后以后烟井隔墙为界）。每条支路进口各设置了一只流量孔板，使蒸汽进入吹灰器时压力为 1.2～1.5MPa。

减压站的另一条吹灰管路为预热器吹灰管路，蒸汽经流量孔板后分成左右两路通向布置在锅炉尾部左右两只容克式空气预热器上的吹灰器中，此时的蒸汽压力经节流后降至 1.1～1.3MPa。

4. 疏水管道

考虑到运行和操作方便，整个吹灰器系统设置了五条疏水管道：吹灰器总管疏水；两条炉室疏水管道；后烟井左右侧墙各一条；预热器左右吹灰管路合并为一条疏水管道。每一条疏水管路布置一只高温电磁阀进行疏水，疏水管路均接至锅炉两侧，以便与疏水母管相连。

二、 吹灰系统的运行

1. 吹灰系统投运前检查和准备

按照运行通则的规定对吹灰系统进行检查，所有吹灰器在完全退出位，吹灰器罩壳内外无杂物，设备清洁，吹灰器周围照明充足。吹灰器本体无变形和损坏，支架牢固，吹灰器本体罩壳完整并安装牢固。接线盒安装牢固，驱动电动机接线牢固，行走线轨不跑偏。行走箱限位开关无损坏。吹灰器链轮、传动链条、行走轮、齿条、驱动齿轮等驱动装置无跑偏和断齿。吹灰管无弯曲变形，吹灰管和炉墙吹灰孔对中。吹灰器拨叉机构无变形损坏、弹簧阀弹簧和阀杆无偏斜，弹簧阀在完全跳开的关闭状态。吹灰减温水系统投入正常，减温水手动门已打开。各吹灰汽源及疏水手动门已打开，电动门严密无泄漏。

2. 程序吹灰

（1）空气预热器吹灰。空气预热器蒸汽吹灰在锅炉点火后即需要投入，当锅炉启动燃油期间或空气预热器进口、出口烟、风差压比对应负荷下的差压高，或空气预热器积灰严重时要增加吹灰频率。吹灰系统汽源有辅助蒸汽和屏式过热器出口联箱出口蒸汽。另 1 号机组于低温再热器的出口联箱引出一路管道作为吹灰系统的汽源。

锅炉点火初期采用辅助蒸汽进行吹灰，1 号机组高温再热器出口压力 3.5MPa 使用低温再热器出口蒸汽进行吹灰。2 号机组过热器出口压力 5MPa 使用屏式过热器出口蒸汽进行吹灰。两路起源不能同时投入，正常运行应关闭辅助蒸汽吹灰汽源。

确保疏水系统自动投入正常，疏水畅通，疏水管道温度正常，暖管彻底。空气预热器吹灰系统送电完毕，检查空气预热器吹灰控制系统正常，开启空气预热器吹灰电动门，启动空气预热器蒸汽吹灰。

检查空气预热器的蒸汽吹灰管道压力 1.5MPa，吹灰蒸汽温度 300～350℃，程控启动，吹灰器供汽汽动门开启，管道疏水阀门疏水完成后关闭，空气预热器上层两只吹灰器开始吹灰；空气预热器程控吹灰结束后检查空气预热器吹灰供汽门是否关闭，管道疏水阀门开启。

（2）锅炉本体及烟道吹灰。锅炉本体及烟道吹灰应在机组负荷大于或等于 480MW，正常投煤粉期间进行。当燃烧易结焦煤种或高灰分煤种以及炉膛积灰、结焦较严重影响机组带负荷或造成蒸汽温度偏差、金属温度超温或偏差过大，对机组正常运行造成影响要适当增加吹灰频率。

1 号机组确认高温再热器出口至蒸汽吹灰手动门已开启，2 号机组确认屏式过热器出口至蒸汽吹灰手动总门已开启，辅助蒸汽至吹灰手动门已关闭，疏水系统自动投入正常，疏水畅通，疏水管道温度正常，暖管彻底。

吹灰控制系统送电完毕，检查吹灰控制系统正常，启动吹灰系统（如不吹空气预热器，可将空气预热器屏蔽），检查 1 号机组再热器出口至蒸汽吹灰电动门、2 号机组屏式过热器至蒸汽吹灰电动门开启。

检查吹灰蒸汽压力自动控制为 3MPa，末端蒸汽温度 300℃，炉膛及受热面蒸汽吹灰程控启动，末端疏水电动门疏水完毕后关闭，炉膛及烟道吹灰器开始顺序启动。

如需要对炉膛及受热面进行局部蒸汽吹灰可在吹灰 DCS 画面或控制站进行吹灰选择，炉膛及烟道程控吹灰结束后检查空气预热器吹灰供汽门关闭，管道疏水阀门开启。

3. 吹灰器系统运行及维护

投入炉本体吹灰器前可适当提高炉膛负压。在锅炉负荷低于 480MW 时一般不宜投入炉膛吹灰。在投入吹灰器时，应严密监视炉膛负压的变化情况。在吹灰期间如锅炉燃烧不稳，应及时停止吹灰，待燃烧稳定后再开始吹灰。

吹灰器的投入顺序是先吹一遍空气预热器后按炉膛烟气流程进行，先投炉膛区域最下层的，然后到对流区域的长吹灰器。

在程控吹灰时亦应严格监视各吹灰器的运行情况，发现问题及时处理，必要时可终止程序。正常情况下最多同时投两只吹灰器（对吹）。当吹灰装置产生报警要立即就地检查并消除，严禁吹灰器在无蒸汽情况下伸入炉内。吹灰装置卡在炉膛中不能退出时要立即通知维护部将吹灰器手动摇出，防止吹坏受热面。正常运行中禁止解除自动和改变吹灰器投、停温度和压力定值强投吹灰器。

检查炉膛和受热面吹灰蒸汽压力在 3.0MPa，吹灰蒸汽温度在 300℃，吹灰蒸汽压力和温度自动跟踪良好，吹灰蒸汽压力平稳，吹灰蒸汽管道安全阀门不频繁起座。检查吹灰系统按程控设定顺序自动投入、停止，吹灰系统管道、阀门、吹灰器内管填料密封和弹簧阀轴封处不漏汽。检查吹灰器运行中行走平稳无刮卡，拨叉机构动作灵活无卡涩。

4. 吹灰器的停止

当吹灰器运行中进退超时时，DCS 将发报警并自动中断吹灰器运行。当吹灰器进超时自动发退出信号，当吹灰器退超时自动停止吹灰器继续回退，故障消除并复位后吹灰器继续运行。

吹灰器电机过载时 DCS 发出报警并自动停止吹灰器运行，当故障消除复位后吹灰器继续运行。

吹灰蒸汽管道的末端温度低于200℃时DCS发出报警，吹灰管道末端疏水电动门开启，当温度升高后末端疏水电动阀门关闭。

锅炉MFT，吹灰器停止运行，屏式过热器至本体吹灰电动门自动关闭。吹灰程序运行结束，DCS发出报警提示吹灰结束。

机组正常运行中吹灰蒸汽系统无缺陷或特殊要求应保持热备用状态，吹灰系统保持压力3.0MPa和温度300℃备用。

需要进行检修或保持冷备用需要将吹灰系统停止，检查热段过热器入口的供吹灰蒸汽电动门和减温水电动门关闭后，解除吹灰蒸汽压力和温度的自动控制方式，关闭吹灰蒸汽供汽手动门和减温水供水手动门。

第九章　除尘及灰渣系统

第一节　除尘及灰渣系统概述

火电厂除尘系统是防治大气污染的重要内容，是环境工程的重要组成部分。燃煤电厂对锅炉烟尘的治理，主要采用各种类型的除尘器，如旋风除尘器、水膜除尘器、布袋除尘器、电除尘器等。在众多类型的除尘器中，静电除尘器是一种高效节能的烟气净化设备，具有除尘效率高、处理烟气量大、使用寿命长、维修费用低等优点，在当前国内外对环保要求越来越高的情况下，电除尘器得到了越来越广泛的应用。

用来排灰与排渣并将其送往发电厂厂区以外的设备和设施分别称为除灰系统和除渣系统，或统称为灰渣系统。目前，电厂输送灰渣的方法主要有机械输送、水力输送和气力输送三种。有的电厂采用单一的输送方式，也有一些电厂将不同的输送方式结合起来，但大多数电厂采用水力输送或气力输送方式。水力输送又称湿出灰，气力输送又称干出灰。干出灰方式便于灰渣的综合利用。

第二节　静电除尘器设备与运行

一、 电除尘的基本过程

电除尘过程由三个基本阶段组成，即粉尘荷电、除尘、清除所捕集的粉尘，如图 9-1 所示。电除尘的具体过程是，烟气通过进烟通道经封头进入电场，在进口封头上装有气流分布装置，气流分布装置的作用是使进入电场的烟气流速均匀，使粉尘荷电充分并减少因流速不均引起的窜流与二次飞扬。

烟气进入电场后，在高压电的作用下粉尘被荷电并捕集到电极上，由于工业电除尘器采用负电晕，则放电极带负高压，放电极又称为阴极，它们与大、小框架及高压引入装置，一起构成阴极系统。极板为正极又称阳极且接地，它们成排固定在大梁上，由于粉尘主要由极板吸附，故极板又称为极尘板或收尘板。阴极、阳极之间高压直流电源由整流变压器提供（常用 T/R 表示），其电压等级由阴极、阳极之间的距离（称异极距）决定，标准中规定，同极距为 300mm（则异极距为 150mm）的电除尘器选用 60kV 或 66kV 的电压等级；同极距为 400mm 一般采用 72kV 电压等级，整流变压器有几组抽头供运行时按实际需求选取，标准中的电压等级是可选取的最高电压。同极距 300mm 与 400mm 是目前最常见的二种规格。电场串联时，沿烟气前进方向，称为第 1、第 2、…、第 n 电场，电场串联数一般为 2～5 电场。

粉尘被电极吸附后，通过振打使其落入灰斗中。

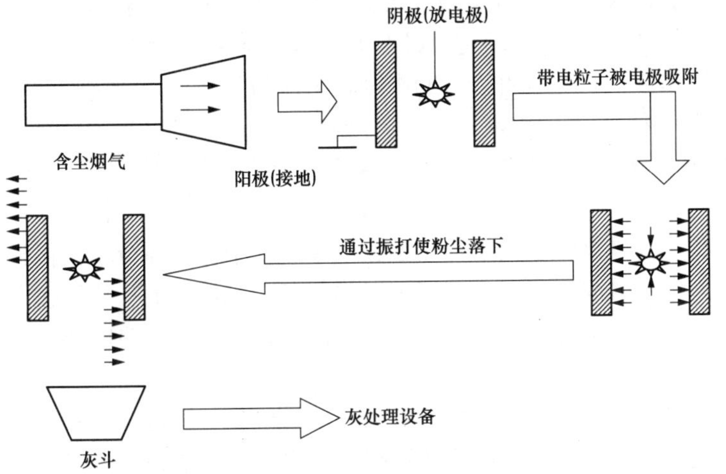

图 9-1　电除尘过程示意

目前常见的振打形式有顶部电磁铁振打、顶部脱钩锤式振打、顶部传动挠臂锤式振打与侧向传动挠臂锤式振打。

灰落入灰斗后有定期（或自动）排灰与连续排灰两种方式。定期（或自动）排灰的优点是在灰斗里形成一定的灰封，有利于克服因灰斗出口处的漏风而引起的二次飞扬。在出灰方式上有湿出和干出灰两种：湿出灰是通过排灰阀门进入冲灰水箱后由水力冲至灰水池；干出灰是通过气力或螺旋等输送装置送至料仓或灰库。

最终净化后的烟气经出口封头束流后进入后级烟道，出口封头前若有格栅，对改善电场中烟气均匀分布有一定作用。

1. 气体的电离

气体的电离是电除尘工作原理的一个重要组成部分。负电性气体分子是指电子附着容易的气体，负电性气体得到电子后就成为工业电除尘器中起主要作用的荷电粒子一负离子，工业烟气除尘中像二氧化碳、氧、水气之类负电性气体是大量存在的，负电性气体是粉尘荷电的中间媒介。

如图 9-2 所示，能更好地阐述气体电离过程。电流是电荷的定向流动，当高压直流电加到电除尘器电场的正、负两极时，电晕极表面的电场强度与电极间形成的电流关系也由图 9-2 表示出来。由于电场强度与施加的电压有着直接的联系，电场强度随着电压的升高而增大，故可以定性地、粗略地将图 9-2 曲线认定为空载电场中电压与电流的关系。

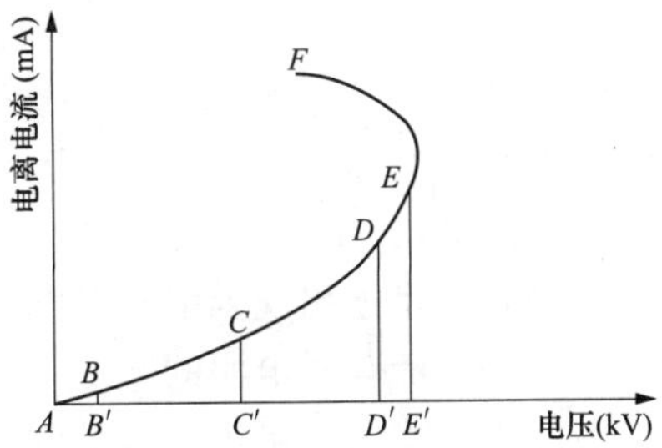

图 9-2　气体电离曲线

（1）图 9-2 中的 AB 段，此时气体导电是借助于大气中所存在的少量自由电子与离子，在烟气或自然界空气中，由于宇宙射线和分子热运动等作用，会产生极少量的游离的电子和离子，当电场两极间施加的电压较低时，两极间会出现随电压同步增加的微弱的电流，此电流在电除尘器供电装置的电流测量仪表中是毫无反映的，图 9-2 中只是定性地表示了该电流，通常此时的气体被看作是绝缘的，这些少量的电子与离子随着电压的增加，获得的动能不断升级。

（2）图 9-2 中的 BC 段，当电压达到 VB' 时，随着电压的上升，电子同时获得更大的动能，但由于受到气体分子平均自由行程的限制，只能与气体分子作弹性碰撞，总的行进速度无法提高，故电流暂中止上升。

（3）图 9-2 中的 CD 段，当这极少量的电子在 VC' 电压作用下被加速达到一定电能时，能够使与其碰撞的原子逸出电子（发生电离），各种不同气体电离需要不同的能量，称为气体的电离性。电离过程是比较复杂多样化的，电子碰撞中性气体分子并使气体分子电离，气体分子逸出电子后带正电成为正离子，正离子与电子在电场力的作用下按同性相斥、异性相吸原理相向而行，从而产生电流，可以说气体开始导电。此时的电离因故称为碰撞电离，VC' 称为临界电离电压。

电离发生在放电极附近，是因为放电极的尖端效应使其附近电场强度特别高，电子能够获得足够的动能使气体发生电离，离开此区域后，电子在向正极行进过程中被负电性气体分子俘获结合成负离子，或者径直到达正极。碰撞电离发生后，随着电压的增加，电离过程越加激烈，电流迅速增加，这时不仅是作为发射源的原始存在的电子参与电离，而且被激发出来的电子及曾参与电离的电子都可能继续参与电离，从而使电荷数目迅速增加，使电流较电压增加更快，曲线向上弯曲。

（4）图 9-2 中的 DE 段，为电晕电离阶段，VD' 称为起晕电压。其实，从碰撞电离到电晕电离，并没有一个明显的界限，这里面有一个从量变到质变的过程，电晕电离的最大特点是正离子参与了气体的电离。

不同的放电极具有不一样的起晕电压，国内几种常见的放电极在常规大气条件下的起晕电压见表 9-1。

表 9-1　常见的放电极的起晕电压

序号	名称	起晕电压（kV）
1	星形线	35
2	锯齿线	20
3	角钢芒刺线	20
4	管状芒刺线	15
5	方体芒刺线	18
6	十齿芒刺线	15
7	鱼骨针刺线	15

（5）图 9-2 中的 EF 段，过了 E 点，电晕区迅速扩大，致使电极间产生火花，若不立即加以控制，会迅速出现闪络并发展到两极间出现电弧，此时电流迅猛增加而电压下降，其对电极产生的电流与对电源的冲击是不希望看到的结果。

从以下几个方面可进一步了解电晕电离的特点。

（1）电晕放电就是在相互对置着的电晕极和收尘电极之间，通过高压直流建立起极不均匀的电场，当外加电压升到某一临界值，即电场达到气体击穿的强度时，在电晕极附近很小范围内会出现蓝白色辉光，并伴有嗞嗞的响声，这种现象称为电晕放电。这是由于电晕极处的高电场将其附近的气体局部击穿所引起的，外加电压越高，电晕放电越强烈。

（2）在产生电晕放电之后，在极间电压继续升高到某值时，两极之间产生一个接一个的瞬时的、通过整个间隙的火花闪络和噼啪声，闪络是沿着各个弯曲的或多或少成枝状的窄路贯穿两极，这种现象称为火花放电，火花放电的特征是电流迅速增大。在火花放电之后，若再提高电压，就会使气体间隙强烈击穿，出现持续的放电，爆发出强光和强烈的爆炸声并伴有高温。这种强光会贯穿电晕极与收尘极两极之间整个间隙，这种现象称其为电弧放电，特点是电流密度很大，而电压降很小。为保证电除尘器的安全及稳定运行，要使其保持在电晕放电范围内。

(3) 电晕有正电晕与负电晕之分，放电极接高压直流电源的负极产生负电晕，接正极产生正电晕。在一般的工业除尘条件下，负电晕可以获得比正电晕明显高的击穿电压与电压强度，同时由于电场分布相对均匀，也可以得到较高的电晕电流，这对提高电除尘效率是十分必要的。

2. 粉尘的荷电

电晕放电后，气体被电离产生大量自由电子和正离子，在电晕外区由于自由电子动能的降低，不足以与气体发生碰撞电离而附着在气体分子上形成负离子，负离子在电场力的作用下向收尘极运动，在电场空间充满了大量负离子，当含尘气体通过电场时，负离子与粉粒碰撞并附着其上实现了粉尘荷电。荷电粉尘在电场中受电场力的作用被驱往收尘极，经过一定时间后到达收尘极表面，释放出所带离子而沉积其上。收尘极表面上的粉尘沉积到一定厚度后，用机械振打（或电磁振打）将其清除掉，使之落入下部灰斗中。

另外，电晕区内的正离子在电场力的作用下向邻近的电晕极运动，在运动的过程中，烟气中的尘粒碰撞使其荷电，荷正电荷的尘粒受电场力驱动沉积在电晕极上，电晕极上附着的粉尘量比收尘极要少得多。电晕极隔一段时间也需要进行振打清灰，以便保持良好的放电性能。正离子碰撞电晕极会打出二次电子，以提供电晕放电必需的电子源。

3. 粉尘的捕集

气体电离及粉尘荷电过程如图 9-3 所示。

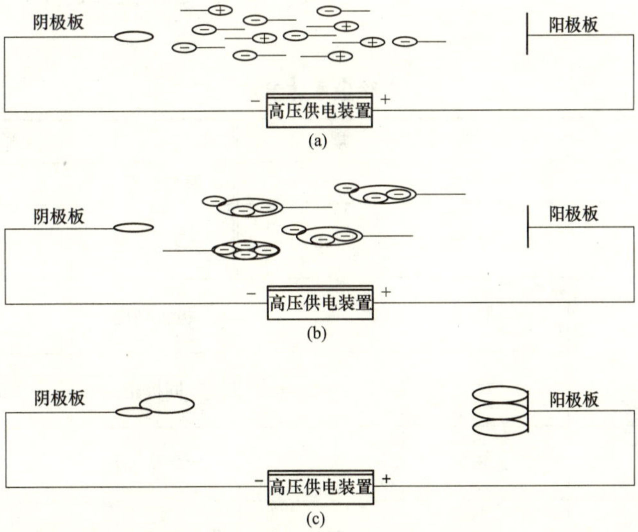

图 9-3　气体电离及粉尘荷电过程示意

(a) 电晕放电；(b) 粉尘荷电；(c) 电场捕集

在电晕极和收尘极之间施加一定电压时产生了一个极不均匀的电场，靠近电晕区的自由电子获得了足够的能量，和气体分子碰撞而产生正离子和新的电子，而产生新生的电子立刻又参与到碰撞电离中去，使得电离过程加强，生成更多的正离子和电子。这样，由于在电子的行程上，新生成的电子不断参加碰撞电离，结果气体中的电子像雪崩似的增长，形成电子崩，迁移率较大的电子集中在“崩”的头部，迅速向阳极方向发展，而正离子则留在“崩”尾向阴极加速并撞击阴极使其释放出达到自持放电所必需的工况电子。这样，在电晕极附近的狭小区域就产生了放电条件，形成电晕，这就是电晕形成的机理。在电晕外区，电子逐渐减慢到小于碰撞电离所必需的速度（多次碰撞后动能减小），并附着在气体分子上形成负离子向阳极运动，其运动速度和它们的电荷及电场强度成比例。这些气体离子构成了电晕外区的电晕电流，含尘的烟气进入电场，其中的尘粒将被负离子碰撞而荷电，形成带负电的尘粒。而荷负电尘粒在电场力作用下向阳极运动并被吸附，从而达到收尘目的。

4. 粉尘的振打

荷电粉尘达到电极后，在静电力和黏附力的作用下附集在电极上形成一定厚度的尘层，工业电除尘器中通常设计有振打装置，能给电极一个足够大的加速度，在已捕集的粉尘层中产生惯性力，用来克服粉尘在电极上的附着力，将粉尘层打下来。吸附力中的静电力与电场强度、粉尘层所荷电荷及比电阻等因素有关。

二、 电除尘器

1. 电除尘器概述

新昌电厂 1 号机组设计配置八台 BEL 型双室四电场静电除尘器以及两台 BEH 双室一电场静电除尘器，2 号机组配置八台 BEL 型双室四电场静电除尘器。锅炉烟气经静电除尘器的四个串联电场进行除尘后，由烟囱排出。

电除尘器采用 2BEL486/2-4 型静电除尘器/BEH 静电除尘器。电除尘器设备技术性能参数见表 9-2～表 9-5。

表 9-2　　电除尘本体参数

项目		单位	规格	项目	单位	规格
有效断面积		m^2	2×486	振打器形式	顶部电磁锤	
入口烟气温度	设计煤种 BMCR 工况	℃	125	烟气流速	m/s	0.9
	校核煤种 1 BMCR 工况	℃	125	极板高度	m	14.84
	校核煤种 2 BMCR 工况	℃	125	同极距	mm	400
入口烟气量	设计煤种（BMCR 工况）	g/m^3	567.1	比集尘面积	$m^2/m^3/s$	102.60
	校核煤种 1（BMCR 工况）	g/m^3	560.4	除尘器压力损失	Pa	<245
	校核煤种 2（BMCR 工况）	g/m^3	559.6	除尘器本体漏风率	%	<3

续表

项　目	单位	规　格	项　目	单位	规　格
最大处理烟气量	m^3	242.5	阴极线型式	针刺线	
入口含尘量			除尘器净化效率	%	>99.80
设计煤种	mg/m	12.215	每台电除尘灰斗数	台	20
校核煤种 1	mg/m		一次电压	V	380 AC
校核煤种 2	mg/m	5.226	一次电流	A	298A/433A
气流均布系数	<0.2		二次电压	kV	66/72DC
			二次电流	A	1.6/1.2
外形尺寸（高/宽/深）	mm		每台电除尘功耗	kW	2×2011
单电场通道数	2×24		壳体设计压力	kPa	+8.7
灰斗、保温箱加热方式	电加热		接地电阻	Ω	<2
灰斗料位计	只	80	设计抗地震烈度	6	
电除尘器的型号	2BE428/2-4				
生产厂家	福建某环保设备有限公司				

表 9-3　高压隔离开关的主要参数

型号	GN-80/3-单左
电压	72kV
电流	1.6A
制造厂家	福建某环保设备有限公司

表 9-4　高压整流变压器的主要参数

型号	GGAJ02K-1.2/66kV（6 台）GGAJ02-1.6/72kV（16 台）			
整流方式	单相全波整流负高压输出			
交流输入	频率（Hz）	50	相数	单相
	电压（V）	380	电流（A）	298/433
直流输出	电压（kV）	66/72	电流（A）	1.2/1.6
生产厂家	福建某环保设备有限公司			

表 9-5　电除尘器灰斗加热器主要参数

型号	DYB-500A
工作电压（V）	380
加热器功率（W）	0.5
单个灰斗的加热器数量	16
单台除尘器灰斗加热器总数	640
制造厂家	镇江市某电站辅机厂

2. 电除尘的工作原理

电除尘器除尘原理是含尘烟气通过高压静电场时，与电极间的正、负离子和电子发生碰撞或在离子扩散运动中荷电，带上电子和离子的尘粒在电场力的作用下向异性电极运动并吸附在异性电极上，通过振打等方式使电极上的灰尘落入下部料斗中。

电除尘主要包括以下五个过程：

（1）施加高电压产生电晕放电，使气体电离。

（2）烟气中悬浮粉尘荷电。

（3）荷电粉尘在电场力作用下向极性相反的电极运动。

（4）荷电尘粒吸附到极板、极线上。

（5）振打清灰。

3. BEL 型静电除尘器的组成

BEL 型电除尘本体结构由壳体、灰斗、阳极系统、阴极系统、高压进线、进出口喇叭、楼梯走道等组成。

（1）阳极系统及其振打装置。阳极系统由 ZT24 型极板、极板悬吊梁、悬吊装置、振打机构等构成。ZT24 型极板采用 SPCC 冷轧板轧制而制，呈 W 形，安装时彼此相扣连接，上、下端均通过 W 形连接块分别与上部悬吊梁和下部振打杆进行紧密连接，这样可使振打力有效传递并达到显著的清灰效果；振打机构由传动装置、振打杆、打动打锤等组成。

（2）阴极系统及其振打装置。阴极系统由阴极小框架、阴极吊梁、阴极悬挂系统及防摆装置构成。阴机采用桅杆式刚性小框架结构，配置 V 形镀铜芒刺线，具有起晕电压低、放电特性好的特点，阴极小框架主桅杆上端与阴极吊梁连接，吊梁上焊有振打杆，振打力通过振打吊梁传递到阴极框回和阴极线上。阴极悬挂系统由：悬吊杆、支承螺母、球面垫圈、球面封头、支承法兰和承压绝缘子构成。为了使系统在高压供电时稳定运行，在悬吊杆上增设大直径套管以加大其曲率半径，缩小套管与防尘罩之间的间距，可有效防止烟尘上窜至绝缘子内壁，解决了该处的积灰爬电问题。

阴极系统采用顶部电磁锤振打清灰方式，振打装置由振打杆（上、下）、绝缘轴和电磁锤振打器构成，其中绝缘轴两端采用竖向锥套连接，具有传力效率高和使用寿命长的特点。BEL 电除尘采用披屋式保温箱结构，配置绝缘子电加热。

（3）入口气流均布装置及出口槽型板装置。烟气从烟道进入电除尘器或从电除尘器排出烟道时，烟道截面发生很大变化。为了使场内烟气速度分布均匀，必须采用过渡段即进、出口喇叭连接，同时必须在进、出口喇叭内布置气流均布装置。因为在电除尘断面上速度分布的不均匀性将影响电除尘器的收尘效率，速度分布越不均匀，其收尘效率越低。喇叭口结构还应能避免积灰，BEL 电除尘器喇叭口底板与垂线的夹角为 35°，使溜角大于一般粉尘的安息角，保证不会积灰。并在烟气进口气流均布装置和出口槽形板的清灰采用电磁锤振打。

（4）壳体。EL 电除尘壳体由立柱、墙板、上下端板、顶梁、顶板、下部承压件、中部承压件、斜撑、内部走道等部件组成。它容纳阴、阳极系统，是电除尘器的工作室，因此，必须具有足够的强度和良好的密封性能。壳体上各电场前端位置还设有阴流板，避免因气流短路面降低除尘效率。

（5）灰斗及排输灰装置。电除尘器收集下来的粉尘，通过灰斗和卸输灰装置送走，这是保证电除尘器稳定运行的重要环节之一。

三、 静电除尘器的运行

1. 静电除尘器投运前的检查

静电除尘器所有检修工作全部结束，工作票已终结并收回，所有安全措施全部拆除，警告标示牌恢复，现场清洁；电除尘器内无人工作，无遗留工具，内部清洁；电场各通道，阴极线与阳极板间无附有任何外来物；阳极板无变形，阴极线无断线；异极间距符合要求。

检查各传动机构完好，各润滑点均有足够的润滑油。绝缘子室应清洁，不允许积尘，更不允许有水和杂物；灰斗内无积灰，无杂物堵塞；电除尘器外壳、烟道、灰斗保温完整良好；人孔门关闭严密，密封垫料完好，锁紧螺栓齐全、紧固。电除尘本体楼梯、扶手、栏杆、平台等应牢固齐全，运行巡检通道畅通，照明充足。

高压硅整流变压器呼吸器完好，硅胶未受潮变色，整流变压器储油柜油窗的油位正常、油质合格；变压器无渗油、漏油现象；电气接线无松动、脱落现象。高压隔离开关及隔离开关室内清洁无杂物，阻尼电阻清洁完好；高压绝缘子清洁，电场进线连接牢固。隔离开关操作手柄操作灵活，定位销定位准确。

就地所有端子箱内清洁无杂物，电气接线无松动、脱落现象。空气开关进出线头无烧焦、变色等现象；所有振打端子箱外壳，高压硅整流变压器，高压隔离开关外壳等均可靠接地；运行人员测量有关设备的绝缘合格；振打及加热器控制柜检查正常，并能可靠投运；所有仪表、电源开关、调节器、监视及报警信号，保护装置的功能完好。

2. 静电除尘器的投运的步骤

电除尘器所有设备检查合格，准备工作就绪，上位机工作正常，通信正常，检查加热、振打参数设置正常，检查高压控制器参数设置正常，高压隔离开关在工作位，电场的联锁钥匙位置在工作位。

投入电场前 4h 送上热风与保温箱加热，避免绝缘件因结露而爬电，控制温度设定范围为 100～120℃，在炉子点火前投入灰斗加热，以防冷灰斗结露或落灰受潮的堵灰。

锅炉点火后立即投入各排灰，振找装置，开启相应的出灰系统；联系电气运行人员装上电场的高压隔离开关一次侧熔断器；当接到值长通知后，开始对电场进行供电，依次投入第四、第三、第二、第一电场。

将整流控制柜内轴流冷却风扇开关拨到“开”的位置，将电源开关转到“通”的位置，控制柜“电源故障”灯亮控制器的 LED 显示器显示“888888”，按下启动按钮，控制柜“电源故障”灯灭，“运行”灯亮，把操作选择开关置于自动挡位置，按“复位”键，再按“运行”键，此时输出增大，调整“电流极限”旋钮，直到闪络发生或到额定输出电流为止，再调整“上升率”旋钮，选择最佳闪络频率（30～70 次）使电场工作在最佳状态。

3. 电除尘器的正常运行维护

静电除尘器投运后，经常监视一、二次电压，一、二次电流运行正常；及时调整电除尘的运行工况，发现问题及时汇报、分析并处理；监视高压硅整流变的温升，油温不得超过 80℃，无异常声音，高压输出网络无异常放电现象；电除尘器高、低压柜的运行参数每 2h 抄录一次，参数有较大变化时，应进行分析并汇报。

各保温箱入灰斗加热器工作正常，控制柜上各控制装置工作正常，每小时应了解排灰系统工作情况；经常检查火花串在规定的范围内，若发现不符合要求，应及时调整，使除尘器处于最佳运行状态。

正常运行期间除尘器及辅助设备发生故障或误动作，运行人员接到报警通知，立即前往指定地点确认故障点，分析原因，联系处理；每班应对电除尘器的设备进行全面检查，以及做好本岗位管辖范围内的清洁工作，详细记录本班运行中的所有操作，包括所发生的异常情况及设备缺陷，并做好交接班工作。

4. 电除尘器的安全注意事项

电除尘器使用高压电源，在运行维护过程中，必须严格执行《电业安全工作规程》中有关规定，应特别注意人身和设备的安全。

运行中禁止开启高压隔离开关柜，柜门均应关闭严密；电除尘顺控运行时，严禁打开各种门孔封盖，如需打开保温人孔门，应得到运行值班员的批准，应做好切实有效的安全措施。

进入电除尘内部工作，必须严格执行工作票制度，并停用电场及所属设备，隔离电源，隔绝烟气通过，且除尘器温度降到 40℃以下，工作部位有可靠接地，并制订可靠的安全措施。尤其进入保温箱之前必须打开人孔门加强内部通风，以防有害气体对人造成伤害。

进入电除尘器前必须将高压隔离开关投到“接地”位置，用接地棒对高压硅整流变输出端的电场放电部分进行放电，并可靠接地，以防残余静电对人体的伤害，即使电场全部停电后，如果事先没有可靠的接地，也禁止接触所有的阴极部分；进入电除尘器内部前必须将灰斗内储灰排干净，并充分通风检查内部无有害气体后，方可开始工作；电除尘器内部的平台由于长期处于烟气之中，可能会发生腐蚀，进入时须注意平台的腐蚀情况，以免由于平台损坏面造成人身伤亡事故；在离开电除尘器前，应确认没有任何东西遗留在电除尘器内。

运行场所应照明充分，走道畅通，各门孔关闭严密；在机组投入油枪运行时，各机组主值必须通知电除尘值班人员，降低二次电压运行，维持输灰系统稳定运行。

电除尘值班人员在机组投油运行后，解除电除尘智能模式，切到手动控制方式，降低二次电压，严密监视电除尘出口烟温测点，防止投油后极板积灰或仓泵发生二次燃烧。

5. 静电除尘器的停运步骤

正常情况下，电除尘器应在锅炉负荷低于 35%或锅炉全烧油时停用，按第 4、3、2、1 电场顺序，停止电除尘器电场运行。

接到停电除尘器通知后，按“复位”键，将输出电流、电压降至零，按下“停止”按钮，将电源开关转至“断”的位置，将整流控制柜内轴流冷却排风扇的开关拨至“关”的位置。

锅炉送风机、引风机停运后，继续保持各振打机构连续运行 2～3h 后方可停止振打装置，振打装置停运后，应及时把灰斗内的灰排干净。

电除尘器停运后 8h 后方能打开人孔门冷却，如检查需要时可在停运后 4h 开启人孔门冷却，锅炉事故灭火后应立即停止电除尘运行。

6. 电除尘器异常或故障停运的一般原则

电除尘器在运行过程中发现异常情况，应及时、准确分析并判断原因，并进行必要的操作和调整，并将情况汇报值长；电除尘器在运行过程中发生严重威胁人身或设备安全的故障时，必须立即停运该设备，并向值长汇报，作出必要的处理。

电除尘器在运行过程中发生下列故障，应立即停止电场的供电运行：

高压输出回路开路，高压绝缘部分发生严重闪烙或起火，电压自动调节器持续拉弧经调整无效时，高压硅整流器油位严重偏低或整流器油温超过 85℃不跳闸或高压部件冒烟、起火等现象，微机自动控制高压供电装置保护失灵时，整流变压器超温报警且温度超过 80℃，晶闸管冷却风扇停转，并且晶闸管元件发热严重，散热片温度超过 60℃，电除尘工作情况发生变化，烟气温度低于露点温度（90.4℃），发生危及设备、人身安全以及使故障扩大的情况，微机自动控制高压供电装置自动跳闸，未查出原因，应停运该设备的供电运行，电除尘器低压用电设备跳闸，必须查明原因，待设备缺陷消除后方可投运。

第三节　气力除灰系统设备与运行

一、 概述

目前，火电厂的除灰方式大致可分为水力除灰、机械除灰和气力除灰三种。

（1）水力除灰。水力除灰是用带有一定压力的水将电除尘灰斗、省煤器灰斗和脱硝灰斗内的灰通过沟或管道冲入灰浆池，用灰浆泵将低浓度的灰浆打入浓缩机浓缩，浓缩后的灰浆通过前置泵（也称喂料泵）或者是高位自流的方式带一定的压力进入流体输送机械（如柱塞泵等）打至灰场堆放。

（2）机械除灰。机械除灰是利用刮板机、输送皮带、埋刮板输送机械等将灰通过机械手段送到指定的地方堆放储存。

（3）气力除灰，应用最广泛的一种除灰方式。气力除灰是以空气为载体，借助于某种压力设备（正压或负压）在管道中输送粉煤灰的方法。

根据不同的标准，气力除灰大致可分为：

（1）依据粉煤灰在管道中的流动状态分，可分为悬浮流（均匀流、管底流、疏密流）输送、集团流（停滞流）输送、部分流输送和栓塞流输送等。

（2）根据输送压力种类，可分为动压输送和静压输送两大类。

（3）根据压力的不同，气力除灰方式又可分为负压系统和正压系统两大类。同时，根据粉煤灰在输送过程中的物相浓度，大体上可分为稀相气力除灰系统和浓相气力除灰系统。

二、 气力除灰系统介绍

气力除灰首先能保持灰在输送过程中呈干燥状态，保持灰的性质不变，有利于灰的综合利用；其次，生产效率高，设备的构造简单，自动化程度高，有利于环境保护等。采用气力输送可大大提高劳动生产率和降低成本。气力除灰系统工作流程如图 9-4 所示。

正压气力输灰系统是仓式气力输送泵系统，通常称之仓泵，是个带空气喷嘴的压力容器。这种设备的特点是工作可靠、输送距离远，但自动化要求高，而且要用较高压力的压缩空气作为输送介质，故需配备一套压缩空气设备。

1. 仓泵系统布置方式

仓泵系统根据系统布置和运行方式的不同又可分为以下几种：

（1）单仓制系统。单仓制系统即除尘器每个灰斗下装设一台仓泵，每台仓泵不断进行装灰，卸料等操作。单仓制系统的辅助设备少，灵敏可靠，现场比较清洁。

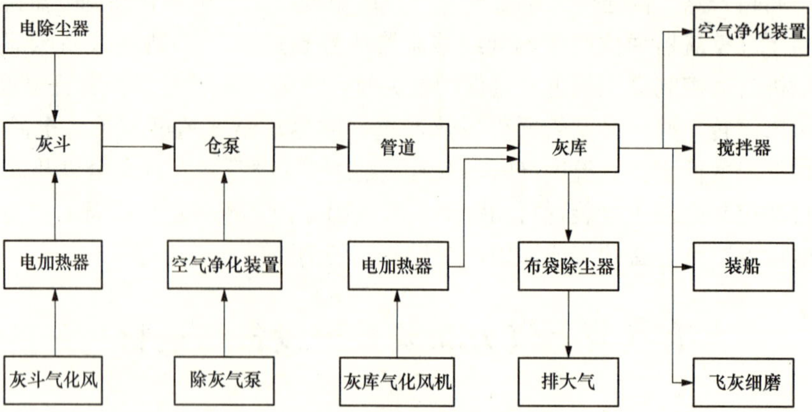

图 9-4　气力除灰系统工作流程

（2）双仓制系统。双仓制系统即双仓制运行，可相互交替使用，接近连续运行方式，比单仓制系统可靠，但装载出力较小，辅助设备较多。

（3）单仓制系统双仓运行式。单仓制系统双仓运行式集上述两种系统及运行方式之特点，采用单仓制系统布置双仓运行方式，装载出力大，又能连续运行，同时辅助设备也较少，但程序控制要求高。

（4）单仓制系统三仓运行方式。采用单仓制系统布置三仓运行方式，三台仓泵可同时或交替装料，但出灰只能交替进行，装载出力大，投资也较大。

2. 仓泵的工作原理

仓泵是以压缩空气为输送介质的动力，利用仓体的密封能力，自动交替进、排料的容积压力输送装置，亦称仓式输送泵。当干灰装入仓内后将容器关闭，然后通入压缩空气，使仓内的灰与空气混合物经输送管道送至指定地点。

仓泵的性能与缸体的大小、缸体内装灰的充满度和管道的阻力有关。对于一定的空气流量，缸体尺寸越大，缸内装灰充满度越高，系统输送的浓度和出力也相应增加。在输送距离长、管线阻力大的条件下，系统输送出力和浓度则相应降低。

仓泵结构简单，运动部件少，维护工作量小，其进料、排料周期交替进行，输送压力、出力和浓度均随仓泵作周期性变化。

3. 仓泵的工作过程

仓泵的工作过程如图 9-5 所示。仓泵中物料的运动和阀门的工作，可分为以下四个阶段：

（1）进料阶段。进料阀和排气阀打开，进气阀、出料阀关闭到仓泵内料位满或设定时间到发出信号，进料阀和排气阀关闭，进入下一阶段。

（2）流化加压阶段。此时进料阀、出料阀关闭，进气阀打开，当泵内压力达到所设定上限值，则进入下一阶段。

（3）输送阶段。泵内压力达到上限值后，出料阀打开，脉冲喷嘴开始工作，此时进料阀仍关闭，进气阀仍然打开，物料从泵内输送到管道，直到泵内压力降到下限值，进入下一阶段。

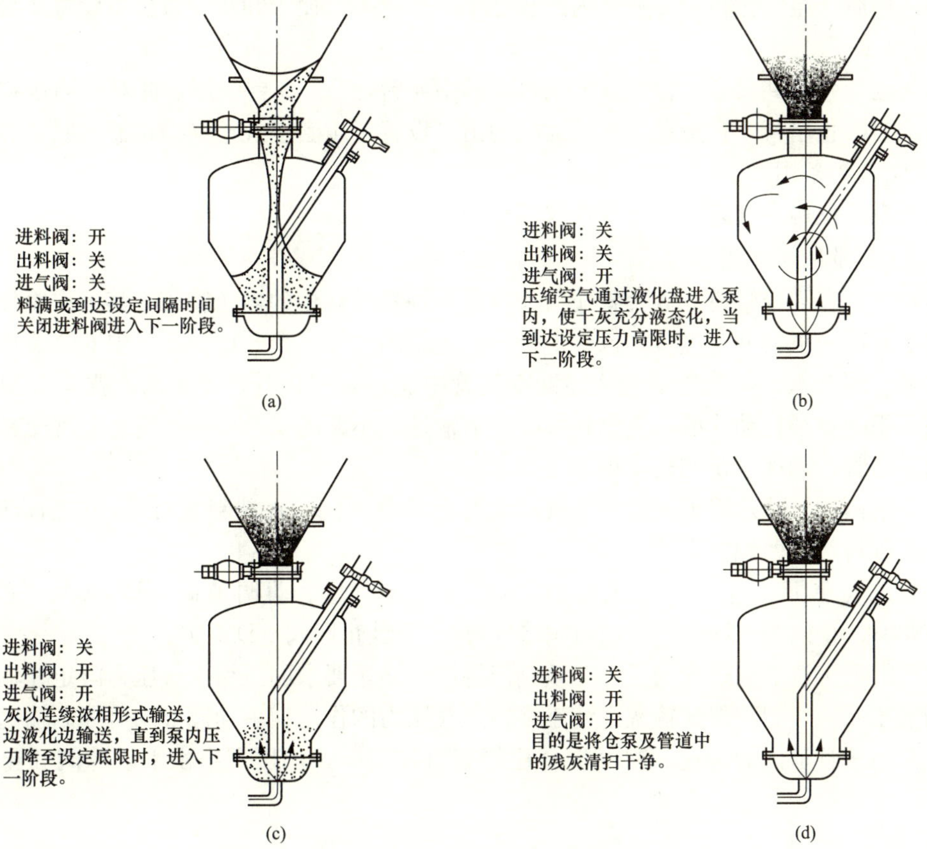

图 9-5　仓泵的工作过程原理

(a) 进料阶段；(b) 液化阶段；(c) 输送阶段；(d) 吹扫阶段

(4) 吹扫阶段。清扫仓泵和管道内残余物料，到达设定的吹扫时间后，进气阀门关闭，出料阀关闭，进料阀打开，然后进入进料阶段，如此循环完成整个输送过程。

三、锅炉气力除灰系统

1. 系统介绍

新昌电厂除灰系统包括飞灰输送、储存和卸料三个部分。电除尘器灰斗排灰采用正压气力输送系统，连续运行方式。

除灰系统采用正压气力输送系统，按 1 台炉为一个单元设计，静电除尘器每个灰斗、省煤器每个灰斗及脱硝装置每个灰斗下，分别安装 1 台流态化仓泵，作为气力输送设备。仓泵按电场组成单元运行，设定排放周期及整定运行时间，定期将灰排入输灰管道，泵仓单元之间交错运行，整个气力输送系统的运行方式为连续运行。第一电场、省煤器及脱硝装置的灰可分别进两座粗灰库；第二电场的灰可分别进粗灰库及细灰库；第三、四电场的灰进细灰库。飞灰输送到灰库储存，浮灰经布置在灰库顶的布袋除尘器分离，落入灰库储存，清洁的气体排空。每台炉系统出力为燃用校核煤种 2 排灰量的 150%，即 147t/h。

为使除尘器灰斗卸灰流畅，在每个灰斗设有气化板。电加热器将灰斗气化风机送来的空气加热，然后送至气化板，使灰斗内的灰处于流动状态，便于卸灰。每台炉设置 2 台气化风机，1 运 1 备。

除灰输送系统共设置 6 台空气压缩机，其中 4 台运行，2 台备用，针对所输送物料的介质特性，为防止堵管，在每台空气压缩机的出口设置了 1 套空气干燥净化器，共 6 套，其中 4 套运行，2 套备用。

除灰系统仪用空气来自机务专业仪用气系统。

2. 输送部件及作用

（1）双套管输灰管道。双套管输灰管道是一种特殊结构的输送管道，其工作原理是在输灰管内上方设一根辅助空气管，该管上每隔一定距离设置一个开口，开口中安装节流板；当管内物料出现沉积时，输送空气从辅助空气管中流过，并在开口处喷出，扰动沉积下的物料，将沉积的物料扰动吹散，使物料继续向前输送；不断的挠动使物料输送实现密相、低速输送而不堵管，确保系统的安全可靠运行。

（2）平衡阀。输灰罐上平衡阀为气动耐磨金属双闸阀，在装料时打开，在输送时关闭，起到平衡进料阀门两侧压力的作用。

（3）进气单元。进气单元包括减压阀（DN200）、手动调节阀（DN80）、气动进气阀（DN80）、止回阀（DN80）、加压阀（DN40）及其止回阀（DN40）。

减压阀用于调节输送气的压力，该阀门将高于输送要求的压缩空气压力限定在输送系统要求的气压以内，起到保证输灰系统正常输送气压力的作用；手动调节阀可控制输送气的用气量，对输送管道内的流速、料气混合比等有直接影响；加压阀组由手动球阀和止回阀门组成。

3. 输灰系统启动

（1）系统管路连接完整，阀门动作灵活，无任何泄漏。

（2）各输送罐内干燥，无杂物，无堵塞。

（3）空气压缩机运行正常，空气母管压力大于或等于 0.4MPa；仪用气源供气正常，压力大于或等于 0.5MPa。

（4）热工各开关表计、报警保护及程控均准确、可靠，并已投运；就地操作箱控制选择在“远控”位置，指示灯工作正常。

（5）输送管路（输灰分路阀）选择正确。只能选择本炉灰输送管道或备用管道之一。在正常情况下，宜选择对应锅炉的输送管道，如 1 号炉正常时宜选择 1 号炉输送管道。

（6）远操检查计划启动系统内的气动阀门，开关灵活、到位。

（7）手动操作空吹输送管道，检查输送管道、空气管道是否正常。空吹输灰管道，观察灰管压力，灰管压力下降至空管压力（接近 80kPa 左右时），空气母管压力也跟随下降，则管道通畅。

（8）确认布袋除尘器排尘风机运转正常，脉冲反吹正常。

启动注意事项：

（1）输灰系统一般按程控方式启动。

（2）输灰系统程控启动时应具备以下条件：

选择好输灰分路阀门切换、并到位；输送气空气压缩机投入运行，且运行正常，气源压力应大于或等于 0.4MPa；控制气源压力应大于或等于 0.5MPa；储灰仓料位应无“高”料位；启动的输送罐料位应无“高”料位显示。

（3）保证系统各设备及信号在正常状态。

（4）运行人员在设备报警或跳闸后，应迅速查明原因，再手动复位，联系检修处理。

第四节 锅炉排渣系统

一、湿式除渣系统的构成

目前应用湿式除渣方式，主要原理就是炉底渣落到捞渣机的水槽内，冷却裂化后，由刮板捞渣机连续地从炉底输出，输送至渣仓储存，然后装车外运。湿式除渣系统构成的主要设备有水封槽、液压关断门、捞渣机水槽、刮板式捞渣机、碎渣机、灰渣输送机、渣仓等。根据湿式除渣系统构成的不同，大约可分为以下几种方式：

（1）水力喷射器除渣、水力输送至灰场的方式。炉底渣经碎渣机破碎后由水力喷射器送至灰浆池，再通过灰浆泵送至灰场。

（2）刮板捞渣机除渣、水力输送至灰场的方式。

（3）水力除渣、汽车运输至灰场的方式。锅炉底渣采用水力方式输送至脱水仓，渣经脱水仓脱水后用汽车运至用户或渣场。

（4）水力除渣、皮带机运输至灰场的方式。锅炉底渣经螺旋捞渣机捞人碎渣机破碎后，由渣沟流至渣浆泵房前池，再由渣泵送往脱水仓，渣经脱水后上皮带至灰场。

（5）刮板捞渣机除渣、皮带机运输至灰场的方式。排渣系统为炉底渣由刮板捞渣机捞出送至管带输送机，由管带输送机输送并提升至渣仓，再由汽车运至灰场。

（6）刮板捞渣机除渣、汽车运输至灰场的方式。炉底渣由刮板捞渣机直接输送并提升至渣仓，再由汽车运至灰场。

二、湿式除渣的特点

湿式除渣方式由于需要大量流动的冷却水来维持捞渣机船体内水温的稳定，同时含有大量灰渣的污水通过渣浆泵送至沉淀池，经过沉淀的水用渣水回用泵再送回捞渣机使用，故这个系统的设备比较多，维护量大，尤其是水力喷射输渣方式用水量大，水资源浪费明显，并且对环境污染严重。

不过，由于湿式除渣系统庞大的水容积和较低的渣水温度，靠炉底的水封槽封住炉底漏风等优点，又使得其应用比较广泛，主要表现在：

（1）骤冷，使炽热的炉渣发生炸裂。

（2）缓冲，减少炉渣下落的冲击力。

（3）炉渣在水中的堆积角小，有助于排渣。

（4）由于水的浮力，有助于渣的流动。

（5）保护渣仓内衬。

（6）水封槽具有良好的密封性能，正常运行时漏风为零，因此提高了锅炉效率，改善了燃烧条件，特别适用于劣质煤锅炉。

三、 锅炉排渣系统

1. 除渣系统概述

新昌电厂机组底渣输送设备采用水浸式刮板捞渣机连续除渣的机械输送系统。从锅炉炉膛内排出的渣，落入冷渣斗内冷却、粒化后，采用长刮板捞渣机连续排出，直接输送至渣仓顶部，由可逆输渣胶带机按运行方式分配到两座中转渣仓内；中转渣仓内部设置析水元件，可以将含水量大的渣进一步脱水，脱水后的渣定期用自卸汽车运输到综合利用用户或者灰场。刮板捞渣机性能参数见表 9-6。

刮板捞渣机的轴封水采用工业水。刮板捞渣机的补充水、冷渣斗密封槽的密封水采用复用水，备用水源为消防水。刮板捞渣机的溢流水沿渣沟流至渣水池内，用渣水泵送回捞渣机渣船内。

系统安装 2 座高效浓缩机，1 座澄清池。高效浓缩机的直径为 12m，单套出力为 $400m^3/h$。澄清池直径为 16.77m，出力为 $650m^3/h$。

每台炉设 2 台渣水泵，1 台运行、1 台备用，渣水管设 1 根，渣水泵流量 $Q=195m^3/h$，扬程 $H=0.30MPa$，电动机采用变频调速。

表 9-6　刮板捞渣机性能参数

项　目		单　位	参数及规范
水浸式刮板捞渣机（SSC）			
型号			GBL20D×57.00
制造商			阿尔斯通四洲电力设备（青岛）有限公司
输送出力	正常值	t/h	10
	最大值	t/h	40
链条牵引速度	正常值	m/min	0.5
	最大值	m/min	2.5
冲链水量及压力			6t/h，水压大于或等于 0.3MPa
液压驱动装置			液压马达双驱动
型号			CB280
最大输出扭矩		kN·m	2×84
额定输出扭矩		kN·m	2×56
液压驱动工作站			
功率，电压		kW，V	45，380
出口油压		MPa	
冷却方式			水冷

续表

项　　目		单　位	参数及规范
溢流水温度		℃	≤60
溢流水中悬浮物含量		mg/L	300
机体外形尺寸	水平段长	mm	30 000
	斜升段长	mm	28 000
斜升段水平倾角		°	36.5
内槽体宽度		mm	2000
上槽体水深		mm	2450
上槽体水容积		m^3	140

2. 除渣输送程控系统

控制方式有自动控制方式、手动控制方式、就地控制方式。

(1) 自动控制方式：正常情况下采用自动控制方式。在自动控制方式下，运行人员通过程控系统的操作员站向除渣输送系统发出系统起停指令，然后由 PLC 程控装置对整个工艺系统进行监视和自动控制。

(2) 手动控制方式：在手动控制方式下，由运行人员通过控制室操作员站进行软手操向各除渣设备发送操作指令，联锁仍由 PLC 程控装置实现。除渣输送系统中每个设备需有就地控制箱，当设备比较集中时可以集中设置。

(3) 就地控制：在就地控制方式下，该设备不参与其他设备的联锁和保护，该操作方式为检修和调试状态。

3. 液压系统

动力站的职能是在适当的时候，为执行机构（液压马达）提供必需的流量和压力。动力站中有一台电动机驱动主泵，主泵是用于闭式系统的轴向柱塞变量泵，液压马达的回油又作为泵的吸油，其自身内部合成的辅助泵一方面为主泵补油，另一方面作为控制油源。主泵控制方式为电比例控制泵的输出流量，通过从比例放大板差动输入口输入 0～10V 的控制信号，信号越大，泵的输出流量越大，液压马达的转速越快，反之，则流量减少。液压泵自身带最高压力设定阀，当系统压力超过最高压力设定时，泵出口流量通过最高压力设定阀溢流，系统没有油液输出。

4. 关断门

关断门采用电液控制、液压驱动运行方式，关闭后有机械止回锁系统和液压锁系统，做到启闭灵活，密封可靠。关断门采用电动联锁控制，即根据各门体的预设的关断顺序操作控制箱，使关断门正常启闭，若操作有误，则电气不予回应。当 SSC 故障停运时，应能确保在锅炉最大连续蒸发量（maxium continuous rating，MCR）工况下，不停炉关闭时间不小于 6h。

液压关断门的油系统设备、油管及阀门应保证严密不漏。液压工作站的油压应能满足锅炉渣井储存锅炉 MCR 工况不少于 6h 渣量的荷载要求。

关断门内衬材料应具备耐热、耐腐蚀性，工作温度不应小于 400℃，最高温度可达 800℃。关断门运行应有可靠的就地控制装置，关断门关闭后有必要的锁定装置，能保证关断门关闭后安全、可靠。

四、 除渣系统的运行

1. 捞渣机启动前的检查

检修工作结束，工作票终结收回，安全措施已拆除，现场清洁，照明良好；捞渣机内无杂物，无人员工作；捞渣机本体完整，各部分连接牢固，链条的张紧程度符合要求；捞渣机上槽体内冷却水充足且水温不大于 60℃。

捞渣机上导轮密封水道畅通，捞渣机水位保持正常，密封良好，回链冲洗水畅通；轴封水水压力不宜高于 0.5MPa；所有转动部分无卡涩，转动良好，各防护罩完好、牢固；捞渣机电机绝缘合格，接线正确，外壳接地良好，电源已送；捞渣机变频装置工作正常。

捞渣机减速机油位、油质合格；轴封冷却水、轴承冷却水系统正常，阀门管道无泄漏。液力偶合器无漏油现象。

电气、热工表计齐全，指示正确；保护动作可靠。液压关断门各扇门完整，无变形，无卡涩，动作灵活，关闭严密；液压系统各连接件牢固、可靠；液压操作系统管路，接头处无漏油现象，油缸动作灵活；油泵电机绝缘合格，外壳接地良好，电源已送；液压操作台压力表指示正确，溢流阀调节灵活，可靠；油箱油位正常，通电前各电磁阀处于原始位置，电控柜内部元器件无松动、线头无脱落。

2. 捞渣机的启动操作

打开捞渣机的供水系统，使各导轮的水道密封畅通；然后向槽内注入冷却水到溢流口，并调节水量，保持平衡，将捞渣机的“联锁/解锁”开关置于“解锁”位置。

运行正常后，调节捞渣机转速调节钮，将捞渣机转速调节为零，调节捞渣机转速，使其达到所需转速，捞渣机运行正常后，将“联锁/解锁”开关置于“联锁”位置。

启动过程中，若捞渣机不能启动或启动后又跳闸，应查明原因，方可启动，不可强行启动。

3. 捞渣机的停运操作

按下捞渣机“停止”按钮，捞渣机停止运行，碎渣机延时停运；关闭捞渣机冷却水，回链冲洗水；若锅炉或捞渣机等设备有工作，应关闭液压关断门。

4. 刮板捞渣机的维护

根据锅炉排渣量调节至合适的刮板速度，轴承采用 4 号（ZG-4）钙基润滑脂润滑，润滑脂必须充满轴承内腔，环链磨损而长度增大时，应及时调节张紧，减速机采用 40 号（HJ-40）机油或双曲线齿轮油。

5. 捞渣机系统故障处理原则

故障情况下（捞渣机已经先行停止运行）操作人员发现故障报警信号后，应首先按炉底液压关断门规定的顺序关闭炉底液压关断门，以防止灰渣继续落入捞渣机水箱内影响炉底液压关断门的关闭；根据检修人员工作的需要，打开捞渣机水箱的灰水排放门，将水箱内的水排放到渣沟中；拖出捞渣机水箱，打开侧面检修孔，清除水箱内的残存灰渣。

查明故障部位，全面检查捞渣机水箱内有无金属杂物，检查各运转部件状态（如驱动链轮、链条刮板及其接头状态，张紧轮、上下倒向轮，各报警装置状态等），记录故障现场情况。

修复故障部位后，进行空载运行，时间以链条循环一周为限，全面检查链条刮板及其接头状态，运行平衡，无卡涩现象，无异响，确认修复后的捞渣机运行正常后，投入使用。

分析故障原因，制定相应措施，以保设备正常运行。

第十章　锅炉启停及试验

第一节　锅炉的启动

一、锅炉启动概述

锅炉由停用状态过渡到正常运行状态的过程称为锅炉启动。锅炉的启动是锅炉运行过程中的一个重要阶段，同时也是锅炉设备最危险、最不利的运行工况，其中很大一部分原因在于锅炉各部件受热不均匀，使各部件温差、胀差、热应力和热变形等超出了允许的范围。另外，启动过程机组运行不稳定，锅炉点火后初期燃料投入量少，炉膛温度低，燃料不易控制，容易出现燃烧不完全，炉膛热负荷不均匀现象，可能出现灭火和爆炸事故。因而为了保证锅炉能安全、稳定地启动，必须对其启动特点有所了解。

锅炉启动按停用状态保持的时间长短可分为冷态启动、温态启动、热态启动和极热态启动四种。锅炉的启动状态划分见表10-1。冷态启动是指锅炉经过检修、备用等长时间的停用后，在锅内没有工质压力和炉内近似为环境温度条件下的启动；而温态、热态和极热态启动则是指锅炉经过一段不长时间的停用后，在锅内工质仍具有一定压力和温度条件下的启动。无论哪种启动方式的内容和步骤基本是相同的。

表10-1　锅炉的启动状态划分

启动状态	停炉时间 t（大约值）
冷态启动	$t>72h$（汽水分离器金属温度小于120℃）
温态启动	$10h<t<72h$（汽水分离器金属温度120～260℃）
热态启动	$1h<t<10h$（汽水分离器金属温度260～340℃）
极热态启动	$t<1h$（汽水分离器金属温度大于或等于340℃）

锅炉的启动过程是一个加热过程，各部件及工质的温度都是不断升高的，因而也是一个不稳定的过程，这就需要特别注意处理诸如锅炉燃烧不稳定、各部件受热不均匀及各受热面内的工质流动也不稳定等一系列问题，否则，将对锅炉设备的安全性和启动过程的经济性造成很多不利的影响。

超超临界压力机组都采用直流锅炉，直流锅炉是流经受热面的工质（水和汽的混合物）一次流经蒸发受热面，没有汽包，循环倍率等于1。直流锅炉在省煤器、蒸发部分和过热器之间没有固定不变的分界点，水在受热蒸发面中全部转化为蒸汽，沿工质整个行程的流动阻力均由给水泵来克服。由于直流锅炉没有汽包，启动时间因而可以大大缩短。

由于纯直流锅炉通常需要30%～35%额定蒸汽量，因此启动时凝结水和热量损失较大；锅炉旁路系统是针对直流锅炉一系列启动特点而专门设置的，其主要作用是建立启动流量、汽水分离和控制工质膨胀等，锅炉旁路系统的关键设备是启动分离器。启动分离器的作用是在启动过程中分离汽水以维持水冷壁启动流量，同时向过热器系统提供蒸汽并回收疏水的热量和工质。

锅炉启动时与正常运行情况相比，启动过程中的热效率相对降低。一是由于燃烧不稳定使得燃烧热损失较大；二是由于对锅炉各部件进行加热需要消耗一定的热量；三是由于为了稳定蒸汽压力与冷却受热面需要排放一定量的工质，这些工质要带走一些热量，即所谓的启动热损失。要处理好上述的锅炉启动过程中有关安全性和经济性的问题，必须对不同形式和容量的锅炉采用不同的启动方式，选择不同的升温升压速度及启动时间。原则上应在确保安全的前提条件下，尽可能缩短启动时间，以节省燃料消耗，减少启动过程中的工质和热量损失，并使锅炉尽早投入正常运行。

二、 直流锅炉的启动特性

1. 直流锅炉受热面启动工况

直流锅炉启动时，由于没有水冷壁循环回路，水冷壁冷却的唯一方法是从锅炉开始点火就不断进水，并保持一定的工质质量流速。纯直流锅炉启动过程中受热面的工质流速是靠维持一定的给水流量来实现的，这个流量称为启动流量。一定的启动流量可保证水冷壁中具有最低安全质量流速。

纯直流锅炉的启动流量一般为30%～35%MCR；具有辅助循环泵的螺旋管圈型直流锅炉，启动过程中靠辅助循环泵保持水冷壁内最低安全质量流速，给水流量等于蒸发量，但不小于50%MCR；超临界压力直流锅炉的启动流量通常为30%～35%MCR。

直流锅炉启动压力如何建立，何时建立，压力应多大，这些问题与直流锅炉的种类、结构特点、系统及阀门、启动给水泵特性等有关。直流锅炉的启动特点是在启动准备阶段，就向锅炉不间断地进水，以此来建立起足够的工质流速和压力，保证给水连续的流经所有受热面，使其得到冷却。因此直流锅炉在启动之前就必须建立一定的启动流量和启动压力，甚至采用全压启动。

2. 直流锅炉启动速度限制

限制锅炉升温速度的主要因素是受压厚壁容器的热应力。直流锅炉没有汽包，工质在水冷壁并联管中的流量分配合理，工质流速较快，故允许温升速度比自然循环汽包锅炉快得多。但是现代高参数直流锅炉的联箱、混合器、汽水分离器等部件的壁也比较厚，升温速度也受到一定的限制。此外，配直流锅炉的单元机组，启动时间主要受汽轮机启动加热条件的制约。

3. 直流锅炉启动水工况

直流锅炉给水在受热面中一次蒸发完毕，给水中的杂质大部分将沉积在锅炉受热面管子内壁或随同蒸汽进入汽轮机，沉积在汽轮机叶片上。水中的杂质除了来自给水本身之外，还来自管道系统及锅炉本体内部，因此，新投运的机组在正式启动前要对管道系统及锅炉本体进行有效的化学清洗和蒸汽吹扫，在每次启动中还要进行冷、热态循环清洗，使得给水品质必须达到要求。

锅炉冷态清洗过程分为开式清洗和循环清洗两个阶段。

(1) 冷态开式清洗阶段。一般在当分离器建立水位，锅炉保持一定补水量后进行，此时，炉水温度一般在 50～90℃，尽可能保持较高的水温，同时在保证一定给水温度的前提下，加以变流量扰动，这样清洗效果将更佳。

(2) 冷态清洗水质合格后，才允许点火，进行热态清洗。点火后，随着水温升高，受热面中氧化铁等杂质会进一步溶解于水中，同时还进行着铁在受热面上的沉积过程，相应的温度范围为控制分离器进口水温在 170～190℃。

4. 受热面各区段变化及工质膨胀

直流锅炉各段受热面相互串联连接，虽然在结构上有固定的省煤器、水冷壁及过热器等，但是从受热面中工质状态看就没有固定的分界面，各段受热面随着运行工况的变动而变化。在启动过程中，受热面内工质加热、蒸发、过热三个区段是逐步形成的，整个过程要经历三个阶段。

(1) 第一阶段。启动初期，全部受热面用于加热水，称为第一阶段。在这阶段中，工质温度逐步升高，而工质相态没有变化，从锅炉流出的是热水，其质量流量等于给水质量流量。

(2) 第二阶段。最高热负荷处的水冷壁的工质温升最快，该处工质首先达到饱和温度并产生蒸汽，但是其后受热面的工质仍为水。由于蒸汽密度比水小很多，由水变成汽使局部压力升高，将饱和温度点后部的水挤压出去，使锅炉出口工质流量大大超过给水流量，这种现象称为直流锅炉工质膨胀。当饱和温度点后部的受热面中的水全部被汽水混合物代换后，锅炉出口工质流量才恢复到和给水流量一致，此时就形成了水的加热和汽化两区段，进入了第二阶段。

(4) 第三阶段。当锅炉出口工质变成过热蒸汽时，锅炉受热面形成了水的加热、汽化与蒸发三个区段，即进入了第三阶段。

工质膨胀是直流锅炉启动过程中的重要过渡阶段。汽包锅炉也有类似工质膨胀的现象，如水冷壁内工质温度升到饱和温度时就有部分水变成蒸汽，体积膨胀，水位升高，但是由于汽包具有大容器的吸收作用和汽水分离作用，汽包排汽量和压力仅发生轻微的变化；直流锅炉无汽包，无有效的吸收容器，其膨胀过程的自然变化规律为水冷壁内局部压力迅猛上升，锅炉出水量大幅度增加，如果没有系统方面和运行方面的措施，将会造成严重事故。

影响直流锅炉工质膨胀的因素主要有启动流量、锅炉受热面中储水量大小、燃料量及燃料量的增加速度。启动流量越大，工质膨胀量越大；工质膨胀储水量越大，工质膨胀量越大，膨胀持续时间也越长；工质膨胀时燃料投入量越多，工质膨胀量越大，并且猛烈；在相同燃料量下，燃料投入速度越快，膨胀量越大，膨胀开始时间也提前。

5. 工质与热量回收

如前所述，直流锅炉点火前要进行循环清洗，点火后要保持一定的启动流量，故在启动过程中锅炉排放水是很大的，而且排放水中含有热量。为了节约能源，应尽可能对排放的工质和热量进行回收。水进入除氧器，可回收工质和热量；水进入凝汽器只回收工质不回收热量；水排入地沟热量与工质都不回收。对排放工质扩容产生的蒸汽可用来加热除氧器中的水和高压加热器的给水等。热量回收除了经济收益外还可提高给水温度，改善除氧效果，有利于启动过程的安全。

三、锅炉启动

1. 启动前准备

锅炉启动前的准备是一项内容繁多而又细致的工作，但是，如果不重视这项工作，在启动过程中将会出现一些不该发生的异常情况，影响机组按时并入电网，严重时还会使设备受到损坏，造成经济上的损失。因此，必须要求运行人员认真地做好启动前的准备工作。

（1）锅炉机组的检修工作已结束，热力工作票和电气工作票都已终结，验收合格。

（2）机组各项保护、锅炉辅机的联锁及各项校验工作均正常。

（3）锅炉辅机等所需的电源均已正常，随时可以启动。

（4）热工及电气仪表齐全、正确可用，DCS已投入运行。热工仪表、调节装置、执行机构及有关摄像装置等均由热控人员校验完毕并已投用。如核查分布于锅炉汽水系统范围内各壁温、介质温度测点的可用性；布置于过热器出口联箱上的介质温度测点，用于控制锅炉燃水比；布置于汽水分离器及高温过热器出口联箱上的壁温测点，以便确定合适的启动速度。

（5）锅炉附属的辅助蒸汽系统、闭冷水系统、杂用水系统、仪用压缩空气及杂用压缩空气系统已按有关操作卡检查而投入运行；各类消防设施齐全，消防系统也已投入运行。

（6）锅炉燃用的轻油、燃煤储量能满足需要。轻油系统已按卡检查而投入运行，油枪已清洗。

（7）化水系统运行正常，并已备好充足和合格的除盐水。

（8）除灰、除渣系统及设备已具备投运条件。

2. 锅炉启动前的检查

锅炉启动前的检查，应在值长发令后进行，并按锅炉启动检查卡进行检查；检查锅炉及其设备现场整洁，通道畅通，无杂物堆放，孔洞盖板及防护设施完整、牢固；现场照明充足、良好，锅炉电梯正常可用；燃烧室内无结焦，燃烧室以及各风道、烟道、电除尘器、空气预热器内无人工作，各检查门、人孔门均已关闭，现场脚手架已拆除，杂物已清理，各看火孔、检查门已关闭；当发现有开启的检查门、人孔门，应通知检修人员关闭；运行人员不可擅自关闭可供人员进、出的门孔，以防误将有关人员关在锅炉和设备内部；锅炉烟风道及各类管道应保温良好，支吊架完整、牢固。

按锅炉启动的各检查卡，检查汽水系统、风烟系统、吹灰系统、疏放水系统，减温水系统、等离子点火系统及汽轮机旁路系统，使各系统的阀门位置符合要求。

检查制粉系统及所属设备已符合启动要求，并将所属磨煤机的润滑油系统、灭火蒸汽系统投入运行；检查并投入炉前轻油系统、油枪吹扫蒸汽系统、等离子冷却水、风系统的运行；检查吹灰系统，吹灰器已全部退出炉膛，炉膛烟气红外探温装置完好可用；检查空气预热器、引风机、送风机、一次风机、冷却风机及所属设备已符合启动要求，并将所属润滑油系统投入运行；炉膛火焰电视装置投入，仪用压缩空气已投入运行，且压力正常；检查各辅助设备的闭冷水系统已投入运行。

3. 锅炉上水及冲洗

（1）凝汽器水冲洗。通知化学凝结水系统准备清洗，保持凝结水储水箱高水位；启动凝结水输送泵向凝汽器补水，同时打开凝汽器热井放水阀排水至澄清后停止排放，关闭放水阀；当凝汽器热井水位升高至 650～750mm 后，启动凝结水泵进行再循环冲洗；循环冲洗 30min 左右，停凝结水泵，开热井放水阀排尽凝汽器内部存水；凝汽器热井存水排尽后，再向凝汽器进水至热井水位 650～750mm，启动凝结水泵进行凝汽器循环清洗，如此循环直至冲洗排水澄清。

（2）凝结水系统水冲洗。凝结水系统水冲洗流程为除盐水→至凝汽器补水管→凝汽器热井→凝结水泵→凝结水精处理系统旁路→轴封加热器→7、8 号低压加热器→6 号低压加热器→5 号低压加热器→排放管→循环水出水管。

启动凝结水输送泵向凝汽器补水并保持高水位，启动凝结水泵对凝结水系统进水冲洗，由 5 号低压加热器排放管排放。在水冲洗时先进行低压加热器给水旁路的水冲洗，冲洗至排水水质合格时转为各加热器水冲洗，至排水水质合格时转入下阶段冲洗。

（3）除氧器水冲洗。除氧器水冲洗流程为化学除盐水→凝汽器补水管→凝汽器热井→凝结水泵→凝结水精处理系统旁路→轴封加热器→8、7 号低压加热器→6 号低压加热器→5 号低压加热器→除氧器→除氧器放水管→疏水箱（或凝汽器）。

在凝结水系统冲洗结束后，关闭 5 号低压加热器出口凝结水系统冲洗排放阀门，向除氧器进水至除氧器水箱水位 1500～1700mm 时，开启除氧器放水管排放冲洗。此时要注意向凝汽器大量补水，维持凝汽器水位；当除氧器出水含铁量降至 100μg/L 后，凝结水系统、低压给水系统冲洗结束；当凝汽器与除氧器间建立循环后，应投入凝结水泵出口加氨处理设备，控制冲洗水 pH 值为 9.0～9.5，以形成钝化体系，减少冲洗腐蚀。

除氧器冲洗水质合格后，启动电动给水泵（或汽动给水泵前置泵），投入给水系统。

4. 给水系统进水及锅炉冷态冲洗

（1）锅炉进水要求及条件。锅炉进水水质应符合要求：含铁小于或等于 100μg/L、pH 值（25℃）为 9.0～9.5。

除氧器出口水温不低于 80℃，应严格控制进水速度，夏季进水时间不小于 2h，冬季进水时间不小于 4h，当水温与启动分离器壁温的温差大于 50℃时，应适当延长进水时间。

用给水旁路调整门或者通过调整给水泵最小流量阀控制锅炉进水速度；上水经省煤器、水冷壁、汽水分离器、储水箱排入启动锅炉疏水扩容器，控制储水箱水位在 12m，进行开式冲洗；上水至储水罐水位达到 12m 或更高时，检查 361 阀自动调节是否正常。

（2）上水前需要确认至少满足下列条件时才允许向锅炉上水。361 阀处于自动状态，MFT 复位，相关系统工作票已消除，安全措施已恢复，储水罐水位小于 12 000mm，所有锅炉水侧疏放水阀关闭，所有锅炉排气阀处于开启状态，锅炉疏水泵处于备用状态，高压加热器水侧走旁路。

（3）开始锅炉上水后的主要操作。启动扩容器至凝汽器管路电动闸阀关闭，关闭锅炉所有水侧疏放水阀，关闭所有充氮阀，开启启动扩容器至冷水塔管路电动闸阀，开启所有锅炉排气阀，连续排水后关闭，启动汽动给水泵前置泵或电动给水泵，开启前置泵入口加药门，开启给水旁路阀向锅炉上水，上水至储水罐水位达到 12m，锅炉上水完成；完成锅炉上水后，储水罐水位由 361 阀进行控制，通过启动扩容器至冷水塔排污管路进行排污。

（4）锅炉冲洗。停运时间超过 150h 的锅炉启动前必须进行水冲洗，用给水泵向炉内进水冲洗，直至储水罐出口水质优于下列指标值，以除去沉积在受热面上的杂质、盐分和铁锈（铁质含量小于 500μg/L 或浑浊度小于或等于 3μg/L；油脂小于或等于 1μg/L；pH 值小于或等于 9.5)。

冲洗流程为除氧器→前置泵→给水泵→高压加热器→省煤器→水冷壁→启动分离器→储水箱→锅炉启动疏水扩容器。

锅炉冲洗主要是冲洗沉积在受热面上的杂质、盐分和因腐蚀生成的氧化铁等。锅炉冲洗前应进行炉前管路系统的冲洗（冷凝水管路和给水管路）。锅炉冲洗包括冷态冲洗和热态冲洗，冷态冲洗又分为开式冲洗（冲洗水排往冷却塔，不循环）和循环冲洗（冲洗水排往凝汽器，循环）两个阶段。

1）冷态开式冲洗阶段：开始冷态冲洗后，锅炉启动系统处于备用状态；用辅助蒸汽加热除氧器，保证除氧器出口水温在 80℃左右；打开高压加热器旁路阀，采用不通过高压加热器主路的方式上水；启动汽动给水泵前置泵向锅炉内供水，提供锅炉冲洗用水；锅炉冷态开式冲洗过程中，启动扩容器至冷水塔管路电动闸阀开启，投入启动疏水泵联锁自动排水，冲洗水排至冷却水塔，直至储水罐下部出口水质优于下列指标值后，冷态开式冲洗结束。

水质指标：Fe 含量小于 500μg/L 或浑浊度小于或等于 3μg/L；油脂小于或等于 1μg/L；pH 值小于或等于 9.5。

2）冷态循环冲洗阶段：启动系统冲洗水由排往冷却水塔切换至凝汽器，维持 25% BMCR 冲洗流量进行循环冲洗，直至省煤器入口水质优于下列指标，冷态循环冲洗结束。

水的电导率小于 1μS/cm；Fe 含量小于 100μg/L；pH 值 9.3～9.5。

当省煤器入口水质达到：Fe 含量小于 100μg/L；pH 值为 9.3～9.5；电导率小于 1μS/cm 时锅炉冷态冲洗合格，锅炉可以点火。

5. 风烟系统启动

启动一台锅炉火检冷却风机，检查火检冷却风压正常后，将另一台投备用；投入渣水系统及捞渣机；启动二台空气预热器正常；启动引、送风机；确认第一台引风机启动条件满足，启动第一台引风机，调节动叶开度维持炉膛压力在－150～－100Pa，就地检查第二台引风机不反转。确认第一台送风机启动条件满足，启动第一台送风机。确认第二台引风机启动条件满足，启动第二台引风机，调节两台引风机动叶至相同负荷，保持炉膛压力在－150～－100Pa，将炉膛压力控制投入自动方式。就地检查第二台送风机不反转，确认第二台送风机启动条件满足，启动第二台送风机，同时调节两台送风机动叶开度，使两台风机负荷相同，保持总风量在 30%～40%BMCR（800～900t/h），投入自动方式。

6. 炉前燃油系统投运和燃油泄漏试验

油系统泄漏试验是针对锅炉进油快关阀和锅炉回油快关阀的密闭性所做的试验。泄漏试验有两步，第一步确定油母管在充压之后不会泄漏；第二步确定锅炉进油快关阀不会在关闭的状态发生泄漏。操作员直接在 CRT 上发出启动油泄漏试验指令启动该试验。

7. 锅炉吹扫

一次条件：无 MFT 条件；任一台引风机运行；任一台送风机运行；任一台空气预热器运行；磨煤机全停；给煤机全停；燃油进油快关阀关；全部火检无火；火检冷却风压力正常；磨煤机出口挡板全关；油角阀全关；一次风机全停；所有一次风机出口挡板关闭；燃油泄漏试验完成。

二次条件：炉膛总风量大于 30%BMCR（800～900t/h）；燃烧器中心风挡板开；风箱入

口空气挡板在“吹扫”位；再热器/过热器烟气挡板开。

当吹扫条件全部满足后，在操作画面上指示“吹扫准备就绪”信号，运行人员在操作画面上发出“启动炉膛吹扫”指令，炉膛吹扫开始，操作画面上指示“炉膛吹扫进行中”，吹扫计时器开始倒计时，时间为 300s。在吹扫过程中，FSSS 逻辑连续监视吹扫允许条件，当吹扫条件不满足时，炉膛吹扫自动中止。此时应注意检查不满足条件，条件满足后重新进行程控吹扫。

当所有吹扫条件全部满足并且持续吹扫 300s 完成，在操作画面上指示“吹扫完成”信号，吹扫结束。吹扫结束后，始终维持炉膛风量在 30%～40%BMCR 之间。

开启燃油系统进、回油快关阀，建立炉前燃油系统循环，炉前燃油压力 3.0MPa 左右，锅炉准备点火。

投入炉膛烟温探针（当发电机并网后或炉膛出口烟温达 580℃时，检查炉膛烟温探针自动退出，否则应手动退出）。

8. 锅炉点火

锅炉点火条件：电动给水泵或汽动给水泵已投运且工作正常，冷态循环冲洗结束，主给水流量大于 400t/h，凝汽器真空小于－76kPa，油枪吹扫蒸汽压力在 0.6～0.8MPa，炉前燃油系统压力控制在 3.0MPa 左右，燃油系统及炉前油系统或等离子点火器已具备点火条件，总风量为 30%～40%BMCR（800～900t/h），火检冷却风机已投运且火检冷却风压力正常，炉膛烟温探针运行正常，炉膛监视电视上电，确认正常，冷却风正常，锅炉吹扫完成，汽轮机主、调节汽门关闭，盘车投运正常，投入电除尘一、二电场运行；投运 FGD 系统。

（1）锅炉微油点火。确认炉前燃油系统检查卡已执行完毕，工作票已终结，燃油系统投入运行，油层具备启动条件；确认 D 磨煤机具备启动条件。

接到微油点火系统点火命令，进行操作，将微油点火系统投入到备用状态中，将微油点火系统 D1、D2、D3、D4、D5、D6 控制柜和暖风器隔绝门的电源合闸，并把控制柜打到远控位置。

检查打开微油点火系统的压力冷风总门及各油枪压力冷风门（按调试开度），打开压力冷风母管风压表手动门，全开各角火检冷却风门、摄像头冷却风门，开启吹扫阀，打开微油点火系统微油母管进油总门，打开微油点火系统油母管油压表手动门、一级过滤器前后手动门、流量计前后手动门，关闭流量计旁路门；打开二级过滤器前后手动门、油角阀前的手动门、就地油压表手动门；打开 D 磨微油点火系统暖风器出口疏水阀，准备暖管。

调整微油点火系统母管压力维持在 3.0MPa 左右，检查微油点火系统管道、角阀、连接处无渗漏油情况；首先全开 D 磨暖风器供汽电动门，其次将手动门开启 5%左右，确认蒸汽充满暖风器及其管路后，再逐渐全开手动门。

根据锅炉运行规程顺序启动空气预热器、引风机、送风机、一次风机、密封风机，完成炉膛吹扫；通风暖磨，启动 D 磨煤机。

控制油枪压力冷风母管风压在 3kPa 以上；当没有 MFT 信号、油角阀故障，并且微油母管油压正常（0.8～3MPa）情况下，将 D 磨煤机切换至“微油点火方式”即可逐只启动微油点火，当六只微油火检正常时，继续调节 D 磨煤机入口风量至 72t/h 左右，通过现场各观火门和集控室微油火焰监视器来观察微油点火燃烧是否正常；点火初期应加强巡视炉内燃烧情况；观察微油壁温变化情况。

当暖风器入口一次冷风经过暖风器加热后，D磨煤机进口风温达到150℃以上，磨煤机出口风温控制在65～82℃，即可启动D给煤机，投粉初期调节给煤量至最低值18.5t/h；随后根据锅炉升温升压曲线调节给煤量，并注意监视磨煤机振动值；投D磨煤机无其他煤层或油层投运时，若单只微油火检检测不到火焰，关闭单角微油阀，联启吹扫阀，关闭对应燃烧器的磨煤机出口；吹扫结束后，可重新投入该角微油，成功后，即可重新开启出口风门；若多次点火无效，联系检修人员分析处理灭火问题。

点火初期，运行人员需要不断地观察燃烧情况，以及油系统是否有漏油、渗油情况；当空气预热器出口一次风温能够满足磨煤机投粉温度，可以停用暖风器；当D磨煤机的煤量大于40t/h，微油燃烧器皆正常投运，炉内燃烧稳定，可以根据实际情况启动A层制粉系统或者E层制粉系统，A或E层制粉系统的给煤量根据锅炉升温升压曲线进行调节。

当锅炉负荷稳步增加，达到300MW时（根据燃烧情况），可逐角退出微油；正常停炉时可考虑采用微油点火系统；当系统发生MFT时微油系统直接退出点火状态，油枪六个油角阀门全部关闭；微油点火系统退出后短时间不投用时，为防止误操作及燃油泄漏，应及时将炉前微油系统母管处的油总阀关闭。

MFT复位后允许2次点火，2次点火都失败锅炉MFT，必须重新吹扫炉膛后方可再次点火；锅炉点火后随锅炉蒸发量的增加，应控制锅炉给水在正常范围内，并通过361阀保持储水箱水位正常；锅炉点火后要注意观察储水箱水位的变化，在水冷壁汽水膨胀时要停止增加投入油枪，待汽水膨胀结束后，储水箱水位恢复正常后再增投油枪。

调整风量使燃烧稳定，严格控制炉膛出口烟温不超过540℃。当炉膛出口温度达580℃时，检查炉膛烟温探针自动退出。

锅炉点火后，投入空气预热器连续吹灰，用辅助蒸汽进行吹灰时注意保持吹灰蒸汽参数合格，当主蒸汽压力达5MPa时，空气预热器的蒸汽吹灰汽源切换为屏式过热器汽源；检修或长期停运后启动时，要严格监视锅炉的受热膨胀情况，从点火直到带满负荷，做好膨胀记录，发现问题及时汇报。

(2) 锅炉等离子点火。开启等离子暖风器疏水门和进汽门，暖等离子暖风器；确认A制粉系统、等离子装置具备点火条件，将A磨煤机切换至“等离子方式”；启动一次风机和密封风机，开启A磨煤机出口挡板门，开启磨煤机冷热风隔离门和调节门，对磨煤机进行通风暖磨；逐个启动等离子发生器，并调节各等离子发生器电流为300A左右，检查等离子拉弧正常；当磨煤机出口温度达到80℃，启动磨煤机运行，启动给煤机运行；检查各等离子燃烧器燃烧正常，磨煤机火检正常；如磨煤机火检未检测到煤层有火，磨煤机应跳闸，否则立即手动停止磨煤机运行，锅炉吹扫后重新点火；根据升温升压曲线，逐渐增加给煤量。

9. 热态循环冲洗

热态循环冲洗的冲洗流程为给水系统→省煤器→水冷壁→启动分离器→储水箱→锅炉启动疏水扩容器→凝汽器。

热态循环冲洗时投入5%BMCR的热负荷，缓慢提高水冷壁出口水温至200℃进行热态清洗。给水流量约为400t/h。锅炉热态循环冲洗水质合格标准为省煤器入口水质Fe≤50μg/L，pH值为9.0～9.3，SiO_2≤30μg/L。锅炉热态循环冲洗水质合格后，才允许升温升压。

由于水中的沉积物在190℃时达到最大，因此升温至190℃（顶棚出口）时应进行水质检查，检测水质时停止锅炉升温升压；进行水质检查后，控制升温率为2℃/min，直至蒸汽参数达到冲转压力和温度。

热态清洗时，清洗水全部排至凝汽器。锅炉点火后，应注意出现汽水受热膨胀会导致储水罐水位突然升高，应保证361阀能正常控制储水罐水位。锅炉点火后，应打开顶棚出口联箱及后包墙下联箱的疏水阀进行排水，确保该处无积水。

10. 锅炉升温升压

投入空气预热器连续吹灰，若空气预热器吹灰不能正常投入，应手动投入连续吹灰。

点火后凝汽器真空低于−65kPa，检查凝结水、给水系统压力正常，排汽缸温度、凝汽器热井水位等满足旁路开启条件；旁路暖管疏水完毕，开启高、低压旁路减温水截止门，选择投入高、低压旁路阀、喷水隔离阀及调节阀的自动控制方式。旁路投入后应注意控制高压旁路出口蒸汽温度不大于432℃（高压旁路跳闸温度460℃），低压旁路后蒸汽温度不大于120℃（低压缸排汽温高于120℃机组ETS动作），再热蒸汽压力在正常控制范围。

在温度上升阶段，应对给水流量进行限制和控制锅炉壁温，防止锅炉金属管壁超温。升温升压期间用增投燃料量配合高、低压旁路的方法进行升温、升压速率的控制。汽水分离器出口温度在100℃以下时，炉水温升率不应超过1.1℃/min，到汽轮机冲转前，炉水温升率不应超过1.5℃/min；其他情况以不大于2℃/min、0.03MPa/min的升温、升压速率进行升温、升压。升压过程中应随时监视361阀的调整效果和储水箱水位的变化，维持水位在12m左右。

当发生汽水膨胀时，储水箱水位会突然升高，应保证361阀能正常控制储水箱水位；当汽水膨胀已平稳渡过，储水箱水位稳定后，将给水控制从手动限制最小流量转换为自动控制给水流量。

汽水分离器压力达到0.2MPa时，手动关闭包墙排气电动一、二次门，低温过热器出口联箱排气电动一、二次门，屏式过热器出口联箱排气电动一、二次门，高温过热器进口联箱排气电动一、二次门，高温过热器出口联箱排气电动一、二次门，高温再热器出口联箱排气电动一、二次门，低温再热器出口联箱排气电动一、二次门。当分离器压力达3.0MPa时，投入ERV阀，并手动试开，正常后，投入“自动”方式。

逐步增加燃料量提高蒸汽流量及温度、压力，同时调整高、低压旁路开度，将蒸汽参数升至符合汽轮机冲转的要求。当主蒸汽压力接近8.0MPa，主蒸汽温度接近370℃时，再热蒸汽温度为320℃，再热蒸汽压力为0.8MPa时，汽轮机准备冲转。

11. 锅炉转入直流运行方式

当锅炉给水流量全部转换为蒸发量时，361阀的阀位关至零，此时达到了本生负荷。增加燃料量，继续升负荷，分离器出口蒸汽温度达到微过热状态，锅炉运行转为纯直流运行方式。此时注意分离器出口过热度的变化，尽量不要在该工况下长期停留，尽快增升负荷提高温过热器热度，防止再转回湿态。

转入干态361阀完全关闭后，为防止361阀及储水罐至361阀的管道出现热冲击对阀门和管道产生疲劳伤害，应打开暖管阀，对361阀及储水罐至361阀的管道进行暖管。

储水箱水位调节阀的暖管管路指省煤器出口连接管→储水箱水位调节阀→储水箱→过热器二级减温水的管路，主要目的是对储水箱水位调节阀及储水箱至储水箱水位调节阀的管道进行暖管，以防止储水箱水位调节阀及储水箱至储水箱水门调节阀的管道产生热冲击，对阀门和管道产生疲劳伤害。在锅炉启动过程中，储水箱水位调节阀的暖管管路必须在锅炉直流转换、储水箱水位调节阀完全关闭后才允许启用；锅炉正常运行过程中应确保储水箱水位暖管管路和储水箱至二级减温水管道正常投入使用；在锅炉停炉过程中，储水箱水位调节阀的暖管管路应在储水箱水位调节阀开启后关闭。

12. 带负荷至300MW

启动第三套制粉系统，升负荷至300MW（若带油启动时，退出全部油枪锅炉转无油运行），将等离子磨转入正常方式，负荷大于或小于330MW时等离子投入备用；通知除灰投入全部电除尘电场运行；根据需要对炉膛、过热器、再热器和空气预热器系统进行吹灰；当机组负荷高于60%时，启动第四套制粉系统，按调度要求设定机组负荷。

13. 温态、热态和极热态启动过程

根据对锅炉的启动状态划分，温态启动指在停炉10～72h内的启动；热态启动指在停炉1～10h内的启动；极热态启动指停炉在1h内的启动。不同形式和不同制造厂生产的超超临界压力直流锅炉的启动状态的划分也不相同。

温态启动、热态启动和极热态启动时锅炉还保持有一定的压力和温度，启动时的工作内容与冷态启动大致相同，是以冷态启动过程中的某一阶段作为启动的起始点，而起始点以前的某些工作内容在这里可以省略或简化，因而启动时间可以较短。

热态启动前的检查及准备和冷态启动相同，但不必进行炉内检查及联锁等一些试验。热态启动水冷壁出口温度小于或等于200℃，应进行热态清洗；水冷壁出口温度大于200℃时则不进行热态清洗。

锅炉点火后，在确保水冷壁等受热面壁温不超限的情况下，应增加燃煤量，使蒸汽参数尽快达到冲转参数。及时调整蒸汽温度、投入减温水防止超温。

（1）汽轮机热态启动冲转参数。机组温态冲转参数：主蒸汽压力8MPa；主蒸汽过热度大于50℃且高于调节级金属温度50～100℃；再热蒸汽压力1MPa；再热蒸汽温度高于进汽区金属温度20℃。

温态启动参数：主蒸汽压力8.0MPa；主蒸汽温度400℃；再热蒸汽压力0.8MPa；再热蒸汽温度350℃。

热态启动参数：主蒸汽压力8.0MPa；主蒸汽温度480℃；再热蒸汽压力0.8MPa；再热蒸汽温度465℃。

极热态启动参数：主蒸汽压力8.0MPa，主蒸汽温度505℃，再热蒸汽压力0.8MPa，再热蒸汽温度490℃。

（2）热态启动注意事项。机组冲转前应充分疏水，疏水期间，严禁凝汽器高水位运行，避免出现汽、水撞击振动和凝汽器真空不正常；启动过程中应密切监视汽缸温升、温差、胀差、轴向位移、瓦温、油温及油压等参数不超限。

冲转时，主蒸汽、再热蒸汽参数应符合与缸温的匹配要求，在任何情况下，汽轮机侧主蒸汽、再热蒸汽温度与高中压缸金属温度温差不允许大于50℃以上；汽轮机冲转前及冲转过程中注意监视高中压缸上下对点温度差小于42℃，如超过此温差且伴有轴向位移大报警，应立即打闸停机并对汽缸和蒸汽管道进行充分疏水。

根据缸温决定轴封汽源，注意轴封蒸汽温度与转子表面的温差不超过110℃。

温态、热态启动时，应启动制粉系统尽快升温、升压，在冲转和带负荷过程中，控制主蒸汽、再热蒸汽温度与汽轮机高、中压缸金属温度的匹配；机组并网后，应根据汽轮机胀差、热膨胀的大小控制温度，并尽快升负荷。

热态、极热态启动定速，全面检查正常后，应尽快并网带负荷，不允许滞留时间过长，同时主蒸汽、再热蒸汽温度应呈上升趋势，禁止蒸汽温度大幅度波动。

热态、极热态启动时，若胀差出现负向变化时，应尽快提高蒸汽温度或增加机组负荷至缸温相对应的负荷值，并注意监视胀差及高压内缸下半内壁温度的变化；当胀差负变停止转为正变，同时主蒸汽温度与高压内缸下半内壁温度匹配时，改为正常升负荷率。

热态启动要特别加强机组振动的监视，发现轴承振动超限时应立即打闸停机，因振动异常停机必须回到盘车状态，应全面检查，认真分析，查明原因；当机组已符合启动条件时，须连续盘车大于或等于 4h 才能再次启动，严禁盲目启动。

根据蒸汽温度情况，及时投入过热器一、二级减温水和再热器减温水，严防过热器和再热器超温；投入减温水时应缓慢，且开度不宜过大并加强监视，防止蒸汽带水汽温骤降。

带上 33MW 的初负荷后，应按规定控制主蒸汽温度的温升速率、调节级金属温升速率，对照启动曲线确定暖机时间；升负荷期间，密切监视辅助蒸汽汽源、除氧器汽源及轴封汽源的切换情况。

四、 锅炉停运

锅炉机组从运行状态转入停止向外供汽、停止燃料，并逐步降压冷却的过程称为停炉。根据锅炉停炉的原因，锅炉机组的停运一般分为正常停炉和事故停炉两种。

（1）正常停炉。锅炉设备运行的连续性是有条件限制的。当锅炉运行一定时间后，为了恢复或提高锅炉机组的运行性能和预防事故的发生，须停止锅炉运行并对其进行有计划的检修工作；另外，当电网负荷减少时，为了满足电网的需要和保证电站锅炉安全经济，必须在一定的时间内停止一部分锅炉运行并将其转入备用状态。上述两种情况的停炉，都属于正常停炉。

（2）事故停炉。无论由于锅炉机组的内部还是外部的原因发生事故，必须停止锅炉运行时，称为事故停炉；根据事故的严重程度，需要立即停止锅炉运行时，称为紧急停炉；若事故不是非常严重，但为了锅炉设备的安全运行又不允许继续长时间运行下去，须在一定的时间内停止其运行，则称为故障停炉。

大型机组多采用单元制运行方式，无论是汽轮机还是发电机的停止运行都必定引起锅炉停止运行。锅炉的正常停炉方式有两种：一种是额定参数的停炉，另一种是滑参数停炉。机组停炉一般采用滑参数停炉方式进行。和启动过程相似，因直流锅炉没有汽包，降温过程可以快一些，即直流锅炉停运较快。

1. 锅炉滑参数停运

大容量高参数机组滑参数停机的主要目的是：本体有停机检修项目，需要对汽轮机及相关的管道进行冷却，缩短开工检修期间的停机时间；锅炉和汽轮机本体相关的管道存在缺陷，需要尽快进行冷却处理。

2. 滑参数停机的优点

可以充分利用锅炉的部分余热多发电，节约能源。可利用温度逐渐降低的蒸汽使锅炉受热面和汽轮机壁厚部件得到比较均匀和较快的冷却。对于待检修的汽轮机，采用滑参数停机可缩短停机到开缸检修的时间，使检修时间提前。

3. 滑参数停机必须坚持两个基本原则

(1) 锅炉出口主蒸汽温度和再热蒸汽温度必须保证50℃以上的过热度，一般以80～100℃为宜，防止汽轮机进冷水、冷汽。

(2) 严密监视汽轮机热应力值及其变化趋势，防止热应力超限。要求控制主蒸汽温度和再热蒸汽温度的温降率小于1.5℃/min，主蒸汽压力变化率小于0.1MPa/min。

4. 滑参数停运前的准备工作

停炉前应提前通知燃运、除灰、脱硫、化水、检修等各有关岗位；根据要求降低原煤仓煤位或烧至空仓；停炉前负荷在420MW以上时，对各受热面进行一次全面吹灰。各点火油枪和等离子点火器试投一次正常，对锅炉设备进行全面检查，记录所有缺陷以备检修时消除。

5. 滑参数停炉的步骤

在协调方式下按正常降负荷将机组的负荷降至300MW，降负荷速率9MW/min，保留3台制粉系统运行；负荷降至220MW以下，分离器出口过热度逐渐降低，当没有过热度后，储水箱水位出现，将361阀投入自动控制储水箱水位，锅炉转为湿态运行模式，此时注意尽量不要在转态点附近滞留。

机组240MW负荷后应将锅炉主控切换至手动方式调整，汽轮机主控在自动方式，将机组控制方式置为汽轮机跟随模式；投入运行中制粉系统的油枪或等离子点火装置助燃；通知除灰停止电除尘器部分电场运行；减少燃煤量，停止一套制粉系统运行；主蒸汽温度、再热蒸汽温度应匹配，控制主蒸汽温度、再热蒸汽温度同步下降。

降机组负荷降至33MW，停运最后一套制粉系统，通知除灰停止全部电除尘器电场运行，所有磨煤机停止后，停止一次风机运行，检查密封风机确已停运。

锅炉熄火后，保持各风门挡板和炉膛风箱挡板在最终位置并维持送风机、引风机运行至少5min，以吹扫烟道内的可燃物；锅炉上水至储水箱最高可见水位停止给水泵运行；维持空气预热器运行转，直到空气预热器入口烟温降到120℃以下，然后才可以停转空气预热器。

锅炉正常停炉时，当锅炉负荷降到30%BMCR、压力降至8.5MPa左右时，首先应关闭361阀的暖管管路，开启361阀出口至凝汽器的闸阀，361阀应投入自动模式，当储水罐中出现水位以后，储水罐的水位由361阀自动调节；停止上水后，关闭361阀门。

6. 灭火后的主要操作

关闭油枪各角油枪手动门，关闭炉前进、回油总门，解列炉前燃油系统；锅炉灭火后启动电动给水泵维持给水流量150t/h上水冷却，控制启动分离器前的蒸汽和金属降温速度不得高于2℃/min，金属温度偏差不得高于50℃；缓慢将风量降至35%BMCR稳定运行10min，进行炉膛通风吹扫，吹扫结束后可依次停止送风机和引风机运行，锅炉进入15min的强制自然通风阶段，15min后关闭所有烟风系统挡板进行闷炉；锅炉灭火30min后，锅炉上水至储水箱最高可见水位停止给水泵运行；空气预热器入口烟气温度（低温再热器与省煤器出口烟温）低于120℃后，停止两台空气预热器运行；当汽水分离器压力1MPa左右，进行热炉放水；炉膛温度低于60℃时，停止火检冷却风机与等离子火检冷却风机运行。

第二节 锅 炉 试 验

一、 水压试验

水压试验的目的是对安装完毕的锅炉承压部件进行冷态水压检验，检查相关锅炉受热面严密性，以确保锅炉启动后的安全、经济运行。

1. 水压试验原则

水压试验原则是锅炉大、小修后或因受热面泄漏检修后的锅炉在启动前应进行锅炉额定工作压力水压试验。

锅炉每六年进行一次（一般在大修后进行）超压水压试验；新装锅炉或改造后的锅炉投运前，锅炉受热面大面积更换或受压原件经重大修理（包括大、小修）后应进行超压水压试验。

2. 水压试验标准

水压试验标准是大、小修后或因受热面泄漏检修后的锅炉在启动前应进行锅炉额定工作压力水压试验。过热器、汽水分离器、储水箱、水冷壁、省煤器作为一个整体以省煤器进口设计压力的 1.1 倍做水压试验；再热系统以再热器系统设计压力的 1.5 倍单独进行水压试验。

给水和过热系统及再热系统的超压试验压力为设计压力的 1.5 倍，具体试验压力见表 10-2。

表 10-2　　锅炉水压试验压力表（MPa）

省煤器进口设计压力	32.9
再热器系统设计压力	5.33

3. 水压试验范围

锅炉本体一次汽系统：省煤器进口至过热器出口水压试验堵板前。

再热器系统：自冷段再热器进口管道水压试验堵阀到热段再热蒸汽出口管道水压试验堵板。

锅炉汽水管道附件二道门前系统参加工作压力的水压试验，ERV 控制阀不参加水压试验。

给水高压加热器应参加工作压力水压试验。

4. 水压试验前的准备及注意事项

检查与锅炉水压试验有关的汽水系统检修工作已结束，工作票已终结；锅炉所有安全阀门应采取防起座措施，动力泄放阀（ERV）的控制开关处于“OFF”位置，ERV 手动隔绝阀关闭，防止水压试验时开启，做超压水压试验时应装堵头进行隔离；确认水压试验用的除盐水合格，水中氯离子含量应小于 25mg/L，上水温度一般以 50～70℃为宜，炉水温度最低不低于 20℃，启动汽动给水泵锅炉上水至储水箱正常水位；水压试验压力以就地压力表指示为准，压力表精度在 0.5 级以上，并与 DCS 压力指示进行校对。

水压试验前，运行值班员按锅炉启动检查票中“水压试验”一栏进行检查和操作，并做好记录；水压试验前，运行值班员按“汽轮机隔绝”一栏进行检查和操作，并做好记录。

再热器水压试验之前在再热器出入口堵阀加水压堵板。过热系统水压试验前应确认汽轮机自动主汽门严密，允许进行水压试验；锅炉各阀门的水压试验，应先做二次门，后做一次门。

5. 水压试验操作

过热器和再热器系统都需要做水压试验时，应先做再热器系统，后做过热器系统，做过热器试验时再热系统要做隔绝措施；水压试验由运行人员负责操作，检修维护人员负责检查，有关专业技术人员参加；水压试验应设专人负责升压，升压和降压时要得到现场指挥的许可才能进行，升压速度应缓慢平稳。

（1）过热器系统水压试验操作。水压试验前应重点确认锅炉启动检查票“水压试验”和“汽轮机隔绝”一栏是否认真执行完毕，确保炉侧和机侧具备打压条件；在锅炉储水箱正常水位的基础上，用汽动给水泵继续向过热器系统上水，直至各过热器空气门见水后逐个关闭。

当所有过热器系统空气门见水关闭后，锅炉开始升压，注意升压初期汽动给水泵置于最低锅炉上水转速，用省煤器入口给水旁路调整门控制升压速度，当给水旁路开展后，通过提升汽动给水泵转速来控制升压速度。

锅炉升压应缓慢，在分离器压力1MPa以下升压速度应小于0.25MPa/min，压力升至1MPa时暂停升压进行检查，观察压力无变化，受热面无异常，稳压10min后继续升压；以0.20MPa/min的升压速度至10MPa时暂停升压进行检查，观察压力无变化，受热面无异常后，继续升压至20MPa进行检查，观察压力无变化，受热面无异常，继续升压；以小于0.20MPa/min的升压速度至省煤器入口工作压为32.9MPa，注意后期升压应缓慢进行，防止锅炉超压；在额定压力下保持20min，对锅炉汽水系统进行认真检查，查看有无泄漏；关闭进水开启疏水门以0.3MPa/min的速度降压，当压力降至0.098～0.196MPa时全开过热器系统空气门及疏水门。

（2）再热汽系统水压试验操作。再热器水压试验时，利用电动给水泵的中间抽头，通过再热器减温水管进水、升压；当再热器各空气门见水后停止上水，关闭再热器各空气门。

以0.20MPa/min的升压速度至2.0MPa时暂停升压稳压10min进行检查，观察压力无变化，受热面无异常后，继续升压至额定工作压力5.33MPa；在额定压力下保持20min，对锅炉汽水系统进行认真检查，查看有无泄漏；关闭进水开启疏水门以0.3MPa/min的速度降压，当压力降至0.2MPa时全开再热汽系统空气门及疏水门。

6. 水压试验合格标准及注意事项

水压试验合格标准为受压元件金属壁和焊缝没有任何水珠和水雾的泄漏痕迹。关闭进水门和给水泵出口门，停止给水，观察分离器压力变化，5min内压降不超过0.5MPa，过热系统水压试验合格；关闭进水门，停止再热器给水，观察再热器压力变化，5min压力下降不超过0.25MPa，再热系统水压试验合格；升压过程中应监视高压加热器汽侧水位及汽侧压力变化，防止由于高压加热器管束泄漏造成高压加热器超压和汽轮机进水，注意监视汽轮机缸温。

若锅炉准备投入运行，且水质合格，分离器前的受热面不放水，过热器和再热器部分的积水应放尽。水压结束后，拆除再热器水压堵阀堵板，解除安全阀的防起座措施以及弹簧吊架的销子。

锅炉水容积见表 10-3。

表 10-3 锅炉水容积（m^3）

状态	省煤器	分离器/储水罐	水冷壁	过热器	再热器	合计
水压试验时	120	20	51	150	380	721
正常运行时	120	—	20	—	—	140

二、 锅炉安全阀校验

1. 安全阀校验原则

机组大修或安全阀解体检修后均应对安全阀的启座及回座压力进行校验。安全阀校验整定工作应在试验指挥组的统一领导下进行，运行人员负责锅炉蒸汽压力的控制，检修维护人员负责具体校验。安全阀实际整定启动动作数值与计算数值的偏差不得超过 0.5%。安全门校验应按压力由高到低顺序逐个进行。

弹簧式安全阀应使用安全阀辅助校验装置进行校验，辅助校验装置必须经过技术鉴定，并由经验丰富的专人操作，校验后，应抽查一、两个安全阀做实际排汽试验，以证明辅助校验方法的准确性。

安全阀校验时必须制定专用的安全技术措施，检修、运行负责人应在场。

2. 安全阀校验条件

锅炉检修工作已结束，满足锅炉点火启动要求。高、低压旁路系统试验正常；DCS 显示、联锁、保护正常投入；各安全阀冷态检查合格；就地已安装校验合格且精度在 0.5 级及以上的压力表，安全阀的启座及回座压力以就地压力表指示为准；校验现场与集控室之间应配置足够和可靠的通信联络工具。

3. 安全阀校验

(1) 安全门效验准备工作。锅炉点火，逐渐升温升压，主蒸汽压力升至 8.0MPa，蒸汽温度控制在 400℃以下，投入高、低压旁路自动；对汽水系统进行全面检查，确认系统正常无泄漏；对各安全阀进行详细检查，确认各安全阀无内漏。

(2) 再热器安全门校验操作。缓慢关闭低压旁路，将再热蒸汽压力以 0.3～0.4MPa/min 的速度升高到 3.5MPa 并稳定；检修用专用安全阀校验辅助装置逐个进行校验；校验过程详细记录辅助压力及启座、回座压力和弹簧高度；全部校验完后，闭锁其他安全阀，选择一个再热安全阀做实际起跳试验，合格后校验结束，否则需要重新校验。

(3) 过热器安全阀校验操作。调整锅炉燃烧率，缓慢控制高、低压旁路阀，以 0.2MPa/min 的速度升高主蒸汽压力至 15MPa，解开屏式过热器进口 A 侧安全阀 1 的机械闭锁，确认其他过热器安全阀已闭锁；在屏式过热器进口 A 侧安全阀 1 装设液压校验装置。

缓慢提升主汽出口压力至屏式过热器进口 A 侧安全阀 1 动作值的 75%；调整液压校验装置，使安全阀达到动作定值，此时安全阀应正确动作，否则应继续调整至安全阀动作；降低液压加载力使安全阀回座；详细记录启座、回座时蒸汽压力及当时的液压加载力和弹簧高度。

检查屏式过热器进口 A 侧安全阀 1 无内漏；闭锁屏式过热器进口 A 侧安全阀 1 安全阀。用同样的方法校验其他过热器安全阀。

4. ERV 阀校验操作

检查 ERV-A 阀手动隔离门开启；投入 ERV-A 阀的电控回路；以 0.2MPa/min 的升压率将主蒸汽压力升高至 27.5MPa；此时 ERV-A 阀应正确动作，压力降至 26.4MPa 时应回座，否则通知热工调整直至合格为止；检查 ERV-A 阀回座后无内漏；关闭该 ERV 阀的手动隔离门。以同样方法整定 ERV-B 阀。

5. 安全阀校验注意事项

安全门整定期间锅炉主保护必需正常投入。安全阀动作时，蒸汽压力大幅度波动，要注意给水波动对蒸汽温度的影响，重点对储水箱水位和蒸汽温度进行控制。

安全阀整定期间要保持锅炉燃烧稳定，主蒸汽温度控制在 480℃以下；整定时除就地调整人员外，其他人员不得靠近；校验过程中，如出现异常情况，应立即停止校验工作；整定结束蒸汽降压后，解除各安全阀的机械闭锁；打开 ERV 阀手动隔离阀。

各安全阀的参数及整定压力见表 10-4。

表 10-4　各安全阀的参数及整定压力

安装位置	阀门规格	阀门型号	整定压力（MPa）	回座比（%）	温度℃	排放量（t/h）
高温过热器出口	3M8	HCA-118W-C12A-SPL	30.79	4	605	263.404
高温过热器出口	3M8	HCA-118W-C12A-SPL	30.79	4	605	263.404
屏式过热器进口	3M8	HCA-118W	32.03	4	465	352.062
屏式过热器进口	3M8	HCA-118W	32.03	4	465	352.062
屏式过热器进口	3M8	HCA-118W	32.03	4	465	352.062
屏式过热器进口	3M8	HCA-118W	32.03	4	465	352.062
高温再热器出口	6Q28	HCI-69W-C12A-SPL		4	603	176.17
高温再热器出口	6Q28	HCI-69W-C12A-SPL		4	603	176.17
低温再热器进口	6Q28	HCI-46W		4	365	214.70
低温再热器进口	6Q28	HCI-46W		4	365	217.38
低温再热器进口	6Q28	HCI-46W		4	365	219.30
低温再热器进口	6Q28	HCI-46W		4	365	219.30
低温再热器进口	6R10	HCI-46W		4	365	219.30
低温再热器进口	6R10	HCI-46W		4	365	219.30
ERV	2.5″×4″	EB9114N7BWRA5P1		3	605	117
ERV	2.5″×4″	EB9114N7BWRA5P1		3	605	117

三、风烟系统、制粉系统联锁保护试验

1. 联锁保护试验

（1）空气预热器跳闸时，同侧引风机、送风机、一次风机全部跳闸。

（2）两台引风机、送风机均运行时，引风机跳闸时，同侧送风机跳闸。

（3）两台引风机、送风机均运行时，送风机跳闸时，同侧引风机跳闸。

（4）两台一次风机全停时，密封风机及所有磨煤机、给煤机跳闸。

（5）磨煤机跳闸时，对应给煤机跳闸。

2. 试验步骤

锅炉联锁保护试验必须在各辅机单项试验合格，各辅机均具备启动条件，方可进行锅炉联锁保护试验；试验时 6kV 设备开关送至“试验”位，400V 设备开关送至“工作”位，密封风机开关送至“试验”位。

关闭给煤机进出口挡板门，联系热工人员强制相关设备启动允许条件；按照启炉顺序依次启动各设备。

依次停运磨煤机，则对应层给煤机依次跳闸；复位各跳闸开关，重新启动磨煤机和给煤机；停运一次风机，密封风机跳闸、全部磨煤机和给煤机跳闸；复位各跳闸开关，重新启动两台一次风机、密封风机和制粉系统各辅机；停运一台送风机，联锁跳闸同侧引风机，停运另一台送风机，MFT 动作，联锁跳闸两台一次风机、六台磨煤机和六台给煤机；复位各跳闸开关，重新启动各跳闸设备和停运设备；停运一台引风机，联锁跳闸同侧送风机，停运另一台引风机，MFT 动作，联锁跳闸另一送风机、两台一次风机、六台磨煤机和六台给煤机；复位各跳闸开关重新启动各跳闸设备和停运设备；停运一台空气预热器，联锁跳闸同侧引风机、送风机和一次风机，停运另一台空气预热器，MFT 动作，联锁跳闸两台引风机、两台送风机、两台一次风机、六台磨煤机和六台给煤机；复位各跳闸开关，重新启动各跳闸设备和停运设备。

联锁试验不合格应联系有关人员处理后再次进行试验，直到合格为止。试验完成后联系热工人员恢复所强制的信号和保护。

四、MFT、OFT 联锁保护试验

MFT、OFT 试验可综合在一起进行，必须在锅炉联锁试验正常后方可进行。

关闭给煤机进出口挡板门，强制相关设备启动允许条件；按照启炉顺序依次启动各设备；强制所有投运的煤、油燃烧器有火焰信号，模拟机组正常运行状态；MFT 动作试验时，分项操作，停止有关转机或短接有关接点，逐项做跳闸试验。

MFT 联动设备有 MFT 继电器动作；OFT 动作；联锁跳闸所有油枪、所有等离子点火器、磨煤机、给煤机、一次风机、密封风机、两台汽动给水泵、电动给水泵；闭锁蒸汽吹灰，所有吹灰器自动退出，脱硫、电除尘器跳闸；联锁关闭燃油进油快关阀、所有油枪角阀、磨出口挡板、燃烧器进口挡板、减温水总门、主给水电动门和给水旁路门；送信号至主机、旁路系统。

OFT 动作试验时，分项操作或短接有关接点，逐项做下列条件跳闸试验：至少有一个油角阀开时，进油快关阀关；MFT；至少有一个油角阀开时，燃油母管压力低至 2.0MPa。当上述任一条件满足，OFT 动作，并联关各油枪角阀、进油快关阀。

第十一章　锅炉的正常运行及调整

第一节　锅炉运行中监视

电站锅炉的产品是过热蒸汽，锅炉运行的任务就是要根据用户的要求，提供用户所需的一定压力和揾度的过热蒸汽，同时锅炉机组本身还必须做到安全与经济地运行。

锅炉运行的监视和调整，必须保证各参数在允许的范围内变动，并应充分利用和发挥计算机程控及自动调节装置，以利于运行工况的稳定和进一步提高调节品质。锅炉运行的状态决定着整个电厂运行的安全性和经济性，所以，必须认真监视各个重要的运行参数，必要时，对自动调节装置及时切至手动调整，维持运行工况正常。

在正常运行过程中，对锅炉进行监视和调整的主要内容有：

（1）保锅炉设备的安全运行。

（2）锅炉的蒸发量适应外界负荷的需要。

（3）均匀地给水并保持正常水位。

（4）保持正常的蒸汽压力和蒸汽温度。

（5）保证水和蒸汽品质合格。

（6）保持良好燃烧，尽量减少热损失，提高锅炉机组的热效率。

一、监视及检查维护

机组运行中要充分利用和发挥自动控制系统的作用，确保设备运行工况的稳定和运行参数的调节质量；在控制系统自动运行时，运行人员要加强画面参数的监视和运行参数的分析；发现自动控制系统故障后要立即联系热控人员进行处理；当出现参数报警要认真进行检查、核实、分析并进行调整，必要时到就地进行核实，禁止随意复置报警。

1. 机组正常运行中要加强以下各参数的监视调整

凝结水、给水、减温水及主蒸汽和再热蒸汽的流量、温度、压力与机组负荷相匹配，凝汽器真空与机组负荷相匹配，参数稳定；汽轮机调门开度正常；储水箱水位、炉膛负压、烟气氧量、飞灰含碳量在正常范围内；引风机、送风机动叶开度指示正确；引、送风机电流与风量匹配；总风量与机组负荷相匹配。

检查锅炉燃烧状况良好，各检查孔、人孔门关闭严密；锅炉各受热面金属温度在正常范围内，不超温；制粉系统出力正常，与机组出力相匹配，磨煤机出口温度、一次风压力及一次风量在正常范围内，启动分离器出口温度正常稳定，燃水比合适；一次风机运行正常，一次风压在正常范围内，密封风与一次风差压正常，一次风机入口动叶开度、电流正常；空气预热器入、出口的一、二次风温及烟温正常，空气预热器差压、锅炉排烟温度在正常范围内。

检查炉管泄漏检测装置工作正常，无泄漏和异常报警；锅炉本体汽水系统无泄漏，无异常声音；过热器、再热器安全门正常，无内漏现象；锅炉各支吊牢固，锅炉膨胀正常；燃烧器区域无漏油、漏粉；各自动控制装置方式正确，自动调节品质良好。

监视调节级压力、温度，汽缸金属温度，高压缸和中压缸外缸上、下缸温差，高低压缸排汽温度，高压缸、低压缸胀差，大轴振动，轴瓦振动，轴向位移，凝汽器真空在正常范围内；润滑油压力及温度，密封油压力及温度，定子冷却水压力及温度，支持轴承金属温度，推力轴承金属温度，支持轴承及推力轴承回油温度，抗燃油压及油温，主油箱油位，抗燃油箱油位，轴封蒸汽压力及温度在正常范围内。

监视发电机电压、电流与机组负荷相匹配，励磁调节装置参数正常；发电机各部温度正常，无局部过热现象，进出水温、风温正常。

检查发电机各部振动及声音正常，机壳内氢气压力、纯度、温度正常；发电机-变压器组保护投入运行正常，指示灯指示正常。

2. 机组正常运行维护

机组正常运行中必须进行运行检查，以掌握机组运行状况，及时分析机组存在的缺陷及事故隐患，保证机组的安全经济运行。

每值必须定期对机组进行全面检查，执行检查工作的人必须认真负责，严格按照机组运行巡回路线对设备进行全面详细的检查，通过摸、看、听、闻及检测仪等手段判断设备的运行状态，并详细记录有关参数。

运行人员必须认真监视 DCS/DEH 等盘面参数和各表计指示，应经常根据参数分析机组运行情况和设备工作状况；当发现参数与正常值有差异时，应及时查明原因，采取措施进行调整；如装有自动记录仪表或自动打印报表，其抄表时间可以延长或根据实际情况决定。

按规定要求，定期监督汽轮机润滑油油质，尤其要监督颗粒度小于 MOOD（SAEA-6D）5 级，如不合格，应采用滤油措施；定期监督汽轮机抗燃油油质。抗燃油颗粒度应小于 MOOD（SAEA-6D）3 级，如不合格，应采用过滤器过滤。

定期监督密封油油质，其水分应控制在不大于 50mg/L；化学应经常监督氢气纯度（≥96%）、露点（在机内压力下，允许露点温度为−25～5℃）。化学应定期监督定子冷却水水质，符合标准。即使机组停机备用，定子冷却水维持运行时仍应按要求进行水质监督。

3. 机组运行中对下列问题应进行详细记录

机组启停、系统切换、设备试验或设备倒换应详细记录在专门日志中，同时应记录操作时间及操作过程中发生的问题；对事故的发生、处理过程应按时间顺序在日志中详细记录，对运行中分析的设备缺陷、存在的问题，应及时通知检修人员消除并将缺陷情况、缺陷发展情况及缺陷消除情况在日志中详细记录；对挂地线及拆除情况在日志中详细记录；对机组定期试验，工作票签发、注销，设备停/送电等工作应做好记录。

4. 在下列情况下应特别注意机组运行情况

负荷急剧变化；蒸汽参数或真空急剧变化；汽轮机内部有不正常的声音；系统发生故障；环保参数异常；自动不能投入时。

第二节 锅炉运行中调整

一、 机组运行调整

锅炉运行调整的目的和任务是确保各主要参数在正常范围内运行，及时发现和处理设备存在的缺陷，充分利用计算机的监控功能使机组安全、环保、经济、高效地运行；调整燃烧，使其满足机组负荷的要求；保持炉内燃烧工况良好，各受热面清洁，降低排烟温度，减少热损失，控制氮氧化物、提高锅炉效率；保持稳定和正常的蒸汽温度、蒸汽压力；均衡给煤、给水，维持正常的燃水比；保持合格的炉水和蒸汽品质；合理安排设备、系统的运行方式，及时调整运行工况，使机组在安全、环保经济的最佳工况下运行。

二、 负荷调整

1. 负荷调整注意事项

当机组负荷变化时粗调使煤量、风量和水量快速地变化到预定值，使机组负荷的变化基本到位，并通过细调最终使负荷、主蒸汽压力、蒸汽温度稳定于目标值。

调整燃料量的同时，给水应配合调节，防止燃水比严重失调，造成参数的大幅度波动，保证蒸汽压力、分离器出口温度可控。

机组负荷调节时，若调节幅度较大，应及时启动、停止制粉系统，维持磨煤机最佳出力运行。

值长在接到调度命令后，通知值班人员做好调整负荷的准备；在负荷变化过程中，应密切注意主蒸汽压力、蒸汽温度，出现任何不正常情况应立即停止改变负荷，待查明原因后继续进行。

2. 负荷调整的方法

在自动发电控制（automatic generation control，AGC）或协调系统投入的情况下，机组在接收到调度来的负荷指令后，按照设定的升降负荷速率自动进行负荷调整，系统自动控制燃料量、风量、给水量并协调汽轮机保证主蒸汽压力和机组负荷相适应。

在 AGC 未投入，协调系统投入的情况下，运行人员根据值长升降负荷命令手动输入负荷指令由控制系统自动完成负荷升降；在机组协调解除的情况下，调整机组负荷时应注意煤、水、风的加减幅度不要过大，正常运行负荷升降的速率不超过 9MW/min。

在进行负荷调整前要检查磨煤机余量和燃烧器的最低稳燃能量是否满足，否则应及时启动、停止制粉系统；在进行负荷调整时还应密切监视环保指标在合理范围，禁止环保指标超标工况下接带负荷；调整有功功率负荷时，注意进行无功功率的调整，保证发电机电压正常。

三、 燃烧调整

1. 燃烧调整的目的和要求

锅炉燃烧调整是保证机组安全经济运行的首要任务。锅炉正常燃烧时，燃烧的着火距离适当，炉内燃烧稳定；火焰不应直接冲刷水冷壁；火焰充满度好，炉膛热负荷均匀，出口及各段烟道两侧烟气温度偏差不超过 50℃；减少不完全燃烧损失，提高锅炉运行经济性；保持锅炉各级受热面不超温；尽量减少污染物的生成，确保环保指标在合理范围；避免结渣。

2. 影响锅炉燃烧工况的主要因素

燃用煤种的性质及燃烧特性；供给燃料完全燃烧所需的空气量；合理地组织燃烧器的投运方式；一、二次风的配比及良好的炉内空气动力工况；维持适当高的炉膛温度；合理的煤粉细度。

3. 燃烧调整原则

燃烧调整原则是正常运行时煤粉的着火距离适中，火焰稳定，且均匀地充满炉膛，不应紧贴水冷壁，两侧烟温偏差不超过 50℃，尽量减少不完全燃烧损失，减少 NO_x 排放量，提高锅炉运行经济性，保证锅炉各级受热面不超温。

正常运行中煤粉燃烧时火焰呈金黄色，火焰均匀地充满炉膛且无抖动，煤粉着火和扩散角适中，火焰不贴墙，DCS 各火检指示信号基本满量程且无闪烁。

值班员应积极了解本班入炉煤质情况，以便根据燃料特性及时调整燃烧工况，当来煤偏离设计煤种较大或阴雨天来煤较湿时，运行人员应在班前做好事故预想；发现存在锅炉结渣倾向时，合理调整配风，适当加大风量，防止出现局部还原性气氛，调整制粉系统运行方式，有效地降低炉膛局部热负荷。

为防止燃烧不稳，在锅炉负荷 480MW 以下不得进行炉膛受热面蒸汽吹灰。为保证燃烧的经济性要定期对煤粉细度进行测量和调整，定期对飞灰、焦渣进行取样分析，值班人员应依据测量及分析结果及时进行相应的调整。

锅炉在 40%额定负荷及以上稳定运行时，如燃烧工况稳定，各参数正常可停止全部等离子或微油运行；不论何种原因引起快速减负荷，负荷降至 50%以下时，应及时采取稳燃措施。

运行中当发现炉膛局部灭火，濒临全炉膛灭火时或炉膛已灭火时，应立即手动 MFT，切断全部燃料供给，防止锅炉灭火放炮；锅炉灭火后，立即调整风量至额定风量 30%～40%进行 5min 炉膛吹扫，做好点火恢复准备。

4. 风量的调整

正常运行时，炉膛负压和锅炉风量调整投入自动模式，运行人员应根据煤质、负荷及实际燃烧情况及时修订设定值，保证锅炉风量满足运行要求，维持炉膛负压在－150Pa±50Pa 范围内，禁止炉膛正压运行，保证锅炉不向外冒烟气。

运行中根据入炉煤质及机组负荷情况及时对一、二次风量、风压进行调整，组织炉内良好的燃烧工况，使煤粉着火点和扩散角适中，火焰无偏斜、贴墙现象；维持转向室出口处两侧烟温差小于 30℃，最大不超过 50℃。

燃烧器的内二次风风量通过位于各燃烧器两端的辅助风挡板来进行控制；各台燃烧器的内、外风的比例通过调整燃烧器面板上的拉杆来确定，正常运行中不允许随意调整。

根据机组不同负荷，供给合适的空气量，一般情况下 80%及以上负荷时控制烟气含氧量平均在 3%；70%负荷控制烟气含氧量平均在 4%；50%负荷控制含氧量平均在 5%；氧量偏差控制在 0.5%以内。针对不同的煤种及各部蒸汽温度偏离设计具体情况，可及时对送风进行必要的调整，氧量控制允许偏离以上规定，以满足锅炉安全、经济运行的需要。

锅炉增加负荷时，先增加风量，随之增加给煤量；反之，锅炉减负荷时应先减给煤量，后减少风量，并注意风量与燃料量的协调配合。风机并列运行时，应保证两侧风机出力一致，避免出现抢风和喘振、失速。

投油前打开该排的中心风门，正常运行中中心风门根据负荷、煤质等具体情况进行开关，主要是由是否需要热烟气的回流来决定；运行中炉膛和烟道各门孔均应处于关闭状态，使各段漏风率符合设计要求；一般情况锅炉负荷在70%时，开启顶部燃尽风门，到85%及以上负荷时将顶部燃尽风门开至100%。

5. 燃料量的调整

正常运行中DCS协调功能投入，燃料量的调整随锅炉负荷需求自动增加或减少，其他燃料调整应按下列一般原则进行。

机组满负荷运行时，根据煤质及燃烧情况一般采用5台或6台制粉系统运行；机组负荷变化不大时，通过调整运行中的制粉系统出力来满足负荷的要求；机组负荷变化较大时，磨煤机余量或燃烧器的最低稳燃能量不满足运行要求时通过启动、停止制粉系统的方式满足负荷需求，值班人员应注意掌握提前量。

机组低负荷运行时，采用2台或3台制粉系统运行，保持较高的煤粉浓度，当出现炉膛火焰闪动、火焰不明亮、负压摆动较大时，应及时投运等离子或油枪助燃，防止锅炉灭火。

当锅炉负荷达到25%～100%BMCR范围后，应使风量与燃料量相匹配，继续升负荷时应先增风量后增燃料；当锅炉负荷处于最低不投油稳燃负荷以下时，应有油枪助燃；当锅炉负荷在最低不投油稳燃负荷发上时，可逐步停运油枪；当两台以上的磨煤机投运时，负荷稳定后全部运行磨煤机之间的最大出力差不应超过5%，同一台磨煤机对应的燃烧器需同时停投；当全炉膛有两层及以上煤粉喷嘴在投运时，不允许一侧超过另一侧两层及以上的燃烧器运行；锅炉负荷降低时，应先降燃料量后再降风量；锅炉不同工况、负荷下，磨煤机的投运数量要使各运行燃烧器的风速与设计值尽可能地接近；燃尽风的风量应使锅炉能够获得低的NO_x排放时和高的燃烧效率；锅炉冷态启动时，可从下往上逐层投入燃烧器；锅炉热态启动时，可从上往下逐层投入燃烧器。

6. 制粉系统调整

正常运行中制粉系统出力受锅炉负荷指令控制，一般给煤出力应在18.5～65t/h之间。根据不同制粉系统设备状况，值班员可适当加偏置，以改变不同制粉系统的出力。

正常运行中磨煤机的出口温度和入口风量投入自动调整，磨煤机的冷、热风调节挡板分别调节磨煤机的出口温度和磨煤机的一次风通风量。

正常运行中磨煤机出口温度定值一般为65～82℃，当出口温度低于65℃时应及时减出力运行并检查造成出口温度低的原因，此时应重点预防磨煤机堵煤；当出口温度高于93℃时，应重点检查磨煤机是否断煤，必要时提高出力运行，此时应重点预防磨煤机内着火和爆炸。

正常运行中磨煤机风量低，应重点预防磨煤机堵煤，手动调整磨煤机风量时，要注意调整速度不应过快，以防止对燃烧产生过大的扰动。

制粉系统停运前要减小停运磨煤机的出力，同时逐步增加运行磨煤机的出力，准备停运磨煤机的出力降至最小后，在停运该给煤机运行至少5min后停运该制粉系统。

制粉系统切换时，要首先启动备用制粉系统，然后逐步降低准备停运制粉系统的出力至最小，备用制粉系统运行稳定后再停止准备停运的制粉系统。

7. 结渣的预防

锅炉受热面结渣的主要原因取决于燃煤的结渣特性及燃烧工况，机组满负荷长时间连续运行时，制粉系统应采用 6 台制粉系统运行方式；运行中如果发现锅炉有明显的结焦现象，应适当增加锅炉总风量，高负荷时锅炉氧量控制在合理范围；运行中坚持定期吹灰，结渣严重时投入炉膛连续吹灰，防止受热面大面积结渣，机组降负荷时注意控制燃烧稳定，防止掉焦造成锅炉灭火。

正常运行中值班人员应经常分析炉膛及烟风道压力、烟温、蒸汽温度各参数的变化，分析是否存在漏风，积灰，结渣，尾部着火等情况，并及时做出相应的调整，保证锅炉安全、经济运行。

四、 蒸汽压力调整

1. 直流锅炉运行参数调节的特点

直流锅炉运行调节的要求基本上与汽包锅炉要求相同，如锅炉蒸发量应随时适应外界负荷的需要。保持蒸汽温度、蒸汽压力稳定并符合规定值，维持经济燃烧等；在燃烧调节方面直流锅炉与汽包锅炉也是相同的；但在蒸汽参数调节方面，直流锅炉比汽包锅炉要复杂得多。直流锅炉参数调节有以下几个特点：

（1）直流锅炉蒸汽温度、蒸汽压力的调节过程相互影响较大，不像汽包锅炉那样，两个调节过程基本上是可分别进行的。

（2）直流锅炉的蒸发区与过热区之间没有固定的界限，当燃料量和给水量失调时过热区受热面积就要改变，会引起蒸汽温度很大的变化。

（3）直流锅炉储热能力小。所以任何工况扰动对汽温度、蒸汽压力的影响要比汽包锅炉大得多，也就是说，直流锅炉惯性较小，对扰动的适应性较差，但对升降负荷是有利的条件，因而调节灵敏。

（4）直流锅炉出口蒸汽温度的变化，同汽水通道上所有中间截面工质焓值的变化是相互关联的。当锅炉工况变动时，首先反映出来的是过热器入口蒸汽温度的变化，然后是过热器各中间截面蒸汽温度逐渐向后变动，最后导致锅炉出口蒸汽温度的变化。为了维持锅炉出口蒸汽温度的稳定，可以在过热器区段中找一点温度作为超前信号（一般用分离器出口的微过热蒸汽温度）。

2. 直流锅炉蒸汽压力的调节

锅炉的运行必须保证汽轮机所需要的蒸汽量以及过热蒸汽压力和蒸汽温度的稳定。由动态特性分析中可知，直流锅炉蒸汽参数的稳定主要取决于两个平衡，汽轮机功率与锅炉蒸发量的平衡，以及燃料量与给水量的平衡，汽轮机功率与锅炉蒸发量的平衡能稳住蒸汽压力，燃料量与给水量的平衡能稳住蒸汽温度。但是由于直流锅炉的加热、蒸发、过热三个区段无固定分界线，所以使得它的蒸汽压力、蒸汽温度和蒸发量之间又是互相依赖紧密相关的，一个调节手段同时影响多个被调参数。因此实际上蒸汽压力和蒸汽温度这两个被调参数的调节是不能分开的，二者只不过是一个调节过程的两个方面。除了被调参数的相关性，直流锅炉的储热能力小，运行工况一旦被扰动，蒸汽参数的变化很快，很敏感。

（1）影响蒸汽压力的因素。引起锅炉蒸汽压力变化的原因很多，但可归纳为两个方面：一是锅炉外部因素；二是锅炉内部因素。

锅炉外部因素又称为外扰，是指非锅炉本身的设备或运行原因所造成的扰动。

1）外界负荷的变化。不论是外界负荷的正常变动或事故情况下的负荷突变，均将在汽轮机所需蒸汽量的变化上反映出来。当锅炉的蒸发量能与汽轮机所需的蒸汽量平衡时，蒸汽压力便能保持正常和稳定；当锅炉的蒸发量大于或小于汽轮机所需的蒸汽量时，则蒸汽压力必将升高或降低。发生这类由于外界负荷的变化引起外扰时，锅炉的蒸汽压力与蒸发量发生反向变化。

2）高压加热器因故突然退出运行。在直流锅炉正常运行时，如发生高压加热器突然退出运行，当给水流量未变时锅炉蒸发量将不变，但由于高压加热器所用的汽轮机抽汽量突然减少，而使锅炉出力与汽轮机所需蒸汽量之间的平衡关系遭到破坏，导致锅炉过热蒸汽压力的突升。

3）给水压力的变化。对于直流锅炉，锅炉出力主要取决于给水流量（包括减温水流量）的变化，当发生给水泵或给水系统故障等情况，造成给水压力和给水流量大幅度变化时，蒸汽流量必将发生相应变化，此时如汽轮机调整汽门开度不变，则将引起锅炉出口蒸汽压力的变化。

4）燃料品质的变化。燃料品质的变化主要是指燃料低位发热量的变化，对于直流锅炉而言，燃料低位发热量的变化，仅对蒸汽温度的变化产生影响，而对锅炉出口的蒸汽流量，除短暂的波动外并不产生直接的影响。

锅炉内部因素又称为内扰，一般是指由于锅炉本身的设备或运行工况变化所引起的扰动。内扰主要反映在锅炉蒸汽流量的变化上，因而发生内扰时，锅炉蒸汽压力与蒸汽流量总是同向变化的。常见的内扰有以下几种：

1）锅炉燃烧工况的变化。在直流锅炉中，锅炉燃烧工况的变化不会引起蒸汽质量流量的变化，但会对蒸汽温度造成影响，影响蒸汽的容积流量，引起系统阻力的变化从而对蒸汽压力造成影响，在正常的蒸汽温度变化范围内这种影响一般较小。

2）锅炉设备故障。锅炉正常运行中，如发生安全门错误动作、向空门或汽轮机旁路阀门错误开启、过热器或蒸汽管道泄漏或爆破、锅炉主要辅机（如风机和回转式空气预热器等）故障突然退出运行等故障情况，在汽轮机调速汽门开度不变时，将使锅炉出口蒸汽压力产生突降，由于锅炉主蒸汽流量表一般均装设在安全门及高压旁路阀门之后的主蒸汽管道上，因而发生上述故障时，锅炉蒸汽压力与蒸汽流量也是同向变化的。

（2）锅炉负荷与汽压的调节方式。采用定压运行的单元机组，负荷与蒸汽压力的调节方式一般可分为锅炉跟踪方式（又称炉跟机方式）汽轮机跟踪方式（又称机跟炉方式）和协调方式三种。

1）锅炉跟踪方式。在锅炉跟踪调节系统中，负荷目标的指令送至汽轮机主控，在改变负荷时，汽轮机主控按给定的变负荷速率将机组负荷加至到目标负荷，随着汽轮机调速汽门开度的变化，蒸汽流量和蒸汽压力反向变化；主蒸汽压力信号送至锅炉主控，当实际压力与给定压力产生偏差时，锅炉主控将通过改变给水、燃料和风量使压力恢复至给定值。锅炉跟踪调节方式特点是能充分利用锅炉的蓄热能力，对负荷的适应性较好，但变负荷过程中蒸汽压力波动较大，尤其对于燃烧设备惯性大而蓄热能力小的锅炉，则蒸汽压力波动将更大。

2）汽轮机跟踪方式。在汽轮机跟踪调节系统中，负荷目标的指令送至锅炉主控，在改变负荷时，锅炉主控按给定的变负荷速率改变给水、燃料和风量，使锅炉蒸汽流量和蒸汽压力发生同向变化；主蒸汽压力信号送至汽轮机主控，通过改变调速汽门开度，使蒸汽压力维持在给定值并使负荷发生改变。汽轮机跟踪调节方式的特点是调节蒸汽压力迅速、蒸汽压力稳定，但无法利用锅炉蓄热能力且机组的负荷适应性较差。

3）协调方式。在协调调节系统中，负荷目标的指令和主蒸汽压力信号，均同时送往锅炉主控和汽轮机主控；在改变负荷时，锅炉主控和汽轮机主控同时动作，分别改变锅炉的给水、燃料、风量和汽轮机的调速汽门开度，同时还根据主蒸汽压力偏离给定值的情况，适当限制汽轮机调速汽门开度的变化和加强锅炉的调节作用；过程结束时，机组负荷达到目标值而主蒸汽压力仍稳定在给定值。协调调节方式综合了锅炉跟踪和汽轮机跟踪方式的优点，既具有蒸汽压力控制稳定的特点又能充分利用锅炉的蓄热和具有较好的负荷适应性。

（3）直流锅炉蒸汽压力变化和调节的特点。压力调节的任务，实际上就是经常保持锅炉蒸发量和汽轮机所需蒸汽量的相等，只要时刻保持住这个平衡，过热蒸汽压力就能稳定在额定数值上。所以蒸汽压力的变动是汽轮机负荷和锅炉蒸发量变动所引起的，蒸汽压力的变化就反映了这之间的不相适应。

直流锅炉中，炉内燃料放热量的变化并不直接引起蒸发量的改变。由于直流锅炉送出的汽量等于进入的给水量（还应考虑喷水量），因而只有当给水量改变时才会引起锅炉蒸发量的变化。因此，直流锅炉的蒸发且首先应由给水量来保证，然后调节相应燃料以保证其他参数。在手动操作时，因为改变燃烧还牵涉到风量调节等而较为复杂，因而往往先将给水量作为调节手段稳住蒸汽压力，而后调节喷水量维持蒸汽温度（当锅炉负荷不变时）。

五、 过热蒸汽温度调整

1. 影响过热蒸汽温度变化的因素

（1）燃料量和炉膛出口烟温的变化。送入炉内的燃料量取决于锅炉的负荷，燃料量变化，炉膛出口烟温就会发生变化，这样就必然引起炉内传热量的改变，从而引起过热器内工质吸热量的改变，使过热蒸汽温度发生变动。对于不同形式的过热器，其蒸汽温度随负荷变化的特性不同。

1）对流式过热器的特性。在对流式过热器中，蒸汽温度随着锅炉负荷的增加而升高。

当锅炉负荷增加时，燃料消耗量增加，冲刷过热器的烟量增多，烟速增大，因此提高了烟气对管壁的表面传热系统，同时炉膛出口烟温也升高，从而提高了平均传热温差，因此每千克蒸汽就获得较多热量。使过热蒸汽温度升高；反之，当锅炉负荷减少时，对流过热器的蒸汽温度降低。

2）辐射式过热器的特性。辐射式过热器的吸热量决定于炉膛烟气的平均温度。当负荷增加时，炉膛温度增加，因而辐射受热面吸热量也增大，但在负荷增加时，流经辐射式过热器的蒸汽量显然也增多，而且蒸汽量增多的影响较辐射热增多的影响大，因此每千克蒸汽获得的热量减少，所以辐射式过热器出口的蒸汽温度降低；反之，当负荷降低时，辐射式过热器出口的蒸汽温度升高。

3）半辐射式过热器的特性。半辐射式过热器的特性介于对流式和辐射式过热器之间，蒸汽温度变化比较平稳。半辐射式过热器大多一般在高负荷部分偏向于辐射特性，在低负荷部分偏向于对流特性，但总体上蒸汽温度变化幅度较小。

上述蒸汽温度随锅炉负荷变化的特性是对变化前、后两个稳定工况而言的，而对于从一个工况向另一工况变动过程中，蒸汽温度的变化则与上述不尽相同。如当负荷突然增加，而燃烧工况还来不及改变，蒸汽压力未恢复前，由于过热器的加热条件并未改变而流经过热器的蒸汽量却增加了，因此这时蒸汽温度总是降低的。只有经过一段时间后，当燃料量增加达到新的平衡时，蒸汽温度才逐渐恢复。

对于联合过热蒸汽系统，其蒸汽温度特性与其对流和辐射吸热的比例有关。

(2) 燃料性质变化。燃煤中的水分和灰分增加时，燃煤的发热量降低，为了保证锅炉蒸发量，必须增加燃料量。因为水分蒸发和灰分本身提高温度均要吸收炉内的热量，故使炉内温度水平降低，炉内辐射传热量减少，炉膛出口烟温升高，同时水分增加使烟气容积增大，烟气流速增加。炉膛出口烟温升高和烟气流速的增加，使对流传热增加，也就使得对流过热器吸热量增加，故蒸汽温度升高。

当燃煤的挥发分降低，含碳量增加或煤粉较粗时，煤粉在炉内的燃尽时间增长，火焰中心上升，炉膛出口烟温升高，则将使蒸汽温度升高。

(3) 风量及其配风的变化。由于送风量和漏风量增加而使炉内过量空气增加时，低温空气的吸热将使炉膛温度降低，辐射传热减弱，辐射过热器蒸汽温度降低；由于流经对流过热器的烟量增加，烟速增加，使对流过热器的传热加强和蒸汽温度升高，风量减小时则相反；但如果供风不足，燃烧不良，使燃料在烟道中发生再燃烧时，也会引起对流过热器的蒸汽温度升高。

在总风量不变的情况下，由于配风工况的不同，造成炉内火焰中心位置的变化，这也会引起蒸汽温度的变化。

(4) 给水温度变化。高压加热器的投运和停运对给水温度有较大的影响。给水温度降低时，从给水变为饱和蒸汽所需热量增多，如燃料量不变则蒸发量要下降，而过热器所吸热量基本不变，所以在过热器中每千克蒸汽所吸热量必然增加，使蒸汽温度升高。如欲恢复蒸发量以满足汽轮机的需要，必须增加燃料，结果进一步使蒸汽温度升高。

(5) 受热面的清洁程度。水冷壁管外积灰、结渣和管内结垢使受热面吸热量减少，而使过热器进口烟温升高，从而引起蒸汽温度升高；当过热器本身严重积灰、结渣和管内积盐垢时，将使蒸汽温度降低。所以运行中，要注意保持受热面清洁，及时进行必要的吹灰和除渣工作。

(6) 减温水的变化。减温器中减温水温度和流量变化时，将引起过热器蒸汽侧总吸热量的变化，蒸汽温度就会发生变化。如用给水作为减温水，在给水系统压力增高时，虽然减温水调节阀的开度未变，但这时减温水量增加了，使过热蒸汽被吸走的热量增加，而烟气侧的传热量没有变化因而引起蒸汽温度下降。

在发生扰动时过热器出口蒸汽温度并不是立即改变，而是有一段时滞，蒸汽温度的变化不是阶跃而是由慢到快，然后再由快到慢，即有一定惯性。出口蒸汽温度变化的时滞与过热器系统中的储热量有关，如果由于扰动使蒸汽温度下降时，过热器的金属温度也将下降，并放出一部分储热，其结果将使出口蒸汽温度延缓下降；过热蒸汽温度的变化时滞还同扰动方式有关，烟气侧和蒸汽流量的扰动通常在几秒钟内，甚至在更短的时间内，能使整个过热器受到影响，这时蒸汽温度变化的时滞较小；进口蒸汽焓或喷水量的变动对出口蒸汽温度的影响较慢。

2. 过热蒸汽温度的调节

（1）湿态运行时过热蒸汽温度的调节。直流锅炉在湿态运行时，处于再循环模式，采用喷水和燃烧调节来调节主蒸汽温度。在30%BMCR（与锅炉设计有关）负荷以下不允许投入一级喷水；在10%BMCR（与锅炉设计有关）负荷以下不投二级喷水；在这些负荷之下或MFT之后喷水闭锁。直流锅炉在湿态运行时过热汽温调节方法与汽包锅炉是一样的。

1）蒸汽侧调节过热蒸汽温度。过热蒸汽温度采用一、二级减温水调节，第一级喷水量稍大于总喷水量的1/2，作为整个过热器蒸汽温度的粗调，同时起保护屏式过热器的作用；第二级作为出口蒸汽温度的细调，根据蒸汽温度的变化适当调整相应的减温水调节阀门的开度，以改变进入减温器的减温水量即可达到调节蒸汽温度的目的。

2）烟汽侧调节过热蒸汽温度。在燃烧工况允许的范围内调节送风量，及改变拱上和拱下垂直墙的二次风挡板开度均可起到调整蒸汽温度的作用。如增大一次风速或开大拱上二次风门可使火焰中心下降，过热蒸汽温度降低；增加总风量，蒸汽温度升高。

对于在烟气侧调节过热蒸汽温度的方法中，燃烧器运行方式和风量的调节等，首先必须满足燃烧工况的要求，以保证锅炉机组运行的安全性和经济性，而用于调节蒸汽温度，一般只作为辅助手段。当蒸汽温度的问题成为运行中的主要问题时，才用燃烧调节来配合调节蒸汽温度，这时即使经济性要降低也是可取的。

（2）直流运行时过热蒸汽温度调节。当直流锅炉在直流运行时，如果锅炉效率、燃料低位发热量、给水焓保持不变，则过热蒸汽温度只决定于燃料量与给水量的比值。如果此比值保持一定，则过热蒸汽的焓和温度可保持不变；反之该比值的变化则是造成过热蒸汽温度变动的基本原因。因此直流锅炉过热蒸汽温度调节的主要手段是给水量与燃料量（燃水比）的调整。

在实际运行中，锅炉负荷、给水温度、燃料品质、炉膛过量空气系数以及受热面结渣等因素的变化，都会引起过热蒸汽温度的变化。对燃煤锅炉而言，燃料量不容易准确测量，因此难以控制燃水比为某一精确比值，这就迫使除了采用燃水比（B/G）作为粗调的调节手段外，还必须采用蒸汽管道上设置喷水减温器作为细调的调节手段。汽水通道上的喷水除了最后一级喷水外，往往就以喷水点后的温度作为中间被调参数。另外，喷水减温对蒸汽温度影响的滞后与惯性较小，调节时反应灵敏，并有保护过热器的作用。

在直流锅炉运行中，为了维持锅炉过热蒸汽温度的稳定，通常在过热区段中取一温度测点，将该温度固定在相应的数值上，这就是通常所谓的中间点温度。在过热蒸汽温度调节中，若用过热器出口蒸汽温度作为调节燃水比，则调节过迟，不能保持稳定的蒸汽温度。在超临界压力下运行的锅炉，水冷壁中工质温度随吸热量的变化而变化，而水冷壁出口工质温度的变化必然首先直接影响到过热蒸汽温度。如新昌电厂直流锅炉，蒸汽参数为26.15MPa/605℃/605℃，水冷壁出口温度在额定负荷时为427℃，工质在水冷壁中的温升大约为94.1℃，在过热器中的温升为144℃，在省煤器中的温升约为53℃。可见工质从进入锅炉开始，在包括水冷壁之前的受热面中，温度提高幅度占工质总温升的50%以上，而水冷壁是吸热量变化最大的区域。因此，中间点温度作为控制过热蒸汽温度的超前信号至关重要。另外，从超临界压力锅炉的工作特殊性来看，中间点温度的变化不仅与水冷壁的吸热量有关，而且与水冷壁进口工质温度和流量有关。因此，中间点温度的控制对于防止水冷壁发生膜态沸腾或类膜态沸腾以及防止水冷壁管壁过热也是十分重要的。

为适应机组在变工况过程中汽温变化特点，过热器设置了多级（一般有 2～3 级）喷水减温，以便快速调节过热蒸汽温度，下面以二级喷水减温为例说明。在屏式过热器及末级过热器入口均设置有减温器，分别为一级、二级喷水减温器。由于二级喷水减温器距末级过热器出口最近，因此二级喷水减温对出口蒸汽温度反应最快。

但是，喷水减温只是一个暂时措施，要保持稳定蒸汽温度的关键是要保持固定的燃水比，这是因为直流锅炉进口水量 G 与蒸发量 D 相等，如果过热区段有喷水量 d，那么直流锅炉进口水量为（G-d）；如果由于燃料量 B 增加、热负荷增加，而给水量 G 不变，这样过热蒸汽温度就要升高，喷水量 d 必然要增加，使进口水量（G-d）的数值就要减少，这样又会使过热蒸汽温度上升。

因此喷水量变化只是维持过热蒸汽温度的暂时稳定，最终使其过热蒸汽温度稳定，主要还是通过燃水比的调节来实现的；而中间点的状态一般要求在各种工况下为微过热蒸汽，而不能处于蒸发区，否则中间点将失去调节信号的作用。一般选择在分离器出口，这样时滞小、反应明显，工况变化时便于测量，对过热蒸汽温度调节有利。

当锅炉在本生点以上的负荷运行时处于直流模式，过热蒸汽的蒸汽温度主要是通过调节燃料量和给水量（燃水比）来控制的，以达到所需的温度。在通常情况下过热器喷水量保持在一个基本固定的数值，在负荷变化时，可以通过适当增加或减少喷水量来迅速调节蒸汽温度以适应负荷变化时对蒸汽温度控制的严格要求。一旦锅炉负荷恢复稳定，过热器喷水量应当回复到基本值。

在过热蒸汽温度调节中，中间点温度实际是与锅炉负荷有关，中间点温度与锅炉负荷存在一定的函数关系，那么锅炉的燃水比（B/G）按中间点温度来调整，中间点至过热器出口区段的过热蒸汽温度变化主要靠喷水来调节。

在手动调节燃料量与给水量以调整蒸汽温度时，还可以用过热区段的烟温作为超前调节信号，调整燃料量后其反应更为快速，一定的负荷下对应一定的数值。

3. 过热汽温调节注意事项

在过热、再热蒸汽温度调整过程中，要加强受热面金属温度监视，保证金属温度不超限，并根据左、右侧的金属温度调整主蒸汽温度、再热蒸汽温度，以免出现较大的左、右侧温度偏差。

当发生燃烧煤种改变、负荷变化、给水温度变化、磨煤机启动/停止、高温加热器切除及受热面进行吹灰时，应注意监视蒸汽温度的变化情况，必要时可将控制方式切至手动方式，进行手动调节。

锅炉在直流运行时，分离器出口要保持一定的过热度，分离器出口温度是燃料量和给水量是否匹配的超前控制信号。

锅炉正常运行时，应投入喷水减温自动控制系统，各级减温水调节阀的开度合适，若超过一定的范围，则应适当调整水燃比，使减温水有较大的调整范围，防止系统扰动造成主蒸汽温度波动。

减温水量不可猛增、猛减，在调节过程中，避免出现局部水塞和蒸汽带水现象。保证减温器后的蒸汽温度应至少有 10℃的过热度，主蒸汽温度、再热蒸汽温度至少有 50℃以上的过热度。

影响锅炉受热面变化的因素较多，如机组的负荷、给水温度、磨煤机的启动/停止及燃烧器运行层的改变、燃料的变化、给水温度以及受热面的清洁程度等。

机组正常运行期间，随着负荷变化，锅炉各部分吸热特性发生变化，蒸汽温度也发生变化，锅炉负荷在75%MCR左右时管壁温度处于最恶劣的状况；随着负荷升高，壁温将逐渐下降，因此机组负荷变化时，应尽可能维持蒸汽温度稳定，同时保证管壁不超温；当出现个别管壁温度测点超限时，可适当降低蒸汽温度，同时确认其是否属实，并做出相应的处理。

当给水温度降低时，锅炉维持同样蒸发量所需热量增加，使过热器烟侧传热量增加，蒸汽温度和管壁温度升高，在正常运行期间，应保证各加热器及除氧器加热的投入，监视省煤器进口给水温度符合负荷对应值。当有加热器撤出时，应严密监视蒸汽温度、管壁温度情况，为防止管壁温度超温，必要时应降低负荷。

由于煤种特性变化（挥发分、灰分、水分、含碳量、发热量或可磨性等）影响到锅炉燃烧及受热面吸热特性，蒸汽温度及管壁温度也会发生相应变化，因此，在燃料品质改变时，应注意蒸汽温度及管壁温度变化。

启动磨煤机时，短时间内蒸汽温度上升很快，应注意蒸汽温度调整，停运磨煤机时正好相反；燃用上层燃烧器时蒸汽温度会上升，而用下层燃烧器时，蒸汽温度会下降，运行中可通过改变燃烧器运行层或燃烧器出力来调整因煤种、负荷变化等因素给蒸汽温度带来的扰动，使锅炉处于较好的运行工况。

风量增加（锅炉过剩空气量增加）时，可使蒸汽温度上升，尤其是再热蒸汽温度，但过多的过剩空气也降低了锅炉的效率。正常运行时，应按负荷-氧量曲线合理调整风量，使其和对应负荷下的值相近。

受热面结焦结灰后，会引起热偏差，可能导致管壁温度上升，这时应加强对应区域的吹灰，吹灰时应注意监视蒸汽温度变化情况，防止蒸汽温度偏高或偏低。

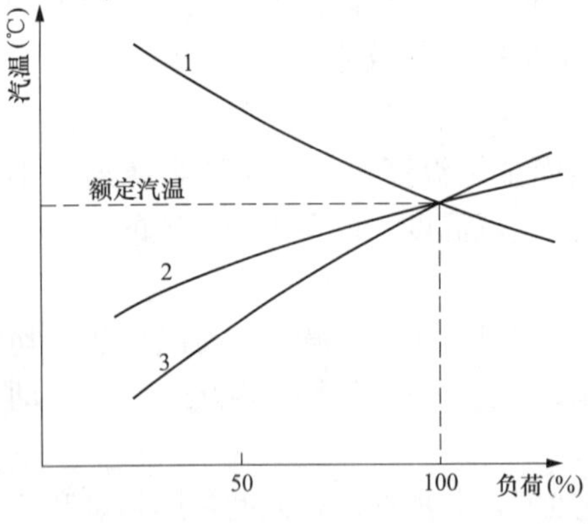

图11-1 再热蒸汽温度与锅炉负荷特性图
1—辐射式；2、3—对流式

六、锅炉再热蒸汽温度调节

1. 影响再热蒸汽温度变化的因素

直流锅炉再热器的蒸汽温度特性与汽包锅炉再热器的蒸汽温度特性相似。影响再热蒸汽温度的运行因素主要有：

(1) 锅炉负荷对再热蒸汽温度的影响。蒸汽温度特性取决于它的传热方式，不同传热方式的过热器，其蒸汽温度变化特性是不同的，如图11-1所示。当锅炉负荷变化时，辐射式受热面与对流式受热面的蒸汽温度变化相反。辐射式受热面只吸收炉内的直接辐射热，随着负荷的增加，出口蒸汽温度下降。对流受热面，当锅炉负荷增加时，出口蒸汽温度增加；当负荷降低时，再热器入口蒸汽温度（汽轮机高缸排汽温度）相应降低，这就使再热器出口蒸汽温度的下降。

(2) 给水温度对再热蒸汽温度的影响。给水温度降低时（如高压加热器解列），如果锅炉出力保持不变，则要增加燃料，以补充因给水温度降低而减少的热量，这样，炉膛出口烟气量增加，以对流受热面为主的再热器吸热量增加，导致再热蒸汽温度升高。

(3) 过量空气系数对再热蒸汽温度的影响。过量空气系数增加，以对流受热面为主的再热器吸热量增加，再热蒸汽温度升高，反之则降低。

(4) 炉膛火焰中心对再热蒸汽温度的影响。炉膛火焰中心的高度对再热蒸汽温度有相当显著的影响，是调节再热蒸汽温度的手段之一。当火焰中心抬高时，炉膛出口温度上升，以对流受热面为主的再热器进口烟温升高，吸热量增加，再热蒸汽温度提高；反之，再热器吸热量减少，再热蒸汽温度降低。

(5) 受热面结渣对再热蒸汽温度的影响。再热器受热面结渣或积灰，吸热量减少，再热汽温降低；炉膛水冷壁结渣，水冷壁吸热量减少，导致炉膛出口烟温上升，再热蒸汽温度提高。

(6) 过热蒸汽湿度和压力对再热蒸汽温度的影响。过热蒸汽湿度变化会引起高压缸排汽温度的变化，导致过热蒸汽温度降低，高压缸排汽温度降低，在再热器吸热量不变的条件下，因再热器进口温度降低，导致再热器出口温度降低。

过热蒸汽压力的变化也会引起再热蒸汽温度的变化。过热蒸汽压力降低，在过热蒸汽温度不变的情况下，过热蒸汽的焓增大，高压缸排汽温度上升，在再热器吸热量不变的条件下，因再热器进口温度升高，使再热器出口温度提高；反之，过热蒸汽压力升高，再热蒸汽温度降低。这与变压运行时，可保持较高温再热器热汽温的原理相同。

由此可见，过热蒸汽温度及再热蒸汽温度在运行中受多种因素影响，波动是难免的。而对于大型锅炉，要求锅炉有更大的运行机动性，对蒸汽温度的要求也更高，也就需要对蒸汽温度有可靠的调节手段。蒸汽温度的调节方法通常又分两种：蒸汽侧调节和烟气侧调节。蒸汽侧调节是指通过改变蒸汽的热焓来调节蒸汽温度，主要有喷水式减温器，表面式减温器；烟气侧调节是通过锅炉内辐射受热面和对流受热面的吸热量分配比例的方法（如调节燃烧器倾角，采用烟气再循环），或改变流经高压低温再热器、低压低温再热器的烟气量的方法（如烟气挡板）来调节蒸汽温度。

2. 再热蒸汽温度调整

锅炉正常运行时，再热蒸汽温度在机组50%～100%BMCR负荷范围内应控制在603±5℃范围内，两侧蒸汽温度偏差小于10℃，受热面沿程蒸汽温度、受热面金属温度不超过规定值。

再热蒸汽温度主要依靠尾部烟道挡板开度进行调整，再热器事故减温水作为备用或事故情况下使用，正常运行中要尽量避免采用事故喷水进行再热蒸汽温度调整。

用烟气挡板调节再热蒸汽温度时，要考虑挡板调节蒸汽温度的迟缓率较大，注意不要大幅度开、关烟气挡板，手动调整时要注意掌握提前量。再热蒸汽温度降低时，再热器烟道烟气挡板开启；再热蒸汽温度升高时，过热器烟道烟气挡板开启。再热蒸汽温度时，关烟气挡板原则上不应低于10%，负荷下降后要及时开打再热烟气挡板，防止再热器侧烟道集灰。

事故减温水调节时要注意减温器后蒸汽温度的变化，一般情况减温器后的蒸汽温度要应保持20℃以上的过热度。

正常运行中再热蒸汽温度的调节也可以通过改变锅炉总风量，倒运制粉系统改变火焰中心，炉膛吹灰，燃烧器的配风等燃烧调整手动进行调节。

在机组负荷调整、启动/停止制粉系统、投入/停运油枪、炉膛或烟道吹灰等操作以及煤质发生变化时都将对再蒸汽系统产生较大扰动，在上述情况下要注意再热蒸汽温度的监视和调整。

第三节 锅炉协调控制

机组协调控制就是用来根据机组运行工况形成一个下面所列的适合与锅炉和汽轮机要求的需求指令：锅炉输入指令、汽轮机主控指令、锅炉输入率指令。

这些指令间的关系与所选择的运行方式有关，机炉协调控制有下列的运行方式：

（1）机炉协调控制方式（CCS）。

（2）锅炉跟踪控制方式（BF）。

（3）锅炉输入控制方式（BI）：包括汽轮机跟踪方式。

（4）锅炉手动控制方式（BH）：包括汽轮机跟踪方式。

1. 协调控制（CCS）方式

协调控制（CCS）方式是机组正常的运行方式。机组负荷指令（即功率指令）同时送给锅炉和汽轮机，以便使输入给锅炉的能量能与汽轮机的输出能量相匹配。汽轮机调速汽门控制将直接响应机组负荷指令，锅炉输入指令由机组负荷指令加上主蒸汽压力偏差的校正量形成。在协调控制（CCS）运行方式下汽轮机调门能快速响应功率指令并且锅炉负荷也能快速地改变，因而机组能稳定地运行。协调控制（CCS）方式可以尽可能地满足电网的需求（来自 AGC 的功率指令、频率稳定需求）。机炉协调控制（CCS）运行方式的投入，需要把锅炉输入控制和汽轮机主控投入自动控制方式、把所有的主要控制回路投入自动控制方式，例如给水控制、燃料量控制、风量控制和炉膛压力控制。

除机炉协调控制方式外的其他运行方式则采用不同的控制策略，这些方式不响应中调来的或运行人员设定的机组负荷指令，只能由锅炉侧或者汽轮机侧控制主蒸汽压力，而另外一侧处于手动方式，无法同时协调汽轮机侧和锅炉侧的指令。

2. 锅炉跟随控制（BF）方式

汽轮机主控在机炉协调控制方式运行期间切换到手动方式时，运行方式就会从 CCS 方式切换到 BF 方式。在 BF 运行方式下，机组负荷通过操作人员手动改变汽轮机主控输出来改变。在“锅炉输入控制自动”和“汽轮机主控手动”条件下，锅炉输入指令由实际负荷信号加上主蒸汽压力偏差的校正量形成。在 BF 运行方式下，机组负荷指令信号跟踪实际功率信号。

3. 锅炉输入控制（BI）方式

在锅炉输入控制（BI）运行方式下，锅炉的输入指令是由操作人员手动操作给出的，即机组负荷的改变是由操作人员通过“锅炉输入控制”来完成的。在“锅炉输入控制手动”和“汽轮机主控自动”的条件下，汽轮机调门的控制指令自动设置为控制主蒸汽压力偏差。在锅炉输入控制（BI）下，由于直接调整锅炉的输入，机组运行将是最稳定的，但对机组负荷需求的响应性却不如机炉协调控制（CCS）和锅炉跟踪（BF）方式。在锅炉输入控制（BI）下，负荷指令信号跟踪实际的负荷信号。

当发生辅机故障快速减负荷（RB）时，会自动地选择锅炉输入控制方式。

4. 锅炉手动（BH）方式

在机组启动和停止期间使用锅炉手动（BH）方式。当在干态方式运行期间给水控制切换到手动方式时，或在湿态方式运行期间燃料量控制切换到手动方式时，会自动地选择这种方式。在这锅炉手动（BH）下，机组负荷是不能控制的，如果汽轮机主控处于自动方式，那么汽轮机调门将控制主蒸汽压力。

一、 机组运行方式

当锅炉主控处于自动模式时，锅炉主控指令由机组的负荷指令决定，并根据机组的负荷指令来控制锅炉的燃料、给水、送风等子系统；当锅炉主控处于手动模式下，如锅炉的燃料主控、送风控制、给水控制都处于自动方式时，改变锅炉主控指令可以改变锅炉的风、煤、水的控制指令；当燃料主控处于手动方式时，锅炉主控指令跟踪实际给煤量，运行人员不能改变锅炉主控指令。

汽轮机主控处于自动方式时，如机组处于 TF 模式，则汽轮机主控控制机前主蒸汽压力。

汽轮机主控处于手动方式时，如汽轮机 DEH 处于遥控方式，则运行人员可以通过机组协调画面输入汽轮机主控指令，用于操作汽轮机阀门开度；如汽轮机 DEH 不处于遥控方式，则汽轮机主控指令跟踪由 DEH 来的负荷参考信号，运行人员不能在机组协调画面改变汽轮机主控指令，可以在 DEH 操作画面中更改阀位指令。

当燃料主控处于自动方式时，燃料主控指令由锅炉主控指令确定，并且以此来控制给煤机的给煤量；当燃料主控处于手动时，运行人员可以通过改变燃料主控指令来改变锅炉的给煤量。

所有给煤机都不在自动方式时，燃料主控指令跟踪运行给煤机的平均给煤指令，运行人员不能改变燃料主控指令，可以手动操作单个给煤机煤量指令。

当给水主控处于自动方式时，给水主控指令由锅炉主控指令确定，并以此来控制锅炉的给水量；当给水主控处于手动方式时，运行人员可以通过改变给水主控指令来改变锅炉的给水量。

燃水比投自动方式时，燃水比控制分离器入口蒸汽温度；当燃水比控制投手动时，如给水控制在自动方式，则改变燃水比控制指令将会改变燃料指令，机组不允许长时间处于给水自动方式、燃水比手动方式的工况下运行。

1. 机组闭锁增条件

主蒸汽压力偏差至上限（主蒸汽压力设定值与实际值偏差达 1.2MPa）；给水到上限（给水指令与实际流量偏差达 800t/h）；燃料到上限（燃料主控与实际煤量偏差达 20t/h）；送风机出力到上限（送风机挡板开度达 92%，且投自动方式时）；引风机出力到上限（引风机自动方式投入，工频状态下：引风机开度达 90%；引风机变频转速达 720r/m）；一次风机出力到上限（一次风机开度达 98%）；负荷到上限；给水/燃料交叉限制到上限；屏式过热器出口温度低（小于或等于 495℃且大于或等于 345℃，延时 60s）；低温过热器出口过热度低；燃水比输出超限（汽轮机主控自动情况下，燃水比小于或等于－200 或大于或等于 200）。

2. 机组闭锁减条件

主蒸汽压力偏差到下限（主蒸汽压力设定值与实际值偏差达 1.2MPa）；燃料到下限（燃料指令与实际值偏差达 20t/h）；给水到下限（给水指令与实际值偏差达 800t/h）；省煤器汽

化（省煤器出口温度不低于分离器出口饱和温度）；负荷到低限；燃料/风量交叉限制；燃料/给水交叉限制；燃水比输出超限（汽轮机主控投入自动方式情况下，燃水比达±60）。

二、 锅炉主控

锅炉输入指令信号（BID）在 CCS 方式下由机组给定功率指令（MWD）和主蒸汽压力校正信号组合形成，在 BF 方式下由机组实际功率信号（MW）和主蒸汽压力校正信号组合形成。在 BI 方式下，锅炉输入指令信号可以由运行人员在锅炉主控操作器上手动输入。当发生机组 RUNBACK 工况时，锅炉输入指令信号将根据预先设定的 RUNBACK 目标值和 RUNBACK 速率强制下降。

在 BH 方式下，锅炉输入指令在干态运行时跟踪给水流量信号（转换成 MW 单位），在湿态运行时跟踪实际负荷信号。

1. 主蒸汽压力控制

通过下述两种方法自动给出主蒸汽压力的滑压设定值：

（1）在 CCS 方式下根据机组负荷指令信号。

（2）在非 CCS 方式下根据锅炉输入指令信号。

在主蒸汽压力设定值手动设定方式时，由运行人员改变主蒸汽压力设定值。

在主蒸汽压力设定值回路中设计了一个相应于锅炉时间常数的惯性环节，这对应于在锅炉时间常数的影响下，当锅炉输入指令变化时主蒸汽压力的响应有一个滞后。如果没有这个环节，将有可能引起上述的汽轮机调门超驰控制，进而引起限制机组负荷。

2. 锅炉输入率加速指令（BIR）

在不同负荷下锅炉输入的静态平衡是由相应的子控制回路的指令信号维持的，如给水、燃料和风量指令信号，但是在负荷变动时，仅有这些是不够的。直流锅炉中锅炉受热面管内的内部流体受到外部烟气的加热，温度发生变化，其反应时间常数随燃料、给水、负荷等变化而变化，并且，燃料系统中制粉、燃烧也存在大的延迟。因此，在各负荷段中，即使严密地设定了给水、燃料、空气等锅炉输入量，负荷变化时蒸汽温度或蒸汽压力变化也是过渡性地跟进。因此，负荷变化时，如果事先将各种锅炉输入量控制得比平衡量多些或少些，改善蒸汽温度或蒸汽压力的控制性能就会比较有效。这就是锅炉输入加速控制（boiler input regulation control，BIR）。

考虑到锅炉的动态平衡，锅炉输入变化率指令（BIR）是以负荷指令信号为基础，根据相应子控制回路单独产生，并作为前馈信号个别加到给水、燃料、风量、减温喷水等的指令信号上。各 BIR 信号可根据机组负荷上升和下降单独调节信号的强弱。BIR 量也会因为不同的负荷变化幅度，改变所需要的量，因此进行了负荷变化幅度（load change width）增益放大修正。由于要维持锅炉富氧燃烧，对风量控制子回路，BIR 信号总是增加的方向。这些 BIR 的波形是以试运行的结果为基础，个别调整给水、燃料等，使蒸汽温度、蒸汽压力的偏差变小。

3. 湿态与干态的切换

作为超超临界压力锅炉的特点，有两种运行方式，两种运行方式的分界点大约在锅炉产生的蒸汽流量等于锅炉最小给水流量的工况点上。如果锅炉产生的蒸汽流量小于锅炉最小给水流量，即称为“湿态方式”；如果锅炉产生的蒸汽流量大于锅炉最小给水流量，即称为“干态方式”。湿态运行方式时锅炉可以看作一个汽包锅炉。当然，随着锅炉运行方式的不同，控制策略也会不同。

通常可以根据机组负荷指令来判断锅炉运行方式的转换。当锅炉由湿态方式转换到干态方式时，汽水分离器储水箱液位也可以作为一个转换条件。

4. 快速减负荷（RB）

在机组正常运行时如果出现锅炉或汽轮机重要辅机事故跳闸的工况，锅炉输入指令将会按照预先设定的速率快速下降，下降速率根据跳闸辅机的种类不同而有所不同。如果不做上述处理，机组将不能继续稳定运行。锅炉输入指令将一直下降到剩余运行辅机所能允许的负荷水平为止。

为了能使锅炉输入指令快速下降，锅炉侧的相应子控制回路均应在自动控制方式，这些子控制回路包括给水、燃料量、送风和炉膛压力。此外，为了达到快速稳定压力控制以防止由于锅炉输入指令变化造成主蒸汽压力波动的目的，还需要使汽轮机主控处于自动运行方式。

RB 发生后，锅炉输入指令将在锅炉输入方式下以预先设定的目标值和变化率减小，这时机炉协调控制方式将退出。常规 RB 设计考虑的辅机项目有给水泵、送风机、引风机、一次风机、空气预热器、磨煤机。

5. 交叉限制功能

交叉限制功能是在诸如给水、燃料和风量的每个流量指令信号上加上一些限制，以确保这些参数之间的不平衡在任何工况下都不会超出允许的限值范围。这些功能只有在相应的回路运行在自动方式下才起作用。

（1）由燃料量给出给水流量指令的最大和最小限值。

（2）由给水流量不足给出的燃料量指令的最大限值。

（3）由总风量不足给出的燃料量指令的最大限值。

（4）由燃料量给出总风量指令的最小限值。

第十二章　超超临界压力锅炉常见故障及处理

第一节　锅炉事故概述

锅炉发生事故的原因很多，除了由于系统事故的影响或整个机组中的部分设备丧失运行能力造成外，还有较多的情况是由于运行操作人员技术不熟练或对设备特性不掌握错误操作所造成的。因此要求运行人员掌握设备特性和具有熟练的操作技能，对设备做到精心维护，正确操作。

大型机组的锅炉一般均配备有较完善的联锁和热保护装置，有些机组还应用计算机参与控制的和保护，对一般常见的典型事故能够自动进行处理，既增加了设备运行的安全性又增加了保护错误动作的可能性，这是大型锅炉在事故发生和处理中的一大显著特点。大型锅炉的运行人员，应该具备事故情况下如发生联锁、保护装置动作，能迅速人工参与进行处理的应变能力。此外，计算机或保护装置处理事故的过程极快，有时运行人员很难在极短的时间内找出故障的根源，这就需要运行人员借助事故前后运行工况的追忆记录，进行全面分析查明原因。

一、锅炉事故的种类

锅炉事故，按造成事故的原因来分一般可分为设备事故和误操作事故两大类。设备事故又包括锅炉设备本身故障丧失运行能力和由于电网系统、厂用电供电系统、压缩空气系统、发电机、汽轮机等设备故障或保护错误动作，造成锅炉设备局部或全部丧失运行条件两种。

误操作事故按事故性质又可分为责任性事故和技术性事故两种。责任性事故是由于运行人员监视疏忽、错误操作或未经全面分析便草率做出错误判断和处理所造成的事故；技术性事故是由于运行人员对设备特性不掌握、操作规程不熟悉或操作技能不熟练而造成的误操作事故。因此，对于责任性事故，应着重加强对运行人员的主人翁责任感教育；而对于技术性事故，则应从加强技术培训着手方能奏效。

就事故造成损失的严重程度而言，还可分为特大事故、重大事故和一般事故三种。

根据事故发生的特点及规律，事故又可分为突发性事故、频发性事故及季节性事故等。对于频发性事故和季节性事故，各级技术部门应及时制订出切实可行的反事故措施。

二、锅炉事故的处理原则

发生故障时，运行人员应以保人身、保设备、保系统的原则迅速解除人身、设备的危险；找出发生故障的原因，消除故障，同时保持非故障设备的负荷，以保证对用户的正常供电。锅炉发生故障时，运行人员应按下列步骤进行处理：

（1）根据仪表指示、CRT显示、光字牌报警及故障打印和机组外部现象迅速、仔细地进行确认，查明事故的性质，发展趋势，危害程度。

（2）迅速消除对人身和设备的危害。

（3）必要时应立即隔离发生故障的设备，保持非故障设备的正常运行；根据事故类型，采取相应的措施，以避免异常情况的扩大。

（4）消除故障的每一个阶段，都要尽可能迅速汇报值长或机组长和有关领导，以便及时、正确地采取对策。

（5）当确认是系统故障时，则应采取措施，维持机组运行，同时设法尽快恢复。

（6）发生事故时，各岗位应互通情况，在值长、机组长统一指挥下，密切配合，迅速处理事故，以便尽快恢复机组的正常运行。

（7）排除故障时，动作应迅速、正确。接到命令后应复诵一遍，如果没有听懂，应反复问清，命令执行完毕以后，应迅速向发令者汇报。

（8）发生故障时，值长、机组长应迅速参加消除故障的工作，机组长应将自己所采取的措施向值长汇报，值长所有的正确命令，机组长必须服从。

（9）部负责人、部主任工程师、专业工程师必须尽快到现场监督消除故障工作，并给予运行人员必要的指导，但这些指示不应和值长的指令相抵触。

（10）在机组发生故障和处理事故时，运行人员不得擅自离开工作岗位，如果故障发生在交班时间，应延迟交班，在未办理交接手续前，交班人员应继续工作，接班人员应协助交班人员一起消除事故，直至值长发出接班命令为止。

（11）禁止无关人员停留在发生事故的地点。

（12）故障消除后，值长、机组长和值班人员应将所观察到的现象、故障发生的过程和时间及所采取的消除故障措施等做正确、详细的记录，并及时向各级调度和厂部领导汇报。

第二节　锅　炉　灭　火

锅炉的灭火是火力发电厂较常见的燃烧事故。出现灭火时，如能及时发现，正确处理，则锅炉能很快恢复正常运行；如未能及时发现，没有停止供粉，或者已发现，但仍采用关小引风机挡板的错误方法来进行爆燃恢复着火，其后果往往是扩大事故，引起炉膛或烟道爆炸，造成设备严重损坏，还可能造成人身伤亡。因此，必须尽力防止。

一、锅炉灭火的现象

炉膛灭火是指锅炉在正常运行中的突然熄火现象。

炉膛灭火时炉膛负压突然增加，一、二次风压下降，炉膛内发黑，发出灭火信号；蒸汽流量、汽压、蒸汽温度均下降；如因锅炉辅机（引风机、送风机、制粉系统电源中断等）而引起灭火，则同时还会有相应的事故信号以及这些事故发生时应有的现象；汽轮机跳闸，发电机解列。

二、锅炉 MFT 保护

1. 手动 MFT

为了防止误操作，在集控室内装有两个锅炉主燃料跳闸（main fuel trip，MFT）的紧急按钮。当两个紧急跳闸按钮同时按下时，锅炉将 MFT，切断所有进入炉膛的燃料。

2. 再热器保护动作

为了保护再热器管，当锅炉总燃料量大于 20%，汽轮机高压主汽门全关且高压旁路关或汽轮机中压主汽门全关且低压旁路全关；或汽轮机高压调门全关且高压旁路关或汽轮机中压调门全关且低压旁路全关；锅炉总燃料量大于 30%或等离子方式下给煤机运行大于 2 台或非等离子方式下任一给煤机运行，锅炉将 MFT。

3. 两台送风机均停

当两台送风机都停止或跳闸时将导致锅炉跳闸。

4. 两台引风机均停

当两台引风机都停止或跳闸时将导致锅炉跳闸。

5. 两台空气预热器全停

两台空气预热器全停（两台空气预热器主辅电机全部停止）。

6. 锅炉给水泵全停

锅炉点火后，汽动给水泵都停止或跳闸时，锅炉的水冷壁循环流量将无法保证，锅炉跳闸。

7. 给水流量低低

当锅炉点火时，如果水冷壁的循环流量很低时，将会破坏水冷壁内的水动力，使水冷壁得不到必要的冷却而导致水冷壁管壁超温，因此若水冷壁循环流量低低超过一定时间时，为了保护锅炉的水冷壁系统的受热面，锅炉将 MFT。给水流量低低的具体保护值为：当锅炉点火后，给水流量低于 336t/h 时，延时 20s，触发 MFT；或者锅炉点火后，给水流量低于 252t/h，延时 3s，触发 MFT。

8. 汽轮机主蒸汽压力高高

在有任一燃烧器投运记忆的情况下，如果汽轮机主蒸汽压力高高超过 3s 以上，锅炉 MFT。汽轮机主蒸汽压力高高的保护值为：主蒸汽压力大于等于 29.26MPa 时，延时 3s，锅炉 MFT。

9. 炉膛负压高高

当锅炉点火时，如果炉膛压力很高超过一定时间，锅炉 MFT 以保护炉壁和支撑。锅炉跳闸以后，延时两台送风机将跳闸。此条件采用三取二的逻辑来实现。炉膛负压高高的保护值为：炉膛压力大于 3kPa 时，锅炉 MFT，延时 10s 跳闸送风机。

10. 炉膛负压低低

当锅炉点火时，如果炉膛压力很低超过一定时间，锅炉 MFT 以保护炉壁和支撑。锅炉跳闸以后，延时两台引风机跳闸。此条件采用三取二的逻辑来实现。炉膛负压低低的保护值为：炉膛压力小于−3kPa 时，锅炉 MFT，延时 10s 跳闸引风机。

11. 总风量低

锅炉总风量低于25%（567t/h）时，延时5s，锅炉MFT。当汽轮机已跳闸；燃油母管压力低于（三取二），为2.0MPa（延时3s），并且磨煤机和给煤机全停且油角阀未全关；临界火焰；全炉膛灭火；全燃料丧失；给水泵全停（有燃料投入）延时1s；延时点火；两台火检冷却风机都停止（延时100s）；火检冷却风压力低低（三取二）（延时120s）。以上情况出现都会使锅炉MFT动作。

三、 灭火的原因分析及预防

（1）煤的质量太差或煤种突变。煤质太差（挥发分低、水分及灰分高），着火困难，燃烧不稳，容易引起灭火，同时煤粉过粗或煤种突变，也易引起灭火。因此，在燃用低质燃料时要加强检查，严密监视燃烧工况并精心调节；煤种变更时，运行人员应预先得知，并及时做好燃烧调节工作。

（2）炉膛温度低。锅炉低负荷运行时，漏风过多或送风量过大，或因炉底渣门开启时间过长，都会造成炉膛温度过低而导致灭火。因此锅炉在低负荷时，可投油喷嘴或等离子以稳定火焰；正常运行时，送风量要控制适当，不宜过大；炉膛负压也不宜过大，以免漏风增大。炉膛各门孔的开启时间不宜过长。

（3）燃烧器故障。燃烧器出口套筒烧坏，气流方向紊乱，燃烧工况恶化，容易灭火。

（4）机械设备故障。全部引风机或送风机跳闸或停电，直吹式制粉系统给煤机故障或停电，都会造成灭火事故。

（5）燃烧调整不当。风粉或风油比例配合不当，旋流燃烧器扩展角度不合适，炉内气流紊乱，混合不好，一次风速过高或过低都会造成火焰不稳定而导致灭火。

此外，水冷壁管爆破或炉膛掉焦，也可能造成灭火。

四、 防止锅炉灭火的措施

制粉系统故障如断煤、棚煤或磨煤机满煤时易引起磨煤机供粉不均或断粉，若处理不当可能引起炉膛灭火，如发生上述情况短时间内无法处理时应停止磨煤机的运行。

锅炉低负荷运行中尽量投下层主燃烧器，若锅炉负荷过低且又必须投上两层喷嘴时，需投入油枪，以稳定燃烧。

当炉内工况稳定，并至少有三台磨煤机在运行，而且每台磨煤机的给煤量均不低于30t/h时，等离子或油枪才可以切除；如果降负荷至三层喷嘴运行，给煤量又降至30t/h以下时，则必须投入等离子或与运行喷嘴相邻的油枪，以保证着火稳定。

停炉过程中，当等离子或油枪投入后，应密切注视和检查等离子和油枪的着火情况，发现异常应及时消除后方可继续降负荷。

加强对磨煤机火检信号的监视，当发现有一角信号消失时，要立即联系检修处理；当发现有两个角火检信号消失时，要先投入对应的油枪，待调整配风或检修处理使火检信号正常后，再撤油枪。

磨煤机启动前，要首先检查相应辅助风挡板偏值设置情况；磨煤机一次风量偏值设置要适当，当磨煤机出力小于35t/h时偏值应为0，正常运行中，最大一次风量偏值不应超过10m^3/h，以保证燃烧器适当的着火距离；注意对总燃煤量的监视，以便当煤质较差时加强对火检信号的监视。

负荷低于 280MW 时，要尽量保持 A、B、C 三台磨煤机运行，且磨煤机倒换应尽量在 330MW 以上进行。

五、 防止锅炉爆炸事故的措施

炉膛压力超限保护要可靠投入，炉膛火焰电视摄像装置完好；当达到保护值而保护拒绝动作时，要立即按下“MFT”按钮，紧急停止锅炉运行；锅炉每次启动前必须进行炉膛负压和“MFT”手动停炉按钮试验，试验不合格禁止启动。

火监探头冷却风机运行正常，冷却风压要大于 7kPa，各参数符合规定；当炉膛负压表失灵，不能正常监视炉膛压力或进行炉膛压力调节，短时间不能恢复时，应申请停炉。

锅炉点火前保证至少为满负荷风量的 30%通风量对炉膛进行通风吹扫 5min；当点火不成功时，必须再次执行炉膛吹扫程序方可再次点火；锅炉点火时油枪要按规定顺序投入。

启动第一台磨煤机时，必须先等离子拉弧成功或相邻层的油枪全部投入，且燃烧稳定、火检信号全部正常；锅炉灭火保护装置可靠投入，加强运行维护与管理；因设备缺陷必须退出运行时，应经总工程师批准，并做好相应的安全措施。

发现锅炉灭火后，要立即检查并切断主燃料供给，对炉膛进行通风吹扫，严禁用爆燃法恢复燃烧；加强点火油系统的管理，消除泄漏，防止燃油漏入炉膛发生爆燃；坚持对油枪定期进行试验，确保油枪动作正确，且燃油速关阀关闭严密。

六、 灭火后的处理方法

锅炉发生 MFT 后，机组负荷指示到零，“锅炉 MFT”“汽轮机跳闸”“发电机跳闸”等大屏报警；确认锅炉 MFT 动作正确，检查炉膛的燃料切断，磨煤机、给煤机、一次风机、密封风机等跳闸；燃油快关阀关闭，锅炉各减温水隔离阀关闭。

确认汽轮机跳闸，转速下降，检查交流润滑油泵、交流启动油泵自启，汽轮机防进水保护动作正确；汽轮机高中压主汽阀、调节阀关闭，各抽汽电动阀、止回阀、排汽止回阀关闭，高压缸排汽止回阀关闭，高压缸通风阀打开。

发电机逆功率保护动作，确认发电机出口开关三相确已跳闸，电流为零，励磁开关跳闸，厂用电系统运行正常。

检查锅炉 MFT 首出原因，查明故障原因，待故障消除后，尽早恢复机组运行。

第三节 烟道二次燃烧

烟道二次燃烧是由于烟道内沉积大量可燃物经氧化升温，在一定的条件下引起复燃的现象。

一、 烟道二次燃烧时的现象

再燃烧处烟温、工质温度突然不正常地升高；引风机电流升高，炉膛负压剧烈变化并偏正，严重时烟道防爆门动作打开；排烟温度不正常地升高，从引风机轴封和烟道不严密处向外冒烟或喷火星。

如果再燃烧现象发生在预热器部位时，则一、二次风温亦将不正常地上升，回转式预热器电流指示晃动，严重时外壳烧红，转子与外壳可能有金属摩擦声。

如果再燃烧现象发生在省煤器处，则有可能造成省煤器出口工质汽化，使水冷壁各垂直管屏的流量分配遭到破坏，水冷壁管或管屏出口工质温度可能超限。

当再燃烧现象发生在过热器或再热器部位时，将出现过热蒸汽温度或再热蒸汽温度不正常地升高的现象。

二、 烟道二次燃烧的原因分析

烟道内的再燃烧现象是沉积在尾部烟道或受热面上的可燃物和未燃尽物达到着火条件后的复燃现象。

燃料品质或运行工况变化时，燃烧调整不及时或调整不当；风量过小、煤粉过粗或自流、油枪雾化不良，使未燃尽的炭黑或油滴等可燃物随烟气进入烟道并与受热面接触或撞击后沉积在尾部烟道内或受热面上。

锅炉低负荷运行，点火初期或停炉过程中，由于炉膛温度过低，燃料着火困难，燃烧过程长，使部分燃料在炉膛内无法完全燃尽被烟气带至烟道内；由于当时烟气流速很低，极易发生烟气中可燃物的沉积。

发生紧急停炉时未能及时切断燃料，停炉后或点火前炉膛吹扫时间过短或吹扫风量过小，造成可燃物质沉积在尾部烟道内或受热面上。

运行中烟道和预热器吹灰器长期故障或停止使用，使尾部受热面上的积灰和可燃性沉积物不能得到及时清除而越积越多，这又造成了受热面外表粗糙程度的增加，使之更易黏附烟气中的固态物质。如此恶性循环，使尾部烟道受热面上的可燃物质逐渐积聚起来。

三、 烟道二次燃烧时的处理

发现烟气温度不正常地升高时，应立即查明原因改变不正常的燃烧方式，并对预热器和烟道用蒸汽进行吹灰，及时消除可燃物在烟道内的再燃烧。如已影响到参数变化时，应即调整，设法尽快恢复正常。

当达到烟道内可燃物再燃烧的紧急停炉条件时，应即手动 MFT 紧急停炉。发生烟道内可燃物再燃烧时紧急停炉的处理方法和要求除以下不同点外，其余与常规紧急停炉相同。

立即停用所有引风机、送风机，严密关闭风、烟系统的所有风门、挡板和炉膛、烟道各人孔门，使燃烧室及烟道处于密闭状态，严禁通风，开启蒸汽灭火装置或利用蒸汽吹灰器向燃烧室、烟道及预热器内喷入蒸汽进行灭火；待各点烟温明显下降，均接近喷入的蒸汽温度并稳定 1h 后，方可停止蒸汽灭火或蒸汽吹灰设备；小心开启检查门进行全面检查，确认烟道内燃烧已熄灭无火源后，方可开启风、烟系统的风门、挡板，启动引风机和送风机保持 30％的额定风量对燃烧室和烟道进行吹扫，吹扫时间不少于 10min。

停炉后回转式预热器应继续运行，必要时应采用电动或手动盘车装置使转子继续保持转动，以防止预热器停转后发生变形损坏。

若引风机处烟温过高或发现轴封处冒烟、喷火星时，在引风机停用后应盘车转动，防止引风机叶轮或主轴变形。

由于再燃烧现象发生，使省煤器处烟温不正常地升高时，为防止省煤器管系的损坏，应在停炉后对省煤器进行小流量通水冷却，以确保省煤器管系的安全。

锅炉在发生过尾部烟道内可燃物再燃烧事故后，只有待再燃烧现象确已不再存在，并按规定要求通风吹扫完毕，经进入烟道复查设备确无损坏时，锅炉方可重新启动。

四、 防止烟道二次燃烧事故的措施

锅炉点火时保证油枪雾化良好；油枪投运后要检查其雾化情况，对雾化不良的油枪应及时解列；油枪点火不成功要检查燃油快读关断阀严密关闭，禁止大量未燃油喷入炉膛；点火燃烧后，应检查油枪各二次风门适当开启，防止缺氧燃烧。

空气预热器蒸汽吹灰系统正常投运，吹灰压力和温度在规定值范围内，机组负荷在300MW 以下或长时间煤油混烧时，空气预热器应采用循环吹灰方式；空气预热器着火报警装置可靠投入，当发现着火报警时应立即关闭其出入口风烟挡板，投入消防系统进行灭火，在灭火过程中空气预热器应尽量保持运行。

利用停炉机会对空气预热器消防装置进行检查和试验，发现磨损，要及时修补或更换。定期对空气预热器在停机状态下进行水冲洗，保持受热面清洁。

定期检查空气预热器风烟挡板，确保开关灵活且关闭严密，风烟挡板的密封片要定期检查，对磨损严重的要及时更换；正常运行中当排烟温度不正常升高时，要检查省煤器和空气预热器处烟气温度的变化，当烟气温度超过规定值时应立即停炉。

第四节 锅炉受热面损坏

在锅炉事故中，受热面四管（包括水冷壁、过热器、再热器、省煤器）泄漏爆管事故占各类事故总数的40%～70%，另外有一部分是喷水减温器事故和空气预热器事故。当受热面爆管时，高温高压的汽水喷出，锅炉不能正常运行，严重时要停炉限电、造成人身伤亡事故。因而，防止受热面爆管事故，对保持机组的安全经济运行最为重要。

一、 水冷壁爆管损坏事故

1. 锅炉水冷壁爆管损坏时的现象

严重损坏时炉膛内有爆破声；炉膛燃烧不稳，炉膛内呈正压，从检查孔、门、炉墙等不严密处向外喷烟气或蒸汽，给水流量不正常地大于蒸汽流量，炉膛及各段烟温下降，蒸汽压力、流量和给水压力下降，排烟温度可能降低；甚至造成锅炉灭火等。

2. 水冷壁爆管损坏的原因及预防措施

（1）锅炉点火、停炉工作不符合要求；冷炉进水时，水温或进水速度不符合规定，点火时，升压、升温或升负荷速度过快；停炉时，冷却过快，都会使炉内冷热不均，产生过大的热应力，以致水冷壁爆管损坏。所以在停炉时必须严格按规程操作。

（2）管内结垢腐蚀。锅炉给水质量不符合标准，给水处理不当或监督不严，使水冷壁管内部结垢腐蚀，影响传热，使管壁温度升高、承压强度下降，以致产生鼓泡、泄漏甚至爆管；同时锅炉停炉备用时，也容易产生氧化腐蚀。因此，应加强化学监督，保证给水质量；尽可能杜绝垢下腐蚀，一旦发现水冷壁管鼓泡，出现垢下腐蚀迹象时，要及时进行酸洗；要进行水冷壁管测厚工作，重点检查水冷壁管位于热负荷较强区域的焊口、弯头等部位的向火

侧壁厚减薄情况，以便更换已腐蚀减薄的管子；此外要做好停炉期间的保养工作。

（3）管外磨损。使用高灰分燃料的锅炉，燃烧器附近的水冷壁保护得不好时，易被煤粉磨损、减薄引起爆管，所以要经常检查燃烧器的工作情况，防止煤粉气流偏斜，对燃烧器周围的管子应注意保护。此外，打焦、吹灰方式不正确，也易磨损管子；大块焦砟下落时，有可能砸坏管子，应注意打焦、吹灰的正确方法，防止大块焦砟砸坏管子。

（4）水流动或循环不良。锅炉点火时，水冷壁管热膨胀受阻，造成损坏；炉膛内严重结焦，锅炉长时间在低负荷运行等，都可能使正常的工质流动遭到破坏，可能造成膜态沸腾，引起传热恶化，使管子金属过热而损坏。锅炉启动、停炉和负荷变化大时应严格执行规程制度，防止水流动障碍和管壁超温。

（5）制造、安装或检修质量不良。钢材的制造、焊接质量不好，弯管不符合要求，管壁温度接近安全极限，或管壁温度长期波动，都会使金属管壁变薄，管子受热后不能自由膨胀，引起爆管事故。所以应加强金属监督工作，安装时应按图纸和技术文件施工，应按要求留出足够的膨胀间隙，并填以石棉绳或采用其他措施，以免异物落入，卡死管子。防止锅炉缺水和灭火事故及频发性事故的发生。此外，有的电厂锅炉在大修时对水冷壁酸洗后又碱煮，没有将清除下来的铁锈清理干净而堵塞在管中，因为管壁超温而引起水冷壁爆管事故。

3. 水冷壁爆管损坏后的处理措施

如果水冷壁损坏不严重，不致在短时间内扩大事故，而且在适当加强给水后，给水流量尚能维持，可暂时运行一段时间。但在这段时间内应加强监视，密切注意事故发展的情况，以便等备用炉投入或高峰负荷过去后再停炉。

如果水冷壁损坏严重，炉膛燃烧很不稳定，有可能造成炉膛灭火，或对锅炉加强进水后仍无法维持正常运行，而且事故很快就会扩大，则应立即停炉。停炉后引风机应继续运行，抽出炉中的汽和水。停炉后继续加强进水，如果水位可维持，应尽力保持水位；如无法维持水位，则应停止进水，但省煤器再循环门不应开启。

二、过热器和再热器爆管事故

过热器、再热器在锅炉的总受热面中占有很大的比例，处在烟温很高的区域，其工作条件是锅炉受热面中最为恶劣的，受热面管壁温度接近于钢材允许的极限温度。当金属的温度升高时，它的持久强度下降。所以容易形成爆管事故。

1. 过热器（或再热器）爆管时的现象

自过热器检查孔门可看到或听到蒸汽喷出的声音；炉膛负压减小或变正压；蒸汽流量不正常地小于给水流量；烟道两侧有较大的烟温差，过热器损坏一侧烟温降低，过热蒸汽温度有异常变化等。再热器爆管的现象与过热器爆管现象相似，其差别是：自再热器检查孔、门可看到汽水喷出或听到汽水喷出的声音。再热器损坏一侧烟温降低，再热蒸汽温度有异常变化等。同时，汽轮机一次再热蒸汽压力或二次再热蒸汽压力有所下降。

2. 过热器、再热器管损坏的原因及预防措施

（1）蒸汽品质不合格。锅炉给水质量不符合标准，给水处理不当或化学监督不严，过热器管内积盐结垢，使管子流通截面减少，流动阻力增加，蒸汽流量减少，管子不能得到充分的冷却；同时盐垢热阻大，管子的导热能力降低，不能很快地将管壁吸收的热量传递给管内的蒸汽，容易造成管子过热超温鼓泡以致破裂。运行时应保持良好的给水和蒸汽品质，注意

减温系统的正常运行，防止过热器结垢或过热。

（2）过热器长期过热超温。过热器如长期超温运行，会使承压管子金属蠕变而造成损坏；管外烟侧的高温腐蚀，也会造成管子损坏，如制造有缺陷，安装、检修质量差，管材不符合要求，低负荷时减温器未解列造成水塞等等，也会造成过热器长期过热而损坏；运行时做好锅炉的燃烧调整工作，火焰中心不应偏斜；保持稳定的蒸汽温度，严禁过热蒸汽温度超过规程规定的允许值；注意吹灰，防止管外高温腐蚀；注重管子的选材和管子的制造、安装质量；低负荷时及时调整减温器；锅炉检修时，对过热器进行详细检查，发现不正常现象时，及时消除。

3. 再热器管损坏的原因及预防措施

（1）管外磨损和高温腐蚀。管外烟气中飞灰的磨损和高温腐蚀是造成再热器管泄漏、爆管的主要原因。预防措施：在容易磨损的地方加装防磨瓦、均流板，降低烟气的流速，减缓磨损；合理吹灰，防止磨损和高温腐蚀；对不易加装防磨瓦的管子进行表面喷涂技术处理；锅炉检修时，应详细检查，发现不正常现象时，及时消除。

（2）再热器超温。再热蒸汽对热偏差较为敏感，由于再热器中的蒸汽压力比过热器中的低，比热容小、密度小，总焓增较小，相对应的温度变化在同一运行时刻大于过热蒸汽，所以再热蒸汽更容易引起蒸汽温度的变化。这样再热器遇到热偏差时，蒸汽温度很容易升高，再热器的管壁金属比过热器的更容易超温；再者管内的对流换热系数比过热蒸汽小得多，再热蒸汽对管壁的冷却能力差，这也是管壁比较容易超温的原因；再热器出口钢管高温氧化速度快，容易出现严重的氧化腐蚀；为了再热器工作的安全可靠，在运行时必须注意不使热偏差过大；设计应力求简单，以减少流动阻力；注重管子的选材、管径的尺寸和管子的制造、安装质量；出口钢管应使用抗氧化能力更好的钢材。

4. 过热器和再热器爆管损坏后的处理

过热器、再热器爆管，应及时停炉，以免爆破口喷出的蒸汽吹扫邻近的管子以致事故扩大。只有在损坏很小，过热蒸汽温度尚能维持在正常范围内，不会危及其他管子时，才可适当降低锅炉出力，保持燃煤锅炉煤粉仓较低粉位，并加强检查，争取调度停炉处理，防止事故迅速扩大，待备用炉投入运行或高峰负荷过去后再停炉。在过热器系统中，屏式过热器由于其工作条件较差，也容易发生爆管事故。

三、 省煤器爆管事故

1. 省煤器管损坏时的现象

省煤器严重损坏时，给水流量不正常地大于蒸汽流量，从省煤器检查孔、门可看到汽、水喷出或听到汽、水喷出的声音；省煤器下部灰斗内有湿灰或冒汽；省煤器后两侧烟气温差增大，泄漏侧烟温偏低，烟道阻力增加，引风机转速增加。

2. 省煤器管损坏的原因及预防措施

（1）管子内壁的腐蚀。给水品质差，水中含氧多，会造成管内壁腐蚀，以致损伤省煤器管，为此首先保证合格的给水品质，保持给水中较高的 pH 值，以防氧腐蚀和其他腐蚀；其次要求省煤器中有合理的流速；最后保证除氧器的正常运行，使水中含氧量符合质量标准的要求。锅炉检修时，应将省煤器内的积水全部放尽，并将省煤器管子烘干，以防腐蚀；对磨损的管子应及时更换。

（2）管外飞灰磨损。在燃用高灰分燃料时，其磨损问题要特别加以注意。磨损与烟气的速度，烟气中灰粒的浓度，气流冲刷受热面的角度，管束的排列情况，灰粒的性质有关。对于省煤器易被磨损的管子采取加防磨瓦的措施；在启动时应及时开启和关闭省煤器再循环阀。低负荷运行时不允许给水中断；运行中应经常注意省煤器两侧烟温有无偏差，发现偏差时应查明原因，予以消除；如果省煤器管泄漏引起的烟温偏差，应尽快停炉处理，以免吹损其他管子。

（3）其他原因。给水流量、给水温度的变化影响管壁温度变化，引起热应力过大，管子的焊接质量不好也会使管子损坏等。运行中应尽可能保持给水流量和温度稳定，避免给水量的猛增猛减；严把管子的焊接质量。

3. 省煤器管损坏时的处理

损坏时，应尽量维持锅炉对给水量的要求，待备用炉投入运行后再停炉，如果给水量不能维持或因尾部烟道堵灰严重无法疏通而使锅炉无法运行时，应停炉；停炉后仍应维持一定的给水流量；只有当过热器后烟气温度低于400℃时，才允许停止向锅炉给水。

四、空气预热器事故

1. 空气预热器积灰、腐蚀及漏风现象

空气预热器中的积灰、腐蚀及漏风问题较普遍。空气预热器的积灰有两种：松散积灰和粘聚积灰。松散积灰是由于烟气中含有大量的飞灰，当烟气流过空气预热器的受热面时，烟气中的飞灰积在空气预热器的受热面上；黏聚积灰是由于烟气中的酸蒸汽或水蒸气在低温受热面上凝结与灰一起黏聚在金属表面上。空气预热器积灰后传热能力变差，阻力增加，漏风量增大，引风机和送风机的电耗增加；由于空气预热器冷端温度较低，当冷端的烟气温度低于烟气的露点温度时，烟气中蒸汽就会凝结，造成粘聚积灰。

2. 空气预热器积灰、腐蚀及漏风的原因分析

原因分析：由于燃料中含有少量的硫，燃烧生成 SO_2，在高温下有部分再氧化成 SO_3，进而与烟气中水蒸气结合成 H_2SO_4；而含有 H_2SO_4 蒸汽的烟气露点将会升高，当管壁温度低于露点温度时，H_2SO_4 就在管子表面凝结而腐蚀管子；腐蚀往往伴随着堵灰，构成恶性循环；当锅炉投油助燃时，H_2SO_4 对空气预热器的腐蚀加剧，其原因是油中含有一定的钒，在燃烧时，钒与氧反应生成了 V_2O_5，V_2O_5 是 SO_2 转化成 SO_3 的催化剂。上述分析不难发现，导致空气预热器腐蚀、堵灰的原因，第一是有腐蚀源，即燃料中含有硫，并转化为硫酸；第二是有腐蚀、堵灰的条件，即管壁温度低于烟气露点。

3. 空气预热器积灰、腐蚀及漏风的预防措施

防止空气预热器腐蚀、堵灰的措施，从总体来看，应从设计、制造、安装及运行维修等方面全面考虑，综合治理。

必须提高空气预热器冷端的温度，使烟气温度高于烟气的露点；锅炉启动过程中采用热风再循环，提高空气预热器入口风温；加暖风器，提高空气预热器入口风温；加隔板可防止上级空气预热器的下部发生腐蚀，运行经验证明，在锅炉低负荷运行时，此方法对防止空气预热器下部腐蚀、堵灰特别有效；采用更高效、更先进的空气预热器；采用低氧燃烧、低过

量空气运行，是防止低温腐蚀和堵灰的好办法，对燃油炉尤为有效，但是，前提是必须调整好燃烧，否则将会适得其反，堵住漏风。

第五节　锅炉蒸汽温度异常

一、 锅炉过热蒸汽温度过高

锅炉运行过程中，过热蒸汽温度和再热蒸汽温度过高，将引起过热器、再热器以及汽轮机汽缸、转子、隔板等金属温度超限、强度降低，最终导致设备的损坏。因此锅炉运行中应防止高蒸汽温度事故的发生，一旦发生，应立即处理，尽快使其恢复正常。

1. 锅炉过热蒸汽温度过高的主要原因

锅炉过热蒸汽温度过高的主要原因为：燃料与给水的比例失调，给水量偏小或燃料量偏大，其中包括燃料量数值虽未变化，但由于燃料品质变化所造成的实际发热量增加等；由于炉内燃烧工况变化、火焰中心升高、风量增加、水冷壁结焦严重等造成的过热器受热面对流传热增强或过热器处可燃物再燃烧；减温水系统故障或蒸汽温度自动失灵造成的减温水量不正常地减少；过热器受热面泄漏爆管，造成过热器内蒸汽通流量减少。

2. 锅炉过热汽温过高的常见现象

（1）主蒸汽温度指示值达到或超过高限并报警。

（2）如因燃料与给水的比例失调引起时，锅炉各段蒸汽温度均将升高，严重时，水冷壁管屏温度将越限报警，减温水调节阀的开度将增大。

（3）发生火焰中心上移、水冷壁结焦严重或风量增加时，炉膛内水冷壁辐射传热减少，烟道内对流受热面传热将增加；给水自动投入方式时，为维持水冷壁出口温度不变，燃水比有所提高，过热器各段烟温、蒸汽温度均上升，减温水量明显增加。

（4）当由于减温水量减少所引起时，减温器后蒸汽温度明显上升，减温水流量下降。

（5）如因受热面泄漏、爆管引起时，两侧烟温差、差增大，故障点后各段蒸汽温度上升、烟温降低。

（6）当发生过热器处可燃物再燃烧时，故障点后烟温及工质温度将不正常地升高，烟道及炉膛负压剧烈变化，烟囱冒黑烟。

（7）启动/停止磨煤机时，控制不当也会引起超温。

3. 锅炉过热蒸汽温度过高的处理

如因自动装置失灵造成过热蒸汽温度过高时，应立即将该自动切至手操进行控制；迅速调整燃料与给水的比例，减少燃料量或增加给水量，开大减温水调节阀，必要时可通过降低过热蒸汽压力或提高给水压力来增加减温水量。增加减温水的同时应注意给水流量的变化，防止减温水量增加的同时，进入水冷壁的给水流量减少而造成中间点温度的进一步上升。

迅速找出蒸汽温度过高的根本原因，根据不同的情况分别做相应的处理：

燃烧工况变化或炉膛火焰中心上移引起过热蒸汽温度过高时，应立即进行燃烧调整，设法降低炉膛火焰中心。如：合理调整燃烧器的配风、降低上层燃烧器的负荷和增加下层燃烧器的负荷等。如因风量增加引起时，根据氧量情况，适当减少风量。适当开大过燃风和辅助风的开度。因水冷壁严重结焦引起时，应对水冷壁进行吹灰。因主蒸汽压力升高、受热面损坏、给水温度升高、可燃物在烟道内再燃烧等原因造成过热气温过高时，除按蒸汽温度过高处理外，还应按各自不同的要求进行处理。

4. 防止锅炉超温的措施

（1）机组正常运行过程中严禁锅炉超温运行。

（2）严格按照燃煤上仓调度单执行，严禁私自更改调煤单，运行过程中如发现煤质变化大，差异大应及时通知化学取样化验；严格执行锅炉吹灰制度，保证炉膛受热面洁净度；禁止不吹灰或少吹灰。

（3）锅炉监盘人员精心操作与调整，对于煤质较差或特殊运行工况（如采用上层燃烧方式）、机组高负荷运行应安排专人监视与调整主蒸汽温度、再热蒸汽温度，运行人员调整时应要具备一定的超前调整意识，根据蒸汽温度变化速率及蒸汽温度上升趋势，提前控制减温水量及减温水设定值，防止蒸汽温度超温。

（4）严格执行交接班、交接盘制度。交盘人员应详细向接盘人员讲述当前的运行工况及注意要点，防止因减温水电动门未开导致的恶性超温事件的发生。

（5）及时发现减温水系统缺陷，并通知检修处理保证设备完好率，防止由于调门控制异常及电动门无法开启导致严重超温。

（6）汽动给水泵检修完毕恢复运行后及时检查中间抽头电动门是否开启，保证减温水供水正常。

（7）加强制粉系统运行参数的监视，防止磨煤机堵磨（尤其是多台磨煤机同时堵塞）。疏通磨煤机时应逐台疏通，防止由于疏通磨煤机时大量煤粉带入炉膛导致锅炉超温超压。

（8）及时判断给煤机运行状况，防止由于给煤机的煤量测量装置异常，导致大量原煤未计算入燃烧控制系统中，引起锅炉严重超温。

（9）机组由于煤质波动或工况变化引起蒸汽温度快速上升，锅炉汽轮机应紧密联系合作，锅炉减少燃料量得同时通知汽轮机人员开大调门升负荷增大蒸汽流量控制主蒸汽温度、再热蒸汽温度。

（10）锅炉长期处于超温状态，会由于交变应力的影响而导致金属发生金相变化，缩短锅炉的使用寿命，严重时造成连续爆管，影响机组的安全经济运行。应当提高燃烧自动系统和蒸汽温度自动系统的控制水平，主蒸汽温度、再热蒸汽温度的控制要服从管壁温度；如发现末级过热器管壁温度超温，应按照部门防超温措施执行；运行机组应有效控制受热面管内壁的金属温度，任何工况下各金属管壁温度确保不高于允许管壁温度。

（11）加强受热面的热偏差监视和调整，防止受热面局部过热超温运行；正常运行中机组燃烧调整应稳定，防止蒸汽压力、蒸汽温度大起大落，禁用一、二级减温水大开大关调节蒸汽温度；控制制粉系统一次风速在26～30m/s，减少制粉系统冷风量及锅炉漏风量，降低火焰中心高度防止主蒸汽温度、再热蒸汽温度。

二、锅炉过热蒸汽温度过低

锅炉出口蒸汽温度过低除了影响机组热效率外，还将使汽轮机末级蒸汽湿度过大，严重时还有可能产生水击，以致造成汽轮机叶片断裂损坏事故。蒸汽温度突降时，除对锅炉各受热面的焊口及连接部分将产生较大的热应力外，还有可能发生叶轮与隔板的动静摩擦而造成汽轮机的剧烈振动或设备损坏。

1. 过热蒸汽温度过低的主要原因

过热蒸汽温度过低的主要原因为：燃料与给水的比例失调，给水量偏大或燃料量偏小，其中包括燃料量数值虽未变化，但由于燃料品质变化所造成的实际发热量减少等；燃烧工况恶化、部分燃烧器熄火、炉膛火焰中心下移、风量减少、过热器受热面严重积灰或结焦等造成的过热器受热面对流传热减弱；给水温度降低、主蒸汽压力大幅度下降、减温水压力升高或减温自动失灵造成的减温水量不正常地增大。

2. 过热蒸汽温度过低的常见现象

（1）主蒸汽温度指示值达到或低于低限并报警，严重时蒸汽管道发生水冲击现象。

（2）如因燃料与给水的比例失调引起过热蒸汽温度过低时，锅炉各段蒸汽温度均将下降；蒸汽温度自动运行时，减温水调节门开度将自行关小。

（3）如因燃料品质变化，如发热量降低引起时，在锅炉总风量不变的情况下，炉膛出口氧量将自行增大。

（4）发生火焰中心下移或风量减少时，炉膛辐射传热增加，烟道内对流受热面传热将减少；给水自动投入时，水冷壁出口温度将不变，给水流量有所上升，过热器各段烟温及蒸汽温度均下降，减温水量将明显减少；给水手操运行时，如给水流量不变，则将引起水冷壁出口蒸汽温度上升，过热器各段烟温下降，过热蒸汽温度将出现瞬时下降而后逐渐回升至原值左右的现象；风量减少时，还可从炉膛出口氧量降低及总风量指示值下降等方面进行判断；过热器受热面积灰或结焦引起时，工质在过热器内的温升（或焓增）将减少，过热器后各段烟温上升，过热器区段内烟气阻力增加。

（5）局部制粉或燃油设备故障停用时，停用设备对应的燃烧器熄火并报警，锅炉总燃料量下降；锅炉燃烧恶化或燃烧不稳时，炉膛负压将出现大幅度的波动，氧量上升，部分火焰检测器的火焰指示时有时无，烟囱可能冒黑烟；如因减温水流量增大引起时，减温后温度将明显下降。

3. 过热蒸汽温度过低的处理

（1）如因自动装置失灵造成过热蒸汽温度过低时，应即将该自动切至手操运行；及时调整燃料与给水的比例，增加燃料量或减少给水量；适当提高过热蒸汽压力或降低减温水压力，关小减温水调节门或关闭减温水隔绝门。

（2）如因燃烧工况变化引起蒸汽温度过低时，应即进行燃烧调整，设法提高炉膛火焰中心，如合理调整燃烧器配风、增加上层燃烧器的负荷和降低下层燃烧器的负荷、将燃烧器摆角适当上调等；如因风量偏小造成时，应即增加风量，维持炉膛出口氧量及锅炉燃烧装置工况正常；发生锅炉燃烧不稳时，应即投入助燃装置。

（3）如因给水温度突降造成过热蒸汽温度过低时，还应按给水温度突降的有关要求进行处理。

（4）如因过热器受热面严重积灰或结焦引起时，应对过热器进行吹灰，吹灰过程中应及时做好蒸汽温度上升的调整工作。

（5）当过热蒸汽温度低至汽轮机规定减荷值时，应按汽轮机规定的要求进行减负荷；如因蒸汽温度低或两侧偏差达到限值造成汽轮机事故停机时，锅炉应按紧急停炉进行处理。

三、 锅炉再热蒸汽温度过高

1. 锅炉再热蒸汽温度过高的主要原因

炉内燃烧工况变化、锅炉热负荷升高、炉膛火焰中心上移、风量增加、水冷壁严重结渣、尾部烟气挡板不当、燃烧器摆角过高及再热器处发生可燃物再燃烧等原因，均将造成再热器受热面的传热增强而使再热蒸汽温度升高。

过热器系统的安全门开启，或超高压缸、高压缸排汽止回阀、高压、中压缸联合汽门故障关闭、再热器受热面泄漏或爆破等原因，均将造成再热器受热面内蒸汽通流量的减少，此时若其他工况不变则将造成再热蒸汽温度升高。

烟气量过大，从而使炉膛辐射换热减小，对流换热增加，造成再热蒸汽温度过高。

2. 再热蒸汽温度过高的现象及处理

(1) 发生再热蒸汽温度过高时再热蒸汽温度高报警，再热系统各点温度上升；若遇受热面泄漏或爆破，则爆破点前各点温度下降，爆破点后上升；高压、中压缸主汽门单侧故障造成流量偏差时，流量减少侧再热蒸汽温度将升高，此时应迅速查明原因，应按不同的情况做相应的处理。

(2) 如因自动装置失灵造成时应立即将该自动切至手操运行。

(3) 必要时可开启再热器事故减温水。如风量偏大造成时应减少风量，必要时还可采用适当降低负荷等方法使再热蒸汽温度尽快恢复至正常范围。

(4) 如因燃烧工况变化或炉膛火焰中心上移引起时，应即组织燃烧调整、设法降低炉膛火焰中心；如因水冷壁严重结焦引起时，应对水冷壁进行吹灰，吹灰时应做好蒸汽温度的调整工作。

(5) 如因高压缸缸排汽止回阀或高压、中压缸联合汽门关闭造成时，应开启该旁路，以增加再热器的通流量。

四、 锅炉再热蒸汽温度过低

1. 锅炉再热蒸汽温度过低的主要原因

当炉内燃烧工况变差、锅炉热负荷下降、炉膛火焰中心下移、风量减小、再热器受热面严重积灰或结焦、尾部烟气挡板不当时，均将造成再热器受热面的对流传热减弱而使再热蒸汽温度下降。

2. 再热蒸汽温度过低的处理

如因自动装置失灵造成时应即将该自动切至手操运行；如风量偏小造成时，应即增加风量，维持炉膛出口氧量及锅炉燃烧工况正常；如因燃烧工况变化或炉膛火焰中心下移引起时，应即组织燃烧调整，设法提高炉膛火焰中心，稳定燃烧工况；如因再热器受热面严重积灰或结焦引起时，应对再热器受热面进行吹灰。

第六节　尾部烟道受热面低温腐蚀

锅炉尾部烟道受热面的低温腐蚀通常是发生在空气预热器和低温省煤器的硫酸腐蚀，因为尾部受热面区段的烟气和管壁温度较低，所以称为低温腐蚀。

一、 低温腐蚀形成原因

燃料中的硫燃烧生成二氧化硫（$S+O_2=SO_2$），二氧化硫在催化剂的作用下进一步氧化生成三氧化硫（$2SO_2+O_2=2SO_3$），SO_3 与烟气中的水蒸气生成硫酸蒸汽（$SO_3+H_2O=H_2SO_4$）。硫酸蒸汽的存在使烟气的露点显著升高。由于空气预热器中空气的温度较低，预热器区段的烟气温度不高，壁温常低于烟气露点，这样硫酸蒸汽就会凝结在空气预热器受热面上，造成硫酸腐蚀。

低温腐蚀常发生在空气预热器上，但是当燃料中含硫量较高、过量空气系数较大，烟气中 SO_3 含量较高，酸露点升高，并且给水温度较低（汽轮机高压加热器停用）时，省煤器管也有可能发生低温腐蚀。

二、 影响低温腐蚀的因素

除壁温外，影响低温腐蚀的主要因素是烟气中的三氧化硫含量。随着烟气中三氧化硫含量的增加，硫酸蒸汽的含量也相应增加，并使烟气中酸露点明显提高。后者使受热面容易结露并引起腐蚀，前者使腐蚀程度加剧。烟气中氧化硫的含量与下列因素有关：

（1）燃料中的硫分越多，则烟气中的三氧化硫含量也越多。

（2）火焰温度高，则火焰中原子氧的含量增加，因而三氧化硫也含量也增多。

（3）过量空气系数增加也会使火焰中原子氧的含量增加，从而使三氧化硫含量也增加。

（4）飞灰中的某些成分，如钙镁氧化物和磁性氧化铁（Fe_3O_4）以及未燃尽的焦炭粒等有吸收或中和二氧化硫和三氧化硫的作用。故烟气中飞灰含量增加、且飞灰含上述成分又较多时，则烟气中三氧化硫量将减少。

（5）当烟气中氧化铁（Fe_2O_3）或氧化钒（V_2O_5）等催化剂含量增加时，烟气中的三氧化硫将增加。

三、 低温腐蚀的预防

（1）提高空气预热器管壁温度，使管壁温度高于烟气露点，如提高排烟温度；开热风再循环门，加暖风器提高空气预热器入口温度。此法的优点是简便易行，缺点是锅炉效率降低。

（2）在烟气中加入添加剂中和 SO_3，阻止硫酸蒸汽的产生。此法的优点是不降低锅炉效率，缺点是增加运行成本，还要清除中和生成的产物。

（3）用耐腐蚀的材料制造空气预热器，如采用玻璃管、搪瓷管或用陶瓷材料制作，防腐效果好，不降低锅炉效率，但成本高，漏风系数大。

（4）采用低氧燃烧，减少烟气中的过剩氧，阻止和减少 SO_2 转变为 SO_3。低氧燃烧可以降低引风机、送风机能耗，是一项经济价值很高和很有发展前途的技术措施，但低氧燃烧要求锅炉具有完善的燃烧设备和燃烧检测仪表，并且要求运行人员有较高的技术水平。

（5）烟气中硫酸蒸汽开始凝结的温度称为酸露点。通过检测酸露点温度，可以准确知道一定工况下的酸露点，由此调整排烟温度，达到节能和延长锅炉寿命的最佳条件。这种方法投资少，收效快，是最理想的预防措施。

四、 预防低温腐蚀的选材

选用抗硫酸腐蚀相对比较好的，如 09CrCuSb，此钢种成本制造相对具有很高的性价比，其耐硫酸的腐蚀效果是 316L 不锈钢的 3 倍以上，价格不到 316L 不锈钢的 1/3。

ND 钢是目前国内外最理想的“耐硫酸低温露点腐蚀”用钢材，09CrCuSb（ND 钢）钢与碳钢、日本进口同类钢、不锈钢耐腐蚀能力相比较，是日本 CR1R 钢的 1.8 倍，是日本 1Cr18Ni9 钢的 2.8 倍，是日本 Corten 钢的 8.6 倍，是日本 20g 钢的 14 倍。

09CrCuSb（ND 钢）钢是以锅炉；电炉的热交换、烟管、烟囱等用途为目的开发的具有优秀的耐硫酸露点腐蚀的热轧钢板、钢管。ND 钢的优越的耐硫酸露点腐蚀的性能及非常高的性价比，是完全可以代替不锈钢，甚至超越不锈钢（在耐硫酸露点腐蚀方面）的最好材料。ND 钢具有重大经济意义，符合当今高效、长寿、节能、环保等“绿色”观念和国家发展政策导向。

第七节　水冷壁高温腐蚀

目前不少火电厂高参数的煤粉炉，曾发生过严重的高温受热面腐蚀问题。腐蚀多发生在燃烧器区域的水冷壁、高温过热器、高温再热器，亦即管壁金属温度超越一定界限的受热部位。

一、高温腐蚀的机理

高温腐蚀主要分为硫酸盐型和硫化物型两种，前者多发生于过热器和再热器，后者多发生于炉膛水冷壁。通过运行分析发现，凡腐蚀严重的锅炉水冷壁，都在相应腐蚀区域的烟气成分中发现还原性气氛和含量很高的 H_2S 气体，而且腐蚀速度与烟气中的 H_2S 浓度成正比例。

H_2S 型腐蚀的机理是：当炉内供风不足时，煤中的 S 除了生成 SO_2、SO_3 外，还会由于缺氧而生成 H_2S，同时，SO_2 和 SO_3 也会转变为 H_2S；H_2S 可直接与水冷壁中纯金属反应生成 FeS，也会与水冷壁表面的 Fe_3O_4 氧化层中所复合的 FeO（$Fe_3O_4=Fe_2O_3\cdot FeO$）反应生成 FeS；FeS 的熔点为 1195℃，在温度较低的腐蚀前沿可以稳定存在，但当粘灰层温度较高时，FeS 又会再次与介质中的氧作用，转变为 Fe_3O_4，从而使氧腐蚀进一步进行。

贴壁气氛中的 CO 也是发生高温腐蚀的必要条件。烟气中 H_2S 浓度与 CO 浓度的关系如图 12-1 所示。

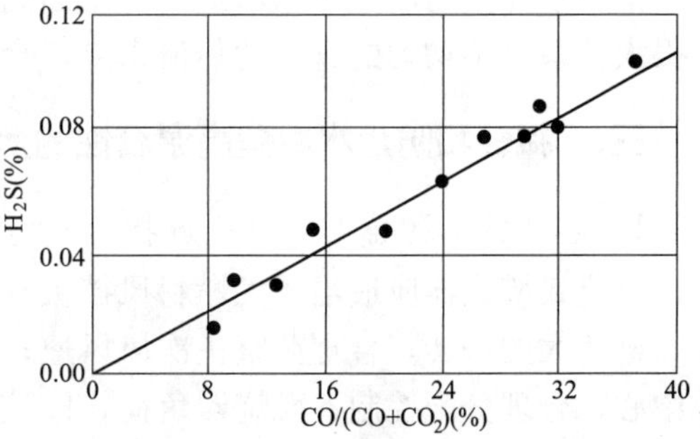

图 12-1　烟气中 H_2S 浓度与 CO 浓度的关系

含灰气流的冲刷可加剧高温腐蚀的发展。气流中的大量灰粒会使旧的腐蚀产物不断去除而将纯金属暴露于腐蚀介质下，从而加速上述腐蚀过程。

二、造成高温腐蚀的因素

1. 高参数、大容量带来的问题

（1）壁温越高，高温腐蚀将越严重。有资料表明，在相同的 H_2S 浓度下，当管子壁温低于 300℃时，腐蚀速度很慢或不腐蚀；而壁温在 400～500℃范围内，则壁面温度的影响呈指数关系。壁温每升高 50℃，腐蚀速度增加一倍。

（2）运行中管子壁温与水冷壁热负荷有关。在相同的工质饱和温度下，水冷壁热负荷越大，壁温越高、腐蚀越快。升高后的管壁温度，又会促进 FeS 与 O_2 的反应生成 Fe_3O_4。

（3）随着锅炉容量的增大，锅炉单只喷嘴的热功率也逐步增大，这一方面使炉内局部区域的燃烧强度增加，另一方面也使煤粉气流直接冲刷水冷壁的可能性增大。如果炉内燃烧工况组织不好，易发生高温腐蚀。

2. 煤质

煤种是造成高温腐蚀的主要原因之一。同烟煤相比，贫煤挥发分低，着火和燃烧困难、燃尽度差，表现在对高温腐蚀的影响上则是煤粉火焰拖长；大量煤粉粒子只是在到达水冷壁附近才开始燃烧和燃尽，未燃尽的碳进一步燃烧时又形成缺氧区，因而在那里形成还原性气氛和高的 H_2S 浓度，使高温腐蚀加剧。此外，煤中含硫量的高低对高温腐蚀也有显著影响。

煤粉细度对高温腐蚀的影响与煤质相似，煤粉颗粒太粗将影响煤粉燃尽，使大量煤粉颗粒集中在水冷壁表面附近，冲刷并腐蚀水冷壁。

3. 炉内燃烧的风粉分离

切圆燃烧锅炉普遍存在的炉内一、二次风气流的分离现象，是导致高温腐蚀的空气动力因素。

4. 切圆直径与贴壁风速

据对一些高温腐蚀严重的锅炉的试验表明，这些锅炉冷态实际切圆直径都明显偏大，贴壁风速与最大切向风速之比在 0.8 以上，有的锅炉最大风速处距水冷壁仅 1～2m。这样一方面造成锅炉的燃烧强烈区域处于水冷壁附近，使水冷壁表面温度升高，水冷壁附近缺氧；另一方面，高的贴壁风速势必加强煤粉颗粒对水冷壁管表面的冲刷磨损，使腐蚀产物不断脱落，暴露出新表面而加快腐蚀。

5. 炉内氧量及温度波动

运行中若操作不当，炉内氧量及温度波动过于剧烈，使水冷壁附近氧化气氛和还原气氛交替出现，导致壁面处于氧化气氛和还原气氛的交替作用下，氧化层变成海绵状，给腐蚀介质提供大量的反应表面。

6. 炉管内部结垢导致壁温升高，腐蚀加快

锅炉水冷壁的内部水垢增加后，壁面温度大幅度升高。炉管内部结垢与水质和燃烧调整有很大关系，不均匀的管子的热流密度，会使热流密度较大的管子结垢较重。

三、减轻和防止水冷壁高温腐蚀的措施

1. 合理配风及强化炉内气流扰动混合

直流式燃烧器应适当开大燃料风挡板，使一次风粉被高速的周界风包围起来，增加其刚性，避免大的偏转；合理调整一次风风速；适当减小燃烧切圆直径，使激烈燃烧区域移向炉膛中心；合理分配控制各燃烧器负荷，以控制燃烧器区域的壁面热流密度和单只火嘴的热功率，降低炉膛内局部火焰的最高温度；注意检查和试验各风量挡板的调节位置，调节位置应可靠、正确，如有缺陷应及时纠正。

2. 保持良好的供粉

对于直吹式系统，应注意控制一次风压不可太低。

3. 降低煤粉细度，减轻火焰冲墙和壁面附近的燃烧强度

在蒸汽温度和制粉出力等允许的条件下，适当降低煤粉细度，减轻火焰冲墙和壁面附近

的燃烧强度。

4. 加强水质的监督与控制

加强水质的监督与控制，避免水冷壁管内结垢引起管壁温度升高。此外，水冷壁热流不均也会促进内部结垢。

第八节　燃　烧　不　稳

一、 燃烧不稳的原因

煤质变化（或煤粉过粗）时未及时调整燃烧；给煤量波动较大，如煤粉管堵塞或出现粉团滑动、油喷嘴堵塞、磨煤机来粉不均等，都会造成燃烧不稳；炉负荷过低，引起炉膛温度下降、煤粉浓度降低，或负荷变化幅度过大。运行操作不当，如一次风速过低或过高（一次风速过低可引起粉团滑动，一次风速过高易导致燃烧器根部脱火）；氧量控制不当，炉内风量过大，引起炉温降低；炉内或燃烧器结焦严重，破坏正常的空气动力场。

二、 燃烧不稳的现象及处理

燃烧不稳的现象：燃烧不稳时火焰锋面的位置明显后延且极不稳定；火焰忽明忽暗、炉膛负压波动较大。燃烧不稳的实质是可燃混合物小能量的爆燃。着火过程时断时续，燃烧中断时，火色暗、炉膛压力低；重新着火时，火色亮、炉膛压力高。

燃烧不稳可从以下方面判断，炉膛负压的摆动幅度，监督 CRT 上火检信号的强弱，过热器后的烟温及氧量监视，各主要参数是否稳定。

发现燃烧不稳时，一般应先投油枪助燃，以防止灭火，待燃烧调整见效、燃烧趋于稳定后，再停油枪。

煤质变差时，应设法改善着火燃烧条件，如提高磨煤机出口温度、煤粉细度等；适当降低风煤比，提高煤粉浓度，低负荷时做好磨煤机的运行组合等。

第九节　炉　膛　结　渣

一、 炉膛结渣的现象

受热面的结渣可能产生于水冷壁上和炉膛出口受热面上，水冷壁受热面的结渣使水冷壁的吸热能力降低，蒸发量减小，炉膛出口烟温增大，并导致过热蒸汽温度、再热蒸汽温度超过额定值。炉膛出口受热面的结渣也在降低这些受热面吸热量的同时，阻碍烟气的流动，导致烟道通流阻力与各并列管屏间的偏流程度增大和受热面热偏差增大。

二、 炉膛结渣的基本原因

受热面的结渣发生于呈熔融状态的灰粒与壁面的碰撞，从而被黏附在壁面上，因此产生结渣的条件首先是两者间的碰撞，其后灰粒呈熔融状态具有黏附在壁面上的能力。炉内具有一定的温度分布，一般在煤粉炉火焰中心区域的烟温很高，有相当一部分灰粒呈熔融或半熔融状态，在靠近炉壁区域则烟温较低。炉内的煤粉或灰颗粒会随气流而运动，或从气流中分离出来，在这分离的过程中，颗粒的温度会随颗粒从高温区域到达壁面的运动速度、环境温度条件而改变。如果存在足够的冷却条件，那些原属熔融状态的颗粒将重新固化，失去黏附能力，失去产生结渣的条件；反之产生结渣的可能性大，这就是受热面产生结渣的基本成因。它与煤灰特性、锅炉负荷、炉内的空气动力场、温度场、气氛、煤粉（或灰粒）的粒度，以及受热面的清洁程度等密切相关的，煤粉炉内的结渣是不可避免，问题只是结渣程度或是否迅速剧增。

三、 炉膛结渣的预防

预防结渣主要从炉内燃烧工况、燃料等着手。

（1）防止受热面壁面温度过高。保持四墙风粉量的均衡，使四墙射流的动量尽量均衡，尽量减少射流的偏斜程度；火焰中心尽量接近炉膛中心，切圆直径要合适，以防止气流冲刷炉壁而产生结渣现象。

（2）防止炉内生成过多的还原性气体。首先要保持合适的炉内空气动力工况，四墙的风粉比要均衡，否则有的一次风口由煤粉浓度过高而缺风，出现还原性气氛。在还原性气氛中，还原性气体使灰中 Fe_2O_3 还原成 FeO，使灰熔点降低；而 FeO 与 SiO_2 等形成共晶体，其熔点远比 Fe_2O_3 低得多，有时会使灰熔点降低 150～200℃，将会引起严重结渣。

（3）做好燃料管理，保持合适的煤粉细度。尽可能固定燃料品种，选用高熔点煤，可减少结渣的可能性；保持合适的煤粉细度，不使煤粉过粗，以免火焰中心位置过高而导致炉膛出口的受热面结渣，或者防止因煤粉落入冷灰斗而形成结渣等。

（4）做好运行监视。要求运行人员精力集中，密切注意炉内燃烧工况，特别炉内结渣严重时，更应到现场监察结渣状况；利用吹灰程控装置进行定期吹灰，以防止结渣状况加剧。

（5）采用不同煤种掺烧。采用不同灰渣特性的煤掺烧的办法对防止或减轻结渣有一定好处。对结渣性较强的煤种，在锅炉产生严重结渣时，经掺烧高熔点结晶渣型的煤，结渣会得到有效控制。不过，在采用不同煤种掺烧时，应知晓掺配前后灰渣的特性及选择合适的掺配煤种。

第十节　直流锅炉水动力事故

一、 超超临界压力下汽水特性

超超临界压力下汽水特性为：随着工质压力的升高，饱和温度升高，汽化潜热减小，当压力升高至 22.12MPa 时，水在 374.15℃直接变为蒸汽，汽化潜热为零，该相变点温度称为临界温度；工质压力超过临界压力后，相变点温度相应升高，与压力对应的相变点温度称拟临界温度；工质低于拟临界温度时为水，高于拟临界温度时为汽；汽、水在相变点的热物理性质全都相同。

超临界压力下，对应一定的压力，存在一个大比热容区；进入该区后，比热容随温度的增加而飞速升高，在拟临界温度处达到极限值，然后迅速降低；压力越高，拟临界温度向高温区推移，大比热容特性逐渐减弱。在超临界压力的大比热容区内，工质比体积、黏度、导热系数等也都剧烈变化，离开大比热容区后则变化趋缓；除了比热容以外，上述参数的变化都是单方向的，随着温度的升高，比体积增大，黏度、导热系数降低。

二、超超临界压力直流锅炉水动力事故

1. 水动力多值性

直流锅炉的水动力多值性是指平行工作的水冷壁管内，同一工作差压对应三个不同流量的情况。一旦发生水动力不稳定，运行中一些管子流量大，另一些管子则流量很小，且交互倒替；流量小的管子出口工质已是过热蒸汽，由于质量流量减小，“蒸干”点也提前至炉内高温区，这两种情况都会导致管壁超温。

直流锅炉产生水动力多值性的主要原因是水预热段与蒸发段具有不同的水阻力关系式，当汽和水的密度差大以及水冷壁入口水的欠焓超过一定值时即会出现。因此，工作压力越低，水冷壁入口水温越低，水动力多值性越严重。质量流速的提高则可改善水动力的稳定性。对于超临界压力的水冷壁，虽然没有汽水共存区，但由于在拟临界温度附近工质比体积变化极大，因此水平管圈水冷壁（重位差压在总流阻中的比例小）也有流动多值性的问题。超临界压力下，对应一定的压力，存在一个大比热容区，如图 12-2 所示。进入该区后，比热容随温度的增加而飞速升高，在拟临界温度达到极值，然后迅速降低。将比热容超过 8.4kJ/(kg・℃) 的温度区间称大比热容区，拟临界温度向高区推移，大比热容特性逐渐减弱。

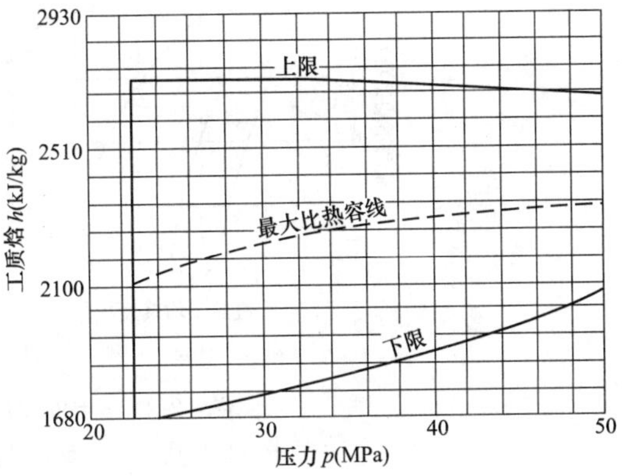

图 12-2　大比热容区的范围[$c>8.4$kJ/(kg・℃)]

2. 吸热偏差引起流量不均

直流锅炉的水冷壁管在蒸发时（低于临界压力）或大比热容区中（超临界压力）介质比体积将随加热偏差而急剧增大，偏差管中的介质流量可能明显低于平均值而导致偏差管出口温度可能非常之高。超临界压力下，当管件平均的出口工质焓落在大比热容区的范围内时（如图 12-2 所示），或者低于临界压力，管件进口的含汽率小于 0.85 时，这种比体积急剧增大、个别管子的出口介质温度很高的现象最为明显。

管屏的吸热不均系数、管屏平均焓增以及工质的进口焓值对水力不均及管子出口蒸汽温度的影响如图 12-3 所示。由图 12-3 可知，当介质出口焓落在大比热容区之外时，流量偏差和壁温偏差都很小（图 12-3 中曲线 1、2），但对于在大比热容区工作的水冷壁，吸热不均的影响极大（图 12-3 中曲线 3、4、5），而且管屏平均焓增 Δh 越大，吸热不均系数越大，流动不均越厉害，出口蒸汽温度变化也越大。工质的进口焓对流动不均的作用有一极值，在实用的范围内，水力不均随工质进口焓的升高而恶化。超临界压力下，随着工作压力的升高，大比热容区的比体积变化趋缓，热力不均对流量偏差的作用减弱，管件出口的温度不均也轻得多。

超临界压力机组在低负荷运行时为亚临界压力运行，随着压力的降低，汽水密度差增

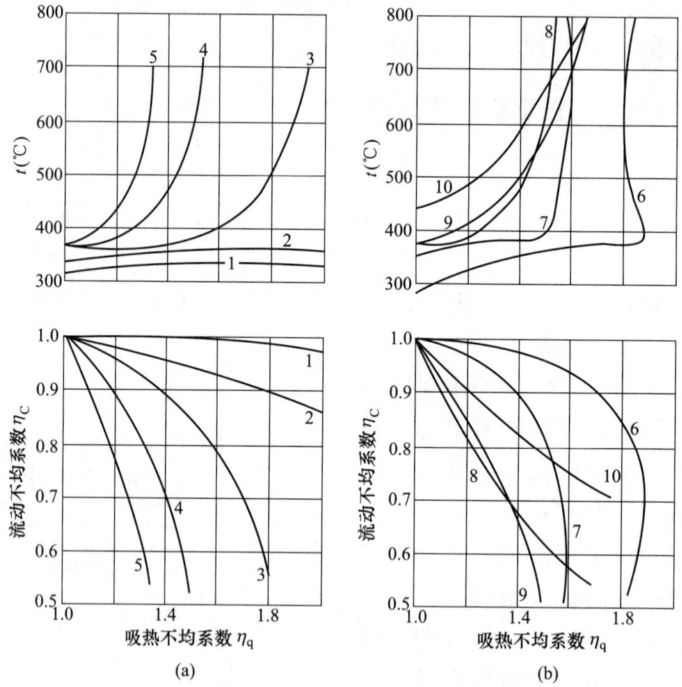

图 12-3　$p=24$MPa 时的流量偏差特性

(a) 工质的进口比焓 $h_1=1256$kJ/kg；(b) 管屏平均焓增 $\Delta h=840$kJ/kg

1—$\Delta h=210$kJ/kg；2—$\Delta h=420$kJ/kg；3—$\Delta h=630$kJ/kg；4—$\Delta h=820$kJ/kg；5—$\Delta h=1050$kJ/kg；6—$h_1=420$kJ/kg；7—$h_1=840$kJ/kg；8—$h_1=1260$kJ/kg；9—$h_1=1680$kJ/kg；10—$h_1=2100$kJ/kg

大，重位压头的作用削减，吸热不均的影响会更大些。因此当超临界压力机组在低负荷下运行时，同样的吸热偏差就要引起更大的流量降低，此时更应注意炉内火焰的均匀性。

3. 水冷壁的壁温工况

超临界水冷壁管组的工作特点与亚临界压力锅炉不同，正常情况下水冷壁温度不再维持恒定值，而是随吸热量的增加而提高。在一定压力下，水冷壁管壁温沿管长不断升高，但在大比热容区工质温度提高得比较缓慢，有些类似于亚临界压力下的汽化区段。运行中水冷壁的金属温度受到燃水比、锅炉负荷和工作压力的影响，也与炉内的吸热不均有关。

超临界压力下，随着燃水比的增大，单位工质的炉内辐射吸热量增加，水冷壁任意位置的工质焓升增大，壁温升高。水冷壁管的热流密度与锅炉负荷成比例增加，故当负荷增加时，壁温与工质温度之差增大，因此壁温随负荷的增加很快升高。在相同的燃水比情况下，同一水冷壁高度上的工质温度将随压力的上升而增加，这是因为随着压力的升高，水的比热容降低。

对于管件承担较大焓升的水冷壁，更应注意热力不均的影响。此种情况下热力不均匀性稍有一点增大，水力偏差以及管件出口的工质温度就会急剧增大，即使在这种条件下短时间的工作也是危险的。壁温与工质焓值关系如图 12-4 所示。

4. 超临界压力下的传热恶化

超临界压力下的传热恶化包括两种情况：一是当热流密度过高或质量流速过低引起的传

热恶化，也称类膜态沸腾，一般发生在拟临界温度附近的大比热容区；另一种传热恶化与管子入口段边界层的形成过程有关。

超临界压力下水冷壁管内可能发生的类膜态沸腾，主要是由于在管子内壁面附近流体的黏度、比热容、导热系数、比体积等物性参数发生了激烈变化而引起的。管子中心处流体的温度与管子壁面处的温度不同，尽管温差不大，但在超临界压力下较小的温度差别也会导致流体黏度等参数的较大差异。例如，当工质温度在350～410℃时，管内壁面处的工质黏度只有管子中心工质黏度的1/3左右，由此产生的黏度梯度和密度梯度将促使流体紊流边界层的层流化；壁面温度的降低，又使流体导热系数减小，这样导热性能差的轻相介质与壁面接触也会提高壁面与工质间的温差，在管子的热负荷较大时就可能导致传热恶化。这种由于物性参数变化而引起的传热恶化类似于亚临界参数下的膜态沸腾，称为“类膜态沸腾”，其壁温飞升值决定于管子热流密度和质量流速的大小。类膜态沸腾的传热恶化判据通常用极限热负荷q_{jx}表示，当管子的热负荷大于极限热负荷时，类膜态沸腾发生。在压力为23～30MPa的范围内，q_{jx}（kW/m^2）可按式（12-1）计算：

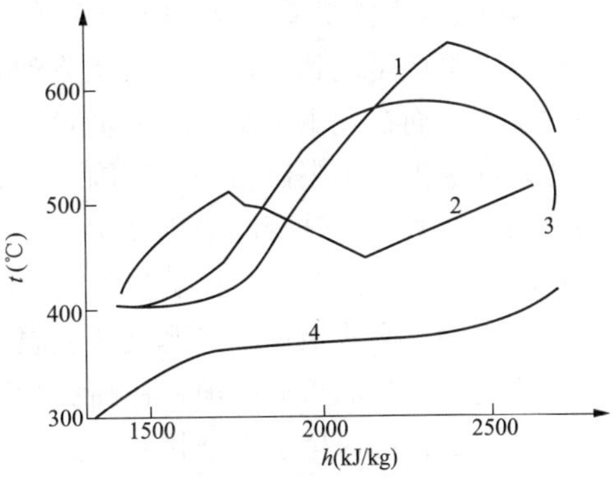

图12-4　壁温t与工质焓值h关系（$P=23MPa$）
1—热负荷为410kW/m²，质量流速为1000kg/(m²·s)；
2—热负荷为350kW/m²，质量流速为1000kg/(m²·s)；
3—热负荷为250kW/m²，质量流速为600kg/(m²·s)；
4—热负荷为200kW/m²，质量流速为600kg/(m²·s)

$$q_{jx}=0.2(\rho w)^{1.2} \tag{12-1}$$

由式（12-1）可见，质量流速越高，极限热负荷越大，发生传热恶化的可能性越小。另外，压力对传热恶化也有影响，提高压力可减弱工质物性的变化梯度，因而可以在较高的热负荷下不出现传热恶化。

超临界压力锅炉在设计和运行中，以控制下辐射区水冷壁吸热量的办法避免或减缓类膜态沸腾，尤其是将下辐射区水冷壁出口的工质温度控制在对应工质压力的拟临界温度以下，使工质的大比热容区避开受热最强的燃烧器区域。

为了防止第二种传热恶化，要求在水冷壁入口段（$L\leqslant 2m$）内工质保持有足够高的质量流速，入口焓越高，热负荷越大，所要求的质量流速值也越大。在热负荷和质量流速一定的情况下，适当降低水冷壁进口水温对于防止传热恶化是有利的。

三、水动力事故预防措施

超超临界参数直流锅炉为防止传热恶化、降低管壁温度，主要采取以下措施。

1. 采用内螺纹管

在可能发生传热恶化的区段采用内螺纹管，其机理是引起流体的旋转，迫使水压向内壁，在亚临界压力下运行时，可以将汽挤到管子中心，将“蒸干”点推迟至燃烧较弱区域，减小壁温的飞升值；在超临界压力运行时，可减小管子中心与管壁附近的温度差，从而抑制工质各物性沿径向的过大差异，提高内壁对管内流体的表面传热系统。

2. 提高工质的质量流速和采用定压运行方式

在管内工质呈泡状、柱状、环状流动时，提高质量流速可以提高界限热负荷，防止膜态沸腾的发生。而在发生膜态沸腾或类膜态沸腾后，提高质量流速可以显著提高膜态沸腾表面的传热系统，把壁温限制在允许范围以内。额定负荷下水冷壁管内的质量流速，由设计的结构条件确定，垂直上升管屏采用多次上升、螺旋管圈水冷壁控制每管圈管数等，都是针对提高质量流速而采取的方法。锅炉低负荷运行时，质量流速按比例降低，水冷壁工作安全性受损，如果需要，则应根据传热恶化和壁温升高的程度，对锅炉的最低允许负荷做出限制。

复合变压运行的直流锅炉，在高负荷段采用定压方式，也可大大减小出现传热恶化的可能性；定压运行可保持水冷壁相对较高的工质压力，增大柱重差压与流动阻力的比值，改善吸热不均对水力偏差特性的影响以及减小工质比体积的变化幅度，使壁温的升高得到控制。

3. 限制水冷壁出口和进口工质温度

设计和运行中，控制下辐射区水冷壁出口的介质温度，使工质大比热容区避开热负荷较高的燃烧器区域，以避免吸热最强区域中工质热物理特性的剧烈变化。水冷壁进口工质温度过高会引起较大的水力不均。在低于临界压力运行时，由于欠焓太小，也易使分配联箱上的各管子内汽量多少不一，增大流量分配的偏差；进口工质欠焓过大则有可能导致传热恶化，因此对进口水温也应恰当加以控制。

4. 变工况运行时的水冷壁保护

(1) 蒸汽压力的变化速度。低负荷运行时，由于质量流速减小、工作压力降低，工质流动的稳定性相应变差；负荷变动中，若压力变动过快，有可能使原为饱和状态的水发生汽化，使汽段流阻增加，蒸发开始点压力瞬间升高，进水流量小于出口流量，产生管间流量的脉动和水冷壁温的交替变化。因此，工况变动时应注意维持蒸汽压力的相对稳定，不可急速变化。

(2) 燃水比控制。在工况变动时，应始终保持适宜的燃水比，避免出现减温水量过大而给水量偏小的不正常情况，否则将引起出口壁温的不正常升高。无论何种情况下，给水流量均不得低于启动流量。

(3) 燃烧调整。在工况变化时如升降负荷、投入/停运高压加热器、投入/停运燃烧器、启动/停止制粉系统、风机切换、燃料性质变化等情况发生时，应及时调整燃烧，但调整不能过快，避免运行参数、水力工况和燃烧工况的大幅度波动；对于水冷壁安全来说，燃烧调整的基本要求是最大限度地减小炉膛热负荷分配不均；另外，进行水冷壁吹灰和除渣等工作时，应做好防止大焦块脱落、局部热负荷突增的预想或准备。

参 考 文 献

[1] 朱全利．锅炉设备及系统．北京：中国电力出版社，2006.
[2] 广东电网公司电力科学研究院．锅炉设备及系统．北京：中国电力出版社，2011.
[3] 周菊华，等．电厂锅炉．北京：中国电力出版社，2005.